Berichte zur beruflichen Bildung, Heft 264

URSULA BEICHT
GÜNTER WALDEN
HERMANN HERGET

Kosten und Nutzen der betrieblichen Berufsausbildung in Deutschland

Schriftenreihe
des Bundesinstituts
für Berufsbildung
Der Generalsekretär • Bonn

Bundesinstitut
für Berufsbildung BIBB
Forschen
Beraten
Zukunft gestalten

Bibliografische Information Der Deutschen Bibliothek
Die Deutsche Bibliothek verzeichnet diese Publikation in der Deutschen Nationalbibliografie; detaillierte bibliografische Daten sind im Internet über http://dnb.ddb.de abrufbar.

ISBN 3-7639-1018-2

Vertriebsadresse:
W. Bertelsmann Verlag GmbH & Co. KG
Postfach 10 06 33, 33506 Bielefeld
Internet: www.wbv.de
E-Mail: service@wbv.de
Telefon: (05 21) 9 11 01 11
Telefax: (05 21) 9 11 01 19
Bestell-Nr.: 102.264

Herausgeber: Bundesinstitut für Berufsbildung,
Der Generalsekretär, 53142 Bonn
Internet: www.bibb.de
E-Mail: zentrale@bibb.de

Gestaltung: Hoch3 GmbH, Berlin
Druck: W. Bertelsmann Verlag, Bielefeld
Verlag: W. Bertelsmann Verlag, Bielefeld
Printed in Germany

ISBN 3-7639-1018-2

Gedruckt auf Recyclingpapier, hergestellt aus 100 % Altpapier

Vorwort

Zur Sicherung der Leistungsfähigkeit der Wirtschaft und der Zukunftschancen der heranwachsenden Generation sind hohe Investitionen in die berufliche Ausbildung erforderlich. Kosten und Nutzen der betrieblichen Ausbildung sind dabei ein wesentlicher Bestimmungsfaktor des betrieblichen Ausbildungsplatzangebots. Je günstiger das Verhältnis von Nutzen und Kosten der Ausbildung aus betrieblicher Sicht ausfällt, umso eher dürften Betriebe bereit sein, in die berufliche Ausbildung zu investieren. Das Bundesinstitut für Berufsbildung (BIBB) hat sich in den vergangenen Jahren intensiv mit der Frage des Verhältnisses von Kosten und Nutzen in der betrieblichen Ausbildung auseinander gesetzt. In diesem Band werden Ergebnisse des Forschungsprojekts „Nutzen und Nettokosten der Berufsausbildung für Betriebe“ vorgelegt, welches das BIBB von Juli 1999 bis Dezember 2002 durchführte. Auf repräsentativer Basis wurden in einem breiten Differenzierungsgrad die Kosten der betrieblichen Ausbildung ermittelt und wesentliche Hinweise zur Höhe des Ausbildungsnutzens gewonnen.

Die Kosten der betrieblichen Ausbildung werden seit der grundlegenden Untersuchung der Sachverständigenkommission Kosten und Finanzierung der beruflichen Bildung Anfang der 70er-Jahre vom BIBB in etwa zehnjährigem Abstand repräsentativ ermittelt. Bislang musste auf die fortgeschriebenen Daten der Studie für das Jahr 1991 zurückgegriffen werden, die ausschließlich die Ausbildungsbereiche Industrie und Handel sowie Handwerk in Westdeutschland umfasste. Nun liegen neue Ergebnisse vor, die sich auf das Jahr 2000 beziehen, und das gesamte Bundesgebiet sowie alle Ausbildungsbereiche einschließen, also auch Landwirtschaft, Freie Berufe und Öffentlichen Dienst.

Betriebe führen berufliche Ausbildung durch, weil sie sich hiervon einen Nutzen versprechen und Ausbildung als eine Investition für die Zukunft betrachten. Während die Kosten der beruflichen Bildung in der Vergangenheit mehrmals erhoben wurden, fehlten bisher ausführliche Angaben zum Gesamtnutzen, der den Betrieben entsteht. In empirischen Kostenerhebungen wurden bisher die produktiven Leistungen der Auszubildenden geschätzt und monetär quantifiziert, die während der Ausbildung anfallen. Der Nutzen der Ausbildung, der nach Abschluss der Ausbildung und Übernahme der Ausgebildeten in ein Beschäftigungsverhältnis entsteht, wurde nur ansatzweise untersucht. In der neuen Studie wurde nun der Nutzen der Ausbildung unter unterschiedlichen Aspekten umfassend untersucht. Erstmals wurden auch repräsentative Daten zu den durch eine eigene Ausbildung eingesparten Rekrutierungskosten externer Fachkräfte ermittelt.

Im Rahmen des Forschungsprojekts wurde eine repräsentative mündliche Befragung bei rund 2.500 Ausbildungsbetrieben durchgeführt, die von infas – Institut für angewandte Sozialforschung – durchgeführt wurde. Ergänzend wurden auf schriftlichem Wege vom BIBB selbst zusätzlich 1.373 ausbildende und nicht ausbildende Betriebe befragt. Das BIBB bedankt sich herzlich bei den Betrieben, die sich an der Befragung beteiligt haben. Dank gilt darüber hinaus auch den Kammern und den Zuständigen Stellen sowie den entsprechenden Spitzenverbänden, welche das BIBB bei der Ziehung der Stichprobe wesentlich unterstützt haben.

Das Forschungsprojekt wurde durch einen Projektbeirat aus Wissenschaftlern und Experten begleitet. Der Beirat bestand aus folgenden Mitgliedern: Prof. Dr. Uschi Backes-Gellner (Universität Köln), Johanna Bittner-Kelber (Bundesministerium für Wirtschaft und Technologie), Rainer Brötz (Gewerkschaft HBV), Prof. Dr. Rüdiger Falk (Fachhochschule Koblenz), Wilfried Malcher (Hauptverband des Deutschen Einzelhandels), Ulrich Schneider (Ford Aus- und Weiterbildung), Prof. Dr. Dieter Timmermann (Universität Bielefeld), Dr. Reinhold Weiß (Institut der deutschen Wirtschaft), Monika Wenzel (Hessisches Ministerium für Wirtschaft, Verkehr und Landesentwicklung). Für die wertvollen Hinweise und Impulse bei der Durchführung des Forschungsprojekts sage ich allen Beiratsmitgliedern herzlichen Dank.

Bonn, im Oktober 2003
Helmut Pütz
Generalsekretär des Bundesinstituts für Berufsbildung

Inhalt

Seite

Anhang

URSULA BEICHT, GÜNTER WALDEN

Teil I: Einführung: Konzeption und Durchführung der Studie

1 Ziele der Untersuchung

Seit der grundlegenden Untersuchung der Sachverständigenkommission Kosten und Finanzierung der beruflichen Bildung[1] sind die Kosten der betrieblichen Berufsausbildung in Abständen von jeweils etwa zehn Jahren von einschlägigen Forschungsinstituten auf repräsentativer Basis erhoben worden.[2] Darüber hinaus gab es vereinzelt Studien zu den Ausbildungskosten in bestimmten Branchen.[3] Die letzte umfassende Kostenuntersuchung erfolgte 1991 durch das Bundesinstitut für Berufsbildung (BIBB)[4]; auf dieser Datenbasis wurden Fortschreibungen für die Jahre 1995[5] und 1997[6] erstellt. Da sich in den vergangenen Jahren erhebliche Veränderungen in der beruflichen Bildung ergeben haben, die sich auch auf Höhe und Struktur der Kosten auswirken, waren weitere Fortschreibungen nicht mehr tragfähig. Es war deshalb dringend erforderlich, die Informationen zu den Kosten der beruflichen Bildung zu aktualisieren. Die 1991 durchgeführte BIBB-Studie bezog sich zudem ausschließlich auf die Ausbildungsbereiche Industrie und Handel sowie Handwerk. Für die Bereiche Öffentlicher Dienst, Freie Berufe und Landwirtschaft lagen entsprechende Kostendaten dagegen nicht vor. Außerdem bezogen sich die Daten des Jahres 1991 ausschließlich auf die alten Bundesländer. Vom BIBB wurde deshalb in den Jahren 1999 bis 2002 das Forschungsprojekt „Nutzen und Nettokosten der Berufsausbildung für Betriebe" durchgeführt, um eine neue Datenbasis zu schaffen. Die neue Untersuchung, über deren Ergebnisse im Rahmen dieser Veröffentlichung berichtet wird, schließt die gesamte deutsche Wirtschaft und den Öffentlichen Dienst ein.

Während die Kosten der beruflichen Bildung in der Vergangenheit mehrmals erhoben wurden, fehlten bisher ausführliche Angaben zum Gesamtnutzen, der den

1 Vgl. SACHVERSTÄNDIGENKOMMISSION KOSTEN UND FINANZIERUNG DER BERUFLICHEN BILDUNG: Kosten und Finanzierung der außerschulischen beruflichen Bildung, Bielefeld 1974.

2 Vgl. NOLL, Ingeborg u. a.: Nettokosten der betrieblichen Berufsausbildung. Bundesinstitut für Berufsbildung. Der Generalsekretär (Hrsg.), Schriften zur Berufsbildungsforschung, Bd. 63. Berlin 1983; FALK, Rüdiger: Kosten der betrieblichen Aus- und Weiterbildung. In: Göbel, Uwe; Schlaffke, Winfried (Hrsg.): Berichte zur Bildungspolitik 1982/83 des Instituts der deutschen Wirtschaft. Köln 1982, S. 63 ff.

3 Vgl. zum Beispiel: Wirtschaftsgesellschaft des Kraftfahrzeuggewerbes mbH (Hrsg.): Kosten und Erträge der Ausbildung im Kraftfahrzeughandwerk, Bonn 1998.

4 Vgl. BARDELEBEN, Richard von; BEICHT, Ursula; FEHÉR, Kálmán: Betriebliche Kosten und Nutzen der Ausbildung, Repräsentative Ergebnisse aus Industrie, Handel und Handwerk. Bundesinstitut für Berufsbildung. Der Generalsekretär (Hrsg.), Berichte zur beruflichen Bildung, Heft 187, Bielefeld 1995.

5 Vgl. BARDELEBEN, Richard von; BEICHT, Ursula; FEHÉR, Kálmán: Was kostet die betriebliche Ausbildung? Fortschreibung der Ergebnisse 1991 auf den Stand 1995, Bundesinstitut für Berufsbildung. Der Generalsekretär (Hrsg.), Berichte zur beruflichen Bildung, Heft 210. Bielefeld 1997.

6 Vgl. BARDELEBEN, Richard von; BEICHT, Ursula: Betriebliche Ausbildungskosten 1997. Schätzung auf der Basis der Erhebungsergebnisse 1991. In Berufsbildung in Wissenschaft und Praxis, Heft 1/1999, S. 42–44.

Betrieben entsteht. In empirischen Kostenerhebungen wurden bisher die produktiven Leistungen der Auszubildenden geschätzt und monetär quantifiziert, die während der Ausbildung anfallen. Der Nutzen der Ausbildung, der nach Abschluss der Ausbildung und Übernahme der Ausgebildeten in ein Beschäftigungsverhältnis entsteht, wurde nur ansatzweise untersucht. In der für 1991 durchgeführten empirischen Untersuchung des BIBB wurden für unterschiedliche betriebliche Kostenvorteile, die sich aus der Ausbildung ergeben, modellhaft Abschätzungen zum Nutzen vorgenommen.[7] Außerdem wurden bei den Betrieben Einschätzungen einzelner Nutzendimensionen erhoben. In der neuen Studie wurde nun der Nutzen der Ausbildung unter unterschiedlichen Aspekten umfassend untersucht und erstmals wurden auch repräsentative Daten zu den durch eine eigene Ausbildung eingesparten Rekrutierungskosten externer Fachkräfte ermittelt.

Ziel des Forschungsprojekts war somit die Erfassung der Kosten der betrieblichen Berufsausbildung und die Abschätzung zentraler Dimensionen des Ausbildungsnutzens für die Betriebe. Im Hinblick auf die Erfassung der Ausbildungskosten wurden die folgenden wesentlichen Ziele verfolgt:

- Ermittlung der durchschnittlichen Bruttokosten, Erträge während der Ausbildung und Nettokosten der betrieblichen Berufsausbildung pro Auszubildenden und Ausbildungsjahr;
- Hochrechnung der Brutto- und Nettokosten für die Gesamtwirtschaft;
- Differenzierte Dokumentation der Höhe, Art und Struktur der Ausbildungskosten;
- Analyse der Einflussgrößen von Kostenunterschieden in der Ausbildung.

Im Hinblick auf den betrieblichen Nutzen der Ausbildung nach Übernahme des Ausgebildeten in ein Beschäftigungsverhältnis wurden insbesondere folgende Ziele angestrebt:

- Abschätzung der Größenordnung von zusätzlichen Personalrekrutierungskosten, falls auf die Ausbildung verzichtet würde;
- Bewertung unterschiedlicher Dimensionen des Nutzens betrieblicher Ausbildung durch die Betriebe;
- Zusammenhänge der Ausbildung mit betrieblichen Erfolgsindikatoren.

Zur Unterstützung und Beratung der Projektgruppe im BIBB wurde ein Projektbeirat eingesetzt, dem die folgenden Personen angehörten: Prof. Dr. Uschi Backes-Gellner (Universität Köln), Johanna Bittner-Kelber (Bundesministerium für Wirtschaft und

7 Vgl. BARDELEBEN, Richard von; BEICHT, Ursula; FEHÉR, Kálman: Betriebliche Kosten und Nutzen der Ausbildung, a. a. O., S. 104 ff. Zusätzlich zu dieser BIBB-Studie ist insbesondere auf entsprechende Modellrechnungen zum Nutzen der Ausbildung für den Bereich eines einzelnen Unternehmens (AEG) hinzuweisen. Vgl. CRAMER, Günter; MÜLLER, Karlheinz: Nutzen der betrieblichen Berufsausbildung. Institut der deutschen Wirtschaft (Hrsg.), Köln 1994.

Technologie), Rainer Brötz (Gewerkschaft HBV), Prof. Dr. Rüdiger Falk (Fachhochschule Koblenz), Wilfried Malcher (Hauptverband des Deutschen Einzelhandels), Ulrich Schneider (Ford Aus- und Weiterbildung), Prof. Dr Dieter Timmermann (Universität Bielefeld), Dr. Reinhold Weiß (Institut der deutschen Wirtschaft), Monika Wenzel (Hessisches Ministerium für Wirtschaft, Verkehr und Landesentwicklung). Von den Beiratsmitgliedern wurden insbesondere wesentliche Beiträge zur Optimierung des von der Projektgruppe entwickelten Erhebungskonzepts geleistet.

In der Schweiz wurde – angeregt durch das deutsche BIBB-Projekt – ein ähnliches Forschungsprojekt wie in Deutschland durchgeführt.[8] Dieses Projekt[9] lehnte sich methodisch weitgehend an die im BIBB entwickelten Erhebungsinstrumentarien an. Das schweizerische Projekt erfolgte in Kooperation zwischen der Schweizerischen Koordinationsstelle für Bildungsforschung, dem Volkswirtschaftlichen Institut der Universität Bern sowie dem Bundesamt für Statistik. Zwischen dem deutschen und dem schweizerischen Projekt erfolgte ein intensiver Gedankenaustausch.

2 Erhebungskonzept

Ausgehend von den generellen Zielen des Projekts mussten zur Entwicklung des Erhebungskonzepts zunächst einige grundlegende Entscheidungen im Hinblick auf die weitere Vorgehensweise getroffen werden, die im Folgenden kurz skizziert werden. Eine ausführliche Darstellung der Konzeptionen zur Erhebung der Ausbildungskosten und des Nutzens erfolgt in den Teilen II und III des vorliegenden Berichts.

Die erste repräsentative Untersuchung der betrieblichen Ausbildungskosten 1971/72 durch die Sachverständigenkommission Kosten und Finanzierung der beruflichen Bildung schuf die methodische Grundlage für alle nachfolgenden Studien. Seitdem ist bekannt, dass Kostenerhebungen im Bereich der betrieblichen Berufsausbildung immer mit vielfältigen methodischen Schwierigkeiten verbunden sind. Diese haben ihre wesentliche Ursache darin, dass die Betriebe in der Regel über keine gesonderte Kostenrechnung für ihr Ausbildungswesen verfügen. Daher können – wenn Ergebnisse mit hinreichender Zuverlässigkeit erzielt werden sollen – bei den Betrieben die Kosten und Erträge nicht als Gesamtgrößen erfasst werden. Vielmehr müssen die einzelnen Kosten- und Ertragskomponenten (Mengen- und Wertangaben) erhoben und später im Zuge der Auswertungen nach einem einheitlichen Verfahren, das durch das Kostenmodell festgelegt wird, verrechnet werden. Dabei ist zu berück-

8 Für die Schweiz liegt auch eine Kostenuntersuchung aus dem Jahr 1998 vor, die sich allerdings nur in den Grundzügen an den deutschen Studien orientierte; vgl.: HANHART, Siegfried; SCHULZ, Hans-Rudolf: Lehrlingsausbildung in der Schweiz. Kosten und Finanzierung. Chur/Zürich 1998.

9 Zu den Ergebnissen vgl. SCHWERI, Jürg u. a.: Kosten und Nutzen der Lehrlingsausbildung aus der Sicht Schweizer Betriebe, Zürich/Chur 2003.

sichtigen, dass es einen „allgemeingültigen" Kostenbegriff nicht gibt. Unterschieden werden kann z. B. zwischen den Vollkosten und den Teilkosten, wobei es jeweils vom Verwendungszweck abhängt, welche Kosten heranzuziehen sind.[10] Im Projekt wurde entschieden, dass sowohl Voll- als auch Teilkosten ermittelt werden sollen. Deshalb musste das Erhebungskonzept die Erfassung aller hierfür erforderlichen Angaben sicherstellen. Hierbei hatte das Erhebungskonzept die erheblichen Unterschiede zu berücksichtigen, die zwischen den einzelnen Ausbildungsbetrieben bestehen, d.h. es musste sowohl der Ausbildungssituation im Großunternehmen – mit einer Vielzahl von Auszubildenden, mit Lehrwerkstattausbildung und hauptberuflichen Ausbildern – als auch der Situation im Kleinbetrieb, in dem die Ausbildung ausschließlich am Arbeitsplatz mit nebenberuflichen Ausbildern stattfindet, gerecht werden.

Die Schwierigkeit und Komplexität einer Erhebung der betrieblichen Ausbildungskosten erfordert eine persönliche Befragung durch geschulte Interviewer, die im Betrieb die richtigen Zielpersonen ansprechen und sie bei der Beantwortung der Fragen unterstützen. Eine schriftliche Erhebung kam deshalb nicht in Betracht.

Für die neue Erhebung war die Einbeziehung aller quantitativ bedeutenden Ausbildungsbereiche (Industrie und Handel, Handwerk, Landwirtschaft, Freie Berufe, Öffentlicher Dienst) von vornherein geplant. Zusätzlich wurde vom Projektbeirat ein starkes Interesse auch nach einer differenzierten Berechnung der Kosten für unterschiedliche Ausbildungsberufe artikuliert. In der Projektgruppe wurde deshalb entschieden, das gesamte Untersuchungskonzept auf die Erfassung der Kosten für bestimmte Ausbildungsberufe auszurichten. In jedem zu befragenden Betrieb sollten deshalb nicht die Gesamtkosten für alle Ausbildungsberufe sondern für einen ausgewählten Ausbildungsberuf ermittelt werden. Für die Untersuchung wurden 52 Ausbildungsberufe ausgewählt, auf deren Grundlage das Gesamtspektrum der betrieblichen Ausbildung in Deutschland hinreichend abgebildet werden kann. Die zusätzliche Differenzierung der Ausbildungskosten nach einer Vielzahl von Berufen machte eine Aufstockung der Stichprobe erforderlich, statt ursprünglich 2.000 Betriebe wurde nun eine Nettostichprobengröße von 2.500 Betrieben festgelegt.

Aussagekräftige Erkenntnisse zum Nutzen der Ausbildung, der den Betrieben entsteht, gab es bisher ausschließlich für den Teil des Nutzens, der während der Ausbildung entsteht. Die sich aus produktiven Zeiten des Auszubildenden ergebenden Erträge werden im Rahmen der Ermittlung der Kosten geschätzt, sie bilden die Differenz zwischen Brutto- und Nettokosten. Im Forschungsprojekt sollte aber zusätzlich auch der Nutzen geschätzt werden, der sich für den Betrieb nach Abschluss der Ausbildung und nach Übernahme des Ausgebildeten in ein Beschäftigungsverhältnis ergibt. Außerdem sollten auch weitere Nutzenbestandteile untersucht werden, die bereits während der Ausbildung anfallen, im Ertragskonzept aber nicht berücksich-

10 Die unterschiedlichen Kostenbegriffe sind in Teil II, Kap.1 genauer erläutert.

tigt werden können. Hierfür war im Projekt eine Präzisierung des zugrunde zu legenden Nutzenbegriffs und die Entwicklung einer geeigneten Erhebungskonzeption erforderlich.[11] Zur Einschätzung des Nutzens der Ausbildung sollte zusätzlich auch ein Vergleich mit der Situation bei bisher nicht ausbildenden Betrieben vorgenommen werden. Hierzu wurde entschieden, eine schriftliche Zusatzerhebung ausschließlich zum möglichen Nutzen einer Ausbildung bei bisher nicht ausbildenden Betrieben durchzuführen.

3 Stichprobe

Wie oben erläutert, wurde die Haupterhebung auf einzelne Ausbildungsberufe ausgerichtet. Ausgewählt wurden 52 Ausbildungsberufe. Als durchschnittliche Stichprobengröße pro Beruf wurde eine Fallzahl von 50 Betrieben angestrebt. Für einzelne Berufe mit relativ homogenen Ausbildungsstrukturen erschien aber auch eine Fallzahl von 30 bis 40 Betrieben ausreichend. Insgesamt wurde eine Nettostichprobe von 2.500 Betrieben angestrebt.

Bei der Auswahl der 52 Ausbildungsberufe wurde neben dem Kriterium der Besetzungsstärke[12] auch das Kriterium eines möglichst breiten inhaltlichen Spektrums zugrunde gelegt. Außerdem wurde dem Wunsch des Projektbeirates Rechnung getragen, auch neue und besonders zukunftsträchtige Berufe zu berücksichtigen. Folgende Berufe wurden in die Erhebung einbezogen:

Industrie und Handel

- Bankkaufmann/frau
- Bauzeichner/-in
- Bürokaufmann/frau
- Chemielaborant/-in
- Chemikant/-in
- Drucker/-in
- Energieelektroniker/-in – Betriebstechnik
- Fachinformatiker/-in
- Fachkraft für Lagerwirtschaft
- Florist/-in
- Hotelfachmann/frau
- Industriekaufmann/frau
- Industriemechaniker/-in – Betriebstechnik
- Industriemechaniker/-in – Maschinen- und Systemtechnik

11 Eine ausführliche Darstellung der Vorgehensweisen bei der Erhebung von Nutzenelementen der Ausbildung erfolgt in Teil III.
12 Zugrunde gelegt wurde die Anzahl der Auszubildenden zum Stichtag 31. 12. 1999.

- Informatikkaufmann/frau
- Informations- und Telekommunikationssystem-Elektroniker/-in
- Informations- und Telekommunikationssystem-Kaufmann/frau
- Kaufmann/frau für Bürokommunikation
- Kaufmann/frau im Einzelhandel
- Kaufmann/frau im Groß- und Außenhandel
- Koch/Köchin
- Mechatroniker/-in
- Mediengestalter/-in für Digital- und Printmedien
- Reiseverkehrskaufmann/frau
- Versicherungskaufmann/frau
- Werkzeugmechaniker/-in – Stanz- und Umformtechnik

Handwerk

- Augenoptiker/-in
- Bäcker/-in
- Bürokaufmann/frau
- Elektroinstallateur/-in
- Fachverkäufer/-in im Nahrungsmittelhandwerk
- Fleischer/-in
- Friseur/-in
- Gas- und Wasserinstallateur/-in
- Informationselektroniker/-in
- Kraftfahrzeugmechaniker/-in
- Maler/-in und Lackierer/-in
- Maurer/-in
- Metallbauer/-in
- Tischler/-in
- Zahntechniker/-in
- Zentralheizungs- und Lüftungsbauer/-in

Landwirtschaft

- Gärtner/-in
- Landwirt/-in

Freie Berufe

- Arzthelfer/-in
- Rechtsanwaltsfachangestellte/-r
- Steuerfachangestellte/-r
- Zahnarzthelfer/-in

Öffentlicher Dienst

- Fachangestellte/-r für Bürokommunikation
- Sozialversicherungsfachangestellte/-r
- Vermessungstechniker/-in
- Verwaltungsfachangestellte/-r

In allen Ausbildungsbereichen wird durch die ausgewählten Berufe ein hoher Repräsentationsgrad erreicht:

- Aus dem Bereich Industrie und Handel sind insgesamt 26 Berufe einbezogen. Der Anteil der Auszubildenden in den ausgewählten Berufen an allen Auszubildenden des Bereichs (Repräsentationsgrad) beträgt 65 %.
- Für das Handwerk sind 16 Berufe ausgewählt worden. Der Repräsentationsgrad beträgt 77 %.
- In der Landwirtschaft wird mit zwei Berufen ein Repräsentationsgrad von 71 % erreicht.
- Die für die Freien Berufe ausgewählten vier Berufe erreichen einen Repräsentationsgrad von 84 %.
- Im Öffentlichen Dienst liegt der Repräsentationsgrad mit vier Berufen bei 70 %.

Über alle Ausbildungsbereiche und alle 52 Berufe ergibt sich ein Repräsentationsgrad von 71 % (73 % West und 65 % Ost).

Aus Kostengründen musste die Erhebung regional konzentriert werden. Die Stichprobenziehung erfolgte über die Kammern bzw. für die Berufsausbildung zuständigen Stellen, da nur dort vollständige Verzeichnisse aller ausbildenden Betriebe vorliegen. Es wurde daher eine Auswahl von Kammerbezirken vorgenommen. Differenziert nach Ausbildungsbereichen und nach West und Ost wurden dabei alle Kammerbezirke zunächst im Hinblick auf ihre geografische Verteilung (Nord/Süd) in eine eindeutige Reihenfolge gebracht und nummeriert. Mit Hilfe einer Tabelle von Zufallszahlen wurde ein Startpunkt ermittelt und die Auswahl der Kammern über die erforderliche Schrittbreite getroffen. Sehr kleine Kammerbezirke – gemessen an der Zahl der Auszubildenden – wurden dabei ausgeschlossen. Für die einzelnen Ausbildungsbereiche wurde folgende Anzahl an Kammern bzw. zuständigen Stellen berücksichtigt:

- Im Bereich Industrie und Handel wurden im Westen 14 Kammern und im Osten vier Kammern gezogen. Der Repräsentationsgrad (Auszubildende in den ausgewählten Kammern bezogen auf die Auszubildenden aus allen Kammern) beträgt im Westen 34 % und im Osten 27 %.
- Im Handwerk wurden im Westen neun Kammern und im Osten vier Kammern gezogen. Die Repräsentationsgrade betragen 27 % und 33 %.

- In der Landwirtschaft wurden im Westen vier zuständige Stellen und im Osten zwei ausgewählt. Die Repräsentationsgrade betragen 37 % und 48 %.
- Bei den Freien Berufen mussten für die vier ausgewählten Ausbildungsberufe jeweils unterschiedliche Kammern gezogen werden. Es wurden jeweils vier West- und zwei Ostkammern gezogen. Es ergeben sich Repräsentationsgrade zwischen 29 % und 48 %.
- Für die zuständigen Stellen des Öffentlichen Dienstes, die ebenfalls auf einzelne Ausbildungsberufe ausgerichtet sind, konnten nur für die Berufe „Verwaltungsfachangestellte/-r" und „Fachangestellte/-r für Bürokommunikation" dieselben zuständigen Stellen (vier im Westen, zwei im Osten) ausgewählt werden. Die sich hieraus ergebende Verteilung nach Bundesländern wurde für die Auswahl der zuständigen Stellen in den beiden anderen Berufen übernommen.

Die erforderlichen Betriebsadressen wurden von den Kammern aufgrund eines Zufallsverfahrens nach den Vorgaben der Projektgruppe ausgewählt. Das Vorgehen wurde mit den jeweiligen Spitzenverbänden abgestimmt. Die Zahl der zu ziehenden Betriebe wurde für die einzelnen Kammern differenziert nach Berufen festgelegt. Hierzu wurden von der Projektgruppe entsprechende Stichprobenpläne entwickelt. Es wurde von einem Verhältnis zwischen Brutto- und Nettostichprobe von 1:5 ausgegangen. Insgesamt wurden von den Kammern 13.026 Betriebsadressen gezogen.

Zielgruppe der schriftlichen Zusatzerhebung waren nicht ausbildende Betriebe. Da eine entsprechende Gesamtdatei nicht ausbildender Betriebe in Deutschland nicht existiert, entschied sich die Projektgruppe dafür, in die Zusatzerhebung auch einen Teil von bereits ausbildenden Betrieben einzubeziehen. Über die Einschaltung eines Adressverlags wurde eine nach Betriebsgrößen geschichtete Stichprobe gezogen. Da Nichtausbildungsbetriebe häufig Kleinbetriebe sind, wurde der Schwerpunkt der Stichprobe hierauf gelegt. Insgesamt wurden nach diesem Verfahren rund 13.000 Betriebsadressen gezogen. Es erfolgte ein Abgleich mit den gezogenen Betriebsadressen für die Haupterhebung, um Doppelbefragungen zu vermeiden.

4 Durchführung der empirischen Erhebungen

Die als mündliche Befragung konzipierte Haupterhebung konnte aufgrund ihrer Größenordnung (2.500 Betriebe) grundsätzlich nur von einem ausgewiesenen Befragungsinstitut mit einem entsprechenden Stab von hinreichend qualifizierten Interviewern bewältigt werden. Zur Vergabe des Auftrags wurde deshalb eine öffentliche Ausschreibung durchgeführt, in der infas, Institut für angewandte Sozialwissenschaft GmbH in Bonn den Zuschlag erhielt.

Kosten und Nutzen der Ausbildung wurden in einer gemeinsamen repräsentativen mündlichen Befragung bei Ausbildungsbetrieben ermittelt. Das Erhebungsinstrumentarium bestand dabei aus einem eigenständigen Fragebogen zur Erfassung der Ausbildungskosten und aus einem Fragebogen zum Nutzen der betrieblichen Berufsausbildung.

Im Herbst 2000 wurde von infas ein Pretest zur Optimierung des von der BIBB-Projektgruppe entwickelten Erhebungsinstrumentariums durchgeführt. Auf der Grundlage der Pretestergebnisse erfolgte schließlich die endgültige Festlegung des Erhebungsinstrumentariums. Nach dem von der Projektgruppe vorgegebenen Stichprobenplan wurde die Erhebung schließlich von Mitte Februar bis Mitte August 2001 durchgeführt. Die Angaben, insbesondere zu den Kosten der Ausbildung, bezogen sich dabei auf das Jahr 2000.

Für die Durchführung der Erhebung wurden von infas insgesamt 7.125 der 13.026 vom BIBB zur Verfügung gestellten Betriebsadressen eingesetzt. Aus der Übersicht I/1 geht hervor, dass sich für eine Erhebung dieses Schwierigkeitsgrades mit 40,2 % eine sehr befriedigende Rücklaufquote ergab.

Übersicht I/1: **Ausschöpfung der Stichprobe und Ausfallgründe**

Anzahl der Betriebe	abs.	%
Bruttostichprobe	***7125***	***100***
davon stichprobenneutrale Ausfälle:		
Adressprobleme		
(Betrieb existiert nicht unter angegebener Adresse, Privathaushalt unter angegebener Adresse, Betrieb wird aufgelöst)	391	5,5
kein Ausbildungsbetrieb	477	6,7
bereinigte Bruttostichprobe	***6257***	***100***
davon Ausfälle:		
nicht erreicht		
(Ansprechpartner nicht erreicht, Termin nicht realisiert)	415	6,6
Verweigerung durch Betrieb		
(z. B. Betrieb nimmt grundsätzlich nicht teil, zu viele Umfragen, wegen Datenschutz)	658	10,5
Verweigerung durch Ansprechpartner		
(z. B. keine Zeit, Länge des Interviews, kein Interesse, grundsätzliche Ablehnung)	2406	38,5
Betriebsstätte nicht auskunftsfähig	**144**	**2,3**
Interviews realisiert insgesamt	***2634***	***42,1***
davon nicht auswertbar:		
abgebrochene Interviews	50	0,8
keinen Auszubildenden zum Stichtag 30.9.2000	12	0,2
Bildungsträger	12	0,2
andere Gründe	42	0,7
auswertbare Interviews	***2518***	***40,2***

Im Betrieb sollte jeweils die Person befragt werden, die am besten Auskunft über die betreffende Thematik geben konnte. Je nach spezifischer Situation des Betriebs konnten dies also Personen aus unterschiedlichen Funktionsgruppen sein. Übersicht

I/2 gibt die Verteilung der durchgeführten Interviews nach Funktion der auskunftsgebenden Person im Betrieb an.

Übersicht I/2: **Funktion der auskunftsgebenden Person im Betrieb**

Funktion	abs.	%
Inhaber / Gesellschafter	968	38,4
Ausbildungsleiter	323	12,8
Personalleiter	288	11,4
Geschäftsführer / Prokurist	265	10,5
Abteilungs- / Werks- / Niederlassungsleiter	175	6,9
Kaufmännischer Leiter	96	3,8
Technischer Leiter	65	2,6
Leiter Personalentwicklung	47	1,9
Andere Funktion	274	10,9
Keine Angabe	17	0,7
Insgesamt	**2518**	**100,0**

Die Auskunftsbereitschaft der Befragten wurde von den Interviewern in vier Fünfteln der Fälle als gut bezeichnet. Rund 14 % der Befragten ließen nach Angabe der Interviewer eine mittlere Auskunftsbereitschaft erkennen. Als schlecht wurde die Auskunftsbereitschaft nur bei 2 % der Befragten eingeschätzt.

Alle Befragungsunterlagen wurden bei der Eingangskontrolle zunächst manuell hinsichtlich Vollständigkeit geprüft. Insgesamt gingen die Datensätze von 2.518 Betrieben in die inhaltliche Datenprüfung ein. Von diesen liegen in 2.496 Fällen beide Fragebogenteile vor, in 22 Fällen nur der Fragebogenteil zu den Ausbildungskosten.

Nach der Erfassung der Daten wurden diese formal auf Vollständigkeit, Filterfehler und Inkonsistenzen geprüft. Über die formale Datenprüfung hinaus wurde eine erste inhaltliche Plausibilitätsprüfung von infas vorgenommen, und zwar anhand einer von der BIBB-Projektgruppe vorgegebenen Aufstellung von zu prüfenden Sachverhalten.

Die endgültige Übermittlung der Befragungsdaten an das BIBB erfolgte im Herbst 2001. Nach der von infas durchgeführten ersten Datenprüfung wurde von der BIBB-Projektgruppe eine weitere, intensive inhaltliche Plausibilitätsprüfung vorgenommen. Bei fast allen Variablen war es erforderlich Mindest- und Höchstwerte festzulegen. Diese Werte wurden allerdings immer nur von einer sehr kleinen Minderheit von Betrieben unter- oder überschritten. Insofern weisen die erhobenen Daten eine hohe Plausibilität auf.

Die schriftlich-postalische Zusatzerhebung wurde in Eigenregie der BIBB-Projektgruppe durchgeführt. Hierfür wurden im April 2001 an 13.000 Betriebe Fragebogen gesandt. Insgesamt ergab sich ein Rücklauf von rund 1.400 auswertbaren Fragebogen.

5 Datenauswertung

Da es sich bei der Haupterhebung um eine geschichtete Stichprobe nach Ausbildungsbereichen und Berufen handelte, musste der Datensatz durch eine entsprechende Gewichtung an die realen Verhältnisse in der Grundgesamtheit angepasst werden. Hierzu wurde von BIBB und infas gemeinsam ein Gewichtungs- und Hochrechnungsmodell erstellt. Da die Ausbildungskosten als Durchschnittswerte pro Auszubildenden berechnet werden sollten, war eine Gewichtung auf der Basis der Auszubildendenzahlen notwendig. Die Stichprobenstruktur wurde daher, bezogen auf die Auszubildenden, für die folgenden Merkmale an die Verteilungen in der Grundgesamtheit angepasst: Beruf differenziert nach Ausbildungsjahren, Ausbildungsbereich, neue und alte Bundesländer, Betriebsgröße. Die Befragungsdaten wurden repräsentativ auf die Grundgesamtheit aller Auszubildenden zum Stichtag 31. 12. 1999 (also auf das Jahr 2000) hochgerechnet.

Da das Ziel der Gewichtung in einer gleichzeitigen Anpassung mehrerer, nicht vollständig als gemeinsame Verteilungen vorliegender Randverteilungen bestand, war es notwendig, die Gewichtungs- und Hochrechnungsfaktoren mit Hilfe eines iterativen Algorithmus zu berechnen. Verwendet wurde der Iterative Proportional Fitting Algorithmus (IPF), bei dem die einzelnen Zellengewichtungen, d.h. die Anpassung der Gewichtungszellen eines Merkmals bzw. einer Merkmalskombination durch Berechnung des Quotienten zwischen dem Zellen-Soll und dem Zellen-Ist, nacheinander ausgeführt werden. Nach Anpassung des letzten Merkmals bzw. Merkmaltableaus wird die Anpassung solange wieder mit dem ersten fortgesetzt, bis eine zufrieden stellende Genauigkeit der Anpassung erreicht wird.

Einschätzungen und Bewertungen von Betrieben sollten repräsentativ auf die Grundgesamtheit aller Ausbildungsbetriebe hochgerechnet, d. h. nicht mit den Auszubildendenzahlen gewichtet werden. Neben der Konstruktion von Gewichtungskoeffizienten für die Auszubildenden wurden deshalb – für Auswertungen auf der Betriebsebene – zusätzlich Koeffizienten zur Anpassung der Betriebsstruktur der Stichprobe an die der Grundgesamtheit der Betriebe, die sich aus der Beschäftigtenstatistik ergibt, gebildet. Neben der Verteilung auf neue und alte Bundesländer wurde hier eine Matrix aus den Strukturmerkmalen Wirtschaftszweig und Betriebsgröße zugrunde gelegt. Für Datenauswertungen zum Nutzen der Ausbildung wurde die Gewichtungsstruktur auf der Betriebsebene zugrunde gelegt.

Der Datensatz der Zusatzerhebung wurde auf der Betriebsebene – getrennt für ausbildende und nicht ausbildende Betriebe – gewichtet, und zwar wegen der niedrigeren Fallzahlen ausschließlich differenziert nach Betriebsgröße und der West/Ost-Verteilung.

Für eine repräsentative Berechnung der Kosten und eine entsprechende Hochrechnung ist es erforderlich, fehlende Angaben in den Erhebungsbögen zu ersetzen. Trotz der intensiven Bemühungen von infas konnten fehlende Angaben in den Erhebungsbogen nicht vollständig vermieden werden. In den meisten Fällen lag die Quote fehlender Angaben allerdings sehr niedrig (unterhalb von 3 %). Für die zur Berechnung der Kosten relevanten Variablen wurden anstelle der fehlenden Angaben ein Durchschnittswert eingesetzt, der über die vorhandenen Werte der anderen Betriebe gebildet wurde. Hierbei wurde soweit wie möglich differenziert nach den für die jeweilige Variable relevanten Einflussfaktoren vorgegangen, d. h. getrennt nach Ausbildungsbereich, Betriebsgröße oder Berufsgruppe.

Auf der Grundlage der für die einzelnen Betriebe vorliegenden Angaben wurden die betrieblichen Ausbildungskosten und -erträge pro Auszubildenden und Jahr repräsentativ für die Grundgesamtheit aller Auszubildenden berechnet. Zur Berechnung der Kosten wurde ein Kostenmodell entwickelt, welches die Berechnungsschritte enthält, mit denen die Vielzahl von kostenrelevanten Einzelelementen zu Kostenblöcken und zu den Gesamtkosten verknüpft werden.[13]

6 Aufbau des Berichts

Im Folgenden werden in Teil II zunächst die Ergebnisse zu den Kosten der Ausbildung präsentiert. Dabei wird vorab ausführlich das methodische Vorgehen erläutert, insbesondere das Verfahren der Voll- und Teilkostenrechnung. Die Kostenergebnisse werden zunächst auf Basis univariater Auswertungen sehr differenziert dargestellt. Hierbei wird auch auf die Erträge aus produktiven Leistungen der Auszubildenden eingegangen, da sie zur Berechnung der Nettokosten der Ausbildung erforderlich sind. Es schließen sich dann die Ergebnisse einer multivariaten Analyse an, in der die zentralen Einflussfaktoren für Kostenunterschiede identifiziert werden. Darüber hinaus wird die Zeitstruktur der betrieblichen Ausbildung beschrieben, die einen wesentlichen Bestandteil des Mengengerüsts der Ausbildungskosten und -erträge bildet.

Teil III enthält eine Gesamtdarstellung der Untersuchungsergebnisse zum Nutzen der Ausbildung, wobei hierzu auch eine Gegenüberstellung von Kosten und Nutzen der Ausbildung gehört. Die Darstellung der Ergebnisse zum Nutzen der Ausbildung wird eingeleitet durch einen theoretischen Rahmen zum Nutzenbegriff sowie zu unterschiedlichen Grundorientierungen der betrieblichen Ausbildung, welche sich aus bildungsökonomischen Überlegungen ergeben. In Teil IV wird schließlich beleuchtet, welche Schlussfolgerungen sich aus den Ergebnissen für die Weiterentwicklung der beruflichen Bildung ableiten lassen.

13 Näheres hierzu ist ausgeführt in Teil II, Kap. 1.

URSULA BEICHT, GÜNTER WALDEN

Teil II: Kosten der Ausbildung

1 Methodisches Vorgehen bei der Erhebung der Ausbildungskosten

Eine repräsentative Erhebung der betrieblichen Ausbildungskosten ist mit besonderen Schwierigkeiten und einem hohen Aufwand verbunden. Dies ist vor allem darauf zurückzuführen, dass die meisten Unternehmen in Deutschland in ihrer Kostenrechnung keine gesonderte Erfassung der Ausbildungskosten vornehmen. Soweit interne betriebliche Ausbildungskostenrechnungen durchgeführt werden, was in der Regel nur in größeren Unternehmen vorkommt, wird in sehr unterschiedlicher Weise vorgegangen, und die Ergebnisse sind von Betrieb zu Betrieb kaum miteinander vergleichbar. Demnach liegen in den Unternehmen keine Angaben zu den Ausbildungskosten vor, die unmittelbar erfasst werden könnten. Stattdessen ist es erforderlich, in jedem Betrieb die einzelnen Kostenkomponenten (Mengen- und Wertangaben) zu erheben und diese anschließend nach einem einheitlichen System in Kostengrößen umzurechnen. Welche Daten im Einzelnen zu erfassen sind und wie auf ihrer Basis die betrieblichen Ausbildungskosten zu berechnen sind, wird durch das zugrunde gelegte Kostenmodell bestimmt und ist abhängig davon, in welchem Differenzierungsgrad die Kostenergebnisse benötigt werden. Die Sachverständigenkommission Kosten und Finanzierung der beruflichen Bildung entwickelte in ihrer grundlegenden Untersuchung Anfang der 70er Jahre ein Modell zur Ermittlung der betrieblichen Ausbildungskosten,[14] auf das bei allen später vom BIBB in etwa zehnjährigem Turnus durchgeführten Kostenerhebungen aufgebaut wurde,[15] so auch in der vorliegenden Studie.

1.1 Verfahren der Vollkostenrechnung

Die Sachverständigenkommission ging in ihrem Kostenmodell von dem in der Betriebswirtschaft üblichen wertmäßigen Kostenbegriff aus, nach dem unter Kosten der bewertete Verbrauch von Gütern und Dienstleistungen für die betriebliche Leistungserstellung verstanden wird. Sie entschied sich außerdem für eine Vollkostenrechnung, bei der den Kostenträgern, d. h. den einzelnen Produkten, alle für die betriebliche Leistungserstellung angefallenen Kosten zugerechnet werden, also sowohl die variablen wie auch die (anteiligen) fixen Kosten. Übertragen auf die betriebliche

14 Vgl. SACHVERSTÄNDIGENKOMMISSION KOSTEN UND FINANZIERUNG DER BERUFLICHEN BILDUNG: Kosten und Finanzierung der außerschulischen beruflichen Bildung, a. a. O.

15 Vgl. NOLL, Ingeborg u. a.: Nettokosten der betrieblichen Berufsausbildung, a. a. O.; BARDELEBEN, Richard von; BEICHT, Ursula; FEHÉR, Kálmán: Betriebliche Kosten und Nutzen der Ausbildung, a. a. O.

Ausbildung bedeutet dies, dass als kostenmäßig zu erfassende Leistung der gesamte Prozess der beruflichen Qualifizierung eines Auszubildenden im Betrieb anzusehen ist und der hierfür erforderliche Einsatz an Personen und Sachmitteln vollständig zu ermitteln und zu bewerten ist. Dabei werden nicht nur alle durch die Ausbildung zusätzlich verursachten Kosten einbezogen (variable Kosten), sondern auch Personal- und Sachkosten anteilig zugerechnet, die dem Betrieb ebenso ohne Ausbildung entstehen würden (fixe Kosten). Einen Überblick darüber, welche Kostenarten demnach bei einer Erhebung der betrieblichen Ausbildungskosten im Einzelnen zu berücksichtigen sind, gibt Abbildung II/1.

Abbildung II/1: **Kostenarten der betrieblichen Berufsausbildung**

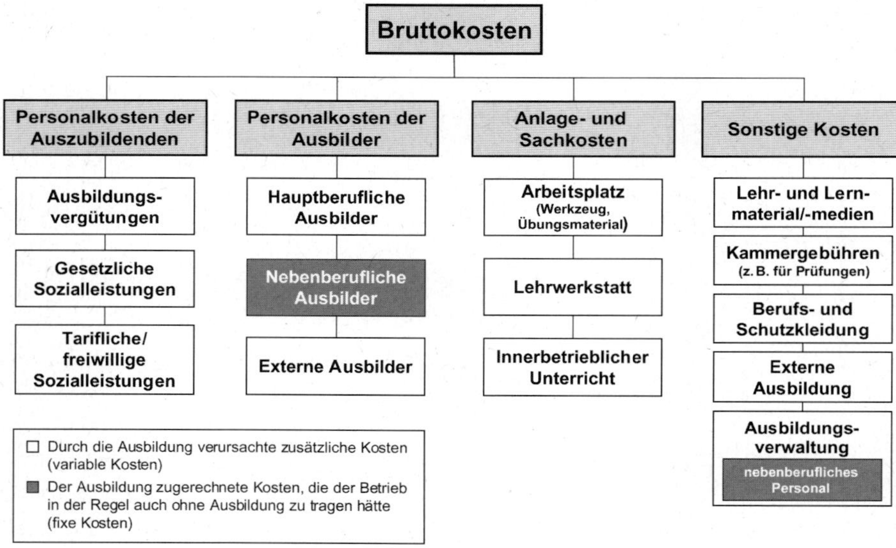

Die einzelnen Kostenarten der betrieblichen Berufsausbildung lassen sich zu vier großen Kostenblöcken zusammenfassen und werden wie folgt ermittelt:[16]

- Die *Personalkosten der Auszubildenden* umfassen die Ausbildungsvergütungen sowie die gesetzlichen, tariflichen und freiwilligen Sozialleistungen für die Auszubildenden. Die gesetzlichen Sozialleistungen, die aus den Arbeitgeberbeiträgen zur gesetzlichen Kranken-, Renten-, Arbeitslosen- und Pflegeversicherung sowie den Beiträgen zur gesetzlichen Unfallversicherung bestehen, müssen anders als die

16 Im Folgenden wird die Ermittlung der Kostenarten in der Weise beschrieben, wie sie in der vorliegenden Untersuchung erfolgte. Durch vorgenommene Optimierungen des Erhebungsinstrumentarium gibt es gegenüber den früheren Studien teilweise leichte Abweichungen.

übrigen Kostenarten nicht erhoben, sondern können anhand durchschnittlicher Beitragssätze auf Basis der Ausbildungsvergütungen berechnet werden.[17] Bei den tariflichen und freiwilligen Sozialleistungen handelt es sich im Einzelnen um Urlaubsgeld, Weihnachtsgeld bzw. „13. Monatsgehalt", vermögenswirksame Leistungen, Essensgeld, Fahrgeld sowie eventuelle sonstige Sozialleistungen, die der Betrieb den Auszubildenden gewährt.

- Bei den *Personalkosten der Ausbilder* werden die Lohn- und Gehaltskosten einschließlich Personalnebenkosten aller an der Ausbildung beteiligten Personen im Betrieb berücksichtigt, und zwar in dem Umfang, der ihrem jeweiligen Zeitaufwand für die Ausbildung entspricht. Hierfür sind zum einen die auf die Ausbildung verwendeten Zeiten der Ausbilder zu erfassen, zum anderen die Löhne und Gehälter sowie die Personalnebenkosten. Zu unterscheiden ist zwischen hauptberuflichen und nebenberuflichen Ausbildern. Während die zentrale Aufgabe der hauptberuflichen Ausbilder in der Durchführung der Ausbildung besteht, nehmen die nebenberuflichen Ausbilder nur zeitweise neben ihren eigentlichen Aufgaben im Rahmen der betrieblichen Produktion bzw. Dienstleistung auch Ausbildungstätigkeiten wahr. Die nebenberuflichen Ausbilder können sehr unterschiedlichen Mitarbeitergruppen angehören, weshalb bei der Ermittlung der Ausbilderkosten eine Differenzierung nach Führungskräften, Fachkräften im kaufmännischen, technischen und gewerblichen Bereich sowie an- und ungelernten Arbeitskräften notwendig ist. Darüber hinaus werden in einigen Betrieben für spezielle Unterweisungen im Rahmen der Lehrwerkstattausbildung oder des innerbetrieblichen Unterrichts auch externe Ausbilder eingesetzt; hierfür werden die angefallenen Kosten insbesondere für Honorare, Fahrten und Übernachtungen erfasst.
- *Anlage- und Sachkosten* fallen an den unterschiedlichen innerbetrieblichen Lernorten an. Für die Ausbildung am betrieblichen Arbeitsplatz werden die Anschaffungskosten oder Miet-/Leasingkosten für die Werkzeug- und Geräteausstattung erfasst, die von den Auszubildenden an diesem Lernort benötigt wird und speziell für sie zur Verfügung steht. Auf die Ausbildung entfallende sonstige Arbeitsplatzkosten (anteilige Abschreibungskosten für andere, von den Auszubildenden mitgenutzten Maschinen und Anlagen, anteilige Raum-, Energie-, Reinigungs-, Reparatur- und Instandhaltungskosten) wären zwar theoretisch ebenfalls einzubeziehen, sie sind jedoch bei einer empirischen Erhebung in der Regel auch als Schätzgrößen kaum erfassbar, weshalb hierauf verzichtet wird.[18] Verfügt der Be-

17 Auch in der 91er-Studie wurde entsprechend vorgegangen.

18 Im Pretest der 91er-Kostenerhebung des BIBB wurde der Versuch unternommen, die Arbeitsplatzkosten der Auszubildenden detailliert zu erfassen. Die Befragten in den meisten Betrieben sahen sich jedoch bei den betreffenden Kostenarten nicht einmal zu groben Schätzungen in der Lage. Hinzu kommt, dass die nicht erfassten anteiligen Arbeitsplatzkosten der Auszubildenden bezogen auf die Gesamtausbildungskosten auch kaum so stark ins Gewicht fallen dürften, dass hierfür ein aufwendiges Erhebungsverfahren gerechtfertigt wäre. In der vorliegenden Erhebung erfolgte daher – ebenso wie in der 91er-Studie – keine Erfassung.

trieb über eine Lehrwerkstatt bzw. sonstige betriebliche Lehreinrichtung oder über spezielle Schulungsräume für innerbetrieblichen Unterricht, werden alle dort angefallenen Anlage- und Sachkosten entsprechend dem Nutzungsanteil für Ausbildungszwecke ermittelt. Für die betriebliche Lehrwerkstatt werden die Abschreibungen bzw. Mieten für Maschinen, Anlagen und Geräteausstattungen, die Kosten für Reparaturen und Instandhaltung, die (gegebenenfalls kalkulatorische) Miete der Räume sowie Energie-, Wasser- und Reinigungskosten erfasst. In vergleichbarer Weise wird bei den Anlage- und Sachkosten von Schulungsräumen vorgegangen.[19] Für alle drei innerbetrieblichen Lernorte werden darüber hinaus die Kosten für das dort jeweils von den Auszubildenden für Übungszwecke verbrauchte Material erhoben.

- Den *sonstigen Kosten* ist eine Reihe von sehr unterschiedlichen Kostenarten zugeordnet. So entstehen dem Betrieb in der Regel Kosten für die Anschaffung von Lehr- und Lernmaterialien und -medien, d. h. für Lehrbücher, Übungsmaterial sowie für Lernsoftware, Lernvideos und Ähnliches. Der Betrieb muss Gebühren an die Kammer bzw. zuständige Stelle zahlen, z. B. für die Eintragung des Ausbildungsverhältnisses sowie für die Zwischen- und Abschlussprüfungen der Auszubildenden. Es können Kosten für die Anschaffung und gegebenenfalls Reinigung von Berufs- und Schutzkleidung für die Auszubildenden anfallen.

  Viele Auszubildende nehmen während der Ausbildung an Lehrgängen in überbetrieblichen Berufsbildungsstätten oder sonstigen externen Bildungseinrichtungen teil. Insbesondere im Rahmen von Verbundausbildung werden bestimmte Ausbildungsphasen in anderen Betrieben durchgeführt. Ist der Ausbildungsbetrieb Teil eines größeren Unternehmens, finden oft Lehrgänge in unternehmenseigenen Schulungszentren an einem anderen Ort statt, auch können bestimmte Ausbildungsabschnitte in anderen Betrieben des eigenen Unternehmens erfolgen. Manchmal kommt auch ein Austausch mit ausländischen Betrieben vor. Erfasst werden alle Kosten, die der Betrieb im Zusammenhang mit solchen externen Lehrgängen oder Ausbildungsphasen tragen muss, z. B. eventuelle Lehrgangsgebühren, Kosten für Fahrten und Verpflegung.

  Schließlich wird noch die betriebliche Ausbildungsverwaltung berücksichtigt, d. h. der Personal- und Sachaufwand, der im Zusammenhang mit der Leitung, zentralen Planung, Koordination, Kontrolle der Ausbildung und der Rekrutierung der Auszubildenden (z. B. Vorstellungsgespräche, Auswahl der Bewerber) entsteht. Für das an der Ausbildungsverwaltung beteiligte Personal werden – wie bei den betrieblichen Ausbildern – die Lohn- und Gehaltskosten einschließlich Personalnebenkosten entsprechend dem Zeitaufwand für die Ausbildungsverwaltung

19 Wird innerbetrieblicher Unterricht allerdings in Besprechungsräumen oder sonstigen Arbeitsräumen des Betriebs durchgeführt, erfolgt wiederum keine Erfassung der anteiligen Anlage- und Sachkosten.

ermittelt. Als Sachkosten werden hier insbesondere die Kosten für Büromaterialien, Telefongebühren, Anzeigen für zu besetzende Ausbildungsstellen erfasst; sonstige Arbeitsplatzkosten werden auch hier nicht einbezogen, da sie nicht mit vertretbarem Aufwand zu erheben sind.

1.2 Verfahren der Teilkostenrechnung

Das bei der Ermittlung der betrieblichen Ausbildungskosten angewandte Vollkostenprinzip wurde in der Vergangenheit häufiger kritisiert. Es wurde bemängelt, dass insbesondere mit der Berücksichtigung der Kosten des nebenberuflichen Ausbildungspersonals der Ausbildung in hohem Maße Kosten anteilig zugerechnet werden, die der Betrieb auch dann zu tragen hätte, wenn er nicht ausbildete. Es wurde argumentiert, dass dies zu einer deutlichen Überschätzung der Ausbildungskosten führe und nicht die eigentliche zusätzliche Kostenbelastung widerspiegele, die jedoch für einen Betrieb bei der Entscheidung, ob er ausbildet oder nicht, allein relevant sei. Für angemessener wurde gehalten, in einer Teilkostenrechnung nur die Kosten zu berücksichtigen, die für den Betrieb durch die Ausbildung tatsächlich zusätzlich anfallen. In der Kostenuntersuchung von 1991 wurde daher erstmals eine Teilkostenrechnung eingeführt, die auch in der vorliegenden Untersuchung vorgenommen wurde.

Für die Durchführung einer Teilkostenrechnung ist es zunächst erforderlich, eine Aufteilung der Kostenarten vorzunehmen in solche, die dem Betrieb unabhängig von der Ausbildung entstehen, also fix sind, und solche Kostenarten, die durch die Ausbildung zusätzlich verursacht werden, also variabel sind. Dies ist allerdings teilweise schwieriger als es zunächst erscheint. Eindeutig ist die Zuordnung zu den variablen Kostenarten bei den Personalkosten der Auszubildenden, den Kosten für externe Ausbilder, den Kosten für Werkzeug- und Geräteausstattung der Auszubildenden, den Kosten für Lehr- und Lernmaterialien und -medien, für Berufs- und Schutzkleidung, für externe Lehrgänge und externe Ausbildungsphasen der Auszubildenden sowie den Sachkosten für die Ausbildungsverwaltung. Diese Kosten werden bei Verzicht auf Ausbildung unmittelbar vermieden. Die Kosten der hauptberuflichen Ausbilder sowie des hauptberuflich mit der Ausbildungsverwaltung beschäftigten Personals können dagegen aufgrund der arbeitsvertraglichen Bindungen meist erst mittelfristig eingespart werden. Die Anlage- und Sachkosten von betrieblichen Lehrwerkstätten oder speziellen Schulungsräumen für die Auszubildenden lassen sich häufig nur auf längere Sicht vollständig abbauen, wenn die entsprechenden Räumlichkeiten verkauft, verpachtet oder anderweitig genutzt werden können. Bei einem relativ weit gefassten zeitlichen Horizont lassen sich die bisher genannten Kostenarten jedoch alle als variabel definieren.

Die Frage, ob und inwieweit die Kosten der nebenberuflichen Ausbilder und des nebenberuflich mit der Ausbildungsverwaltung beschäftigten Personals als fix oder variabel anzusehen sind, lässt sich dagegen nicht generell beantworten. Unbestritten ist, dass insbesondere die nebenberuflichen Ausbilder vielfach einen nicht unbeträchtlichen Anteil ihrer Arbeitszeit auf die Ausbildung verwenden. Ob jedoch ein Ausbildungsverzicht des Betriebs, der die nebenberuflich mit der Ausbildung bzw. Ausbildungsverwaltung betrauten Mitarbeiter um die betreffenden Aufgaben entlasten würde, auch zu einer Reduzierung des betrieblichen Personalbedarfs und damit zu einer Kosteneinsparung führen würde, ist von Betrieb zu Betrieb unterschiedlich einzuschätzen. Die Ausbildung findet in vielen Betrieben, und zwar sowohl in kleineren und mittleren als auch zunehmend in Großunternehmen, durch eine weitgehende Integration der Auszubildenden in den betrieblichen Arbeitsprozess statt, und die Unterweisung erfolgt größtenteils in Form von Erklären, Zeigen und Demonstration durch die nebenberuflichen Ausbilder während des Arbeitsvollzugs. Soweit eine Unterweisung der Auszubildenden während der Arbeit nicht erfolgen kann, wird sie nach Möglichkeit in betriebliche Leerlaufzeiten gelegt. In diesen Fällen kann davon ausgegangen werden, dass durch die Ausbildungsleistungen der nebenberuflichen Ausbilder deren originäre Arbeitsleistungen nicht oder nur in geringem Umfang eingeschränkt werden. Der Verzicht auf Ausbildung ginge hier daher nicht mit einem geringeren Personalbedarf des Betriebs einher, die Kosten der nebenberuflichen Ausbilder können somit als fixe Kosten betrachtet werden.

Anders stellt es sich dar, wenn eine Einbeziehung der Auszubildenden in den betrieblichen Arbeitsablauf nur schwer möglich ist und die Ausbildung zu größeren Anteilen außerhalb des normalen Arbeitsprozesses erfolgen muss. Größere Unternehmen verfügen insbesondere für die gewerblich-technische Ausbildung oft über gesonderte betriebliche Lehrwerkstätten, in denen bestimmte Teile der Ausbildung produktionsunabhängig durchgeführt werden. Die nebenberuflichen Ausbilder bekommen in solchen Betrieben für die Betreuung der Auszubildenden häufig bestimmte Arbeitszeitkontingente zur Verfügung gestellt, d. h., in dieser Zeit sind sie von ihren eigentlichen betrieblichen Aufgaben befreit. In diesen Fällen würde eine Einstellung der Ausbildungsaktivitäten Personalkapazitäten freisetzen und über kurz oder lang einen Abbau von Personalkosten ermöglichen, die Kosten der nebenberuflichen Ausbilder sind hier daher zumindest zum Teil als variable Kosten anzusehen.

Um nähere Informationen darüber zu gewinnen, wie sich die Ausbildungstätigkeiten von nebenberuflichen Ausbildern auf deren originäre Arbeitsleistungen auswirken, wurden die Betriebe im Rahmen der vorliegenden Studie danach gefragt, wie hoch sie die produktiven Leistungen der nebenberuflichen Ausbilder im Vergleich zu den Mitarbeitern, die nicht ausbilden, einschätzen.[20] Von den meisten Betrieben

20 Die Einschätzung des Umfangs der produktiven Leistungen nebenberuflicher Ausbilder im Vergleich zu nichtausbildenden Mitarbeitern erfolgte anhand einer vierstufigen Skala mit den Werten „1 = genauso hoch“ bis „4 = erheblich geringer“. Die im Folgenden ausgewiesenen Prozentanteile beziehen sich jeweils nur auf die Betriebe, in denen es nebenberufliche Ausbilder in der betreffenden Mitarbeitergruppe gab.

wurde angegeben, dass der Umfang der produktiven Leistungen der nebenberuflichen Ausbilder genauso hoch sei wie derjenige der nichtausbildenden Mitarbeiter: Bezogen auf die Führungskräfte sagten dies 52 %, auf die Fachkräfte im kaufmännischen Bereich 40 %, auf die Fachkräfte im technischen Bereich 31 % und auf die Fachkräfte im gewerblichen Bereich 33 % der Betriebe. Einen etwas geringeren Umfang produktiver Leistungen der nebenberuflichen Ausbilder nannten 38 % der Betriebe bei den Führungskräften, 46 % bei den Fachkräften im kaufmännischen Bereich, 54 % bei den Fachkräften im technischen Bereich und 50 % bei den Fachkräften im gewerblichen Bereich.[21] Als merklich bzw. erheblich geringer schätzten dagegen nur relativ wenige Betriebe die produktiven Leistungen der nebenberuflichen Ausbilder ein: 10 % bei den Führungskräften, 13 % bei den Fachkräften im kaufmännischen Bereich, 15 % bei den Fachkräften im technischen Bereich und 16 % bei den Fachkräften im gewerblichen Bereich. Diese Ergebnisse verdeutlichen, dass in den weitaus meisten Betrieben der Verzicht auf Ausbildung keine Einsparung der Kosten nebenberuflicher Ausbilder ermöglichen würde, da sich der Umfang der originären Arbeitsleistungen nebenberuflicher Ausbilder nicht oder kaum von denen nichtausbildender Mitarbeiter unterscheidet und somit keine nennenswerten Personalressourcen freigesetzt würden.

Im Rahmen einer repräsentativen empirischen Kostenerhebung kann nicht zuverlässig festgestellt werden, ob und inwieweit die Kosten des nebenberuflich an der Ausbildung und der Ausbildungsverwaltung beteiligten Personals in den einzelnen Betrieben bei Einstellung der Ausbildung eingespart werden könnten. Da in den meisten Fällen jedoch davon auszugehen ist, dass eine solche Einsparmöglichkeit nicht besteht, wurde ebenso wie in der Studie von 1991 entschieden, diese Kostenarten vollständig aus der Teilkostenrechnung auszuklammern (siehe Abbildung II/1). Bei der Teilkostenbetrachtung handelt es sich damit um eine vereinfachte Rechnung, bei der in Kauf genommen werden muss, dass die Kostenbelastung der Betriebe tendenziell leicht unterschätzt wird. Dennoch gibt die Teilkostenrechnung zumindest näherungsweise Aufschluss über die durch die Ausbildung verursachte zusätzliche finanzielle Belastung der Betriebe.

Die Teilkostenrechnung ist nicht als ein Ersatz der Vollkostenrechnung, sondern als eine Ergänzung aufzufassen. Es hängt von der Zielsetzung einer Kostenbetrachtung ab, ob die Voll- oder die Teilkosten heranzuziehen sind. Die Vollkosten geben Auskunft darüber, in welcher Höhe die Betriebe insgesamt Ressourcen für die berufliche Ausbildung einsetzten. Insbesondere bei einem Kostenvergleich mit anderen Teilbereichen des deutschen Bildungssystems oder bei internationalen Vergleichen steht jeweils dieser gesamte Ressourcenverbrauch im Blickfeld. Geht es dagegen um

21 Bei einer Differenzierung nach Betriebsgröße fällt auf, dass größere Betriebe häufiger die produktiven Leistungen nebenberuflicher Ausbilder genauso hoch einschätzen wie die nichtausbildender Mitarbeiter, während kleinere Betriebe häufiger von einem etwas verminderten Leistungsumfang ausgehen.

die Frage, wie hoch die zusätzliche Kostenbelastung der Betriebe durch die Ausbildung ist, d.h. in welchem Umfang den Betrieben Kosten entstehen, die sich bei Verzicht auf Ausbildung einsparen ließen, sind die Teilkosten zu verwenden. Die Höhe dieser Kosten kann als die bei Ausbildungsentscheidungen des Betriebs ausschlaggebende Größe angesehen werden.

1.3 Verfahren zur Ermittlung der Ausbildungserträge

Eine Besonderheit der betrieblichen Berufsausbildung ist, dass Lernen und Arbeiten eng miteinander verbunden sind, und die Auszubildenden daher während der betrieblichen Ausbildungszeit in der Regel auch produktive, d. h. für den Betrieb wirtschaftlich verwertbare Arbeiten leisten. Die Sachverständigenkommission kam in ihrer grundlegenden Kostenstudie zu der – bis heute unumstrittenen – Auffassung, dass die produktiven Leistungen der Auszubildenden die Kostenbelastung der Betriebe entsprechend verringere und daher als Ausbildungserträge von den Gesamtkosten abzuziehen sind. Daher wird bei den Ausbildungskosten immer zwischen Brutto- und Nettokosten unterschieden, wobei letztere den Saldo aus Bruttokosten und Erträgen darstellen. Eine Schwierigkeit besteht allerdings darin, dass die Erträge nicht unmittelbar erfasst, sondern immer nur indirekt aus dem Substitutionsbedarf abgeleitet werden können. Dabei wird von der Überlegung ausgegangen, dass der Betrieb, wenn er keine Auszubildenden hätte, normale Arbeitskräfte für die von den Auszubildenden verrichteten Arbeiten einsetzen müsste. Nach dem Modell der Sachverständigenkommission sind die produktiven Arbeiten der Auszubildenden für den Betrieb so viel wert, wie er alternativ diesen Arbeitskräften als Lohn oder Gehalt für die gleichen Arbeitsleistungen zahlen müsste.

Bei der Ertragsermittlung wird wie folgt vorgegangen (siehe Abbildung II/2): Zunächst ist festzustellen, in welchem zeitlichen Umfang die Auszubildenden in den einzelnen Ausbildungsjahren im Betrieb produktiv tätig sind und wie sich diese produktiven Zeiten verteilen auf Tätigkeiten, die normalerweise an- und ungelernte Arbeitskräfte verrichten (produktive Zeiten I), und Tätigkeiten, die sonst Fachkräfte wahrnehmen (produktive Zeiten II).[22] Die produktiven Zeiten I und II sind anschließend mit dem Leistungsgrad der Auszubildenden zu bewerten, den diese im Vergleich zu den ansonsten für die betreffenden Arbeiten eingesetzten Arbeitskräften nerreichen. Während der (geringere) Leistungsgrad der Auszubildenden bei den fachkraftgleichen Tätigkeiten differenziert nach Ausbildungsjahren erhoben wird, wird bei den Tätigkeiten von An- und Ungelernten generell ein Leistungsgrad von 100 % angenommen. Die auf diese Weise berechneten so genannten äquivalenten Zeiten I und II entsprechen dem Zeitaufwand, der von An- und Ungelernten bzw. Fach-

22 Eine genaue Darstellung der Vorgehensweise bei der Ermittlung der produktiven Zeiten ist in Teil II, Kap. 2.4 enthalten.

Abbildung II/2: **Ermittlung der Nettokosten der betrieblichen Berufsausbildung**

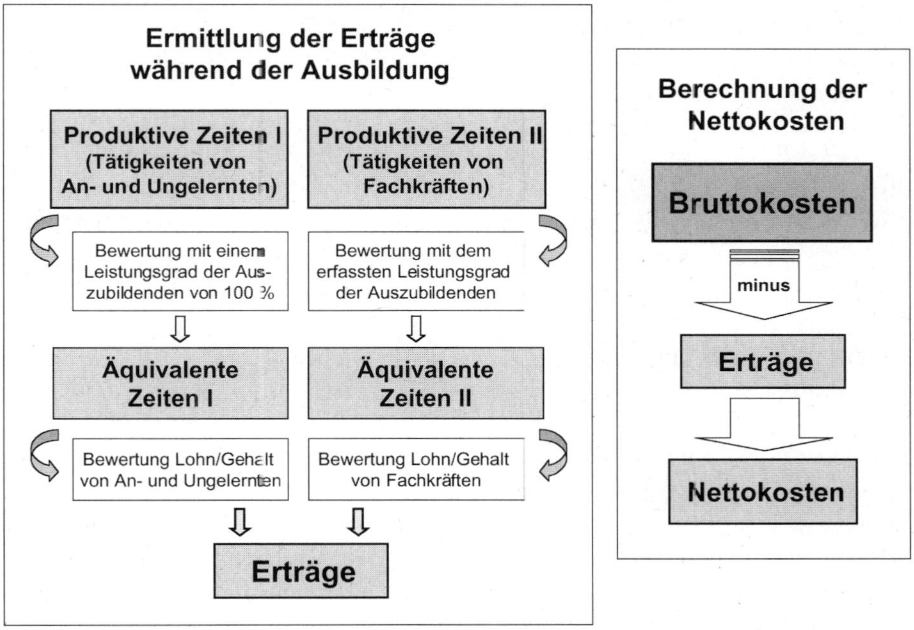

kräften zur Erledigung der gleichen Arbeiten erforderlich gewesen wäre. Durch Bewertung der äquivalenten Zeiten mit den Löhnen oder Gehältern einschließlich Personalnebenkosten von an- und ungelernten Arbeitskräften bzw. Fachkräften werden dann die Kosten ermittelt, die der Betrieb beim Einsatz normaler Arbeitskräfte hätte aufwenden müssen. Diese alternativen Kosten, die der Betrieb durch den produktiven Einsatz der Auszubildenden einspart, werden als Ausbildungserträge angesehen.[23] Die Erträge werden von den gesamten Ausbildungskosten des Betriebs, d. h. den Bruttokosten nach der Vollkosten- oder der Teilkostenrechnung, abgezogen. Die verbleibenden Nettokosten drücken die tatsächliche mit der Ausbildung verbundene Kostenbelastung der Betriebe aus.

23 Über die hier beschriebene Ermittlung der Ausbildungserträge nach dem Äquivalenzprinzip hinaus wurden in der vorliegenden Studie auch alternative Erträge nach dem so genannten Substitutionsprinzip berechnet. Dies erfolgte in Anlehnung an die in Österreich durchgeführten Kostenstudien; vgl. STEPAN, Adolf; WAGENHOFER, Alfred: Kosten der Berufsausbildung. Die Nettokosten der Berufsausbildung in Österreich in ausgewählten Lehrberufen. Bundeskammer der gewerblichen Wirtschaft (Hrsg.). Wien 1984 sowie LASSNIGG, Lorenz; STEINER, Peter: Die betrieblichen Kosten der Lehrlingsausbildung. Institut für Höhere Studien. Wien 1996. Dabei wird von der Fragestellung ausgegangen, wie viele normale Arbeitskräfte der Betrieb als Ersatz einstellen würde, wenn er auf die produktiven Leistungen der Auszubildenden verzichten müsste, bzw. wie viele bezahlte Überstunden die vorhandenen Arbeitskräfte dann leisten müssten. Auf diese Ertragsberechnung wird in Teil III, Kap. 3.1 näher eingegangen.

1.4 Schätzgrößenproblematik

Eine Schwierigkeit bei der Ermittlung der Ausbildungskosten besteht darin, dass ein Teil der nach dem zugrunde gelegten Kostenmodell benötigten Einzelangaben in den Betrieben nicht in Form von systematisch erfassten Daten vorliegt, sondern von den Befragten geschätzt werden muss. Dies trifft insbesondere auf den Zeitaufwand der nebenberuflichen Ausbilder zu. In der Regel wird in den Betrieben nicht Buch darüber geführt, wie viele Stunden beispielsweise ein nebenberuflich mit der Ausbildung beauftragter Facharbeiter in der Industrie oder ein an der Ausbildung beteiligter Handwerksgeselle für die Betreuung der Auszubildenden aufwenden. Die erfassten Angaben basieren daher in der Regel auf den subjektiven Einschätzungen der Befragten und können von deren Idealvorstellungen einer guten Ausbildung beeinflusst sein. Von einer Tendenz dahingehend, dass die auf die Ausbildung entfallenden Zeiten der nebenberuflichen Ausbilder eher zu hoch veranschlagt werden, ist daher auszugehen.[24]

Ein weiteres Schätzproblem tritt vor allem bei der Erfassung der produktiven Leistungen der Auszubildenden auf. Es gibt in den Betrieben in der Regel ebenfalls keine Aufzeichnungen darüber, in welchem zeitlichen Umfang die Auszubildenden für produktive Tätigkeiten eingesetzt werden, und welcher Anteil auf die unterschiedlichen, normalerweise von an- und ungelernten Arbeitskräften oder von Fachkräften verrichteten Arbeiten entfällt. Die Einschätzung des Umfangs der produktiven Zeiten und ihre Einordnung zur betreffenden Zeitart bleibt daher dem Befragten überlassen. Auch die Angabe des Leistungsgrades der Auszubildenden basiert auf der subjektiven Beurteilung des Befragten. Damit sind alle für die für die Ermittlung der produktiven Leistungen der Auszubildenden notwendigen Angaben relativ stark von den persönlichen Bewertungen der Befragten geprägt. Während allerdings bei den Ausbildungsleistungen der nebenberuflichen Ausbilder eher von tendenziellen Überschätzungen auszugehen ist, sind bei den produktiven Leistungen der Auszubildenden eher Unterschätzungen zu erwarten.

Bei einer breit angelegten empirischen Erhebung der Ausbildungskosten gibt es jedoch keine Alternative zur Erfassung von Schätzgrößen. Die Möglichkeit, die Betriebe beispielsweise für einen bestimmten Zeitraum um eine genauere Erfassung der Ausbildungszeiten nebenberuflicher Ausbilder und der produktiven Zeiten der Auszubildenden zu bitten, scheidet aus Kosten- und Zeitgründen aus. Zudem wäre auch nicht gewährleistet, dass dies tatsächlich zu zuverlässigeren Ergebnissen führen würde, da auch dann Tendenzen einer Über- bzw. Untererfassung nicht auszuschließen

24 Um eine realitätsnahe Einschätzung des Ausbildereinsatzes zu ermöglichen, waren in der aktuellen Erhebung die jeweiligen Ausbildungsstunden in einer typischen Woche im September – bzw. einem anderen Monat, wenn der September untypisch für die Ausbildung im Betrieb war – anzugeben. Diese Stunden wurden im Rahmen der Datenauswertung auf das gesamte Bezugsjahr hochgerechnet. Dabei wurden die ermittelten Zeiten der Ausbilder in Relation zu den Ausbildungszeiten der Auszubildenden gesetzt und sich ergebende eindeutige Überschätzungen auf plausible Werte reduziert.

wären. Eine Möglichkeit der Relativierung von Schätzgrößen könnte grundsätzlich auch darin bestehen, zusätzlich zu den für die Ausbildung im Betrieb Verantwortlichen auch die Auszubildenden selbst zu befragen. Bei einer solchen Kontrollbefragung wäre jedoch in vielen Betrieben mit Widerständen zu rechnen. Außerdem wäre es wahrscheinlich, dass es zu umgekehrten Über- und Unterschätzungen käme, also von den Auszubildenden die Betreuungszeiten durch die nebenberuflichen Ausbilder eher zu gering, und die eigenen produktiven Leistungen eher zu hoch beurteilt würden.[25] In der gewählten Vorgehensweise wurde daher – ebenso wie in den vorherigen Kostenuntersuchungen des BIBB – die einzige Möglichkeit gesehen, mit vertretbarem Aufwand relativ abgesicherte Informationen zu den Kosten der betrieblichen Berufsausbildung zu gewinnen.

1.5 Datenerhebung und Differenzierungen

Die Erhebung der für die Ermittlung der Ausbildungskosten erforderlichen Daten erfolgte mittels eines einheitlichen standardisierten Fragebogens, der in allen Betrieben eingesetzt wurde. Das Erhebungsinstrumentarium musste die erheblichen Unterschiede berücksichtigen, die zwischen den einzelnen Ausbildungsbetrieben bestehen. Es musste sowohl den Ausbildungsbedingungen im Großunternehmen – mit einer Vielzahl von Auszubildenden, mit Lehrwerkstattausbildung und hauptberuflichen Ausbildern – als auch der Situation im Kleinbetrieb, wo die Ausbildung ausschließlich am Arbeitsplatz mit nebenberuflichen Ausbildern stattfindet, gerecht werden und gleichermaßen im Hinblick auf die gewerblich-technische wie auch die kaufmännische Ausbildung einsetzbar sein. Die einzelnen Kostenbestandteile wurden so vollständig und genau wie möglich erfasst, der Detaillierungsgrad jedoch auf das Notwendige beschränkt. Wie oben bereits erwähnt, musste teilweise auf Schätzungen der Befragten zurückgegriffen werden, sofern Angaben nicht als exakte Daten im Betrieb vorlagen. Die Erhebung erfolgte wie in allen früheren Studien in Form von persönlichen Interviews. Auf diese Weise konnte die Auswahl einer geeigneten Befragungsperson im Betrieb gewährleistet werden. In der Regel wurden in kleineren Betrieben die Betriebsinhaber oder -leiter angesprochen, in mittleren und größeren Betrieben die für die Ausbildung Verantwortlichen. Damit wurde sichergestellt, dass nur Personen befragt wurden, die über das Ausbildungsgeschehen im jeweiligen Betrieb sehr gut informiert und zu fundierten Angaben in der Lage waren. Durch den Einsatz entsprechend geschulter Interviewer war es möglich, die Befragten gegebenenfalls durch Erläuterungen und Hilfestellungen bei der Beantwortung der Fragen zu unterstützen.

25 Die Sachverständigenkommission führte in ihrer Studie seinerzeit eine zusätzliche Befragung der Auszubildenden zu ihren produktiven Leistungen durch. Dabei zeigte sich, dass die Auszubildenden – im Gegensatz zu den Ausbildungsverantwortlichen bzw. den Ausbildern – zu Überschätzungen neigten.

In der vorliegenden Untersuchung wurde entschieden, die Kosten differenziert nach einzelnen Ausbildungsberufen zu erfassen. Grund hierfür war die Annahme, dass die Ausbildungskosten beträchtlich zwischen den Berufen variieren und der Beruf einer der wesentlichen Einflussfaktoren für Kostenunterschiede darstellt. Da es insbesondere in größeren Betrieben, die oft in einer Reihe von verschiedenen Berufen ausbilden, nicht möglich ist, alle erforderlichen Angaben berufsspezifisch zu erheben, bezog sich die Befragung pro Betrieb immer nur auf die Ausbildung in einem einzigen Beruf. Insgesamt wurden 52 stark besetzte Ausbildungsberufe aus den Ausbildungsbereichen Industrie und Handel, Handwerk, Landwirtschaft, Freie Berufe und Öffentlicher Dienst ausgewählt, für die die Ausbildungskosten ermittelt wurden. Diese Berufe wurden als typisch für die Ausbildung in den jeweiligen Ausbildungsbereichen angesehen. Die Datenerhebung erfolgte bezogen auf das Jahr 2000 in insgesamt rund 2.500 zufällig ausgewählten Betrieben in Deutschland, die in den betreffenden Berufen ausbildeten.[26] Im Rahmen der Datenauswertung wurden die Stichprobenergebnisse mit entsprechenden Gewichtungsfaktoren an die Grundgesamtheit angepasst, und zwar im Hinblick auf die Verteilung der Auszubildenden auf Berufe, Ausbildungsbereiche, Betriebsgrößenklassen in West- und Ostdeutschland.[27] Die gewonnenen Ergebnisse können somit als repräsentativ für die gesamte Ausbildungssituation in Deutschland angesehen werden. Die Vorgehensweise unterschied sich damit deutlich von der vorangegangenen 91er Erhebung, in der jeweils die gesamten Ausbildungskosten eines Betriebs erfasst wurden, ohne eine Differenzierung nach einzelnen Berufen vorzunehmen.[28] Zudem beschränkte sich die 91er Studie auf die Ausbildungsbereiche Industrie und Handel sowie Handwerk in Westdeutschland, was bei Vergleichen mit den Ergebnissen der aktuellen Studie immer berücksichtigt werden muss.[29]

Wie in den früheren Untersuchungen erfolgte in der aktuellen Studie eine Differenzierung der Kosten nach den innerbetrieblichen Lernorten. Es wurde ermittelt, welche Kosten mit der Ausbildung am Arbeitsplatz, in der betrieblichen Lehrwerkstatt und in gesonderten betrieblichen Unterrichtsräumen verbunden sind. Die lernortspezifischen Ergebnisse sollen insbesondere Aufschluss darüber geben, inwieweit eine Lehrwerkstattausbildung oder die Durchführung von innerbetrieblichem Unterricht Auswirkungen auf die Höhe der Ausbildungskosten hat. Den Lernorten werden nach

26 Zum genaueren Verfahren der Berufsauswahl und Stichprobenziehung vgl. Teil I.

27 Eine nähere Beschreibung des Gewichtungsverfahrens findet sich in Teil I, Kap. 5.

28 Vgl. BARDELEBEN, Richard von; BEICHT, Ursula; STOCKMANN, Rita: Kosten und Nutzen der betrieblichen Berufsausbildung. Forschungsstand, Konzeption, Erhebungsinstrumentarium. Bundesinstitut für Berufsbildung. Der Generalsekretär (Hrsg.), Berichte zur beruflichen Bildung, Heft 140. Berlin, Bonn 1991.

29 Vgl. BARDELEBEN, Richard von; BEICHT, Ursula; FEHÉR, Kálmán: Betriebliche Kosten und Nutzen der Ausbildung, a. a. O. In der Untersuchung der betrieblichen Ausbildungskosten von 1980 wurden die Kosten dagegen ebenfalls repräsentativ für Ausbildungsberufe ermittelt, und zwar für 45 Berufe aus den Ausbildungsbereichen Industrie und Handel, Handwerk, Landwirtschaft, Freie Berufe und Öffentlicher Dienst; vgl. NOLL, Ingeborg: Methodenbericht, Darstellung und Begründung der bei der Nettokostenerhebung 1980 eingesetzten Methoden. Bundesinstitut für Berufsbildung. Der Generalsekretär (Hrsg.), Berichte zur beruflichen Bildung, Heft 80. Berlin, Bonn 1986.

dem zugrunde gelegten Kostenmodell nur die jeweiligen Ausbildungsprozesskosten zugerechnet, d. h. die Kosten der dort eingesetzten Ausbilder und die dort entstandenen Anlage- und Sachkosten. Eine anteilige Zurechnung der Personalkosten der Auszubildenden und der sonstigen Ausbildungskosten wird nicht vorgenommen. Die Ausbildungserträge wurden ebenfalls gesondert nach Lernorten erhoben, wobei produktive Leistungen der Auszubildenden allerdings nur am Arbeitplatz und in der betrieblichen Lehrwerkstatt vorkommen.

Ebenfalls wie in den bisherigen Kostenstudien wurden die Ausbildungskosten getrennt nach den einzelnen Ausbildungsjahren ermittelt. Vor allem durch die gesetzlich vorgeschriebene Steigerung der Ausbildungsvergütungen sowie den zunehmenden Leistungsgrad der Auszubildenden bei den produktiven Arbeiten treten im Verlauf der Ausbildung deutliche lehrjahrspezifische Unterschiede in den Brutto- und Nettokosten auf. Dabei ist allerdings immer zu beachten, dass es sich nur beim ersten bis dritten Ausbildungsjahr um ein volles Jahr handelt, während das vierte Ausbildungsjahr jeweils nur sechs Monate beträgt.[30] Die meisten untersuchten Ausbildungsberufe haben eine dreijährige Ausbildungsdauer, eine dreieinhalbjährige Ausbildungszeit kommt ausschließlich bei gewerblich-technischen Ausbildungsberufen in den Ausbildungsbereichen Industrie und Handel sowie Handwerk vor.

Zur Feststellung von Kostenunterschieden ist eine einheitliche Bezugsgröße notwendig. Die Gesamtausbildungskosten der einzelnen Betriebe können wegen der unterschiedlichen Zahl der Auszubildenden und ihrer unterschiedlichen Verteilung auf die Ausbildungsjahre nicht miteinander verglichen werden. Daher ist es erforderlich, die jeweiligen Kosten pro Auszubildenden zu ermitteln. Alle Kostenarten, die den einzelnen Auszubildenden direkt zurechenbar sind, werden von vornherein als Kostenwerte je Auszubildenden und Ausbildungsjahr erfasst. Dies trifft insbesondere zu auf die Personalkosten der Auszubildenden, die Kosten für Lehrmaterialien und -medien, die Gebühren an die zuständige Stelle, die Kosten für Berufs- und Schutzkleidung sowie die Kosten für externe Lehrgänge oder andere externe Ausbildungsphasen. Alle Kostenwerte, die nur als Gesamtgrößen für alle Auszubildenden im Betrieb erhoben werden können, werden dagegen im Rahmen des Kostenmodells anteilig den einzelnen Auszubildenden zugerechnet. Dies betrifft vor allem die Kosten des Ausbildungspersonals und der Ausbildungsverwaltung sowie die Anlage- und Sachkosten einer Lehrwerkstatt oder eines Schulungsraums, die über speziell gebildete Verrechnungsgrößen[31] auf die Auszubildenden verteilt werden. Die Zahl der Auszubildenden im Betrieb kann allerdings im Laufe eines Jahres durch Neueinstellung von Auszubildenden oder Beendigung von Ausbildungsverhältnissen schwan-

30 Im Kostenmodell wurde jeweils die in der Ausbildungsordnung vorgesehene Ausbildungsdauer der Berufe zugrunde gelegt. Eventuelle Verkürzungen der Ausbildungszeiten blieben aus Vereinfachungsgründen unberücksichtigt.

31 Diese Verrechnungsschlüssel berücksichtigen neben der Zahl der Auszubildenden zum Teil noch andere Größen, z. B. bei den Ausbilderkosten die nach Lehrjahren unterschiedlichen Unterweisungszeiten der Auszubildenden.

ken. Diese Veränderungen können im Rahmen einer empirischen Kostenerhebung nicht detailliert erfasst werden. Daher wurde in allen bisherigen Kostenuntersuchungen die Zahl der Auszubildenden zu einem bestimmten Stichtag den Berechnungen zugrunde gelegt. In der aktuellen Erhebung war als Stichtag der 30. September 2000 festgesetzt. Auch die Zuordnung der Auszubildenden zu den Ausbildungsjahren richtete sich nach diesem Datum. Auf diese Weise konnten jeweils Kostenwerte pro Auszubildenden und Ausbildungsjahr bezogen auf das Kalenderjahr 2000 ermittelt werden, die die Basis für alle weiteren Analysen bildeten.

Dadurch, dass im Rahmen der Kostenerhebungen immer eine Erfassung der einzelnen Kostenkomponenten (Mengen- und Wertangaben) erfolgt, werden über die eigentlichen Ausbildungskosten hinaus vielfältige Daten über das Ausbildungsgeschehen im Betrieb gewonnen. Zur Kosten- und Ertragsermittlung sind insbesondere detaillierte Angaben zu den betrieblichen Ausbildungszeiten notwendig. Es wird erhoben, in welchem Umfang die Auszubildenden vom Betrieb abwesend sind wegen Berufsschulunterricht, Urlaub, Krankheit, externen Lehrgängen oder externen Ausbildungsphasen. Für die betrieblichen Anwesenheitszeiten wird die Verteilung auf die innerbetrieblichen Lernorte und die einzelnen Zeitarten erfasst, also Unterweisungszeiten, Übungs- bzw. Selbstlernzeiten, produktive Zeiten, sonstige Zeiten. Damit liegen umfassende Informationen zu den Zeitstrukturen der betrieblichen Berufsausbildung vor. Da Unterschiede in der Kostenhöhe zu einem nicht unwesentlichen Teil auf einer unterschiedlichen Ausbildungsorganisation in den Betrieben beruhen, die sich in den Zeitstrukturen niederschlägt, werden diese ebenfalls näher untersucht.

Im Folgenden werden zunächst die Ergebnisse der Kostenermittlung nach der Voll- und Teilkostenrechnung für die unterschiedlichen Kostenarten und differenziert nach wichtigen Strukturmerkmalen, d. h. nach Ausbildungsbereichen, Betriebsgrößenklassen, Betrieben mit und ohne Lehrwerkstattausbildung, Ausbildungsjahren, gewerblich-technischen und kaufmännischen Berufen sowie nach einzelnen Ausbildungsberufen, vorgestellt. Anschließend werden in multivariaten Analysen Einflussgrößen für Kostenunterschiede identifiziert. Zum Abschluss werden die Ergebnisse zur Zeitstruktur der betrieblichen Berufsausbildung wiederum differenziert nach bedeutenden Strukturmerkmalen dargestellt.

2 Ergebnisse der Kostenerhebung

2.1 Vollkostenrechnung

Wie im vorangegangenen Kapitel näher ausgeführt, wird bei der Ermittlung der betrieblichen Ausbildungskosten nach der Vollkostenrechnung der gesamte für die Durchführung der Ausbildung erfolgte Einsatz an Personen und Sachmitteln vollständig erfasst und bewertet. Dabei werden nicht nur die durch die Ausbildung zusätzlich verursachten Kosten berücksichtigt (variable Kosten), sondern auch Personal- und Sachkosten anteilig zugerechnet, die dem Betrieb ebenso ohne Ausbildung entstehen würden (fixe Kosten). Die im Folgenden dargestellten Ergebnisse der Vollkostenrechnung geben somit Auskunft darüber, in welcher Höhe die Betriebe insgesamt finanzielle Mittel für die berufliche Ausbildung aufwenden. Die Vollkosten sind insbesondere heranzuziehen, wenn es um einen Kostenvergleich mit anderen Teilbereichen des deutschen Bildungssystems oder einen internationalen Vergleich von Bildungskosten geht, da dann jeweils der gesamte Ressourcenverbrauch zu betrachten ist. Aussagen darüber, welche zusätzliche Kostenbelastung für die Betriebe mit der Ausbildung verbunden ist, sind dagegen nur auf Basis der Teilkostenrechnung möglich, bei der ausschließlich die variablen Kosten einbezogen werden; die Ergebnisse zu den Teilkosten sind in Teil II, Kapitel 2.2 enthalten.

2.1.1 Kosten insgesamt sowie in West- und Ostdeutschland

Kostendurchschnitte insgesamt

Bezogen auf das Jahr 2000 betragen die Bruttokosten der betrieblichen Berufsausbildung nach der Vollkostenrechnung im Gesamtdurchschnitt 16.435 € pro Auszubildenden und Jahr. Die bewerteten produktiven Leistungen der Auszubildenden, also die Ausbildungserträge, erreichen eine durchschnittliche Höhe von 7.730 €.[32] Damit werden 47 % der Bruttokosten durch die Erträge gedeckt. Nach Abzug der Erträge von den Bruttokosten verbleiben Nettokosten von durchschnittlich 8.705 € pro Auszubildenden und Jahr.[33]

Den größten Kostenblock bilden die Personalkosten der Auszubildenden mit 8.269 €, was einem Anteil von 50 % der Bruttokosten entspricht. Dabei haben die Ausbildungsvergütungen mit durchschnittlich 6.042 € pro Auszubildenden und Jahr die mit Abstand größte Bedeutung, allein 37 % der Bruttokosten entfallen hierauf. Im Gegensatz zu anderen Kostenarten der betrieblichen Berufsausbildung sind die Ausbildungsvergütungen in ihrer Höhe nicht oder nur im geringen Umfang durch den Betrieb zu beeinflussen. In den meisten Wirtschaftsbereichen gibt es tarifliche Regelungen der Ausbildungsvergütungen. Tarifgebundene Betriebe sind verpflichtet, ihren Auszubildenden mindestens den tariflich festgesetzten Betrag zu zahlen.[34] Aber auch nicht tarifgebundene Betriebe müssen sich an dem tariflichen Satz orientieren, da nach

32 Eine Darstellung der Ertragskomponenten, d.h. der produktiven Zeiten und ihrer Bewertung mit dem Leistungsgrad der Auszubildenden, ist in Teil II, Kap. 2.4 enthalten.

33 Konfidenzintervalle für die berechneten durchschnittlichen Kostenwerte werden in Teil II, Kap. 2.1.2 angegeben.

34 Eine Tarifbindung besteht, wenn der Betrieb dem Arbeitgeberverband angehört, der mit der für die Branche zuständigen Gewerkschaft einen entsprechenden Tarifvertrag abgeschlossen hat. Rechtlich gesehen muss allerdings auch der Auszubildende der betreffenden Gewerkschaft angehören, um einen Anspruch auf die tarifliche Vergütung zu haben, was jedoch faktisch keine Rolle spielt, da kein Betrieb bei seinen Zahlungen zwischen Gewerkschaftsmitgliedern und Nichtmitgliedern unterscheidet.

derzeitiger Rechtsprechung die tarifliche bzw. die branchen- und ortsübliche Ausbildungsvergütung um nicht mehr als 20 % unterschritten werden darf. Die gesetzlichen Sozialleistungen, d. h. die Arbeitgeberbeiträge zur Kranken-, Renten-, Arbeitslosen- und Pflegeversicherung der Auszubildenden, bemessen sich an der Ausbildungsvergütung. Der Beitragssatz zur Sozialversicherung (Arbeitgeberbeitrag) lag im Jahr 2000 bei durchschnittlich 20,55 %. Bei einer monatlichen Ausbildungsvergütung von weniger als 322 € (630 DM) musste der Betrieb auch den Arbeitnehmeranteil zur gesetzlichen Sozialversicherung übernehmen, d. h., der Beitragssatz verdoppelte sich dann für ihn. Die gesetzlichen Sozialleistungen machen im Durchschnitt 1.466 € pro Auszubildenden und Jahr aus. Darüber hinaus gewähren die Betriebe den Auszubildenden häufig weitere Sozialleistungen, insbesondere Weihnachtsgeld bzw. „13. Monatsgehalt", Urlaubsgeld, vermögenswirksame Leistungen, Fahr- und Essensgeld. Soweit solche Sozialleistungen tariflich vereinbart sind, besteht für tarifgebundene Betriebe wiederum die Pflicht zu entsprechenden Zahlungen. In den anderen Fällen erfolgen die zusätzlichen Sozialleistungen auf freiwilliger Basis. Die Kosten für tarifliche und freiwillige Sozialleistungen betragen insgesamt 761 € pro Auszubildenden und Jahr.

Den zweitgrößten Kostenblock stellen die Kosten des Ausbildungspersonals dar. Mit durchschnittlich 5.893 € pro Auszubildenden und Jahr nehmen sie einen Anteil von 36 % der Bruttokosten ein. Dabei haben die Kosten der nebenberuflichen Ausbilder, also der betrieblichen Mitarbeiter, die neben ihren eigentlichen Arbeiten im Betrieb zeitweise auch Ausbildungsaufgaben wahrnehmen, mit durchschnittlich 5.419 € das stärkste Gewicht. Die Kosten hauptberuflicher Ausbilder erreichen demgegenüber mit durchschnittlich 453 € nur eine vergleichsweise geringe Höhe. Dies ist darauf zurückzuführen, dass hauptberufliche Ausbilder in der Regel nur in größeren Betrieben mit relativ vielen Auszubildenden eingesetzt werden; insgesamt werden lediglich 11 % der Auszubildenden von hauptberuflichen Ausbildern betreut, d. h. in den meisten Fällen entstehen keine entsprechenden Kosten. Werden nur die Betriebe betrachtet, in denen hauptberufliche Ausbilder tatsächlich eingesetzt werden, beträgt der durchschnittliche Kostenwert pro Auszubildenden und Jahr 4.098 €. Externe Ausbilder, d. h. nicht im Betrieb beschäftigte Personen, die auf Honorarbasis mit bestimmten Ausbildungsaufgaben, z. B. der Durchführung von innerbetrieblichem Unterricht für die Auszubildenden, beauftragt werden, kommen ebenfalls nur in wenigen Betrieben vor. Mit 22 € sind ihre Kosten im Gesamtdurchschnitt zu vernachlässigen. Allerdings werden lediglich 4 % der Auszubildenden zeitweise von externen Ausbildern unterwiesen. Auch hier liegt der Kostenwert daher mit 627 € wesentlich höher, wenn nur die Betriebe in die Durchschnittsberechnung einbezogen werden, die externe Ausbilder beauftragen.

Die Anlage- und Sachkosten der Ausbildung spielen mit durchschnittlich 545 € und einem Anteil von 3 % an den Bruttokosten nur eine untergeordnete Rolle. Dabei ist allerdings zu beachten, dass sich die Erfassung der Anlage- und Sachkosten der Ausbildung am Arbeitsplatz auf die Kosten der Werkzeug- und Geräteausstattung der Auszubildenden sowie die Kosten des für Übungszwecke verbrauchten Materials beschränkte.[35] Verfügt ein Betrieb über eine Lehrwerkstatt bzw. sonstige betriebliche Lehreinrichtung oder über gesonderte Schulungsräume für die Auszubildenden, sind die dort entstandenen Anlage- und Sachkosten dagegen vollständig einbezogen.

Die restlichen 11 % der Bruttokosten entfallen auf die sonstigen Ausbildungskosten, die sich aus einer Reihe sehr unterschiedlicher Kostenarten zusammensetzen und eine Höhe von insgesamt 1.728 € pro Auszubildenden und Jahr erreichen. Die Kosten der Ausbildungsverwaltung, d. h. die im Zusammenhang mit der Leitung, Planung, Koordination, Kontrolle der Ausbildung und der Rekrutierung der Auszubildenden anfallenden Personal- und Sachkosten, sind dabei mit durchschnittlich 1.141 € am bedeutendsten. Die Kosten der externen Ausbildung schlagen mit insgesamt 310 € zu Buche. Davon fallen 281 € für externe Lehrgänge in überbetrieblichen Berufsbildungsstätten, sonstigen externen Bildungseinrichtungen oder in unternehmenseigenen Bildungszentren an und 29 € für Bildungsphasen in fremden Betrieben oder in anderen Betrieben des eigenen Unternehmens, gegebenenfalls auch im Ausland. Kosten entstehen bei externer Ausbildung insbesondere für Teilnahmegebühren, Fahrten, externe Verpflegung und Übernachtung. Die Gebühren an die Kammer bzw. zuständige Stelle, die für die Eintragung der Ausbildungsverhältnisse und die Zwischen- und Abschlussprüfungen der Auszubildenden zu entrichten sind, liegen im Durchschnitt bei 136 €. Für Lehr- und Lernmedien geben die Betriebe 75 € pro Auszubildenden und Jahr aus, davon 54 € für herkömmliche Lehrmaterialien (Lehrbücher und Übungsmaterial) und 21 € für neuere Medien wie Lernsoftware, Lernvideos und Ähnliches. Die Anschaffung und Reinigung von Berufs- und Schutzkleidung der Auszubildenden kosten durchschnittlich 65 €.

Wird ein Vergleich zu der zeitgleich für die Schweiz durchgeführten Kostenerhebung[36] hergestellt, so fällt auf, dass die Nettokosten der Ausbildung in Deutschland deutlich höher sind. Ein wesentlicher Grund hierfür dürfte das in der Schweiz wesentlich höhere Niveau der Löhne von Fachkräften wie An- und Ungelernten sein, wodurch die Erträge aus produktiven Leistungen der Auszubildenden erhöht werden. Zugleich entsprechen die durchschnittlichen Ausbildungsvergütungen in der Schweiz in etwa den deutschen Werten.[37]

Kostendurchschnitte in West- und Ostdeutschland

Von den Auszubildenden in Deutschland werden rund vier Fünftel im Westen und ein Fünftel im Osten ausgebildet. Die betrieblichen Ausbildungskosten unterscheiden sich

35 Die sonstigen auf die Ausbildung entfallenden anteiligen Arbeitsplatzkosten wurden nicht berücksichtigt, vgl. Teil II, Kap. 1.1.
36 Vgl. SCHWERI, Jürg u. a.: Kosten und Nutzen der Lehrlingsausbildung aus der Sicht Schweizer Betriebe, a. a. O., S. 82 ff.
37 Vgl. ebenda, S. 83.

beträchtlich zwischen West- und Ostdeutschland (siehe Abbildung II/3). Im Osten liegen die Bruttokosten mit durchschnittlich 12.438 € pro Auszubildenden und Jahr um durchschnittlich 29 % unter denen im Westen mit 17.491 €. Aber auch die Erträge der Auszubildenden sind um 25 % niedriger. Die Erträge decken im Osten 49 % der Bruttokosten und im Westen 47 %. Die Nettokosten erreichen im Osten mit 6.343 € einen um 32 % geringeren Wert als im Westen mit 9.329 €.

Abbildung II/3: **Bruttokosten, Erträge und Nettokosten insgesamt sowie in West- und Ostdeutschland (Vollkosten)**

Durchschnittliche Beträge pro Auszubildenden und Jahr in Euro

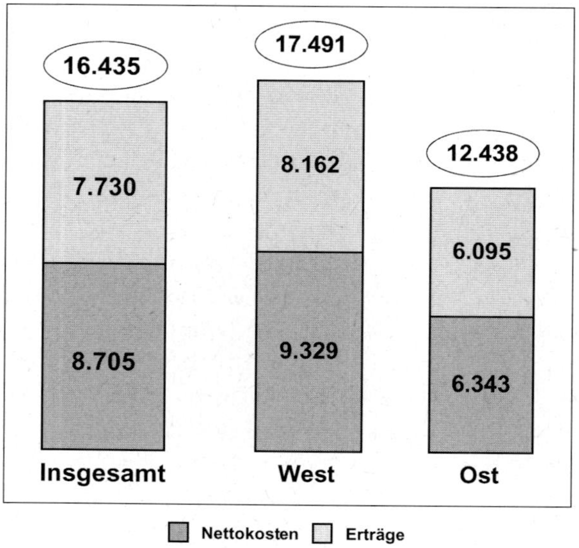

Erhebliche Kostendifferenzen treten bei allen Kostenarten auf, bei denen es sich um Personalkosten handelt (vgl. Tabelle II/1 im Anhang). Die Personalkosten der Auszubildenden bewegen sich im Osten durchschnittlich um 23 % unter denen im Westen. Die Ausbildungsvergütungen haben ein um 22 % niedrigeres Niveau. Damit sind die Unterschiede bei den tatsächlichen Vergütungszahlungen noch um einiges größer als bei den tariflich vereinbarten Ausbildungsvergütungen. Nach einer vom BIBB durchgeführten Auswertung lagen die tariflichen Vergütungen im Jahr 2000 in Ostdeutschland nur um 14 % unter dem Westniveau.[38] Es ist anzunehmen, dass sich

38 Vgl. BEICHT, Ursula: Entwicklung der tariflichen Ausbildungsvergütungen von 1976 bis 2000. In: Berufsbildung in Wissenschaft und Praxis, Heft 3/2001, S. 36–40.

bei den tatsächlichen Vergütungszahlungen die geringere Tarifbindung der Betriebe im Osten auswirkt. Auffällig ist auch die im Osten deutlich zurückhaltendere Gewährung von tariflichen und freiwilligen Sozialleistungen für die Auszubildenden, die um 45 % niedriger ausfällt als im Westen.

Die Kosten des Ausbildungspersonals weichen beträchtlich voneinander ab, sie sind im Osten um 42 % niedriger als im Westen. Ursächlich für diesen Unterschied sind mehrere Faktoren Zunächst ist im Osten ein insgesamt geringerer Einsatz an Ausbilderzeiten zu verzeichnen. Werden alle Ausbildergruppen zusammengenommen, also die hauptberuflichen, nebenberuflichen und externen Ausbilder, so liegen die Ausbilderzeiten pro Auszubildenden im Osten um durchschnittlich 13 % unter denen im Westen. Bei differenzierterer Betrachtung des zeitlichen Einsatzes der Ausbilder zeigt sich, dass im Osten fast alle Mitarbeitergruppen in geringerem Umfang an der Ausbildung beteiligt sind, vor allem jedoch die Führungskräfte, deren Ausbildungszeiten um 24 % niedriger liegen als im Westen. Lediglich die gewerblichen Fachkräfte sind im Osten bei der Ausbildung mit einem um 32 % höheren Zeitanteil vertreten.[39] Damit konzentriert sich im Osten die Ausbildung stärker auf niedriger entlohnte Mitarbeitergruppen als im Westen. Am stärksten wirkt sich allerdings das unterschiedliche Lohn- und Gehaltsniveau in West und Ost aus: So erhalten sowohl die an der Ausbildung beteiligten Führungskräfte als auch die gewerblichen Fachkräfte im Osten ein um 33 % niedrigeres Entgelt (einschließlich Personalnebenkosten) als im Westen. Etwas kleiner sind die Abweichungen bei den ausbildenden kaufmännischen Fachkräften, die im Osten ein um 24 % geringeres Gehalt beziehen, und bei den hauptberuflichen Ausbildern, deren Personalkosten um 21 % niedriger liegen als im Westen.

Die Abweichungen bei den Anlage- und Sachkosten und den sonstigen Kostenarten der Ausbildung sind im Vergleich dazu verhältnismäßig gering. Die Anlage- und Sachkosten sind im Osten um 13 % niedriger als im Westen. Bei den sonstigen Kostenarten treten kaum nennenswerte Unterschiede auf mit Ausnahme der Kosten für die Ausbildungsverwaltung, die im Osten um 20 % niedriger ausfallen. Bei den Ausbildungsverwaltungskosten handelt es sich hauptsächlich um Personalkosten und die Abweichung ist wiederum vor allem auf das unterschiedliche Lohn- und Gehaltsniveau in West und Ost zurückzuführen.

Für die Unterschiede bei den Ausbildungserträgen sind ebenfalls die Lohn- und Gehaltsdifferenzen ursächlich. Wie bereits näher ausgeführt werden zur Ermittlung der Erträge die produktiven Zeiten der Auszubildenden erfasst und anschließend mit ihrem Leistungsgrad sowie dem Lohn bzw. Gehalt von Arbeitskräften bewertet, die

39 Dies hängt u.a. auch damit zusammen, dass im Osten die Ausbildung in den gewerblich-technischen Berufen mit 58 % der Auszubildenden ein etwas höheres Gewicht hat als im Westen mit 51 %; hierbei handelt es sich um die Verteilung der Auszubildenden in der gewichteten Stichprobe, vgl. Teil I, Kap. 5.

ansonsten für die entsprechenden Arbeiten eingesetzt würden.[40] Die durchschnittlichen produktiven Zeiten pro Auszubildenden und der eingeschätzte Leistungsgrad weichen zwischen West- und Ostdeutschland kaum voneinander ab, sondern sind im Osten sogar noch etwas höher.[41] Somit ergeben sich die geringeren Erträge im Osten durch den niedrigeren Bewertungsfaktor „Lohn bzw. Gehalt".

Insgesamt kann damit festgehalten werden, dass für die Abweichungen bei den Brutto- und Nettokosten zu einem großen Teil das unterschiedliche Niveau der Ausbildungsvergütungen sowie der Löhne und Gehälter zwischen West- und Ostdeutschland verantwortlich ist. Daneben wirken sich wahrscheinlich auch strukturelle Unterschiede, z.B. abweichende Verteilungen der Auszubildenden auf Berufe, Ausbildungsbereiche und Betriebsgrößenklassen auf die Kostenhöhe in West und Ost aus. Insbesondere die festgestellten Unterschiede im Ausbildereinsatz könnten teilweise hierauf beruhen.

Abbildung II/4: **Struktur der Bruttokosten insgesamt sowie in West- und Ostdeutschland (Vollkosten)**

Durchschnittliche Beträge pro Auszubildenden und Jahr in Euro und Prozent

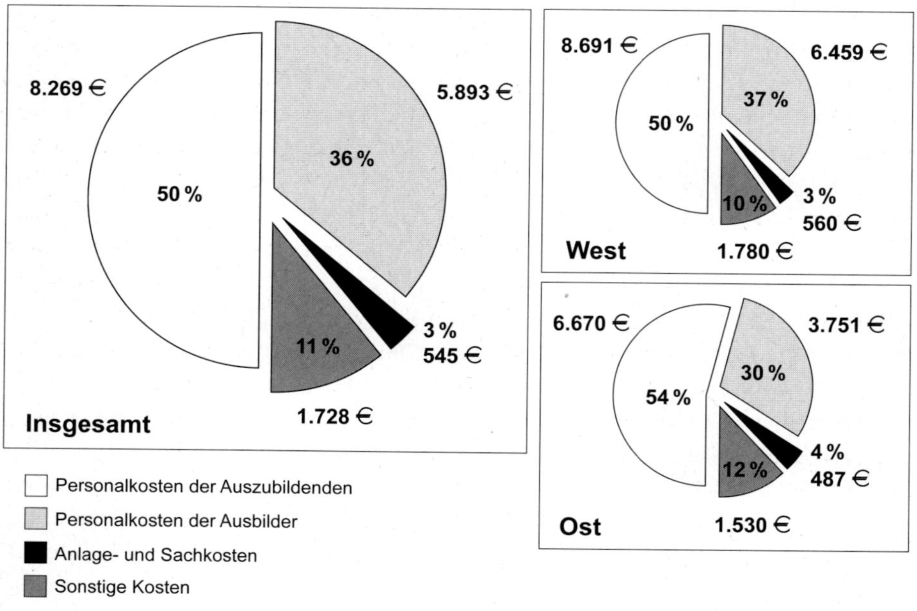

40 Vgl. Teil II, Kap. 1.3.
41 Vgl. Teil II, Kap. 2.4.1.

Durch die unterschiedlichen Kostendifferenzen zwischen West- und Ostdeutschland bei den einzelnen Kostenarten ergibt sich insgesamt auch eine abweichende Struktur der Bruttokosten (vgl. Abbildung II/4): Während im Westen genau die Hälfte der Bruttokosten auf die Personalkosten der Auszubildenden entfällt, ist der Anteil im Osten noch um vier Prozentpunkte höher. Dagegen fallen im Osten die Ausbilderkosten deutlich weniger ins Gewicht, der Anteil liegt um sieben Prozentpunkte niedriger als im Westen. Für die Anlage- und Sachkosten sowie die sonstigen Kosten der Ausbildung ergeben sich zwischen West- und Ostdeutschland nur geringfügige Unterschiede.

Verteilung der Auszubildenden nach Kostenhöhe

Bei den bisher dargestellten Kostenergebnissen handelte es sich jeweils um Durchschnittswerte, die keinen Aufschluss über die insgesamt vorhandenen Kostenunterschiede geben. Die Abweichungen können anhand von Verteilungsstrukturen aufgezeigt werden. Hierbei wird betrachtet, für wie viele Auszubildende die Kosten jeweils eine bestimmte Höhe erreichen. Zu diesem Zweck sind die Kostenwerte in 5.000 € -Intervalle gruppiert worden. Näher eingegangen wird im Folgenden auf die Verteilungen der Bruttokosten und Erträge sowie der Nettokosten als der wichtigsten Größe, die die eigentliche Kostenbelastung der Betriebe ausdrückt.

Die Bruttokosten bewegen sich insgesamt schwerpunktmäßig in einer Größenordnung von 10.000 € bis 19.999 € pro Jahr, für 59 % der Auszubildenden erreichen sie eine solche Höhe (vgl. Tabelle II/2 im Anhang). 15 % der Auszubildenden verursachen mit weniger als 10.000 € eher niedrige Bruttokosten. Vergleichsweise hohe Bruttokosten von 20.000 € bis 29.999 € sind dagegen für 22 % der Auszubildenden zu verzeichnen. Sehr hoch fallen die Bruttokosten mit über 30.000 € für 4 % der Auszubildenden aus. Der höchste bei den Bruttokosten auftretende Wert liegt bei rund 103.500 €, der niedrigste bei 1.535 €. Die beträchtlichen Abweichungen in den Bruttokosten sind auf eine Vielzahl von Faktoren zurückzuführen, von denen an dieser Stelle nur einige wichtige genannt werden sollen: Zum einen gibt es aufgrund des deutschen Tarifsystems große Unterschiede in den Ausbildungsvergütungen je nach Wirtschaftsbereich, Branche und Region; Gleiches gilt für die Löhne und Gehälter des an der Ausbildung beteiligten Personals. Zum anderen kann die Ausbildung in den Betrieben sehr unterschiedlich organisiert sein: So ist z.B. eine zu großen Teilen in einer betrieblichen Lehrwerkstatt durchgeführte Ausbildung in der Regel mit erheblich höheren Kosten verbunden als eine produktionsnahe Ausbildung am betrieblichen Arbeitsplatz.[42] Auch die für die Ausbildung eingesetzten Mitarbeitergruppen können sich sehr unterscheiden und ihre Ausbildungszeiten stark variieren, was einen erheb-

42 Vgl. Teil II, Kap. 2.1.5.

lichen Einfluss auf die Kostenhöhe hat. Hinzu kommen noch die ausbildungsjahrspezifischen Unterschiede, die in die Gesamtverteilung eingegangen sind.[43]
Bei einer nach West- und Ostdeutschland differenzierten Betrachtung zeigt sich, wie die Unterschiede in den Durchschnittswerten erwarten ließen, dass die Bruttokosten im Osten in niedrigeren Kostenintervallen konzentriert sind als im Westen (vgl. Tabelle II/2 im Anhang). Während im Osten für über drei Viertel der Auszubildenden die Bruttokosten unter 15.000 € liegen, betrifft dies im Westen nur 40 %. Hohe Bruttokosten von über 25.000 € sind im Westen für immerhin 12 % der Auszubildenden festzustellen, im Osten dagegen nur für weniger als 2 %.

Auch die Ausbildungserträge, d. h. die produktiven Leistungen der Auszubildenden, variieren insgesamt stark (vgl. Tabelle II/2 im Anhang). 38 % der Auszubildenden erwirtschaften Erträge in Höhe von 5.000 € bis 9.999 € pro Jahr. Vergleichsweise niedrig sind die Erträge mit weniger als 5.000 € bei 30 % der Auszubildenden. Bei 4 % der Auszubildenden fallen überhaupt keine Erträge an, was meist darauf zurückzuführen ist, dass die betreffenden Auszubildenden wegen umfangreicher externer Ausbildungsphasen nicht produktiv im Ausbildungsbetrieb einsetzbar waren. Relativ hoch sind dagegen die Erträge mit 10.000 € bis 19.999 € bei 25 % der Auszubildenden. 3 % der Auszubildenden erreichen mit mehr als 20.000 € sehr hohe Erträge. Der höchste Wert beträgt bei den Erträgen knapp 40.000 €.

Abbildung II/5: **Verteilung der Nettokosten insgesamt (Vollkosten)**

Anzahl der Auszubildenden in Prozent nach Höhe der Nettokosten pro Jahr in Euro

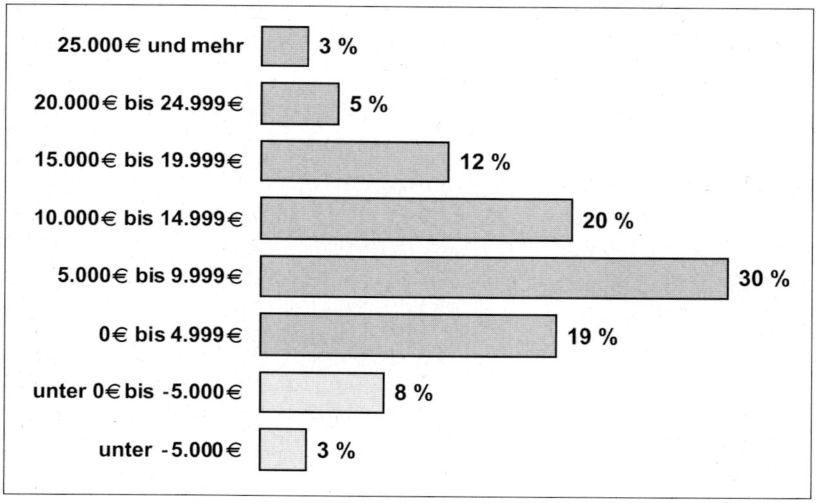

43 Vgl. Teil II, Kap. 2.1.7.

Zwischen West- und Ostdeutschland treten wiederum deutliche Abweichungen auf: Während im Osten 81% der Auszubildenden Erträge von weniger als 10.000 € erwirtschaften, sind es im Westen nur 65%. Der Anteil der Auszubildenden ohne produktive Leistungen ist im Westen allerdings mit 5% etwas höher als im Osten mit 3%. Deutlich öfter kommen im Westen auch hohe Erträge von über 15.000 € vor, der betreffende Auszubildendenanteil beträgt 13% gegenüber 2% im Osten.

Bei den Nettokosten verstärken sich die Unterschiede im Vergleich zu den Bruttokosten nochmals merklich, da der Anteil der Erträge erheblich schwankt. Bei hohen Bruttokosten und niedrigen Erträgen ergeben sich als Saldo beträchtliche Nettokosten, was insbesondere bei Betrieben mit kostenintensiver Lehrwerkstattausbildung zutrifft, die oft nur eingeschränkte Möglichkeiten für einen produktiven Einsatz der Auszubildenden haben. Geringe Bruttokosten und hohe Erträge führen dagegen zu sehr niedrigen Nettokosten, teilweise sogar negativen Nettokosten, also Nettoerträgen; dies kommt vor allem bei einer arbeitsplatznahen Ausbildung vor, bei der die Auszubildenden in hohem Umfang in die laufenden betrieblichen Arbeiten einbezogen werden können. Wie aus Abbildung II/5 hervorgeht, liegen die Nettokosten insgesamt für die Hälfte der Auszubildenden zwischen 5.000 € und 14.999 €. Sehr hohe Nettokosten von über 20.000 € entstehen für 8 % der Auszubildenden. Eher niedrig sind Nettokosten mit weniger als 5.000 € für knapp ein Fünftel der Auszubildenden. Für immerhin 11 % der Auszubildenden fallen bereits bei der Vollkostenrechnung überhaupt keine Nettokosten an, sie erwirtschaften vielmehr Nettoerträge. Insgesamt bewegen sich die Nettokosten zwischen 91.400 € als höchstem und -19.295 € als niedrigstem Wert.

Abbildung II/6: **Verteilung der Nettokosten in West- und Ostdeutschland (Vollkosten)**

Anzahl der Auszubildenden in Prozent nach Höhe der Nettokosten pro Jahr in Euro

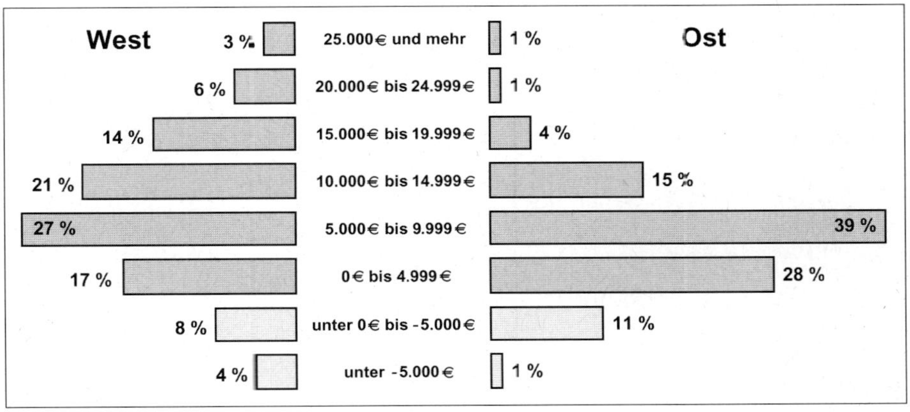

Wird die Nettokostenverteilung getrennt für West- und Ostdeutschland vorgenommen, zeigt sich im Osten eine deutlich stärkere Konzentration der Kosten (vgl. Abbildung II/6). Im Osten betragen die Nettokosten für 82 % der Auszubildenden zwischen 0 € und 14.999 € gegenüber 65 % im Westen. Nettokosten von über 15.000 € kommen im Osten mit einem Anteil von 6 % der Auszubildenden viel seltener vor als im Westen mit 23 %. Der Anteil der Auszubildenden, die Nettoerträge erzielen, ist mit jeweils 12 % in West- und Ostdeutschland gleich hoch, wobei im Westen allerdings etwas häufiger Nettoerträge von über 5.000 € erreicht werden.

Hochrechnung der Kosten auf die Gesamtwirtschaft

Auf der Grundlage der durchschnittlichen Brutto- und Nettokosten pro Auszubildenden und Jahr lassen sich die Gesamtkosten der Wirtschaft, d.h. der Privatwirtschaft und des Öffentlichen Dienstes für die betriebliche Berufsausbildung im Jahr 2000 berechnen. Hierfür werden die Auszubildendenzahlen zum 31.12.1999 herangezogen.[44] In Deutschland gab es zu diesem Stichtag insgesamt 1.684.328 Auszubildende, davon 1.332.408 im Westen und 351.920 im Osten.[45] Die Bruttokosten, die den Betrieben insgesamt für diese Auszubildenden entstanden sind, betragen demnach für das gesamte Bundesgebiet 27,68 Mrd. €, davon entfallen 23,31 Mrd. € auf West- und 4,37 Mrd. € auf Ostdeutschland. Die Nettokosten erreichen in Deutschland insgesamt 14,66 Mrd. €, im Westen liegen sie bei 12,43 Mrd. €, im Osten bei 2,23 Mrd. €. Insgesamt entsprach dies einem Anteil am Bruttonationaleinkommen (Bruttosozialprodukt)[46] von 1,4 % bezogen auf die Bruttokosten und 0,7 % bezogen auf die Nettokosten. Der Anteil an der Bruttolohn- und -gehaltssumme im Jahr 2000[47] betrug bei den Bruttokosten 3,2 % und bei den Nettokosten 1,7 %.

2.1.2 Kosten nach Ausbildungsbereichen

Durchschnitte der Bruttokosten, Erträge und Nettokosten

In die vorliegende Untersuchung sind, wie vorne bereits näher ausgeführt,[48] die Ausbildungsbereiche Industrie und Handel, Handwerk, Landwirtschaft, Freie Berufe und Öffentlicher Dienst einbezogen. Nicht berücksichtigt sind die Ausbildungsbereiche Hauswirtschaft und Seeschifffahrt, in denen nur eine relativ kleine Zahl von Auszubildenden vertreten sind. Die untersuchten Ausbildungsbereiche unterscheiden sich

44 Auch für die Entwicklung der Gewichtungsfaktoren zur Anpassung der Stichprobenergebnisse an die Grundgesamtheit wurden die Auszubildendenzahlen zu diesem Stichtag verwendet; vgl. Teil I, Kap. 5.

45 Ohne die Auszubildendenzahlen in den Ausbildungsbereichen Hauswirtschaft und Seeschifffahrt, die nicht in die Erhebung einbezogen waren.

46 Das Bruttosozialprodukt betrug im Jahr 2000 in Deutschland 2.018,03 Mrd. €. Vgl. BUNDESMINISTERIUM FÜR ARBEIT UND SOZIALORDNUNG (Hrsg.): Statistisches Taschenbuch 2001, Arbeits- und Sozialstatistik, Tabelle 1.1.

47 Die Bruttolohn- und Gehaltssumme lag im Jahr 2000 in Deutschland bei 877,19 Mrd. €. Vgl. BUNDESMINISTERIUM FÜR ARBEIT UND SOZIALORDNUNG (Hrsg.): Statistisches Taschenbuch 2001, Arbeits- und Sozialstatistik, Tabelle 1.13.

48 Vgl. Teil I, Kap. 3.

sehr stark in ihrer quantitativen Bedeutung: Die meisten Auszubildenden werden in Industrie und Handel ausgebildet, hier ist etwa die Hälfte der Auszubildenden vertreten. Ein relativ hohes Gewicht hat auch der Handwerksbereich mit 37 % der Auszubildenden. Auf den Ausbildungsbereich Freie Berufe entfallen 9 % der Auszubildenden, auf den Öffentlichen Dienst nur 3 % und auf die Landwirtschaft lediglich 2 %.[49]

Zwischen den Ausbildungsbereichen weichen die Kosten erheblich voneinander ab, wie Abbildung II/7 zeigt. Die höchsten Bruttokosten weisen Industrie und Handel mit durchschnittlich 17.750 € pro Auszubildenden und Jahr auf, dicht gefolgt von den Freien Berufen und dem Öffentlichen Dienst. In der Landwirtschaft liegen die Bruttokosten dagegen deutlich niedriger und im Handwerk sind sie mit 14.395 € am geringsten. Die größte Kostendifferenz tritt damit zwischen den beiden quantitativ bedeutendsten Ausbildungsbereichen auf: In Industrie und Handel liegen die Bruttokosten um 23 % über denen des Handwerks.

Abbildung II/7: **Bruttokosten, Erträge und Nettokosten insgesamt sowie nach Ausbildungsbereichen (Vollkosten)**

Durchschnittliche Beträge pro Auszubildenden und Jahr in Euro

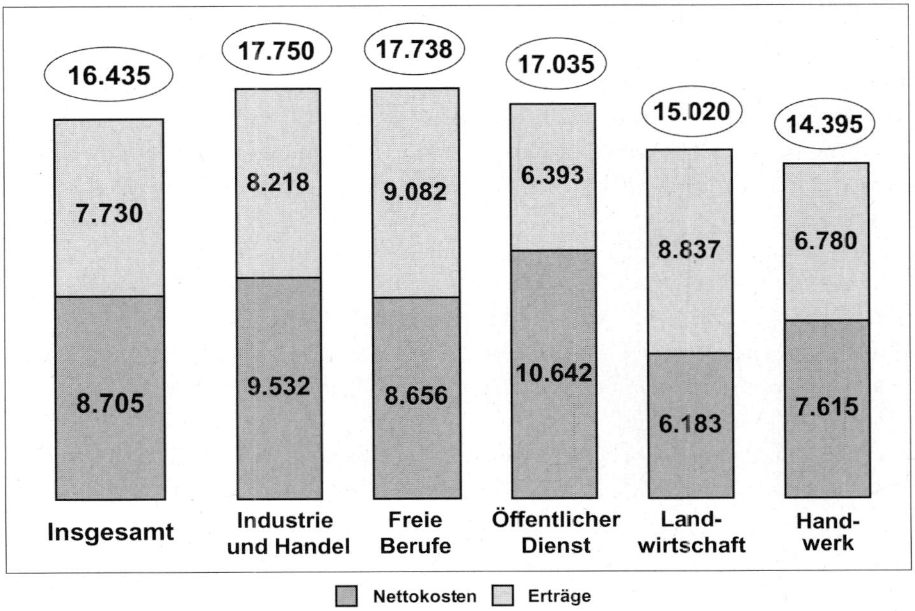

49 Angegeben ist die Verteilung der Auszubildenden zum Stichtag 31. 12. 1999.

Auch bei den Ausbildungserträgen sind große Unterschiede zu verzeichnen: Hier liegen die Freien Berufe an der Spitze, und auch in der Landwirtschaft werden sehr hohe Erträge erzielt; die niedrigsten Erträge erwirtschaften die Auszubildenden im Öffentlichen Dienst. Aufgrund der unterschiedlichen Ausbildungserträge verändert sich das Bild bei den Nettokosten gegenüber den Bruttokosten deutlich: Der Öffentliche Dienst hat wegen der niedrigen Erträge die höchsten Nettokosten, die mit durchschnittlich 10.642 € diejenigen von Industrie und Handel noch deutlich übersteigen. Die Freien Berufe befinden sich aufgrund der hohen Erträge bei den Nettokosten nur noch im Mittelfeld. Das Handwerk nimmt bei den Nettokosten den vorletzten Platz ein. Die mit Abstand niedrigsten Nettokosten sind – ebenfalls wegen der hohen Erträge – in der Landwirtschaft mit 6.183 € festzustellen, sie liegen um 42 % unter den höchsten Nettokosten des Öffentlichen Dienstes.

Konfidenzintervalle für die Brutto- und Nettokostendurchschnitte

Bei den hier ausgewiesenen Werten handelt es sich um durchschnittliche Kosten pro Auszubildenden und Jahr. Die Angaben in der Erhebung wurden dabei auf einzelne Ausbildungsjahre bezogen, die entsprechenden ausbildungsjahrspezifischen Durchschnittskosten bilden die Basis für die Berechnung des Gesamt-Durchschnittswertes. Da die einzelnen Ausbildungsjahre nicht in allen Betrieben mit Auszubildenden besetzt sind, können auf der Grundlage der Erhebungsdaten keine Durchschnittswerte pro Betrieb errechnet werden. Dies bedeutet, dass zunächst auch keine Gesamtaussage über die betriebliche Streuung der Kosten gemacht werden kann. Würde die Streuung über alle Auszubildenden berechnet, so enthielte sie wegen der ausbildungsjahrspezifischen Ermittlung der Kosten auch eine natürliche Varianz der Ausbildungsjahre, welche ja auch in einem einzelnen Betrieb selbst vorhanden ist. Um Angaben über die Streuung der Kostenwerte zu ermöglichen, haben wir deshalb Standardabweichungen für die Kosten in den jeweiligen Ausbildungsjahren berechnet. Zur Angabe von Konfidenzintervallen wurde das arithmetische Mittel der ausbildungsjahrspezifischen Standardabweichungen herangezogen. Die so berechnete Standardabweichung beträgt für die Bruttokosten € 6.649 und für die Nettokosten € 7.817.

Um die Genauigkeit der ausgewiesenen Durchschnittswerte abschätzen zu können, sind in der Übersicht II/1 für die Brutto- und Nettokosten insgesamt sowie in den einzelnen Ausbildungsbereichen Konfidenzintervalle[50] angegeben. Mit einer Wahrscheinlichkeit von 95 % liegt hiernach der tatsächliche Durchschnittswert für die Bruttokosten zwischen 16.069 € und 16.801 €. Der wahre Durchschnittswert der Nettokosten liegt in einem Intervall von 8.274 € und 9.136 €. Betrachtet man die Intervalle für die einzelnen Ausbildungsbereiche, so ist zu berücksichtigen, dass die

50 Für die Berechnung wurden die Werte der Standardnormalverteilung und ein Designgewicht von $\sqrt{2}$ zugrunde gelegt.

Konfidenzintervalle in den kleinen Ausbildungsbereichen (wegen der geringeren Fallzahlen) breiter sind als in den großen Bereichen von Industrie und Handel und des Handwerks.

Statistisch abgesichert liegen die durchschnittlichen Bruttokosten für die Bereiche Industrie und Handel, Freie Berufe und Öffentlicher Dienst eindeutig oberhalb der Werte in den Bereichen Handwerk und Landwirtschaft. Weitere vorhandene Unterschiede in den Bruttokosten zwischen den Ausbildungsbereichen sind allerdings statistisch nicht mehr gesichert. Bei den Nettokosten sind die Werte für die Bereiche Industrie und Handel sowie Öffentlicher Dienst signifikant höher als im Handwerk und in der Landwirtschaft. Aufgrund eines relativ breiten Schwankungsintervalls bei den Freien Berufen kann hier eine eindeutige Positionsbestimmung in einer Rangfolge der Ausbildungsbereiche nicht vorgenommen werden.

Übersicht II/1: **Konfidenzintervalle für Kostenmittelwerte von Brutto- und Nettokosten (Vollkosten) insgesamt und in den Ausbildungsbereichen**

Ausbildungsbereich	Bruttokosten	Nettokosten
Insgesamt	16.069 € – 16.801 €	8.274 € – 9.136 €
Industrie und Handel	17.211 € – 18.289 €	8.877 € – 10.187 €
Handwerk	13.796 € – 14.994 €	6.907 € – 8.323 €
Landwirtschaft	13.697 € – 16.343 €	4.549 € – 7.817 €
Freie Berufe	16.401 € – 19.075 €	7.261 € – 10.051 €
Öffentlicher Dienst	16.156 € – 17.914 €	9.510 € – 11.774 €

Signifikanzniveau = 95 %

Kostenstrukturen

Für die Kostenunterschiede zwischen den Ausbildungsbereichen ist wiederum eine Reihe von Faktoren verantwortlich. Eine wesentliche Ursache ist, dass die Personalkosten der Auszubildenden sehr stark differieren (vgl. Tabelle II/3 im Anhang): Im Öffentlichen Dienst und in Industrie und Handel erhalten die Auszubildenden überdurchschnittlich hohe Ausbildungsvergütungen, die Zahlungen basieren hier in der Regel auf tarifvertraglichen Regelungen. Hinzu kommen in beiden Bereichen relativ umfangreiche tarifliche und freiwillige Sozialleistungen, die den Auszubildenden gewährt werden. Im Handwerk, in der Landwirtschaft und bei den Freien Berufen werden dagegen – soweit tarifliche Vereinbarungen bestehen – deutlich niedrigere Ausbildungsvergütungen festgesetzt und die Tarifbindung ist insgesamt merklich geringer, weshalb häufiger untertarifliche Vergütungen gezahlt werden können. Im Handwerk fallen zudem die tariflichen und freiwilligen Sozialleistungen sehr niedrig aus.

Sehr stark unterscheiden sich zwischen den Ausbildungsbereichen auch die Kosten des Ausbildungspersonals. Mit Abstand am höchsten sind diese bei den Freien Berufen, was zum einen daran liegt, dass hier der zeitliche Einsatz an Ausbildern pro

Auszubildenden am größten von allen Ausbildungsbereichen ist. Zum anderen sind hier stärker als in allen anderen Bereichen Führungskräfte, d. h. sehr häufig auch die Praxisinhaber, an der Ausbildung beteiligt. Hinzu kommt, dass das Gehalt der ausbildenden Führungskräfte bei den Freien Berufen erheblich höher ist als in den anderen Bereichen, z. B. liegt es um durchschnittlich 26 % über den entsprechenden Gehältern (einschließlich Personalnebenkosten) in Industrie und Handel. Im Handwerk und in der Landwirtschaft ist zwar ebenfalls eine relativ starke Beteiligung von Betriebsinhabern bzw. Führungskräften an der Ausbildung festzustellen, was sich dort jedoch wegen vergleichsweise niedriger Gehälter der Führungskräfte – sie sind im Handwerk um 35 % und in der Landwirtschaft um 38 % niedriger als bei den Freien Berufen – nicht so stark in den gesamten Ausbilderkosten niederschlägt. Die insgesamt niedrigsten Kosten des Ausbildungspersonals sind im Öffentlichen Dienst festzustellen. Hier ist der zeitliche Einsatz an Ausbildern pro Auszubildenden insgesamt am geringsten und z. B. um 43 % niedriger als bei den Freien Berufen. Der Grund hierfür dürfte vor allem sein, dass im Öffentlichen Dienst häufig ein Ausbilder eine größere Gruppe von Auszubildenden unterweist, während bei den Freien Berufen der Ausbilder meist nur einen einzelnen Auszubildenden betreut. Im Öffentlichen Dienst wird zudem die Ausbildung hauptsächlich von Fachkräften und nur vergleichsweise selten von Führungskräften durchgeführt, was sich ebenfalls erheblich auf die Kostenhöhe auswirkt. Darüber hinaus spielt für die Höhe der Ausbilderkosten insbesondere noch das unterschiedliche Lohn- und Gehaltsniveau der an der Ausbildung beteiligten Fachkräfte in den Ausbildungsbereichen eine Rolle, das z. B. in Industrie und Handel merklich höher ist als im Handwerk und in der Landwirtschaft.

Bei den Anlage- und Sachkosten fällt der im Vergleich zu den anderen Ausbildungsbereichen hohe Kostenwert in Industrie und Handel auf. Dieser ist insbesondere auf die in den größeren Industrieunternehmen vorhandenen Lehrwerkstätten zurückzuführen, die hohe Anlage- und Sachkosten verursachen. Bei den sonstigen Kosten der Ausbildung unterscheiden sich vor allem die Kosten für externe Ausbildung, d. h. für Lehrgänge in überbetrieblichen Berufsbildungsstätten oder sonstigen externen Bildungseinrichtungen sowie Ausbildungsphasen in anderen Betrieben. Die Kosten externer Ausbildung sind im Öffentlichen Dienst am höchsten, was damit zusammenhängen dürfte, dass hier häufig längere Ausbildungsabschnitte in Lehrgangsform in Schulungseinrichtungen durchgeführt werden. Hierbei können teilweise erhebliche Kosten für Fahrten, Unterbringung und Verpflegung der Auszubildenden entstehen, die vom Betrieb bzw. der Behörde getragen werden müssen. In Industrie und Handel sind die Kosten externer Ausbildung am zweithöchsten, fallen jedoch deutlich weniger ins Gewicht als im Öffentlichen Dienst. In Industrie und Handel ist es in vielen großen Unternehmen üblich, dass die Auszubildenden einen Teil der Ausbildung in anderen Betrieben des eigenen Unternehmens oder der Zentrale bzw. im unternehmenseigenen Schulungszentrum absolvieren. In mittleren und kleineren

Betrieben von Industrie und Handel werden die Auszubildenden häufiger zu Lehrgängen in externe Bildungseinrichtungen entsandt, manchmal finden auch längere Ausbildungsphasen, insbesondere im ersten Lehrjahr, in einer überbetrieblichen Berufsbildungseinrichtung statt. 84 % der Kosten externer Ausbildung entfallen in Industrie und Handel auf externe Lehrgänge und 16 % auf Ausbildungsphasen in anderen Betrieben. Im Handwerk und in der Landwirtschaft handelt es sich bei der – mit etwas geringeren Kosten verbundenen – externen Ausbildung größtenteils um die dort sehr verbreitete und teilweise verbindlich vorgeschriebene Unterweisung in überbetrieblichen Berufsbildungsstätten, die in Form von meist ein- oder zweiwöchigen Lehrgängen durchgeführt wird.

Abbildung II/8: **Struktur der Bruttokosten nach Ausbildungsbereichen (Vollkosten)**

Durchschnittliche Beträge pro Auszubildenden und Jahr in Euro und Prozent

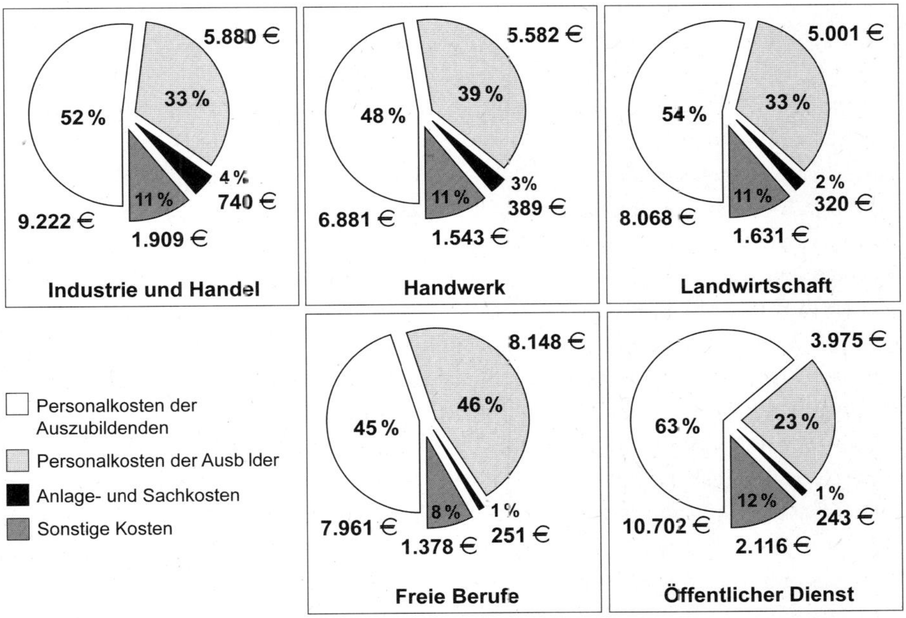

Die zum Teil erheblichen Abweichungen bei den einzelnen Kostenarten führen zu einer sehr unterschiedlichen Gesamtstruktur der Bruttokosten in den Ausbildungsbereichen. Wie aus Abbildung II/8 hervorgeht, bewegt sich der Anteil der Personalkosten der Auszubildenden zwischen 63 % im Öffentlichen Dienst und 45 % bei den Freien Berufen. Der Anteil der Ausbilderkosten an den Bruttokosten schwankt zwischen 23 % im Öffentlichen Dienst und 46 % bei den Freien Berufen. Die Anlage- und

Sachkosten fallen in allen Ausbildungsbereichen kaum ins Gewicht, selbst in Industrie und Handel nehmen sie lediglich 4 % der Bruttokosten ein. Der Anteil der sonstigen Kosten ist im Öffentlichen Dienst mit 12 % am höchsten und bei den Freien Berufen mit 8 % am niedrigsten.

Wie vorne bereits erwähnt, differieren auch die Ausbildungserträge sehr stark zwischen den Ausbildungsbereichen. Die Unterschiede bei den Erträgen sind vor allem auf Abweichungen im Umfang der produktiven Zeiten der Auszubildenden zurückzuführen. Am meisten werden die Auszubildenden in der Landwirtschaft und bei den Freien Berufen für produktive Arbeiten herangezogen, am wenigsten im Öffentlichen Dienst. Dort liegen die produktiven Zeiten z. B. um durchschnittlich mehr als ein Drittel unter denen in der Landwirtschaft.[51] Der geringe produktive Einsatz der Auszubildenden im Öffentlichen Dienst hängt zum einen damit zusammen, dass aufgrund der relativ umfangreichen externen Ausbildung die Auszubildenden deutlich seltener als in den anderen Bereichen im Ausbildungsbetrieb bzw. in der Ausbildungsbehörde anwesend sind. Zum anderen gelingt eine Einbeziehung der Auszubildenden in die laufenden Arbeiten hier offensichtlich nicht so gut, was insbesondere mit recht strikten Zuständigkeitsregelungen und rechtlichen Beschränkungen von Befugnissen im Öffentlichen Dienst zu tun haben dürfte, die eine Übertragung von Tätigkeiten auf den Auszubildenden vielfach nicht zulassen. Auch im Handwerk ist der produktive Einsatz der Auszubildenden vergleichsweise gering, was deswegen überrascht, weil gerade in diesem Bereich die Ausbildung traditionell am betrieblichen Arbeitsplatz stattfindet und als besonders produktionsnah gilt. Hier führen jedoch vor allem relativ lange durchschnittliche Verweilzeiten in überbetrieblicher Ausbildung sowie überdurchschnittliche Fehlzeiten wegen Krankheit zu vergleichsweise geringen Anwesenheitszeiten im Betrieb, was den produktiven Einsatz der Auszubildenden beschränkt. Hinzu kommt ein im Vergleich zu den anderen Ausbildungsbereichen etwas niedrigerer Leistungsgrad der Auszubildenden im Handwerk. Eine weitere Ursache für abweichende Erträge ist wiederum das unterschiedliche Lohn- und Gehaltsniveau in den Ausbildungsbereichen. So liegen der Lohn bzw. das Gehalt einer Fachkraft, die zur Bewertung der fachkraftgleichen produktiven Zeiten herangezogen werden, z. B. in Industrie und Handel um durchschnittlich 14 % über demjenigen im Handwerk.

Aufgrund der erheblichen Unterschiede weicht auch der Anteil der Erträge an den Bruttokosten zwischen den Ausbildungsbereichen deutlich voneinander ab. In der Landwirtschaft wird mit 59 % der höchste Anteil der Bruttokosten von den Erträgen gedeckt, gefolgt von den Freien Berufen mit 51 %. Im Handwerk beträgt der Anteil der Erträge 47 % und in Industrie und Handel 46 %. Im Öffentlichen Dienst kompensieren die Erträge dagegen nur 38 % der Bruttokosten.

---

51 Vgl. Teil II, Kap. 2.4.2.

Verteilungen der Auszubildenden nach Kostenhöhe

Die Bruttokosten, Erträge und Nettokosten sind auch innerhalb der Ausbildungsbereiche keineswegs homogen, sondern schwanken dort ebenfalls beträchtlich. Werden die Verteilungen der Auszubildenden nach Höhe der Bruttokosten, Erträge und Nettokosten betrachtet, zeigt sich in fast allen Ausbildungsbereichen eine ähnlich große Variationsbreite, wie sie bereits insgesamt festzustellen war (vgl. Tabelle II/2 im Anhang). Lediglich in der Landwirtschaft sind die Brutto- und Nettokostenunterschiede nicht ganz so stark ausgeprägt. In allen Ausbildungsbereichen gibt es jedoch eine relativ starke Konzentration der Kosten und Erträge in den gleichen Wertebereichen: So betragen die Bruttokosten überall für jeweils mehr als die Hälfte der Auszubildenden zwischen 10.000 € und 19.999 €; im Handwerk trifft dies auf 54 % und im Öffentlichen Dienst sogar auf über 80 % der Auszubildenden zu. Die Erträge liegen jeweils für über ein Drittel der Auszubildenden zwischen 5.000 € und 9.999 €, bei den Freien Berufen sind es 36 % und in der Landwirtschaft 48 % der Auszubildenden. Die Nettokosten bewegen sich jeweils für mehr als zwei Fünftel der Auszubildenden zwischen 5.000 € und 14.999 €, und zwar für 45 % der Auszubildenden in der Landwirtschaft und 59 % im Öffentlichen Dienst. Negative Nettokosten, also Nettoerträge sind in den einzelnen Ausbildungsbereichen jeweils für einen ähnlich großen Anteil der Auszubildenden zu verzeichnen, und zwar für 12 % in Industrie und Handel sowie Landwirtschaft, 11 % bei den Freien Berufen und 10 % im Handwerk, mit Ausnahme des Öffentlichen Dienstes, in dem lediglich 4 % der Auszubildenden Nettoerträge erwirtschaften. Die Verteilung auf die übrigen Wertebereiche von Bruttokosten, Erträgen und Nettokosten ist in den einzelnen Ausbildungsbereichen sehr unterschiedlich, woraus sich die stark abweichenden Durchschnittswerte ergeben.

Die ausbildungsbereichsspezifischen Ergebnisse haben gezeigt, dass sich der Ausbildungsbereich zwar insgesamt auf die Höhe der Brutto- und Nettokosten auswirkt, aber keinesfalls der einzige Grund für Kostenunterschiede darstellt, sondern noch weitere wichtige Einflussfaktoren hinzukommen.

2.1.3 Entwicklung der Ausbildungskosten

In Deutschland wurden bisher insgesamt vier repräsentative Untersuchungen zu den betrieblichen Ausbildungskosten durchgeführt, auf deren Basis die Kostenentwicklung aufgezeigt werden kann. Der Vergleich der aktuellen Ergebnisse mit den Eckwerten der früheren Studien ist allerdings nur eingeschränkt möglich, da sich die jeweiligen Kostenuntersuchungen, bei aller Übereinstimmung in der generellen Konzeption und im Kostenmodell, in einigen wichtigen Details voneinander unterscheiden. Die grundlegende Studie der Sachverständigenkommission bezog sich auf das Jahr 1971/72 und erfolgte auf der Basis der Vollkostenrechnung. Die

Sachverständigenkommission schloss zwar alle Ausbildungsbereiche in ihre Untersuchung ein, ermittelte jedoch nur für die Bereiche Industrie und Handel sowie Handwerk einen repräsentativen Gesamtdurchschnittswert pro Auszubildenden.[52] Die Studie des BIBB von 1980, in der wiederum ausschließlich das Vollkostenverfahren angewandt wurde, berücksichtigte ebenfalls alle Ausbildungsbereiche. Allerdings wurden hier die Kosten repräsentativ für 45 Ausbildungsberufe erhoben, und der berechnete Durchschnittswert bezog sich nur auf diese Berufe und war nicht hochrechnungsfähig auf die Gesamtheit der Auszubildenden. Die BIBB-Erhebung von 1991 wurde begrenzt auf die Ausbildungsbereiche Industrie und Handel sowie Handwerk in Westdeutschland durchgeführt, und sah neben der Vollkostenrechnung erstmals auch eine Teilkostenrechnung vor. Die neueste Kostenuntersuchung des BIBB für das Jahr 2000 ist die bislang umfassendste; sie berücksichtigt alle Ausbildungsbereiche, schließt West- und Ostdeutschland ein, und die Ausbildungskosten wurden sowohl nach dem Voll- als auch nach dem Teilkostenverfahren ermittelt.

Gesamtentwicklung von 1971 bis 1991

Die Betrachtung der Kostenentwicklung von 1971 bis 2000 erfolgt anhand der jeweils berechneten Gesamtdurchschnittswerte pro Auszubildenden und Jahr auf Basis der Vollkosten (vgl. Abbildung II/9). Danach stiegen die Bruttokosten im betreffenden Zeitraum insgesamt um durchschnittlich 363 % an, die Erträge um 491 % und die Nettokosten um 288 %. Die Kostenentwicklung verlief jedoch keineswegs gleichmäßig: Die prozentual stärkste Erhöhung gab es zwischen 1971 und 1980, als die Bruttokosten um 145 % und die Nettokosten um 135 % zunahmen. Bereits deutlich geringer fielen die Steigerungsraten zwischen 1980 und 1991 aus mit jeweils 74 % bei den Brutto- und Nettokosten. Von 1991 bis 2000 stiegen die Bruttokosten im Gesamtdurchschnitt lediglich um 9 % an, die Nettokosten verminderten sich sogar um 5 %.[53]

Allerdings lässt diese Nominalsteigerung noch keine Rückschlüsse auf die reale Erhöhung der Kosten zu. Um die Realentwicklung festzustellen, muss der Preisanstieg berücksichtigt werden. Für eine solche Preisbereinigung kann der Index der Erzeugerpreise gewerblicher Produkte herangezogen werden.[54] Real war demnach von 1971 bis 2000 eine Steigerung der Bruttokosten um 120 % und der Nettokosten um 85 % zu verzeichnen. Dieser beachtliche reale Kostenanstieg ist vor allem damit zu erklären, dass die Löhne und Gehälter sowie die Ausbildungsvergütungen im be-

52 Vgl. SACHVERSTÄNDIGENKOMMISSION KOSTEN UND FINANZIERUNG DER BERUFLICHEN BILDUNG: Kosten und Finanzierung der außerschulischen beruflichen Bildung, a. a. O., S. 92 ff.

53 Nur zu einem relativ kleinen Teil ist dieses Ergebnis darauf zurückzuführen, dass in der 2000er-Erhebung auch Ostdeutschland einbezogen ist.

54 Zur Preisbereinigung betrieblicher Kosten wurde der Index der Erzeugerpreise gewerblicher Produkte als der geeignetste angesehen im Vergleich zu eventuellen Alternativen wie z. B. dem Preisindex des Bruttoinlandprodukts oder dem Preisindex für die Lebenshaltung.

treffenden Zeitraum erheblich stärker zunahmen als die Erzeugerpreise gewerblicher Produkte. Während sich diese von 1971 bis 2000 um 110 % erhöhten, wurden beispielsweise die Tariflöhne in den alten Ländern um 277 % und die Tarifgehälter um 262 % angehoben.[55] In die Erzeugerpreise flossen zwar die stark gestiegenen Personalkosten der Betriebe ebenfalls ein, dennoch entwickelten sie sich aufgrund der erheblichen Produktivitätssteigerungen wesentlich moderater.

Abbildung II/9: **Bruttokosten, Erträge und Nettokosten 1971, 1980, 1991 und 2000 insgesamt (Vollkosten)**

Durchschnittliche Beträge pro Auszubildenden und Jahr in Euro

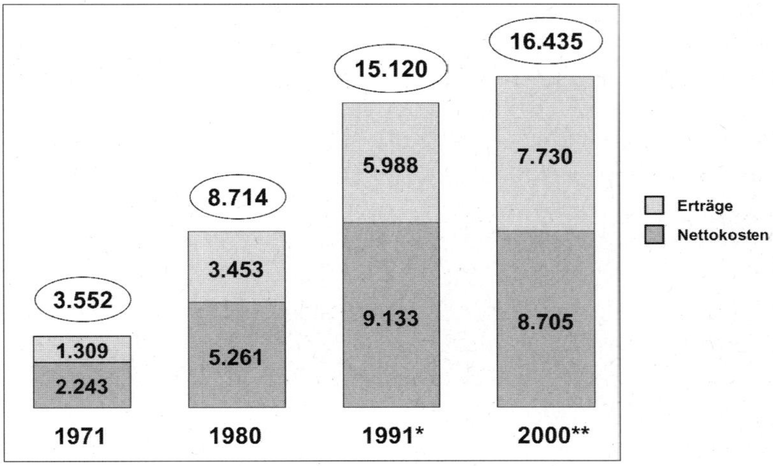

* nur Ausbidlungsbereiche Industrie und Handel sowie Handwerk in Westdeutschland

** einschließlich Ostdeutschland

Ähnliche Produktivitätserhöhungen waren im Bereich der betrieblichen Berufsausbildung nicht möglich. Vielmehr waren im Zuge der Qualitätsverbesserung der Berufsausbildung, der Berücksichtigung der technologischen Entwicklung und der anspruchsvolleren Ausbildungsinhalte eher mehr Personalkapazitäten und aufwendigere Sachausstattungen erforderlich. Hinzu kommt, dass die betrieblichen Ausbildungskosten im Gesamtdurchschnitt zu über 90 % Personalkosten (Kosten des Ausbildungspersonals, Personalkosten der Auszubildenden, Personalkosten der Ausbildungsverwaltung) darstellen, und sich dadurch die starke Lohn- und Gehaltssteigerung besonders bemerkbar macht. Dennoch zeigt sich an dem immer geringer

55 Vgl. BUNDESMINISTER FÜR ARBEIT UND SOZIALORDNUNG (Hrsg.): Statistisches Taschenbuch 2001. Arbeits- und Sozialstatistik, Tabelle 5.1 sowie eigene Berechnungen.

ausfallenden Anstieg der Ausbildungskosten, dass die Betriebe mehr und mehr alle Möglichkeiten zu einer wirtschaftlicheren Durchführung der Berufsausbildung genutzt haben. Werden die realen Kostenveränderungen betrachtet,[56] so betrug von 1971 bis 1980 der Anstieg der Bruttokosten 55 % und der Nettokosten 49 %. Von 1980 bis 1991 erhöhten sich die Brutto- und Nettokosten dagegen real nur noch um jeweils 38 %. Von 1991 bis 2000 ist im Gesamtdurchschnitt bei den Bruttokosten eine reale Zunahme um 3 % und bei den Nettokosten eine Abnahme um 10 % festzustellen.[57]

Diese Entwicklung ist vor allem darauf zurückzuführen, dass viele Betriebe mehr und mehr dazu übergingen, ihre Auszubildenden soweit wie möglich in den betrieblichen Arbeitsprozess zu integrieren und reine Übungs- und Unterweisungszeiten auf das unbedingt Notwendige zu beschränken. Vor allem in größeren Unternehmen wurden wieder zunehmend die Vorteile einer Ausbildung, die Arbeiten und Lernen eng miteinander verbindet, erkannt. Insbesondere durch den verstärkten produktiven Einsatz der Auszubildenden konnten Ausbildungskosten eingespart werden. Die in den letzten Jahren sehr schwierige wirtschaftliche Situation in vielen Betrieben, die Kostensenkungen in allen Unternehmensbereichen erforderte, hat sich damit unbestritten auch bei der Berufsausbildung deutlich bemerkbar gemacht.

Entwicklung in Industrie und Handel sowie Handwerk in Westdeutschland von 1991 bis 2000

Im Folgenden soll die Entwicklung der Ausbildungskosten in den vergangenen zehn Jahren genauer beleuchtet werden. Die Betrachtung wird hierbei aus Gründen der besseren Vergleichbarkeit beschränkt auf die Ausbildungsbereiche Industrie und Handel sowie Handwerk in Westdeutschland, auf die sich die 91er-Studie bezog. Wie Abbildung II/10 zeigt, stiegen die Bruttokosten im Gesamtdurchschnitt von Industrie und Handel sowie Handwerk von 1991 bis 2000 um 1 % an. Da sich die Erträge um 35 % erhöhten, fiel der Anstieg der Nettokosten mit 3 % sehr gering aus.[58] Die Kostenentwicklung war in den beiden Ausbildungsbereichen unterschiedlich: Zwar nahmen die Bruttokosten prozentual in ähnlichem Umfang zu, jedoch erhöhten sich die Erträge in Industrie und Handel mit 49 % wesentlich stärker als im Handwerk mit 14 %. Während die Nettokosten in Industrie und Handel daher sogar leicht zurückgingen, stiegen sie im Handwerk um 27 % an. Die Ergebnisse verdeutlichen, dass die Entwicklung hin zu einer wirtschaftlicheren Durchführung der Ausbildung insbesondere den Ausbildungsbereich Industrie und Handel betraf. Die starke Zunahme der

56 Hierzu wurden die Kosten – wiederum auf Basis des Index der Erzeugerpreise gewerblicher Produkte – jeweils in Preise des Jahres 2000 umgerechnet.

57 Es ist nochmals darauf hinzuweisen, dass in die Ergebnisse der jeweiligen Jahre zum Teil nicht alle Ausbildungsbereiche eingegangen sind und die aktuelle Erhebung auch Ostdeutschland einschloss. Auf Basis dieser Kostenwerte lässt sich daher nur die Tendenz der Kostenentwicklung aufzeigen.

58 Die im Vergleich zur beschriebenen Gesamtentwicklung etwas höheren Steigerungsraten sind vor allem darauf zurückzuführen, dass hier für das Jahr 2000 Ostdeutschland mit den relativ niedrigen Ausbildungskosten nicht einbezogen ist.

Erträge weist auf einen deutlichen Wandel im Hinblick auf die Gestaltung der Ausbildung und den produktiven Einsatz der Auszubildenden hin. Während beispielsweise bis vor wenigen Jahren in größeren Industriebetrieben die gewerblich-technische Ausbildung zu großen Teilen in der Lehrwerkstatt durchgeführt wurde, ist sie in jüngster Zeit mehr und mehr an den betrieblichen Arbeitsplatz zurückverlagert worden, wobei die Auszubildenden gleichzeitig wesentlich stärker in den betrieblichen Arbeitsprozess einbezogen wurden. Im Handwerk, in dem die Ausbildung traditionell am betrieblichen Arbeitsplatz in einer engen Verzahnung von Lernen und Arbeiten stattfindet, sind dagegen kaum Möglichkeiten für eine weitere Zunahme produktiver Tätigkeiten der Auszubildenden vorhanden. Gestiegene Anforderungen einerseits und zum Teil zunehmende Defizite in der Vorbildung der Auszubildenden andererseits erschweren hier vielmehr den produktiven Einsatz.

Abbildung II/10: **Bruttokosten, Erträge und Nettokosten 1991 und 2000 in Industrie und Handel sowie Handwerk in Westdeutschland (Vollkosten)**

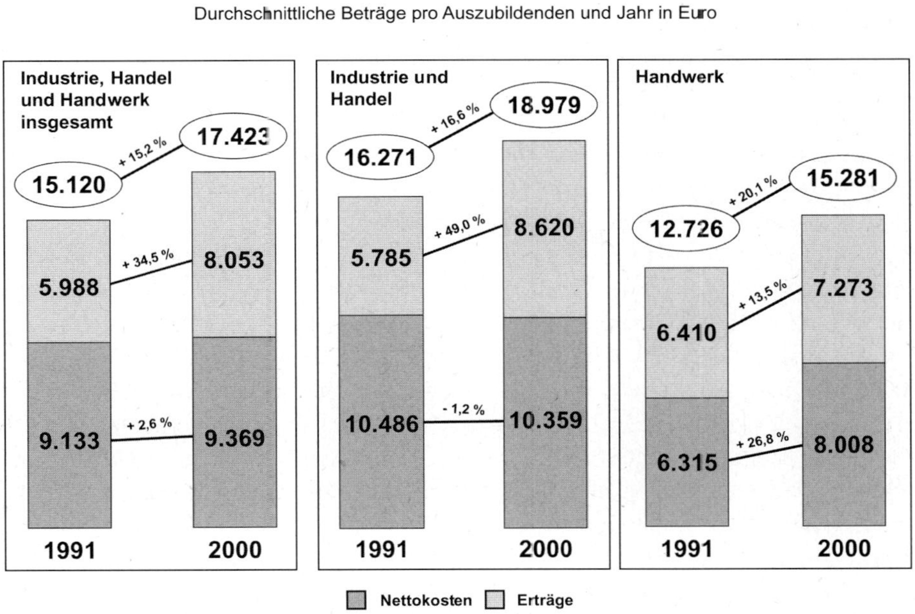

Wird die Entwicklung der einzelnen Kostenarten im Gesamtdurchschnitt von Industrie und Handel sowie Handwerk betrachtet, sind folgende Ergebnisse festzuhalten (vgl. Tabelle II/4 im Anhang): Die Personalkosten der Auszubildenden erhöhten sich von 1991 bis 2000 um insgesamt 17 %. Dabei betrug der Anstieg der Ausbildungsvergütungen 20 %, was deutlich unter der durchschnittlichen Anhebung der tariflichen Ausbildungsvergütungen lag, die nach Berechnungen des BIBB im gleichen Zeitraum 32 % ausmachte.[59] Die geringere Steigerung der effektiv gezahlten Ausbildungsvergütungen könnte zum einen darin begründet sein, dass nicht tarifgebundene Betriebe inzwischen häufiger unter dem Tarif bleiben, und zum anderen daran, dass tarifgebundene Betriebe möglicherweise seltener über Tarif zahlen, als dies in 1991 der Fall war. Eindeutig machen sich Einsparungen bei der Gewährung von tariflichen und freiwilligen Sozialleistungen für die Auszubildenden bemerkbar, die von 1991 bis 2000 um 4 % im Durchschnitt gesunken sind. Die Kosten des Ausbildungspersonals nahmen insgesamt um 6 % zu. Dies liegt weit unter der Lohn- und Gehaltsentwicklung: So sind die Tariflöhne und -gehälter im betreffenden Zeitraum um rund 30 % angehoben worden.[60] Der sehr geringe Anstieg der Ausbilderkosten lässt daher auf deutliche Einschränkungen beim Einsatz der betrieblichen Ausbilder schließen. Insbesondere werden inzwischen hauptberufliche Ausbilder erheblich seltener eingesetzt, ihre Kosten sind um 14 % gesunken. Die Anlage- und Sachkosten der Ausbildung nahmen von 1991 bis 2000 um durchschnittlich 14 % zu. Der größte Anstieg ist bei den sonstigen Kosten der Ausbildung mit 45 % zu verzeichnen. Hauptsächlich ist dies auf eine beträchtliche Steigerung der Kosten der Ausbildungsverwaltung um 90 % zurückzuführen. Zu erklären sein dürfte dies vor allem mit einer wesentlich schwieriger und aufwendiger gewordenen innerbetrieblichen Planung und Organisation der Ausbildung. Die Höhe der Ausbildungsverwaltungskosten in 2000 könnte zudem auch dadurch beeinflusst sein, dass erstmals die Kosten der Rekrutierung der Auszubildenden ausdrücklich miterfasst wurden.

Die Entwicklung der einzelnen Kostenarten verlief in den beiden Ausbildungsbereichen teilweise unterschiedlich. Während sich die Personalkosten der Auszubildenden in Industrie und Handel von 1991 bis 2000 um 19 % erhöhten, nahmen sie im Handwerk um immerhin 26 % zu, wie Abbildung II/11 verdeutlicht. Die Steigerung der Ausbildungsvergütungen betrug in Industrie und Handel 21 % und im Handwerk 28 % und war damit in beiden Bereichen niedriger, als es der Anhebung der tariflichen Vergütungen um 32 % bzw. um 37 % entsprach. Bei den Ausbilderkosten war der Anstieg in Industrie und Handel ebenfalls mit 5 % noch geringer als im Handwerk mit 11 %. Angesichts der wesentlich stärker gestiegenen Löhne und Gehälter kann in beiden Bereichen von einem merklich verminderten Ausbildereinsatz ausgegangen werden. Die Zunahme der Anlage- und Sachkosten war in Industrie und Handel mit 27 % erheblich stärker als im Handwerk mit nur 3 %. Dies könnte damit zusammenhängen, dass die industrielle Ausbildung insbesondere in den neuen technischen Berufen (z. B. Mechatroniker/-in) eine besonders kostenintensive Sachaus-

59 Quelle: Datenbank Ausbildungsvergütungen des BIBB.

60 Vgl. BUNDESMINISTER FÜR ARBEIT UND SOZIALORDNUNG (Hrsg.): Statistisches Taschenbuch 2001. Arbeits- und Sozialstatistik, Tabelle 5.1.

stattung erfordert. Die sonstigen Kosten der Ausbildung stiegen ebenfalls in Industrie und Handel mit 51 % noch mehr an als im Handwerk mit 44 %. In beiden Bereichen erhöhten sich die Kosten der Ausbildungsverwaltung erheblich, in Industrie und Handel allerdings mit 119 % noch wesentlich stärker als im Handwerk mit 51 %. Im Handwerk fällt auf, dass sich die Kosten für externe Ausbildung verdoppelten.

Abbildung II/11: **Personalkosten der Auszubildenden und Ausbilder 1991 und 2000 in Industrie und Handel sowie Handwerk in Westdeutschland (Vollkosten)**

Durchschnittliche Beträge pro Auszubildenden und Jahr in Euro

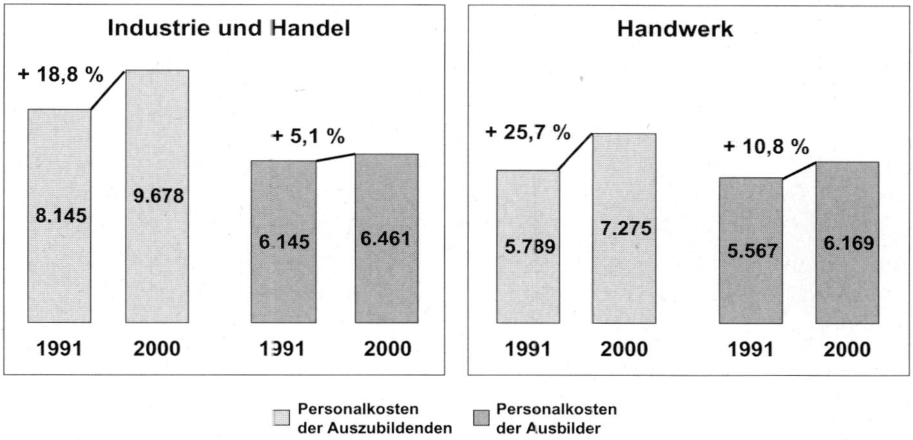

Durch die unterschiedliche Entwicklung bei den einzelnen Kostenarten gab es von 1991 bis 2000 einige Verschiebungen in der Gesamtstruktur der Ausbildungskosten. Im Gesamtdurchschnitt von Industrie und Handel sowie Handwerk erhöhte sich der Anteil der Personalkosten der Auszubildenden leicht von 49 % auf 50 % der Bruttokosten. Der Anteil der Ausbilderkosten nahm dagegen von 39 % auf 36 % ab. Die Anlage- und Sachkosten blieben unverändert bei 4 % der Bruttokosten. Die sonstigen Kosten stiegen von 8 % auf 10 % der Bruttokosten an. Werden die beiden Ausbildungsbereiche getrennt betrachtet, fällt in Industrie und Handel insbesondere der rückläufige Anteil der Ausbilderkosten und das verstärkte Gewicht der sonstigen Kosten auf (vgl. Abbildung II/12). Im Handwerk stieg der Anteil der Personalkosten der Auszubildenden fast in dem Maße, wie der Anteil der Ausbilderkosten abnahm.

Abbildung II/12: **Struktur der Bruttokosten 1991 und 2000 in Industrie und Handel sowie Handwerk in Westdeutschland (Vollkosten)**

Durchschnittliche Beträge pro Auszubildenden und Jahr in Euro und Prozent

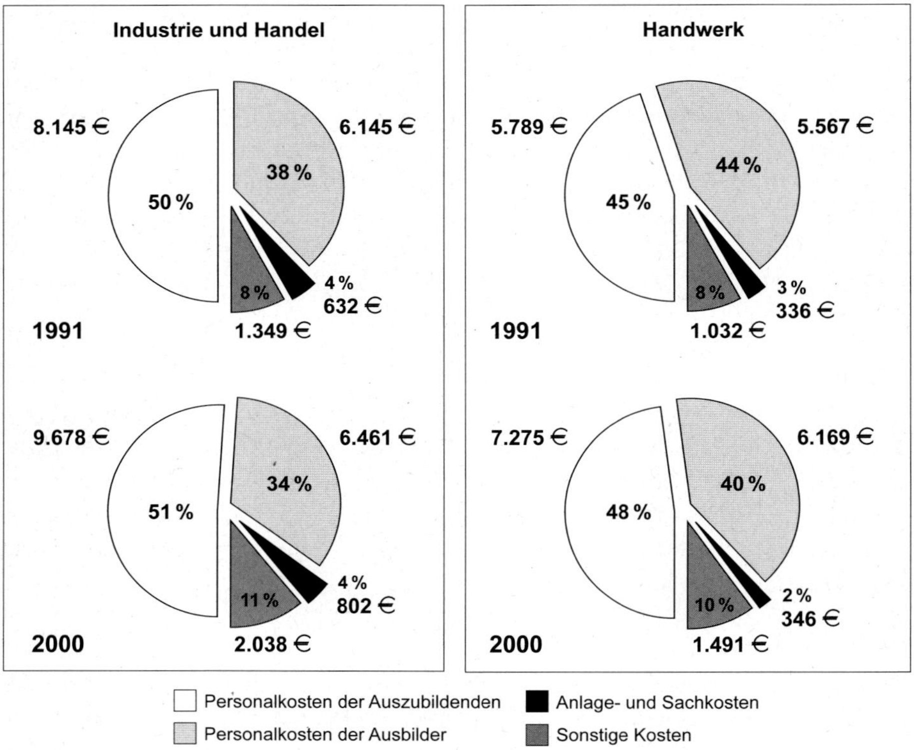

2.1.4 Kosten der Ausbildung an den innerbetrieblichen Lernorten

Die betriebliche Berufsausbildung findet traditionell am betrieblichen Arbeitsplatz statt, wo den Auszubildenden die notwendigen Qualifikationen durch die erfahrenen Fachkräfte im Zuge einer engen Einbeziehung in die laufenden Arbeiten vermittelt werden. Immer komplexer werdende Arbeitsvorgänge und zunehmende Anforderungen vor allem durch die technologische Entwicklung erschwerten jedoch in der Vergangenheit immer mehr, die Ausbildung ausschließlich am Arbeitsplatz durchzuführen. Dies veranlasste insbesondere größere Unternehmen, ihre Ausbildung zum Teil in spezielle betriebliche Lehreinrichtungen zu verlagern, die von den Arbeitsplätzen räumlich und organisatorisch abgegrenzt sind. Vor allem im gewerblich-technischen Bereich der Industrie, aber auch zu einem kleinen Teil in Handwerksbetrieben, werden in betrieblichen Lehrwerkstätten produktionsunabhängig die grundlegenden beruflichen Kenntnisse und Fertigkeiten vermittelt, die am Arbeitsplatz nur noch schwer erlernbar sind.[61] Allerdings gibt es in jüngerer Zeit Bestrebungen, auch diese Ausbildungsphasen wieder näher an die Arbeitsplätze heranzuführen, z. B. durch Einrichtung von Lerninseln, die im Produktionsbereich des Betriebs angesiedelt werden. Im kaufmännischen Bereich wurden in einigen Betrieben z. B. Lehrbüros, Lernfirmen oder Verkaufsübungsräume für die Ausbildung eingerichtet. Insbesondere aufgrund der in vielen Berufen gestiegenen theoretischen Anforderungen führt eine Reihe von Betrieben, vor allem mittlere und große Betriebe, regelmäßig systematischen Unterricht für die Auszubildenden durch, der nicht am Arbeitsplatz, sondern in gesonderten Räumlichkeiten stattfindet. Größere Unternehmen verfügen hierfür oft über spezielle Schulungsräume, in kleineren Betrieben werden dagegen meist die vorhandenen Besprechungsräume oder sonstige Arbeits- bzw. Büroräume für den Unterricht genutzt.

Im Folgenden wird näher auf die Kosten, die an den drei innerbetrieblichen Lernorten „Arbeitsplatz“, „betriebliche Lehreinrichtung“ sowie „Räume für innerbetrieblichen Unterricht“ entstehen, eingegangen. Dabei werden ausschließlich die Kosten des Ausbildungspersonals und die Anlage- und Sachkosten betrachtet, also die Kosten des Ausbildungsprozesses an den jeweiligen Lernorten. Eine Zurechnung der Personalkosten der Auszubildenden und der sonstigen Kosten der Ausbildung zu den Lernorten erfolgt nicht, da eine verursachungsgemäße Zuordnung dieser Kosten nicht möglich ist, sondern rein fiktiv wäre.

Kosten am Arbeitsplatz

Der Arbeitsplatz ist der mit Abstand bedeutendste innerbetriebliche Lernort bei der betrieblichen Berufsausbildung. Im Durchschnitt entfallen 94 % der betrieblichen Ausbildungszeit auf die Ausbildung an den Arbeitsplätzen in den verschiedensten Unternehmensbereichen.[62] Wie aus Abbildung II/13 hervorgeht, entstehen bei der Ausbildung am Arbeitsplatz durchschnittlich Kosten in Höhe von 5.775 € pro Auszubildenden und Jahr, was einem Anteil von 35 % der gesamten Bruttokosten entspricht. Bezogen nur auf die Ausbildungsprozesskosten, die für die innerbetrieblichen Lernorte insgesamt 6.438 € betragen, liegt der Anteil der Kosten am Arbeitsplatz sogar bei 90 %. Das größte Gewicht haben die Kosten des Ausbildungspersonals, die 94 % der Ausbildungskosten am Arbeitplatz ausmachen. Hauptsächlich handelt es sich dabei um Kosten für nebenberufliche Ausbilder (vgl. Tabelle II/5 im Anhang). Auf

61 Im Handwerksbereich sind viele kleinere Betriebe vor allem aufgrund einer hohen Spezialisierung nicht in der Lage, alle Qualifikationen eines Berufs durch Ausbildung am Arbeitplatz zu vermitteln. Da diese Betriebe keine eigenen Lehrwerkstätten betreiben können, haben hier die überbetrieblichen Berufsbildungsstätten die Funktion übernommen, die vorgesehene breite Grundbildung sowie die notwendige Fachausbildung durch ergänzende Lehrgänge zu sichern. Die Kosten, die den Betrieben für diese Lehrgänge entstehen, sind bei den Kosten externer Ausbildung berücksichtigt.

62 Vgl. Teil II, Kap. 2.4.

hauptberufliche Ausbilder entfällt lediglich ein Anteil von 4 % der Ausbilderkosten, was darauf zurückzuführen ist, dass nur wenige, relativ große Betriebe hauptberufliches Personal für die Ausbildung einsetzen. Die Anlage- und Sachkosten nehmen bei der Ausbildung am Arbeitplatz lediglich 6 % der Kosten ein. Hierbei ist allerdings zu berücksichtigen, dass nur die Kosten für die Werkzeug- und Geräteausstattung der Auszubildenden sowie die Kosten des für Übungszwecke verbrauchten Materials einbezogen sind, nicht jedoch die sonstigen Arbeitsplatzkosten.[63]

Die produktiven Leistungen der Auszubildenden werden größtenteils bei der Ausbildung am Arbeitsplatz erbracht. Die hier erwirtschafteten Ausbildungserträge erreichen eine durchschnittliche Höhe von 7.596 € pro Auszubildenden und Jahr, dies sind 98 % der Erträge insgesamt. Damit übersteigen die Erträge am Arbeitsplatz die betreffenden Bruttokosten um 32 %.

Werden die Ausbildungsprozesskosten am Arbeitsplatz für die beiden quantitativ bedeutendsten Ausbildungsbereiche Industrie und Handel sowie Handwerk betrachtet,[64] so zeigt sich insbesondere Folgendes (vgl. Tabelle II/5 im Anhang): Die Kosten am Arbeitsplatz liegen in Industrie und Handel mit 5.523 € auf ähnlichem Niveau wie im Handwerk mit 5.718 € (vgl. Abbildung II/14). Allerdings ist der Anteil an den gesamten Bruttokosten in Industrie und Handel mit 31 % merklich niedriger als im Handwerk mit 40 %. Ebenso ist der Anteil an den Prozesskosten aller innerbetrieblichen Lernorte in Industrie und Handel mit 83 % erheblich geringer als im Handwerk mit 96 %. Diese Ergebnisse verdeutlichen das besondere Gewicht der arbeitsplatznahen Ausbildung im Handwerk.[65] Die Personalkosten der Ausbilder nehmen mit 93 % in Industrie und Handel sowie 94 % im Handwerk fast gleich hohe Anteile an den Kosten am Arbeitsplatz ein. Allerdings ist der zeitliche Einsatz von Ausbildern am Arbeitsplatz im Handwerk pro Auszubildenden insgesamt um ein Fünftel höher als in Industrie und Handel, was sich jedoch durch das niedrigere Lohn- und Gehaltsniveau im Handwerk sowie durch die unterschiedliche Beteiligung der einzelnen Mitarbeitergruppen an der Ausbildung nicht in der Kostenhöhe bemerkbar macht. Im Handwerk führen vor allem gewerblich-technische Fachkräfte sowie Führungskräfte (Betriebsinhaber) die Ausbildung am Arbeitsplatz durch, während in Industrie und Handel erheblich stärker kaufmännische Fachkräfte beteiligt sind. Auch hauptberufliche Ausbilder spielen in Industrie und Handel eine größere Rolle und nehmen 7 % der Ausbilderkosten am Arbeitsplatz ein, gegenüber 2 % im Handwerk. Die Anlage- und Sachkosten am Arbeitsplatz sind in Industrie und Handel ein wenig höher als im Handwerk.

63 Vgl. Teil II, Kap. 1.1.

64 Auf eine gesonderte Darstellung der Kosten an den innerbetrieblichen Lernorten wird für die anderen Ausbildungsbereiche verzichtet.

65 Allerdings ist die durchschnittliche Anzahl der Ausbildungstage am Arbeitsplatz im Handwerk unter anderem aufgrund relativ hoher Abwesenheitstage der Auszubildenden nicht größer als in Industrie und Handel; vgl. Teil II, Kap. 2.4.

Ein großer Unterschied ist bei den produktiven Leistungen der Auszubildenden am Arbeitsplatz festzustellen: Hier werden von den Auszubildenden in Industrie und Handel mit 7.970 € deutlich höhere Erträge erreicht als im Handwerk mit 6.749 €. Dies ist vor allem darauf zurückzuführen, dass in Industrie und Handel zum einen mehr produktive Zeiten der Auszubildenden am Arbeitplatz zu verzeichnen sind, und zum anderen die zur Bewertung herangezogenen Löhne und Gehälter höher sind. Während im Handwerk die Erträge am Arbeitsplatz um 18% über den betreffenden Bruttokosten liegen, sind es in Industrie und Handel sogar 44%.

Abbildung II/13: **Bruttokosten an den innerbetrieblichen Lernorten insgesamt (Vollkosten)**

Durchschnittliche Beträge pro Auszubildenden und Jahr in Euro und Prozent

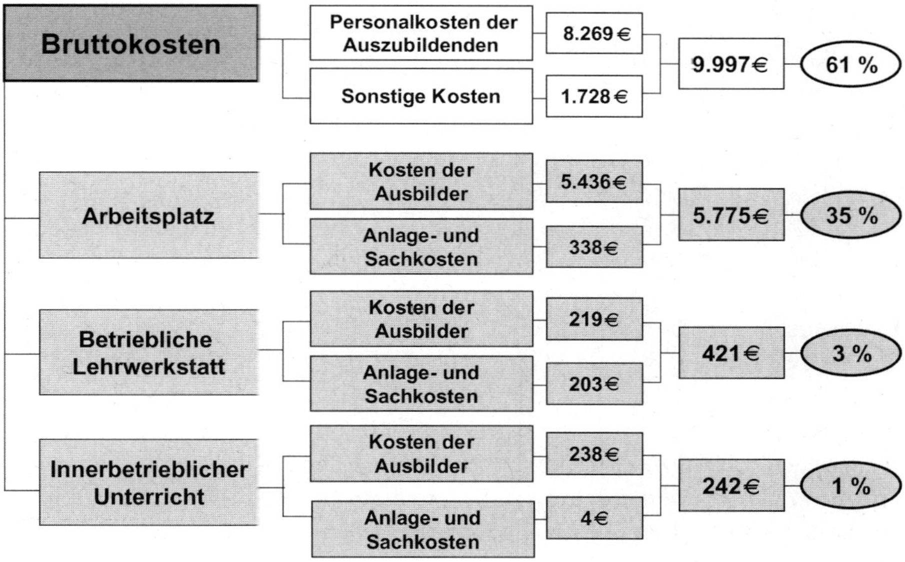

Kosten in der betrieblichen Lehrwerkstatt[66]

Insgesamt betrachtet hat die Ausbildung in gesonderten betrieblichen Lehreinrichtungen nur eine geringe quantitative Bedeutung: Im Durchschnitt verbringen die Auszubildenden dort lediglich 3 % der betrieblichen Ausbildungszeit.[67] Der sehr nied-

66 Unter „Lehrwerkstatt“ werden im Folgenden nicht nur die betrieblichen Ausbildungswerkstätten im gewerblich-technischen Bereich verstanden, sondern auch alle sonstigen speziellen Lehreinrichtungen der Betriebe, wie z. B. Lerninseln, Lehrbüros, Lernfirmen.

67 Vgl. Teil II, Kap. 2.4.

rige Zeitanteil ist darauf zurückzuführen, dass nur wenige Betriebe über eine Lehrwerkstatt verfügen. Lediglich 3 % der Betriebe führen bestimmte Ausbildungsabschnitte in einer eigenen betrieblichen Lehrwerkstatt durch. Da es sich hierbei in der Regel um größere Betriebe handelt, ist der Anteil der Auszubildenden, die zeitweise in einer betrieblichen Lehrwerkstatt ausgebildet werden, mit 8 % etwas höher. Im Gesamtdurchschnitt, d. h. unter Einbeziehung auch aller Betriebe ohne Lehrwerkstatt, betragen die Bruttokosten der Lehrwerkstattausbildung 421 € pro Auszubildenden und Jahr.[68] Der Anteil an den gesamten Bruttokosten liegt damit bei 3 % und der Anteil an den Ausbildungsprozesskosten aller Lernorte bei knapp 7 % (vgl. Tabelle II/5 im Anhang). Die Personalkosten der Ausbilder nehmen bei der Lehrwerkstattausbildung nur etwas mehr als die Hälfte der Kosten ein. Davon entfällt mit knapp 80 % der weitaus größte Teil auf hauptberufliche Ausbilder, während nebenberufliche Ausbilder hier nur eine untergeordnete Rolle spielen. Die Anlage- und Sachkosten haben bei der Lehrwerkstattausbildung mit 48 % ein sehr hohes Gewicht. Dies erklärt sich damit, dass die betrieblichen Lehrwerkstätten vor allem in den großen Unternehmen häufig in eigens hierfür errichteten Gebäuden untergebracht und mit modernen Maschinen, Geräten und Anlagen ausgestattet sind.

Seit längerem wird in vielen Betrieben vor allem auch unter Kostengesichtspunkten versucht, die Auszubildenden im Rahmen der Lehrwerkstattausbildung soweit wie möglich mit für den Betrieb wirtschaftlich verwertbaren Arbeiten zu betrauen. Die in der Lehrwerkstatt erwirtschafteten Erträge betragen durchschnittlich 134 € pro Auszubildenden und Jahr und decken damit 32 % der Kosten an diesem Lernort. Bei diesem zunächst relativ gering erscheinenden Anteil ist zu berücksichtigen, dass in die Lehrwerkstattkosten alle Anlage- und Sachkosten vollständig eingerechnet wurden, diese insgesamt sehr hoch sind und viel stärker ins Gewicht fallen als bei der Ausbildung am Arbeitsplatz. Hinzu kommt, dass eine Einbeziehung der Auszubildenden in den betrieblichen Leistungserstellungsprozess bei der Ausbildung in der Lehrwerkstatt meist sehr viel schwieriger ist als bei der Ausbildung am Arbeitsplatz. Während dort die Hälfte der Ausbildungszeit auf produktive Tätigkeiten entfällt, sind es in der Lehrwerkstatt nur gut ein Viertel.[69]

Ausbildung in betrieblichen Lehrwerkstätten kommt in Betrieben von Industrie und Handel wesentlich häufiger vor als im Handwerk. In Industrie und Handel verfügen 5 % der Ausbildungsbetriebe über eine Lehrwerkstatt, im Handwerk dagegen nur 2 %. Immerhin 13 % der Auszubildenden in Industrie und Handel erhalten zeitweise eine Lehrwerkstattausbildung, während dies im Handwerk nur auf 4 % der Auszubildenden zutrifft. Entsprechend dem unterschiedlichen Verbreitungsgrad von Lehrwerkstattausbildung sind die Lehrwerkstattkosten in Industrie und Handel mit

68 Auf die Ausbildungskosten in Betrieben mit Lehrwerkstattausbildung wird in Teil II, Kap. 2.1.5 noch ausführlich gesondert eingegangen.

69 Vgl. Teil II, Kap. 2.4.

durchschnittlich 734 € pro Auszubildenden und Jahr erheblich höher als im Handwerk mit 141 € (vgl. Abbildung II/14). Der Anteil der Lehrwerkstattkosten an den gesamten Bruttokosten liegt in Industrie und Handel bei 4 %, im Handwerk nur bei 1 %; der Anteil an den Ausbildungsprozesskosten aller Lernorte beträgt in Industrie und Handel 11 % und im Handwerk 2 % (vgl. Tabelle II/5 im Anhang). In beiden Ausbildungsbereichen entfällt gut die Hälfte der Lehrwerkstattkosten auf die Personalkosten der Ausbilder. Dabei werden in Industrie und Handel noch stärker als im Handwerk hauptberufliche Ausbilder in der Lehrwerkstatt eingesetzt. Bei knapp der Hälfte der Lehrwerkstattkosten handelt es sich in beiden Bereichen um Anlage- und Sachkosten.

Aufgrund der verbreiteteren Lehrwerkstattausbildung in Industrie und Handel sind auch die Erträge, die in der Lehrwerkstatt erwirtschaftet werden, mit durchschnittlich 248 € pro Auszubildenden und Jahr wesentlich höher als im Handwerk mit 31 €. Während in Industrie und Handel bei der Ausbildung in der Lehrwerkstatt immerhin ein Drittel der Kosten von den Erträgen gedeckt werden, sind es im Handwerk nur 22 %. Dies kann damit erklärt werden, dass sich im Handwerk die Ausbildung in der Lehrwerkstatt wahrscheinlich noch stärker als in Industrie und Handel auf das reine Vermitteln von Kenntnissen und Fertigkeiten konzentriert mit dem Ziel, auf die am Arbeitsplatz anfallenden Arbeiten vorzubereiten, die von den Auszubildenden schon gut beherrscht werden müssen, um für den Betrieb wirtschaftlich verwertbar zu sein.

Abbildung II/14: **Bruttokosten an den innerbetrieblichen Lernorten in Industrie und Handel sowie Handwerk (Vollkosten)**

Durchschnittliche Beträge pro Auszubildenden und Jahr in Euro und Prozent

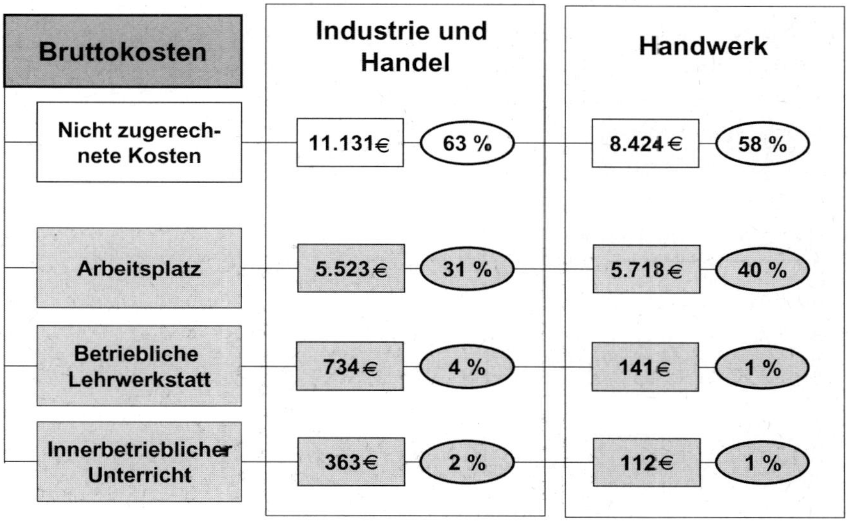

Kosten des innerbetrieblichen Unterrichts

In insgesamt 13 % der Betriebe findet innerbetrieblicher Unterricht für die Auszubildenden statt. Verstanden wird darunter nicht die theoretische Unterweisung am Arbeitsplatz oder in der Lehrwerkstatt, sondern systematischer Unterricht in speziellen Schulungsräumen oder in sonstigen vorhandenen Räumlichkeiten des Betriebs.[70] Der Anteil der Auszubildenden, die innerbetrieblichen Unterricht erhalten, ist mit 23 % relativ hoch, da insbesondere mittlere und große Betriebe solchen Unterricht durchführen. Im Durchschnitt beträgt der Anteil der Unterrichtszeiten an den gesamten betrieblichen Ausbildungszeiten jedoch nur 2 %.[71] Die Kosten des innerbetrieblichen Unterrichts liegen im Gesamtdurchschnitt bei 242 € pro Auszubildenden und Jahr (vgl. Abbildung II/13), wobei wiederum auch alle Betriebe ohne entsprechenden Unterricht in die Berechnung einbezogen sind.[72] Auf den innerbetrieblichen Unterricht entfallen somit lediglich 1 % der Bruttokosten insgesamt und nur 4 % der Ausbildungsprozesskosten an allen innerbetrieblichen Lernorten (vgl. Tabelle II/5 im Anhang). 98 % der Kosten des innerbetrieblichen Unterrichts werden von den Personalkosten der Ausbilder eingenommen. Hauptsächlich werden nebenberufliche Ausbilder für den Unterricht eingesetzt, ihr Kostenanteil beträgt 64 %. Hauptberufliche Ausbilder sind mit einem Kostenanteil von 27 % vertreten. Externe Ausbilder spielen mit 9 % der Ausbilderkosten eine nicht unbedeutende Rolle bei der Durchführung von innerbetrieblichem Unterricht. Lediglich 2 % der Unterrichtskosten stellen Anlage- und Sachkosten dar. Dieser niedrige Anteil ist auch darauf zurückzuführen, dass meist nur in großen Unternehmen spezielle Unterrichtsräume vorhanden sind, deren Anlage- und Sachkosten vollständig ermittelt wurden; dagegen wurde für sonstige für den Unterricht mitgenutzte Räumlichkeiten auf eine entsprechende Erfassung verzichtet.[73] Produktive Leistungen der Auszubildenden kommen im Rahmen des innerbetrieblichen Unterrichts nicht vor, da dieser rein zu Unterweisungszwecken erfolgt; Ausbildungserträge sind an diesem Lernort daher nicht zu verzeichnen.

Innerbetrieblicher Unterricht ist in Industrie und Handel ebenfalls erheblich verbreiteter als im Handwerk. 17 % der Betriebe in Industrie und Handel unterrichten ihre Auszubildenden regelmäßig in gesonderten Räumlichkeiten, während dies im Handwerk nur 9 % tun. In Industrie und Handel erhalten 29 % der Auszubildenden innerbetrieblichen Unterricht, im Handwerk dagegen nur 15 %. Die Unterrichtskosten sind in Industrie und Handel mit 363 € pro Auszubildenden und Jahr wesentlich höher

70 Unterricht, der in Lehrgangsform z. B. in einem unternehmenseigenen Schulungszentrum durchgeführt wird, das nicht dem Betrieb angegliedert ist, sondern sich an einem anderen Ort befindet, ist hier nicht berücksichtigt. Die dabei für den Betrieb anfallenden Kosten sind bei den externen Lehrgängen erfasst, vgl. hierzu Teil II, Kap. 2.1.1.

71 Vgl. Teil II, Kap. 2.4.

72 Werden ausschließlich die Betriebe berücksichtigt, die innerbetrieblichen Unterricht durchführen, betragen die Kosten hierfür durchschnittlich 1.070 € pro Auszubildenden und Jahr.

73 Vgl. Teil II, Kap. 1.1.

als im Handwerk mit 112 € (vgl. Abbildung II/14).[74] Neben dem stärkeren Verbreitungsgrad von innerbetrieblichem Unterricht dürften dabei auch umfangreichere Unterrichtszeiten in Industrie und Handel eine Rolle spielen. In Industrie und Handel entfallen 2 % der gesamten Bruttokosten auf den innerbetrieblichen Unterricht, im Handwerk ist es nur 1 %. Bezogen auf die Ausbildungsprozesskosten aller innerbetrieblichen Lernorte machen die Unterrichtskosten in Industrie und Handel gut 5 % aus und im Handwerk nur knapp 2 % (vgl. Tabelle II/5 im Anhang). In beiden Ausbildungsbereichen handelt es sich bei den Unterrichtskosten fast ausschließlich um Kosten des Ausbildungspersonals, während Anlage- und Sachkosten nur einen minimalen Anteil einnehmen. Im Handwerk werden für den innerbetrieblichen Unterricht noch stärker nebenberufliche Ausbilder eingesetzt als in Industrie und Handel, dort sind auch hauptberufliche und externe Ausbilder relativ stark vertreten.

2.1.5 Kosten in Betrieben mit und ohne Lehrwerkstattausbildung

Mit der Ausbildung in einer betrieblichen Lehrwerkstatt sind in der Regel sehr hohe Kosten verbunden. In den vorangehend dargestellten Kostendurchschnitten für den innerbetrieblichen Lernort „Lehrwerkstatt" kam dies noch nicht zum Ausdruck, da jeweils auch immer alle Betriebe bzw. Auszubildenden ohne Lehrwerkstattausbildung in die Berechnung einbezogen waren. Auch wurde nicht deutlich, wie sich die Lehrwerkstattausbildung auf die Höhe der Ausbildungskosten und Erträge insgesamt auswirkt. Wie bereits erwähnt führen insgesamt 3 % der Betriebe, und zwar überwiegend größere Betriebe, einen Teil der Ausbildung in einer eigenen betrieblichen Lehrwerkstatt durch und erhalten 8 % der Auszubildenden Lehrwerkstattausbildung. Im Folgenden werden die Kosten der Ausbildung in Betrieben, die zeitweise in einer betrieblichen Lehrwerkstatt ausbilden, gesondert betrachtet und den Kosten der Betriebe ohne Lehrwerkstattausbildung gegenübergestellt.[75]

Die Bruttokosten einer Ausbildung, die zum Teil in der Lehrwerkstatt erfolgt, betragen durchschnittlich 20.683 € pro Auszubildenden und Jahr, und sind damit um 29 % höher als eine Ausbildung in Betrieben ohne Lehrwerkstatt mit 16.051 € (vgl. Abbildung II/15). Die Erträge, die die Auszubildenden in Betrieben mit Lehrwerkstatt erwirtschaften, liegen dagegen mit 5.560 € um 30 % niedriger als in den anderen Betrieben, wo sie eine Höhe von 7.926 € erreichen. Während in den Betrieben mit Lehrwerkstatt nur 27 % der Bruttokosten durch die Erträge kompensiert werden, sind es in den Betrieben ohne Lehrwerkstatt 49 %. Bei den Nettokosten ergibt sich so-

74 Werden nur die Betriebe einbezogen, in denen innerbetrieblicher Unterricht tatsächlich erfolgt, liegen die betreffenden Kosten in Industrie und Handel bei 1.236 € pro Auszubildenden und Jahr, im Handwerk bei 744 €.

75 Streng genommen wurden für diese Betrachtung nicht die Betriebe danach aufgeteilt, ob sie eine Lehrwerkstatt hatten oder nicht, sondern die Auszubildenden danach unterschieden, ob für sie Ausbildungsphasen in einer betrieblichen Lehrwerkstatt erfolgten oder nicht.

mit eine beträchtliche Differenz: Diese sind für Auszubildende mit Lehrwerkstattausbildung um 86 % höher als für Auszubildende ohne Lehrwerkstattausbildung.

Abbildung II/15: **Bruttokosten, Erträge und Nettokosten in Betrieben mit und ohne Lehrwerkstattausbildung (Vollkosten)**

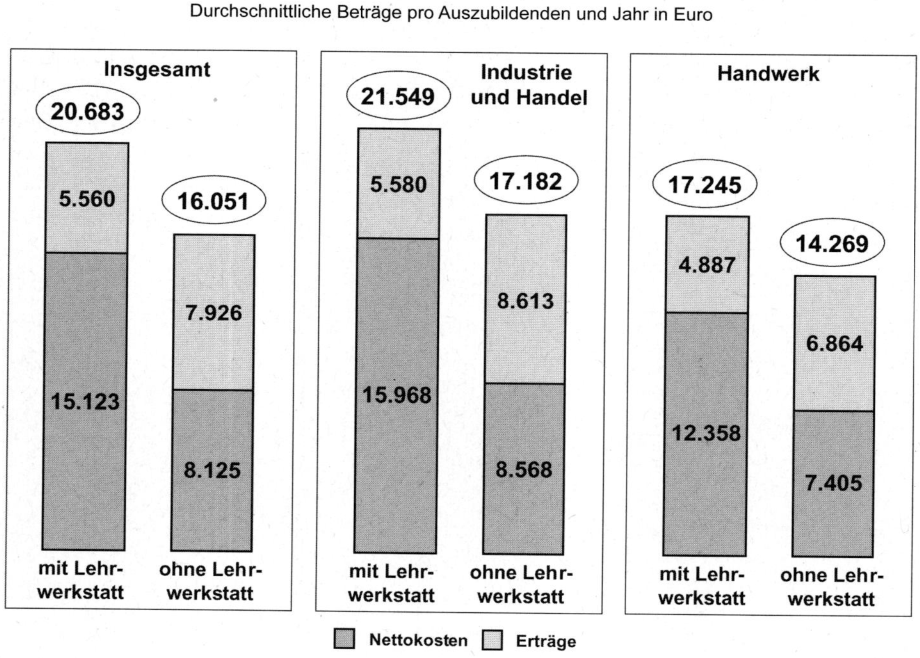

Wird die Kostenstruktur der Betriebe mit und ohne Lehrwerkstatt im Einzelnen betrachtet, zeigen sich mehr oder weniger große Abweichungen bei allen Kostenarten (vgl. Tabelle II/6 im Anhang). Die Personalkosten der Auszubildenden liegen in den Betrieben mit Lehrwerkstattausbildung um 12 % über denen in den anderen Betrieben. Ein wesentlicher Grund hierfür ist, dass es sich bei den Betrieben mit Lehrwerkstatt überwiegend um große Industriebetriebe handelt, in denen höhere Ausbildungsvergütungen und umfangreichere tarifliche und freiwillige Sozialleistungen gezahlt werden als in den kleineren Betrieben. Die Personalkosten der Ausbilder sind bei der Ausbildung mit Lehrwerkstattphasen um 8 % höher als bei der Ausbildung ohne Lehrwerkstatt. Während in den Lehrwerkstattbetrieben über die Hälfte der Ausbilderkosten auf hauptberufliche Ausbilder entfallen, werden in den anderen Betrieben fast ausschließlich nebenberufliche Ausbilder eingesetzt, die dort 96 % der entsprechenden Kosten einnehmen. Der größte Unterschied ist bei den Anlage- und Sachkosten zu verzeichnen, die für die Ausbildung mit Lehrwerkstattanteilen mehr als zehnmal mehr betragen als für die Ausbildung ohne Lehrwerkstatt.[76] Die sonstigen Kosten der Ausbildung liegen in den Lehrwerkstattbetrieben um 16 % höher. Dabei ist vor allem erwähnenswert, dass in den Betrieben mit Lehrwerkstatt merklich mehr in modernere Lehr- und Lernmittel, z. B. Lernsoftware und Lernvideos, investiert wird. Die Kosten für externe Ausbildung sind für die Auszubildenden, die zeitweise in einer betrieblichen Lehrwerkstatt ausgebildet werden, nicht niedriger, sondern sogar noch etwas höher als für die anderen Auszubildenden. In beiden Fällen handelt es sich – mit jeweils über 90 % der Kosten – weit überwiegend um Lehrgänge in externen Bildungseinrichtungen, was zeigt, dass die Ausbildung in einer betrieblichen Lehrwerkstatt externe Lehrgänge nicht überflüssig macht.

Abbildung II/16: **Struktur der Bruttokosten in Betrieben mit und ohne Lehrwerkstattausbildung (Vollkosten)**

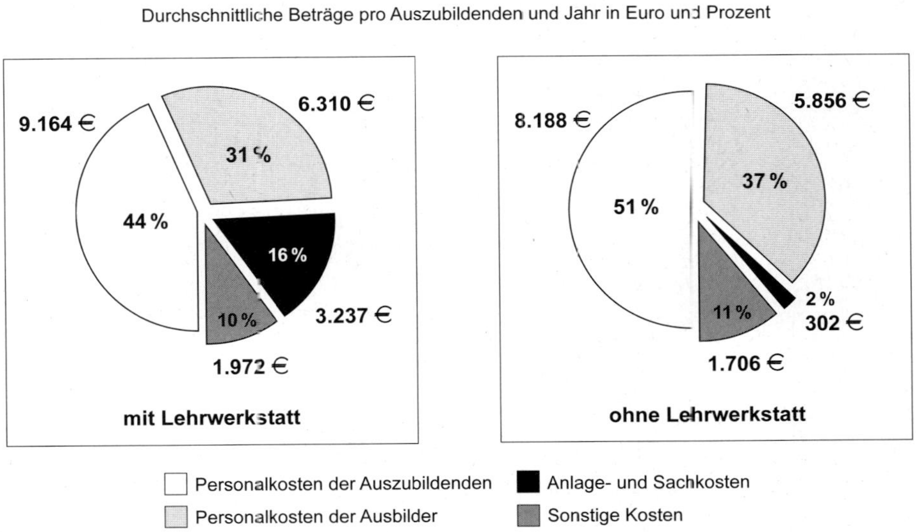

Insgesamt ergeben sich durch die zum Teil erheblichen Abweichungen bei den einzelnen Kostenarten merkliche Unterschiede in der Struktur der Bruttokosten zwischen Betrieben mit und ohne Lehrwerkstattausbildung, wie Abbildung II/16 verdeutlicht: Die Personalkosten der Auszubildenden und der Ausbilder haben bei der Ausbildung mit Lehrwerkstattanteilen ein wesentlich geringeres Gewicht als bei der Ausbildung

76 Hierbei ist allerdings wiederum zu beachten, dass für die Ausbildung am Arbeitsplatz die Anlage- und Sachkosten nicht vollständig erfasst wurden, vgl. Teil II, Kap. 1.1.

ohne Lehrwerkstatt. Dagegen nehmen die Anlage- und Sachkosten in den Betrieben mit Lehrwerkstattausbildung einen beträchtlichen Anteil ein, während sie in den Betrieben ohne Lehrwerkstatt kaum eine Rolle spielen.

Die besonderen, durch die Lehrwerkstattausbildung verursachten Kosten werden bei einer Differenzierung nach den innerbetrieblichen Lernorten deutlich (vgl. Abbildung II/17). Die Ausbildung am Arbeitsplatz verursacht in den Betrieben, die Lehrwerkstattausbildung durchführen, mit 3.861 € pro Auszubildenden und Jahr um 35 % geringere Kosten als in den anderen Betrieben mit 5.948 €. In den Betrieben mit Lehrwerkstatt entstehen jedoch für die Lehrwerkstattausbildung zusätzlich Kosten in Höhe von 5.083 €. Der innerbetriebliche Unterricht schlägt in den Lehrwerkstattbetrieben mit 602 € zu Buche, in den anderen Betrieben mit nur 210 €. Die gesamten Ausbildungsprozesskosten, d. h. die Ausbildungskosten an allen innerbetrieblichen Lernorten, erreichen damit in den Betrieben mit Lehrwerkstattausbildung eine Höhe von 9.546 €, sie liegen um 55 % über den entsprechenden Kosten von 6.158 € in den Betrieben ohne Lehrwerkstatt. Von den Ausbildungsprozesskosten in den Lehrwerkstattbetrieben entfallen 40 % auf die Ausbildung am Arbeitsplatz, 53 % auf die Lehrwerkstatt und 6 % auf den innerbetrieblichen Unterricht. Die Kosten der Lehrwerkstattausbildung bestehen dabei zum größten Teil aus Kosten für hauptberufliche Ausbilder sowie Anlage- und Sachkosten (vgl. Tabelle II/7 im Anhang). Diese beiden Kostenarten sind in den Betrieben mit Lehrwerkstatt auch bei der Ausbildung am Arbeitsplatz wesentlich bedeutsamer als in den anderen Betrieben. In den Betrieben ohne Lehrwerkstatt entstehen 97 % der gesamten Ausbildungsprozesskosten bei der Ausbildung am Arbeitsplatz und 3 % beim innerbetrieblichen Unterricht, wobei der weitaus größte Kostenanteil jeweils für nebenberufliche Ausbilder zu verzeichnen ist.

Die Lehrwerkstattausbildung konzentriert sich, wie bereits erwähnt, im Wesentlichen auf die Ausbildung im gewerblich-technischen Bereich in größeren Betrieben, wo eine Ausbildung ausschließlich am betrieblichen Arbeitsplatz mit nebenberuflichen Ausbildern vielfach kaum möglich ist. Vor allem auch aufgrund der oft relativ großen Zahl an Auszubildenden werden in diesen Betrieben größtenteils hauptberufliche Ausbilder für die Ausbildung in den meist recht anspruchsvollen gewerblich-technischen Berufen eingesetzt. Die abweichenden Kostenstrukturen bei den Ausbildungsprozessen mit und ohne Lehrwerkstattanteilen sind jedoch nicht allein auf die unterschiedliche Organisation der Ausbildung zurückzuführen, sondern auch von den jeweiligen Ausbildungsberufen stark beeinflusst, die unter anderem unterschiedlich kostenintensive Anlage- und Sachausstattungen für die Ausbildung und unterschiedliche Unterweisungsintensitäten erfordern.[77]

In den Betrieben mit Lehrwerkstattausbildung verbringen die Auszubildenden nur etwas mehr als die Hälfte der betrieblichen Ausbildungszeit am Arbeitsplatz während

77 Vgl. Teil II, Kap. 2.1.9.

es in den anderen Betrieben 98 % der Zeit sind.[78] Die am Arbeitsplatz von den Auszubildenden erwirtschafteten Erträge liegen daher bei der Ausbildung mit Lehrwerkstattanteilen um die Hälfte niedriger als bei der Ausbildung ohne Lehrwerkstatt. Dies wird auch durch die in der Lehrwerkstatt erzielten Erträge bei weitem nicht ausgeglichen, da dort nur etwas mehr als ein Viertel der Zeit auf produktive Arbeiten entfällt, während der Anteil produktiver Zeiten am Arbeitplatz 50 % ausmacht.

Abbildung II/17: **Bruttokosten an den innerbetrieblichen Lernorten in Betrieben mit und ohne Lehrwerksattausbildung (Vollkosten)**

Durchschnittliche Beträge pro Auszubildenden und Jahr in Euro und Prozent

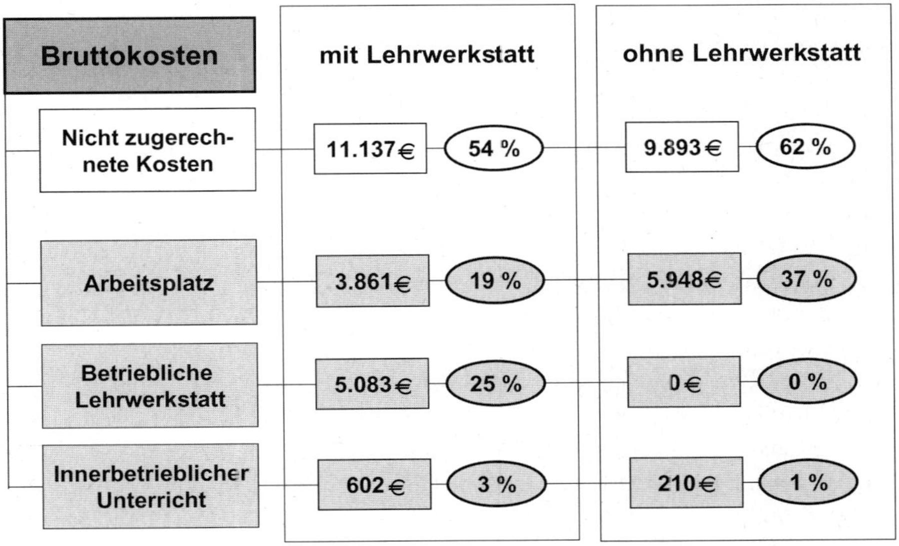

Bei einer gesondert für die Ausbildungsbereiche Industrie und Handel sowie Handwerk vorgenommenen Untersuchung der Kostenunterschiede zwischen der Ausbildung mit und ohne Lehrwerkstatt ergibt sich vor allem Folgendes: Sowohl in Industrie und Handel als auch im Handwerk liegen die Ausbildungskosten in den Betrieben mit Lehrwerkstattausbildung beträchtlich über den Kosten der Betriebe ohne Lehrwerkstatt. Bei den Bruttokosten sind es 25 % bzw. 21 % und bei den Nettokosten sogar 86 % bzw. 67 %, was jeweils auf die niedrigen Erträge bei der Lehrwerkstattausbildung zurückzuführen ist (vgl. Abbildung II/15).[79] In beiden Bereichen werden

78 Vgl. Teil II, Kap. 2.4.3.

79 Im Handwerk liegen den Ergebnissen für die Ausbildung mit Lehrwerkstattanteilen nur die Angaben von 19 Betrieben zugrunde, sie sind daher nur bedingt aussagefähig.

bei der Ausbildung mit Lehrwerkstattanteilen in relativ starkem Umfang hauptberufliche Ausbilder eingesetzt, und zwar in Industrie und Handel noch wesentlich mehr als im Handwerk (vgl. Tabelle II/6 im Anhang). Bei den Betrieben mit Lehrwerkstattausbildung fallen jeweils besonders die hohen Anlage- und Sachkosten auf, die hauptsächlich durch die Lehrwerkstatt verursacht werden und in Industrie und Handel sogar noch doppelt so hoch sind wie im Handwerk. Dies könnte damit zusammenhängen, dass in Industrie und Handel in der Regel aufwändig ausgestattete größere Lehrwerkstätten in gesonderten Räumlichkeiten vorhanden sind, während es sich im Handwerk oft nur um z. B. innerhalb der normalen Werkstätten abgegrenzte Bereiche mit speziellen Maschinen und Geräten handelt, die ausschließlich für die Unterweisung der Auszubildenden bereitstehen.

Die Ausbildungsprozesskosten am Arbeitsplatz weisen in Industrie und Handel sowie im Handwerk die gleichen Unterschiede zwischen Betrieben mit und ohne Lehrwerkstatt auf und bewegen sich in beiden Bereichen jeweils auf gleich hohem Niveau (vgl. Tabelle II/7 im Anhang). Die Kosten der Lehrwerkstattausbildung sind im Handwerk allerdings deutlich niedriger als in Industrie und Handel, was damit erklärt werden kann, dass – neben den niedrigeren Anlage- und Sachkosten – die Verweildauer in der Lehrwerkstatt im Handwerk um weit mehr als die Hälfte kürzer ist. In beiden Bereichen sind in den Betrieben mit Lehrwerkstattausbildung gleichzeitig vergleichsweise hohe Kosten für innerbetrieblichen Unterricht zu verzeichnen. Dies deutet darauf hin, dass Lehrwerkstattausbildung jeweils insbesondere für theoretisch anspruchsvolle Berufe durchgeführt wird.

In beiden Ausbildungsbereichen werden in den Betrieben mit Lehrwerkstattanteilen erheblich niedrigere Ausbildungserträge erwirtschaftet als in den Betrieben ohne Lehrwerkstatt. Der Unterschied ist allerdings in Industrie und Handel noch ausgeprägter, da hier die Verweildauer am Arbeitsplatz in den Betrieben mit Lehrwerkstatt erheblich kürzer ist als in den entsprechenden Handwerksbetrieben und daher die Möglichkeiten eines produktiven Einsatzes der Auszubildenden noch deutlich geringer sind. In Industrie und Handel werden in den Betrieben mit Lehrwerkstatt nur 26 % der Bruttokosten durch die Erträge gedeckt und im Handwerk 28 %. In den Betrieben ohne Lehrwerkstatt kompensieren dagegen in Industrie und Handel die Erträge 50 % der Bruttokosten und im Handwerk 48 %.

2.1.6 Kosten nach Betriebsgrößenklassen

Für eine Untersuchung der Ausbildungskosten nach Betriebsgröße sind die Betriebe entsprechend der Zahl ihrer Beschäftigten einschließlich der Auszubildenden in vier Klassen eingeteilt worden. Unterschieden werden Betriebe mit bis zu neun Beschäftigen (sehr kleine Betriebe), mit 10 – 49 Beschäftigten (mittelkleine Betriebe), mit 50 – 499 Beschäftigen (mittlere Betriebe) und mit 500 und mehr Beschäftigten (große

Betriebe).[80] Insgesamt werden knapp ein Viertel der Auszubildenden in sehr kleinen Betrieben ausgebildet und etwas mehr als ein Viertel in mittelkleinen Betrieben. Auf mittlere Betriebe entfällt ein Anteil von knapp einem Drittel, in Großbetrieben sind dagegen nur 17 % der Auszubildenden vertreten.

Wie aus Abbildung II/18 hervorgeht, sind die Bruttokosten in den sehr kleinen Betrieben mit 17.100 € pro Auszubildenden und Jahr relativ hoch. In den mittelkleinen und mittleren Betrieben liegen sie um 9 % bzw. 5 % niedriger. Die mit Abstand höchsten Bruttokosten weisen die Großbetriebe mit 18.920 € auf. Die Erträge weichen in ihrer absoluten Höhe zwischen den Betriebsgrößen nicht sehr stark voneinander ab. Allerdings unterscheidet sich der Umfang des produktiven Einsatzes der Auszubildenden erheblich: Die produktiven Zeiten sind in den Kleinstbetrieben um 28 %, in den mittelkleinen Betrieben um 23 % und in den mittleren Betrieben um 15 % höher als in den Großbetrieben. Diese Abweichungen machen sich wegen der mit der Betriebsgröße ansteigenden Löhne und Gehälter der an- und ungelernten Arbeitskräfte sowie der Fachkräfte, die den Bewertungsmaßstab für die produktiven Zeiten bilden, in den Ertragswerten jedoch nicht bemerkbar. Der Anteil der Erträge an den Bruttokosten ist ebenfalls unterschiedlich groß: In den mittleren Betrieben wird die Hälfte der Bruttokosten durch die Erträge gedeckt, in den mittelkleinen Betrieben 49 %, in den sehr kleinen Betrieben 45 % und in den Großbetrieben nur 38 %. Bei den Nettokosten ergibt sich ein ähnliches Bild wie bei den Bruttokosten. Sie sind in den mittelkleinen und mittleren Betrieben merklich geringer als in den Kleinstbetrieben und am höchsten in den Großbetrieben.

Bei Betrachtung der einzelnen Kostenarten zeigt sich, dass die Personalkosten der Auszubildenden in den sehr kleinen Betrieben am niedrigsten sind und mit zunehmender Betriebsgröße deutlich ansteigen, in den großen Betrieben liegen sie um 43 % höher als in den Kleinstbetrieben (vgl. Tabelle II/8 im Anhang). Die Unterschiede sind darauf zurückzuführen, dass in den beiden unteren Betriebsgrößenklassen überwiegend Handwerks- und Landwirtschaftsbetriebe sowie die Praxen der Freien Berufe vertreten sind, also Bereiche, in denen relativ niedrige Ausbildungsvergütungen tariflich vereinbart sind und die Tarifbindung vergleichsweise gering ist. Hinzu kommt, dass in den kleineren Betrieben den Auszubildenden weit weniger an tariflichen und freiwilligen Sozialleistungen gewährt wird, auch die mittleren Betriebe bleiben bei diesen Zahlungen noch um 38 % unter den Großbetrieben.

Demgegenüber befinden sich bei den Personalkosten der Ausbilder die sehr kleinen Betriebe mit Abstand an der Spitze, gefolgt von den kleineren Betrieben, in den mittleren Betrieben sind sie am niedrigsten. Dieses zunächst sicherlich überraschende Ergebnis kann folgendermaßen erklärt werden: Die Ausbilderzeiten insgesamt pro Auszubildenden sind in den sehr kleinen Betrieben – verglichen mit den mittleren Betrieben – um

80 Zugrunde gelegt ist die Anzahl der Beschäftigten einschließlich der Auszubildenden.

über 80 % und in den Betrieben mit 10 – 49 Beschäftigten um über 40 % höher. Dies hängt damit zusammen, dass ein Ausbilder in den kleineren Betrieben meist nur einen einzigen Auszubildenden betreut, während in größeren Betrieben häufig eine Gruppe von Auszubildenden gleichzeitig von einem Ausbilder unterwiesen wird und sich diese Zeiten dann auf mehrere Auszubildende verteilen. Hinzu kommt, dass in den kleineren Betrieben in sehr starkem Maße Führungskräfte, d. h. sehr häufig die Betriebsinhaber, an der Ausbildung beteiligt sind. Auf sie entfallen in den Kleinstbetrieben knapp die Hälfte der gesamten Ausbilderzeiten und in den Betrieben mit 10 – 49 Beschäftigten ein Drittel. Dies wirkt sich durch das hohe Gehalt der Führungskräfte sehr stark auf die Ausbilderkosten aus. In den mittleren Betrieben haben Führungskräfte nur einen Anteil von 20 % an den gesamten Ausbilderzeiten und in Großbetrieben nur von 11 %.

Abbildung II/18: **Bruttokosten, Erträge und Nettokosten insgesamt nach Betriebsgrößenklassen (Vollkosten)**

Durchschnittliche Beträge pro Auszubildenden und Jahr in Euro

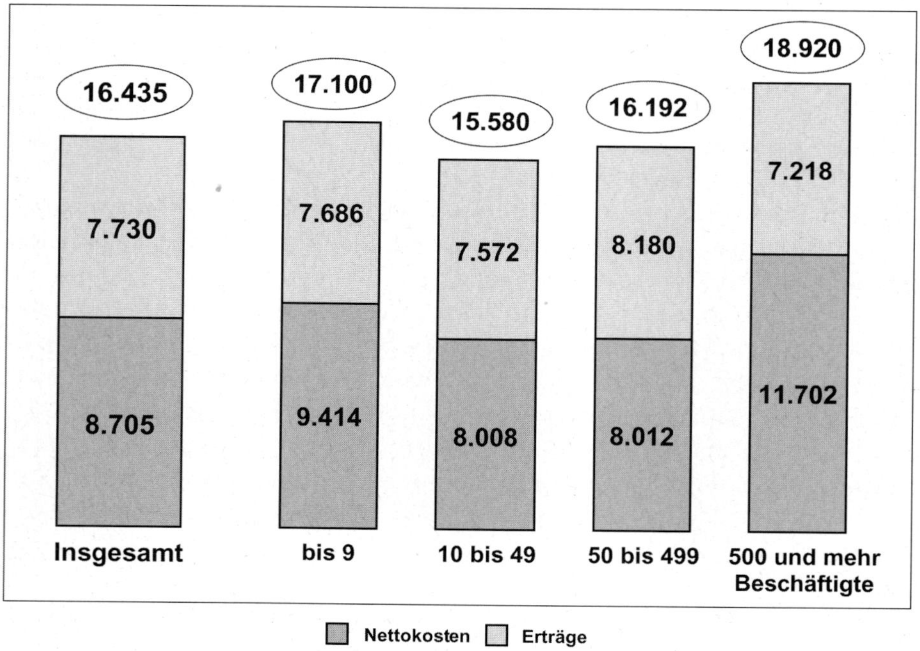

In den kleineren Betrieben sind die Ausbilder fast ausschließlich nebenberuflich in der Ausbildung tätig, während in den mittleren Betrieben und vor allem den Großbetrieben in relativ großem Umfang hauptberufliche Ausbilder eingesetzt werden, auf die dort 12 % bzw. 37 % der Ausbilderzeiten entfallen. Der Anteil der Kosten hauptberuflicher Ausbilder an den gesamten Ausbilderkosten beträgt daher in den Großbetrieben 41 % und in den mittleren Betrieben 15 %. Externe Ausbilder spielen in allen Betriebsgrößenklassen kaum eine Rolle.

Die Anlage- und Sachkosten der Ausbildung sind in den kleineren Betrieben relativ niedrig und erhöhen sich dann mit zunehmender Betriebsgröße beträchtlich. In den mittleren Betrieben sind sie fast doppelt so hoch wie in den Kleinstbetrieben und in den Großbetrieben machen sie das Fünffache aus. Die sonstigen Kosten der Ausbildung bewegen sich in allen Betriebsgrößenklassen auf ähnlichem Niveau. Lediglich in den mittelkleinen Betrieben sind sie ein wenig niedriger und zwar vor allem wegen etwas geringerer Kosten für die Ausbildungsverwaltung. In den mittleren Betrieben sind die Kosten für externe Ausbildung etwas höher als in den übrigen Betrieben. Während es sich in den kleineren Betrieben fast ausschließlich um Lehrgänge in externen Bildungseinrichtungen handelt, kommen in mittleren und großen Unternehmen auch Ausbildungsphasen in anderen Betrieben vor und verursachen dort 11 % bzw. 25 % der gesamten Kosten für externe Ausbildung.

Durch die zum Teil beträchtlichen Abweichungen bei den einzelnen Kostenarten unterscheidet sich die Gesamtstruktur der Bruttokosten zwischen den Betriebsgrößenklassen erheblich, wie in Abbildung II/19 deutlich wird. Während die Personalkosten der Auszubildenden in den sehr kleinen Betrieben ein niedrigeres Gewicht haben, nehmen sie in den mittleren und großen Betrieben weit mehr als die Hälfte der Bruttokosten ein. Dagegen haben die Ausbilderkosten in den kleineren Betrieben erheblich größere Bedeutung als in den mittleren und großen Betrieben. In den Großbetrieben fällt darüber hinaus der recht hohe Anteil der Anlage- und Sachkosten auf.

Ein Teil der Kostenabweichungen zwischen den Betriebsgrößenklassen ist auf eine unterschiedliche Organisation der Ausbildung zurückzuführen. Wie bereits mehrfach ausgeführt, wird die Ausbildung in den kleineren Betrieben von Industrie und Handel, Handwerk, Landwirtschaft sowie den Praxen der Freien Berufe fast ausschließlich am Arbeitsplatz durchgeführt. Sie findet eng verknüpft mit dem betrieblichen Leistungserstellungsprozess statt, d. h., die Auszubildenden werden immer entsprechend ihrer bereits erworbenen Kenntnisse und Fertigkeiten in die laufenden betrieblichen Arbeiten einbezogen. Dagegen werden in großen Betrieben insbesondere die gewerblich-technischen Auszubildenden oft in längeren Phasen in produktionsunabhängigen Lehrwerkstätten ausgebildet, wo ein produktiver Einsatz der Auszubildenden meist nur in einem beschränkten Umfang möglich ist. Von den Großbetrieben verfügen 46 % über eine Lehrwerkstatt, bei den mittleren Betrieben sind es immerhin 10 %. Dagegen kommt nur in etwa einem Prozent der kleineren Ausbildungsbetriebe Lehrwerkstattausbildung vor. Von den Auszubildenden in den Großbetrieben werden 38 % zeitweise in einer betrieblichen Lehrwerkstatt ausgebildet, in den mittleren Betrieben trifft dies auf 14 % der Auszubildenden zu und in den kleineren Betrieben auf lediglich rund 1 %. Im Durchschnitt verbringen die Auszubildenden in Großbetrieben 17 % ihrer betrieblichen Ausbildungszeit in der Lehrwerkstatt, in den mittleren Betrieben sind es 5 %.[81] Auch innerbetrieblicher Unterricht ist in den einzelnen Betriebsgrößenklassen sehr unterschiedlich verbreitet: Während nur 7 % der sehr kleinen und 13 % der mittelkleinen Betriebe solchen Unterricht durchführen, sind es 28 % der mittleren und 38 % der großen Betriebe. Von den Auszubildenden in den sehr kleinen Betrieben erhalten 9 % entsprechenden Unterricht, in den mittelkleinen Betrieben 16 %, in den mittleren 35 % und in den großen Betrieben sogar 44 %.

Abbildung II/19: **Struktur der Bruttokosten nach Betriebsgrößenklassen (Vollkosten)**

Durchschnittliche Beträge pro Auszubildenden und Jahr in Euro und Prozent

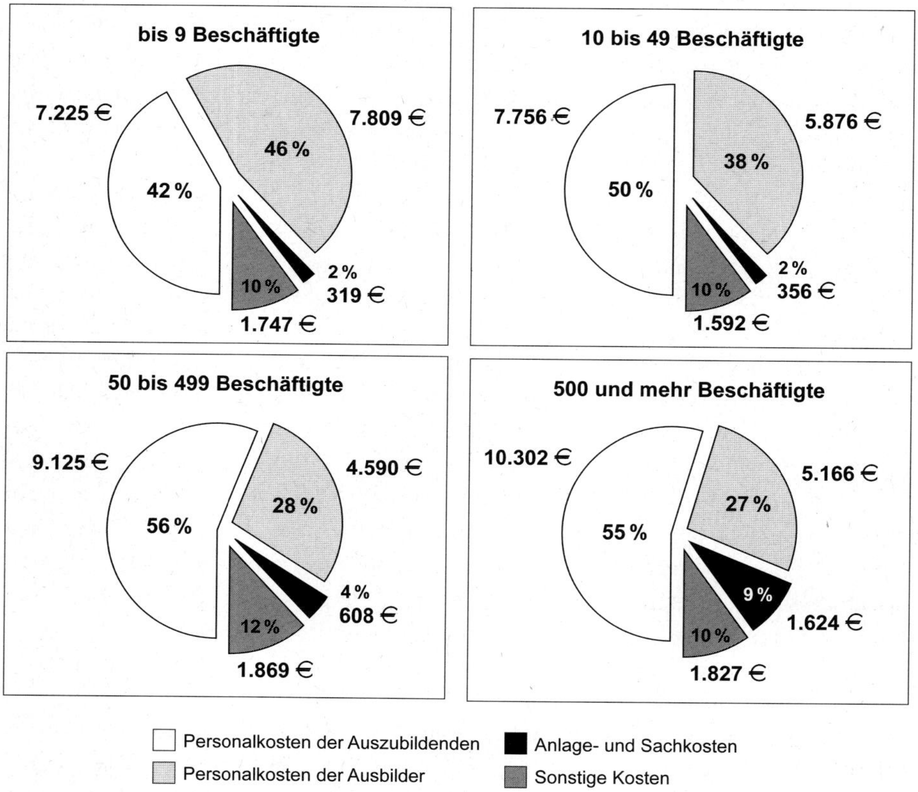

Eine gesondert nach den innerbetrieblichen Lernorten vorgenommene Betrachtung ergibt daher folgende Unterschiede zwischen den Betriebsgrößenklassen (vgl. Tabelle II/9 im Anhang): In den Kleinstbetrieben entfallen 46 % der gesamten Brutto-

81 Vgl. Teil II, Kap. 2.4.4.

kosten auf die Ausbildungskosten am Arbeitsplatz, bezogen auf die Kosten der Ausbildungsprozesse an allen innerbetrieblichen Lernorten sind es 97 %. Die in den Kleinstbetrieben sehr hohen Kosten am Arbeitplatz, die fast ausschließlich durch den umfangreichen Einsatz nebenberuflicher Ausbilder entstehen, werden fast vollständig kompensiert durch die produktiven Leistungen, die von Auszubildenden dort erbracht werden. In den mittelkleinen Betrieben sind die Ausbildungskosten am Arbeitsplatz deutlich niedriger und nehmen 39 % der Bruttokosten insgesamt ein, der Anteil an den Prozesskosten aller Lernorte beträgt jedoch auch hier 97 %. Die Erträge am Arbeitsplatz überschreiten in den mittelkleinen Betrieben die entsprechenden Kosten um 25 %. In den mittleren Betrieben haben die relativ niedrigen Kosten am Arbeitsplatz einen Anteil an den Bruttokosten von nur etwa einem Viertel und an den gesamten Prozesskosten von 81 %. Die Ausbildungserträge am Arbeitsplatz übersteigen die Kosten um fast 90 %. In den Großbetrieben liegen die Kosten am Arbeitplatz auf gleichem Niveau wie in den mittleren Betrieben, nehmen aber lediglich 22 % der Bruttokosten und nur 62 % der Kosten an allen innerbetrieblichen Lernorten ein; die Erträge am Arbeitsplatz sind hier um 58 % höher als die Kosten.

In den sehr kleinen und mittelkleinen Betrieben fallen außer den Kosten am Arbeitsplatz nur noch relativ geringe Kosten für innerbetrieblichen Unterricht an, die hier lediglich 2 % bzw. 3 % der Ausbildungsprozesskosten aller Lernorte ausmachen. Dagegen kommen in den mittleren und großen Betrieben insbesondere noch spürbare Kosten für die Lehrwerkstattausbildung hinzu. In den mittleren Betrieben beträgt deren Anteil an den gesamten Prozesskosten 13 % und in den großen Betrieben sogar 31 %. Neben relativ hohen Kosten für hauptberufliche Ausbilder sind hier jeweils hohe Anlage- und Sachkosten zu verzeichnen. Die Lehrwerkstattkosten werden nur zu einem geringen Teil von den produktiven Leistungen der Auszubildenden ausgeglichen und zwar in den mittleren Betrieben nur zu etwa einem Drittel und in den Großbetrieben zu 27 %. Auch entstehen in den mittleren und großen Betrieben deutlich höhere Kosten für den innerbetrieblichen Unterricht, die einen Anteil von 6 % bzw. 7 % an den Gesamtkosten der Ausbildungsprozesse haben.

2.1.7 Kosten nach Ausbildungsjahren

Bei den bisher dargestellten Kostenergebnissen handelte es sich jeweils um Durchschnitte über die Kostenwerte aller Ausbildungsjahre. Im Verlauf der Ausbildung verändert sich jedoch die Bedeutung bestimmter Kostenarten, wobei zum Teil gegenläufige Entwicklungen auftreten: So steigen die Ausbildungsvergütungen entsprechend der gesetzlichen Regelung von Ausbildungsjahr zu Ausbildungsjahr an,[82] während die Unterweisungszeiten der Ausbilder und somit die Kosten des Ausbil-

82 Gemäß § 10 Berufsbildungsgesetz ist die Ausbildungsvergütung so zu bemessen, dass sie mit fortschreitender Berufsausbildung, mindestens jährlich, ansteigt.

dungspersonals in der Regel mehr und mehr zurückgehen. Aufgrund des meist zunehmenden produktiven Einsatzes der Auszubildenden und ihres steigenden Leistungsgrades erhöhen sich die Ausbildungserträge, und die Nettokosten verringern sich dementsprechend. Die nachfolgende Darstellung der ausbildungsjahrspezifischen Kostenergebnisse beschränkt sich auf drei Ausbildungsjahre, da nur ein kleinerer Teil der untersuchten Berufe eine darüber hinausgehende Ausbildungsdauer hat. Zudem sind die Ergebnisse für das vierte Ausbildungsjahr auch nicht mit den vorhergehenden Jahren vergleichbar, da sie sich nur auf ein halbes Jahr beziehen.

Abbildung II/20: **Bruttokosten, Erträge und Nettokosten insgesamt nach Ausbildungsjahren (Vollkosten)**

Durchschnittliche Beträge pro Auszubildenden und Jahr in Euro

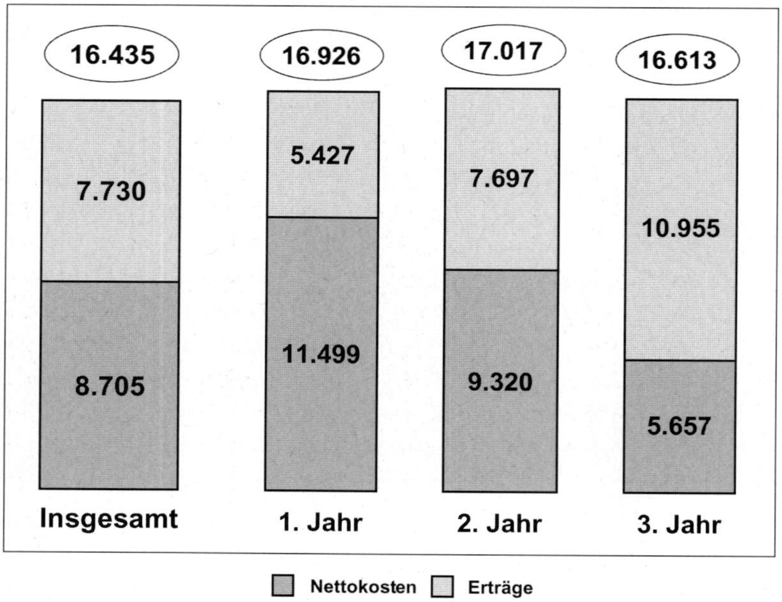

Die ausbildungsjahrspezifischen Unterschiede machen sich in den Bruttokosten kaum bemerkbar, wie Abbildung II/20 zeigt. Die Bruttokosten liegen in den einzelnen Ausbildungsjahren auf ähnlich hohem Niveau. Dagegen sind bei den Nettokosten erhebliche Abweichungen festzustellen: Durch die stark ansteigenden Ausbildungserträge sinken die Nettokosten vom ersten zum zweiten Ausbildungsjahr um 19 % – von 11.499 € auf 9.320 € pro Auszubildenden – und vom zweiten zum dritten Jahr nochmals um 39 % auf 5.657 €. Damit halbieren sich die jährlichen Nettokosten im Verlauf einer dreijährigen Ausbildungsdauer.

Die einzelnen Kostenarten entwickeln sich im Ausbildungsverlauf wie folgt (vgl. Tabelle II/10 im Anhang): Die Personalkosten der Auszubildenden erhöhen sich vom ersten bis dritten Ausbildungsjahr um 26 %, und zwar vor allem durch einen starken Anstieg der Ausbildungsvergütungen und der hieran gebundenen gesetzlichen Sozialleistungen; aber auch die tariflichen und freiwilligen Sozialleistungen nehmen mit 16 % deutlich zu. Die Kosten des Ausbildungspersonals reduzieren sich dagegen vom ersten bis zum dritten Ausbildungsjahr um 30 %, wobei der Rückgang bei den hauptberuflichen Ausbildern noch deutlicher ist als bei den nebenberuflichen Ausbildern. Dies hängt vor allem damit zusammen, dass Ausbildungsabschnitte in der Lehrwerkstatt, in der schwerpunktmäßig hauptberufliche Ausbilder eingesetzt werden, insbesondere zu Beginn der Ausbildung erfolgen und dann immer geringer werden. Auch die während der Ausbildungszeit abnehmenden Anlage- und Sachkosten dürften im Wesentlichen auf die zurückgehende Lehrwerkstattausbildung zurückzuführen sein. Bei den sonstigen Kosten der Ausbildung treten kaum nennenswerte Unterschiede zwischen den Ausbildungsjahren auf.[83] Bei den Gebühren, die der Betrieb an die zuständige Stelle entrichten muss, ist der höhere Wert im dritten Jahr mit den Gebühren für die Abschlussprüfung zu erklären.

Wie bereits erwähnt, werden den Auszubildenden im Verlauf der Ausbildung immer mehr produktive Tätigkeiten übertragen. Insgesamt erhöhen sich die produktiven Zeiten vom ersten bis dritten Ausbildungsjahr um 71 %.[84] Besonders stark nehmen dabei die produktiven Tätigkeiten II zu, also die Aufgaben, die normalerweise von einer Fachkraft wahrgenommen werden. Die hierauf entfallenden Zeiten verdreifachen sich. Zusammen mit dem gleichzeitig deutlich steigenden Leistungsgrad führt dies zu einem sehr starken Anstieg der Ausbildungserträge. Vom ersten zum zweiten Ausbildungsjahr ist eine Zunahme um 42 % zu verzeichnen, der Anstieg vom zweiten zum dritten Jahr ist nochmals ebenso hoch. Insgesamt verdoppeln sich damit die Ausbildungserträge im Laufe der drei Ausbildungsjahre. Im ersten Ausbildungsjahr werden erst 32 % der Bruttokosten von den Erträgen kompensiert, im zweiten Jahr bereits 45 % und im dritten Jahr sogar 66 %.

2.1.8 Kosten nach gewerblich-technischen und kaufmännisch-verwaltenden Berufen

In die vorliegende Untersuchung, die für 52 ausgewählte, stark besetzte Berufe durchgeführt wurde,[85] sind 32 gewerblich-technische und 20 kaufmännisch-verwaltende Ausbildungsberufe einbezogen. Dabei entfiel etwas mehr als die Hälfte der Auszu-

83 Bei den Kosten der Ausbildungsverwaltung wurde allerdings auch keine ausbildungsjahrspezifische Zurechnung vorgenommen, sondern von einem gleichbleibenden Aufwand während der gesamten Ausbildungsdauer ausgegangen.

84 Vgl. Teil II, Kap. 2.4.5.

85 Vgl. Teil I, Kap. 3.

bildenden auf gewerblich-technische und knapp die Hälfte auf kaufmännisch-verwaltende Berufe.[86] Die Ausbildung in den gewerblich-technischen und kaufmännischen Berufen unterscheidet sich nicht nur von den Ausbildungsinhalten, d.h. von den zu vermittelnden Kenntnissen und Fertigkeiten her erheblich. Vielmehr findet die Ausbildung in der Regel auch in sehr unterschiedlichen Betriebsabteilungen statt, es werden jeweils andere Ausbilder eingesetzt und es ist eine völlig verschiedene Sachausstattung für die Ausbildung erforderlich, was sich insgesamt deutlich in den anfallenden Ausbildungskosten niederschlägt.

Abbildung II/21: **Bruttokosten, Erträge und Nettokosten insgesamt nach gewerblich-technischen und kaufmännisch-verwaltenden Berufen (Vollkosten)**

Durchschnittliche Beträge pro Auszubildenden und Jahr in Euro

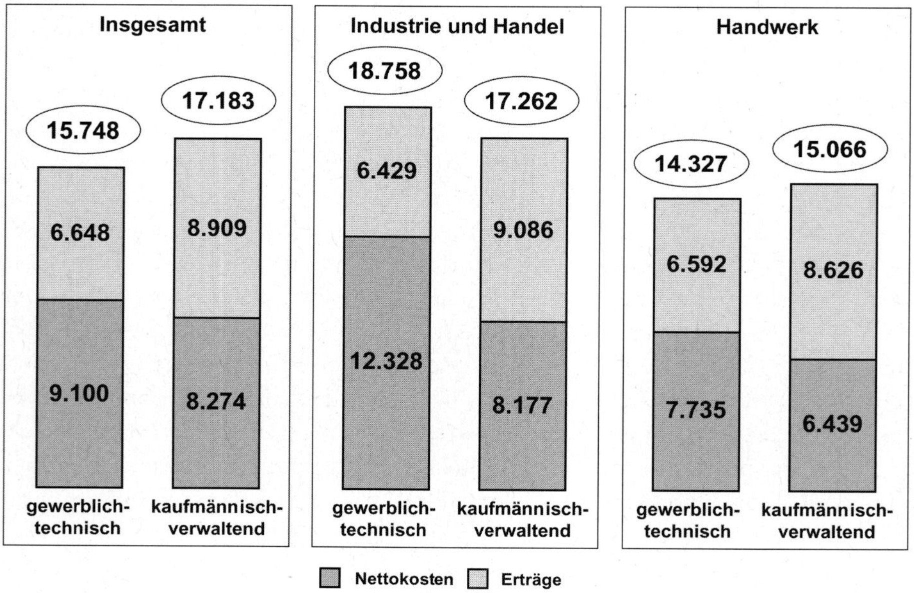

Im Gesamtdurchschnitt sind die Bruttokosten in den kaufmännisch-verwaltenden Berufen mit 17.183 € pro Auszubildenden und Jahr um 9 % höher als in den gewerblich-technischen Berufen mit 15.748 € (vgl. Abbildung II/21). Allerdings werden in den kaufmännisch-verwaltenden Berufen auch deutlich höhere Ausbildungserträge erreicht, was auf um ein Viertel höhere produktive Zeiten der Auszu-

86 Hierbei handelt es sich um die Verteilung der Auszubildenden in der gewichteten Stichprobe, vgl. Teil I, Kap. 5.

bildenden zurückzuführen ist.[87] Die Erträge decken dort 52 % der Bruttokosten, gegenüber nur 42 % in den gewerblich-technischen Berufen. Die Nettokosten sind daher in den kaufmännisch-verwaltenden Berufen mit 8.274 € um 9 % niedriger als in den gewerblich-technischen Berufen mit 9.100 €.

Werden die einzelnen Kostenarten betrachtet, zeigt sich ein deutlicher Unterschied insbesondere bei den Personalkosten der Auszubildenden, die in den kaufmännisch-verwaltenden Berufen um 23 % über denen in den gewerblich-technischen Berufen liegen (vgl. Tabelle II/11 im Anhang). Dies wird vor allem durch merklich höhere Ausbildungsvergütungen in den kaufmännisch-verwaltenden Berufen verursacht, aber auch die tariflichen und freiwilligen Sozialleistungen sind hier für die Auszubildenden wesentlich günstiger. Die Abweichungen bei den Ausbildungsvergütungen sind allerdings nicht darauf zurückzuführen, dass in den Betrieben eine Differenzierung der Zahlungen nach Art des Berufs erfolgt. Dies ist in der Regel nicht der Fall, da fast alle tariflichen Regelungen einheitliche Ausbildungsvergütungen für die Auszubildenden in den jeweiligen Tarifbereichen unabhängig von der Berufszugehörigkeit vorsehen.[88] Vielmehr kommen die im Durchschnitt höheren Kosten in den kaufmännisch-verwaltenden Berufen dadurch zustande, dass diese zu einem relativ großen Anteil in Bereichen ausgebildet werden, in denen traditionell vergleichsweise hohe Ausbildungsvergütungen gezahlt und umfangreiche Sozialleistungen gewährt werden, wie Banken, Versicherungen, industrielle Großunternehmen und Öffentlicher Dienst.

Die Kosten des Ausbildungspersonals sind in den kaufmännisch-verwaltenden Berufen nur etwas höher als in den gewerblich-technischen Berufen. Die Anlage- und Sachkosten liegen dagegen in den gewerblich-technischen Berufen mehr als dreimal so hoch wie in den kaufmännisch-verwaltenden Berufen. Dies ist zum einen mit der in den gewerblich-technischen Berufen oft relativ teuren Werkzeug- und Geräteausstattung der Auszubildenden und zum anderen mit der in den großen Unternehmen üblichen Lehrwerkstattausbildung zu erklären. Bei den sonstigen Kosten der Ausbildung treten kaum nennenswerte Unterschiede auf. Erwartungsgemäß sind die Kosten für Berufs- und Schutzkleidung in den gewerblich-technischen Berufen mehr als zweieinhalbmal so hoch wie in den kaufmännisch-verwaltenden Berufen.

Durch die aufgezeigten Kostenunterschiede zwischen gewerblich-technischen und kaufmännisch-verwaltenden Berufen ergibt sich eine abweichende Gesamtstruktur der Bruttokosten, wie aus Abbildung II/22 hervorgeht. Bei den kaufmännisch-verwaltenden Berufen haben die Personalkosten der Auszubildenden mit 53 % der Bruttokosten ein deutlich höheres Gewicht, während bei den gewerblich-technischen Berufen die Kosten des Ausbildungspersonals sowie die Anlage- und Sachkosten eine größere Bedeutung haben.

87 Vgl. Teil II, Kap. 2.4.6.

88 Nur in wenigen Tarifbereichen, z.B. im Bauhauptgewerbe, sind aufgrund der besonders schwierigen Arbeitsbedingungen in den gewerblichen Berufen höhere Ausbildungsvergütungen vorgesehen als in den kaufmännischen Berufen.

Abbildung II/22: **Struktur der Bruttokosten in gewerblich-technischen und kaufmännisch-verwaltenden Berufen (Vollkosten)**

Durchschnittliche Beträge pro Auszubildenden und Jahr in Euro und Prozent

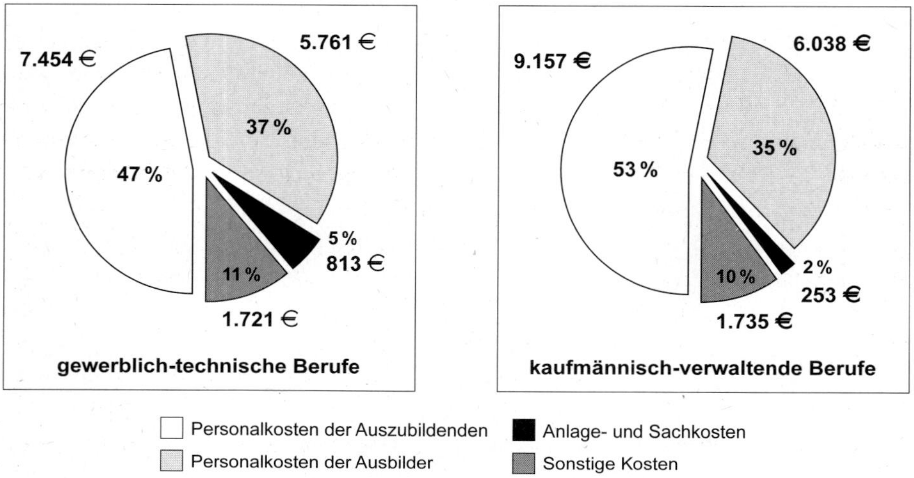

Eine auf die beiden bedeutendsten Ausbildungsbereiche Industrie und Handel sowie Handwerk begrenzte Betrachtung zeigt, dass dort die Kostenunterschiede zwischen gewerblich-technischen und kaufmännischen Berufen zum Teil noch erheblich größer sind (vgl. Abbildung II/21). In Industrie und Handel erreichen bereits die Bruttokosten in den gewerblich-technischen Berufen mit 18.758 € einen um 9 % höheren durchschnittlichen Wert als in den kaufmännischen Berufen mit 17.262 €. Die Ausbildungserträge sind in den gewerblich-technischen Berufen um 29 % niedriger und kompensieren lediglich 34 % der Bruttokosten gegenüber 53 % bei den kaufmännischen Berufen. Die Nettokosten liegen in den gewerblich-technischen Berufen von Industrie und Handel mit 12.328 € um 51 % höher als in den kaufmännischen Berufen mit 8.177 €. Werden die einzelnen Kostenarten betrachtet, so fallen in Industrie und Handel insbesondere folgende Unterschiede auf (vgl. Tabelle II/11 im Anhang): Die Personalkosten der Auszubildenden sind in den gewerblich-technischen Berufen merklich niedriger, während die Personalkosten der Ausbilder deutlich über denen in den kaufmännischen Berufen liegen. In den gewerblich-technischen Berufen sind die Kosten für hauptberufliche Ausbilder sowie die Anlage- und Sachkosten mehr als sechsmal so hoch wie in den kaufmännischen Berufen. Dies wird insbesondere durch die Lehrwerkstattausbildung in den gewerblich-technischen Berufen verursacht, die mit durchschnittlichen Kosten von insgesamt 2.147 € zu Buche schlägt (vgl. Tabelle II/12 im Anhang).

Im Handwerk sind die Bruttokosten in den gewerblich-technischen Berufen mit 14.327 € um 5 % niedriger als in den kaufmännischen Berufen mit 15.066 €. Die Erträge liegen in den gewerblich-technischen Berufen um 24 % unter denen in den kaufmännischen Berufen und decken 46 % der Bruttokosten, gegenüber 57 % in den kaufmännischen Berufen. Aufgrund der wesentlich geringeren Erträge übersteigen die Nettokosten in den gewerblich-technischen Berufen (7.735 €) den Wert der kaufmännischen Berufe (6.439 €) um immerhin 20 %. Bei den einzelnen Kostenarten zeigt sich, dass sowohl die Personalkosten der Auszubildenden als auch die Ausbilderkosten in den gewerblich-technischen Berufen niedriger sind als in den kaufmännischen Berufen (vgl. Tabelle II/11 im Anhang). Die Anlage- und Sachkosten sind dagegen in den gewerblich-technischen Berufen mehr als dreimal so hoch. Zudem fallen die mehr als doppelt so hohen Kosten für externe Ausbildung in den gewerblich-technischen Berufen auf, wobei es sich vor allem um ergänzende Lehrgänge in überbetrieblichen Berufsbildungsstätten handelt. Im Handwerk findet die Ausbildung sowohl in den gewerblich-technischen als auch in den kaufmännischen Berufen nahezu ausschließlich am betrieblichen Arbeitsplatz statt. Lehrwerkstattausbildung kommt in den gewerblich-technischen Berufen zwar vor, aber nur in geringem Umfang und in wenigen Betrieben, was sich in dem niedrigen Kostenwert von durchschnittlich 155 € niederschlägt (vgl. Tabelle II/12 im Anhang). Für innerbetrieblichen Unterricht entstehen in den gewerblich-technischen Berufen etwas höhere Kosten als in den kaufmännischen Berufen.

Insgesamt gesehen sind die Kostenabweichungen zwischen den gewerblich-technischen und kaufmännischen Berufen teilweise auf die unterschiedliche Organisation der Ausbildung zurückzuführen. In den gewerblich-technischen Berufen werden insbesondere in größeren Betrieben oft bestimmte Ausbildungsphasen in einer betrieblichen Lehrwerkstatt durchgeführt. In 5 % der Betriebe, die in gewerblich-technischen Berufen ausbilden, erfolgt Lehrwerkstattausbildung und 14 % der gewerblich-technischen Auszubildenden werden zeitweise in einer betrieblichen Lehrwerkstatt ausgebildet. Spezielle betriebliche Lehreinrichtungen für die kaufmännisch-verwaltenden Berufe sind dagegen eher eine Ausnahme: Weniger als 1 % der Betriebe, die in kaufmännischen Berufen ausbilden, verfügen über eine solche Lehreinrichtung und für weniger als 2 % der kaufmännischen Auszubildenden gibt es entsprechende Ausbildungsphasen. In den kaufmännisch-verwaltenden Berufen ist innerbetrieblicher Unterricht etwas verbreiteter: 14 % der Betriebe mit kaufmännisch-verwaltender Ausbildung bieten solchen Unterricht an und ein Viertel der betreffenden Auszubildenden nehmen hieran teil. Von den Betrieben mit gewerblich-technischer Ausbildung führen 12 % innerbetrieblichen Unterricht durch, und 21 % der gewerblich-technischen Auszubildenden erhalten entsprechenden Unterricht.

Abbildung II/23: **Bruttokosten an den innerbetrieblichen Lernorten in gewerblich-technischen und kaufmännisch-verwaltenden Berufen (Vollkosten)**

Durchschnittliche Beträge pro Auszubildenden und Jahr in Euro und Prozent

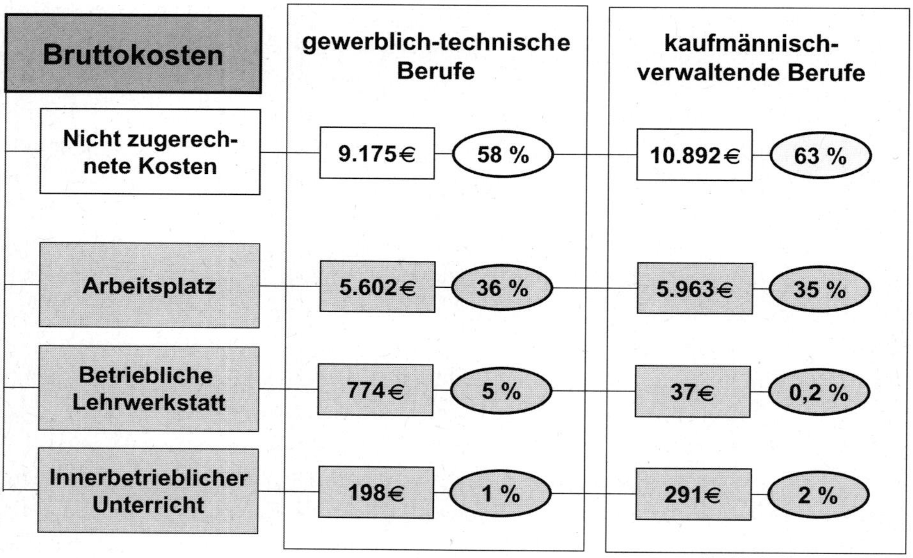

Wie Abbildung II/23 zu entnehmen ist, entfällt bei beiden Berufsarten ein etwa gleich hoher Anteil der Bruttokosten auf die Ausbildung am Arbeitsplatz. Bezogen auf die Ausbildungsprozesskosten an allen innerbetrieblichen Lernorten haben die Kosten am Arbeitsplatz in den kaufmännisch-verwaltenden Berufen jedoch mit einem Anteil von 95 % ein größeres Gewicht als in den gewerblich-technischen Berufen mit 85 % (vgl. Tabelle II/12 im Anhang). Bei den Ausbildungskosten am Arbeitsplatz handelt es sich bei beiden Berufsarten größtenteils um Personalkosten von nebenberuflichen Ausbildern. In den gewerblich-technischen Berufen entstehen merklich höhere Kosten für hauptberufliche Ausbilder, und die Anlage- und Sachkosten der Ausbildung am Arbeitplatz sind fast doppelt so hoch wie in den kaufmännisch-verwaltenden Berufen. Von den kaufmännisch-verwaltenden Auszubildenden werden bei der Ausbildung am Arbeitsplatz aufgrund deutlich umfangreicherer produktiver Zeiten wesentlich mehr Erträge erwirtschaftet als von den gewerblich-technischen Auszubildenden. Während in den kaufmännisch-verwaltenden Berufen die Erträge am Arbeitsplatz die Kosten um 49 % übersteigen, liegen sie in den gewerblich-technischen Berufen nur um 15 % über den Kosten.

Bei den gewerblich-technischen Berufen kommen zu den Ausbildungskosten am Arbeitsplatz insbesondere noch die Kosten der Lehrwerkstatt hinzu, die immerhin durchschnittlich 5% der Bruttokosten bzw. 12% der gesamten Ausbildungsprozesskosten an allen Lernorten ausmachen. Die Lehrwerkstattkosten entfallen im Wesentlichen auf Kosten für hauptberufliche Ausbilder und auf Anlage- und Sachkosten. Die in der Lehrwerkstatt erzielten Erträge sind relativ niedrig und decken die Kosten lediglich zu 30 %. In den kaufmännisch-verwaltenden Berufen haben die Kosten der Ausbildung in einer betrieblichen Lehreinrichtung kaum eine Bedeutung. Dagegen sind die Kosten für innerbetrieblichen Unterricht in den kaufmännisch-verwaltenden Berufen merklich höher als in den gewerblich-technischen Berufen. Bei beiden Berufsarten handelt es sich hierbei fast ausschließlich um Kosten für das Ausbildungspersonal, wobei außer nebenberuflichen Ausbildern jeweils auch in nennenswertem Umfang hauptberufliche Ausbilder eingesetzt werden.

2.1.9 Kosten in ausgewählten Ausbildungsberufen

Wie bereits mehrfach ausgeführt wurden die Ausbildungskosten in der vorliegenden Untersuchung getrennt nach Berufen erhoben, wobei davon ausgegangen wurde, dass der Beruf eine wesentliche Bestimmungsgröße für die Höhe der Ausbildungskosten darstellt.[89] Da nicht auf alle 52 untersuchten Ausbildungsberufe im Einzelnen eingegangen werden kann, sollen im Folgenden die Ergebnisse für ausgewählte Berufe vorgestellt werden. Die Auswahl wurde unter dem Aspekt getroffen, das vielfältige Spektrum der Berufe zu berücksichtigen, und umfasst daher gewerblich-technische und kaufmännisch-verwaltende Berufe aus allen Ausbildungsbereichen mit hohen und niedrigen Kosten. Da sich das Kostenniveau nicht nur zwischen den Berufen, sondern insbesondere auch zwischen den Ausbildungsbereichen deutlich unterscheidet, erfolgt eine nach den Bereichen differenzierte Darstellung. Eine Gesamtübersicht über die Kostenergebnisse für alle erfassten Ausbildungsberufe ist in Tabelle II/13 im Anhang enthalten.

Industrie und Handel

Insgesamt wurden aus dem Ausbildungsbereich Industrie und Handel 26 Ausbildungsberufe in die Erhebung einbezogen, davon 15 gewerblich-technische Berufe und 11 kaufmännische Berufe. Von diesen Berufen werden im Weiteren acht Berufe näher betrachtet, und zwar fünf gewerblich-technische und drei kaufmännische Berufe (vgl. Abbildung II/24). Die mit Abstand höchsten Bruttokosten von allen untersuchten Berufen sind im gewerblich-technischen Beruf *„Mechatroniker/-in“* mit durchschnittlich 29.335 € pro Auszubildenden und Jahr zu verzeichnen. Gleichzeitig weist dieser Beruf mit 4.889 € die niedrigsten Ausbildungserträge auf, die lediglich einen Anteil von 17 % der Bruttokosten decken. Nach Abzug der Erträge verbleiben extrem hohe Nettokosten in Höhe von 24.446 €. Der erst vor wenigen Jahren neu geschaffene Beruf stellt eine Besonderheit dar, weil hier erstmals eine Verbindung von metall- und elek-

89 Vgl. insbesondere Teil I, Kap. 3 sowie Teil II, Kap. 1.5.

trotechnischer Ausbildung hergestellt wurde. Die sehr hohen Brutto- und Nettokosten hängen daher zum einen damit zusammen, dass in den Betrieben die Ausbildung in einem völlig neuen Beruf zunächst immer aufwändiger ist als eine „eingespielte" Ausbildung, z. B. weil sich die Ausbilder intensiv auf die neuen Ausbildungsinhalte vorbereiten müssen und betriebliche Ausbildungspläne neu auszuarbeiten sind. Zum anderen erfordern die sehr breit angelegten Ausbildungsinhalte in diesem Beruf grundsätzlich einen hohen Ausbildereinsatz sowie umfangreiche Sachausstattungen. Die Kosten des Ausbildungspersonals, die Anlage- und Sachkosten sowie die Kosten für Lehr- und Lernmittel (Lehrbücher, Übungsmaterial, Lernsoftware, Lernvideos usw.) sind die höchsten von allen Berufen (vgl. Tabelle II/13 im Anhang). Die Ausbildung wird zu einem großen Anteil in betrieblichen Lehrwerkstätten durchgeführt, wodurch sich auch die sehr hohen Kosten für hauptberufliche Ausbilder erklären, die fast die Hälfte der gesamten Ausbilderkosten ausmachen. Bemerkenswert sind in diesem Beruf auch die vergleichsweise hohen Kosten für externe Ausbildung. Im Beruf „Mechatroniker/-in" bilden vor allem Großbetriebe aus, die hohe Ausbildungsvergütungen zahlen, wodurch sich auch sehr hohe Personalkosten der Auszubildenden ergeben. Die inhaltlich sehr breit ausgerichtete Ausbildung und die umfangreichen Lehrwerkstattanteile lassen nur wenig Raum für produktive Arbeiten der Auszubildenden.

Abbildung II/24: **Bruttokosten, Erträge und Nettokosten in acht ausgewählten Berufen von Industrie und Handel (Vollkosten)**

Durchschnittliche Beträge pro Auszubildenden und Jahr in Euro

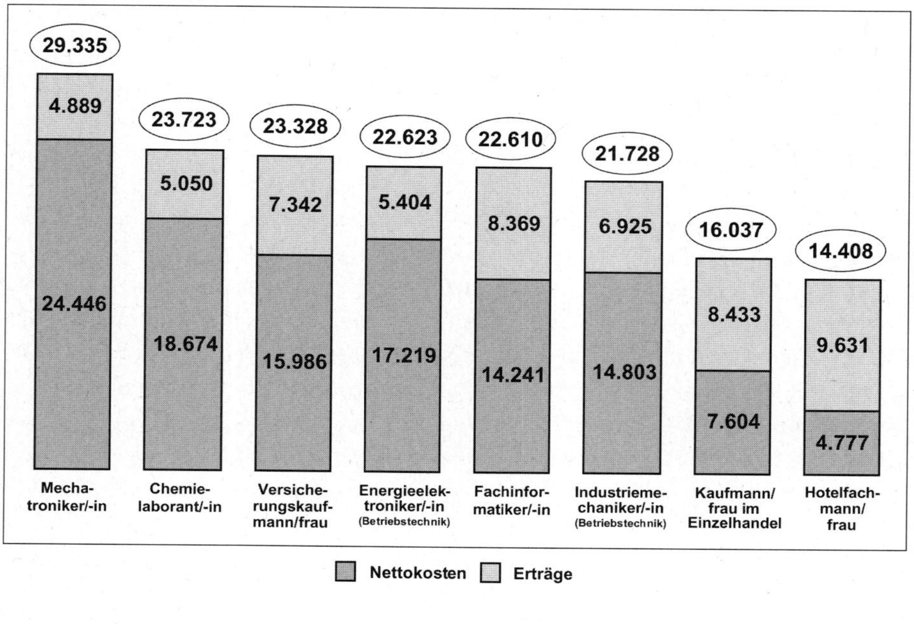

Um fast ein Fünftel niedriger als beim Beruf „Mechatroniker/-in“, aber dennoch relativ hoch liegen die Bruttokosten mit 23.723 € im Beruf *„Chemielaborant/-in“*, einem traditionellen technischen Beruf, der vor allem in Forschungs-, Entwicklungs- und Produktionslaboren der Industrie ausgebildet wird. Die Erträge sind auch hier sehr gering und kompensieren nur 21 % der Bruttokosten. Die verbleibenden Nettokosten von durchschnittlich 18.674 € sind die zweithöchsten in Industrie und Handel. In diesem Beruf werden neben hohen Ausbildungsvergütungen vor allem auch umfangreiche tarifliche und freiwillige Sozialleistungen an die Auszubildenden gezahlt. Es findet häufig Lehrwerkstattausbildung statt, worauf die relativ hohen Kosten für hauptberufliche Ausbilder und die hohen Anlage- und Sachkosten zurückzuführen sind. Aufgrund der schwierigen und anspruchsvollen Tätigkeiten in den Laboren ist ein produktiver Einsatz der Auszubildenden nur begrenzt möglich.

Nahezu ebenso hoch wie beim Beruf „Chemielaborant/-in“ sind die Bruttokosten in dem kaufmännischen Beruf *„Versicherungskaufmann/frau“* mit 23.328 €. Allerdings werden hier erheblich höhere Ausbildungserträge erreicht, die 32 % der Bruttokosten ausmachen. Die Nettokosten betragen durchschnittlich 15.986 € pro Auszubildenden und Jahr. Die Personalkosten der Auszubildenden liegen beim Beruf „Versicherungskaufmann/frau“ am höchsten von allen untersuchten Berufen in Industrie und Handel, vor allem wegen der sehr hohen tariflich vereinbarten Ausbildungsvergütungen. Auch die Kosten des Ausbildungspersonals sind sehr hoch, wobei hauptberufliche Ausbilder einen nicht unbedeutenden Anteil einnehmen. Nicht so stark ins Gewicht fallen dagegen die Anlage- und Sachkosten der Ausbildung.

Etwas niedriger bewegen sich die Bruttokosten mit 22.623 € in dem gewerblich-technischen Beruf *„Energieelektroniker/-in – Betriebstechnik“*, einem anspruchsvollen industriellen Elektroberuf. Da nur relativ geringe Ausbildungserträge erzielt werden, die einen Anteil von 24 % an den Bruttokosten haben, sind hier die Nettokosten mit 17.219 € sehr hoch. Besondere Bedeutung haben bei diesem Beruf die Kosten hauptberuflicher Ausbilder, die die Hälfte der Ausbilderkosten ausmachen, sowie die Anlage- und Sachkosten. Beides ist wiederum mit hohen Anteilen an Lehrwerkstattausbildung zu erklären, die zudem die Möglichkeiten für produktive Leistungen der Auszubildenden einschränken. Relativ hohe Kosten sind auch für externe Ausbildung zu verzeichnen.

In dem vor wenigen Jahren neu geschaffenen Informations- und Telekommunikationstechnik-Beruf *„Fachinformatiker/-in“* liegen die Bruttokosten mit 22.610 € auf gleich hohem Niveau wie beim Beruf „Energieelektroniker/-in“. Allerdings werden hier deutlich höhere Erträge erwirtschaftet, die 37 % der Bruttokosten decken. Dies deutet auf eine ausgeprägte Praxisnähe während der Ausbildung und damit gute Möglichkeiten für einen produktiven Einsatz der Auszubildenden hin. Die Nettokosten sind daher mit 14.241 € relativ niedrig. Die Ausbilderkosten sind beim Beruf „Fachinformatiker/-in“ vergleichsweise hoch, wobei allerdings der Großteil auf nebenberufliche Ausbilder entfällt. Relativ hohe Kosten entstehen auch für externe Ausbildung. Die Anlage- und Sachkosten sind dagegen verglichen mit den meisten anderen gewerblich-technischen Berufen im Bereich Industrie und Handel eher gering.

Im industriellen Metallberuf *„Industriemechaniker/-in – Betriebstechnik“* sind die Bruttokosten mit 21.728 € etwas niedriger als beim Elektroberuf „Energieelektroniker/-in“ und die Erträge fallen merklich höher aus, ihr Anteil an den Bruttokosten beträgt 32 %. Die Nettokosten liegen dennoch mit 14.803 € noch vergleichsweise hoch. Ähnlich wie bei dem Elektroberuf haben hier aufgrund relativ umfangreicher Lehrwerkstattausbildung hauptberufliche Ausbilder eine sehr große Bedeutung und sind die Anlage- und Sachkosten vergleichsweise hoch.

Im Beruf *„Kaufmann/frau im Einzelhandel“* sind bereits die Bruttokosten mit 16.037 € recht niedrig. Die Erträge liegen höher als in allen vorangehend beschriebenen Berufen und kompensieren immerhin 53 % der Bruttokosten. Die Nettokosten sind mit 7.604 € nur etwa halb so hoch wie beim Beruf „Industriemechaniker/-in“. Beim Beruf „Kaufmann/frau im Einzelhandel“ haben die Personalkosten der Auszubildenden ein sehr großes Gewicht. Die relativ niedrigen Personalkosten der Ausbilder entfallen größtenteils auf nebenberufliche Ausbilder. Die Anlage- und Sachkosten sind mit Abstand am geringsten von allen erfassten Berufen in Industrie und Handel.

Sehr niedrige Bruttokosten von 14.408 € sind im Beruf *„Hotelfachmann/frau“* zu verzeichnen, der den kaufmännischen Berufen zugerechnet ist. Gleichzeitig sind in diesem Beruf die Erträge sehr hoch, sie decken 67 % der Bruttokosten. Die verbleibenden Nettokosten von durchschnittlich 4.777 € sind die geringsten von allen untersuchten Berufen in Industrie und Handel. Die Personalkosten der Auszubildenden haben im Beruf „Hotelfachmann/frau“ eine große Bedeutung, während die Kosten des Ausbildungspersonals sehr niedrig sind. Es werden fast ausschließlich nebenberufliche Ausbilder eingesetzt, daneben spielen hier externe Ausbilder eine wesentlich größere Rolle als in den meisten anderen Berufen. Die Anlage- und Sachkosten sowie die sonstigen Kosten der Ausbildung liegen vergleichsweise niedrig.

Zusammenfassend kann festgehalten werden, dass in den hier betrachteten gewerblich-technischen Berufen von Industrie und Handel durchweg hohe Bruttokosten entstehen, die zum einen durch meist relativ hohe Personalkosten der Auszubildenden entstehen, zum anderen sind in der Regel ein hoher Einsatz von Ausbildern und teure Anlage- und Sachausstattungen für die Ausbildung erforderlich. Häufig werden Ausbildungsphasen in einer betrieblichen Lehrwerkstatt durchgeführt, wobei insbesondere auch hauptberufliche Ausbilder eingesetzt werden. Produktive Arbeiten der Auszubildenden sind aufgrund des besonderen Schwierigkeits- und Spezialisierungsgrads der zu verrichtenden Tätigkeiten oft nur sehr eingeschränkt möglich. In den kaufmännischen Berufen sind die Bruttokosten dagegen meist erheblich niedriger, zum Teil wegen einem geringeren Einsatz an Ausbildern und in der Regel wegen deutlich niedrigeren Anlage- und Sachkosten. Die Ausbildung findet größtenteils am Arbeitsplatz statt und die Auszubildenden können meist sehr gut in die laufenden Arbeiten einbezogen werden. Die Erträge sind daher in den kaufmännischen Berufen oft erheblich höher als in den gewerblich-technischen Berufen und die Nettokosten wesentlich niedriger.

Handwerk

Aus dem Handwerksbereich wurden insgesamt 16 Ausbildungsberufe in die vorliegende Untersuchung einbezogen, davon 14 gewerblich-technische und zwei kaufmännische Berufe. Näher eingegangen wird hier auf sechs ausgewählte Berufe, und zwar auf fünf gewerblich-technische sowie einen kaufmännischen Beruf (vgl. Abbildung II/25). Die höchsten Bruttokosten von allen untersuchten Berufen im Handwerk weist der Beruf *„Bürokaufmann/frau"* auf mit durchschnittlich 18.372 € pro Auszubildenden und Jahr. Es handelt sich hierbei um den mit Abstand bedeutendsten kaufmännischen Handwerksberuf, der in den kaufmännischen Abteilungen der Betriebe aller Handwerkszweige ausgebildet wird. In diesem Beruf werden allerdings auch die höchsten Ausbildungserträge erzielt, die 60 % der Bruttokosten ausgleichen. Die verbleibenden Nettokosten von 7.401 € liegen daher eher im Mittelfeld der Handwerksberufe. Die beträchtlichen Bruttokosten im Beruf „Bürokaufmann/-frau" sind zum einen auf relativ hohe Personalkosten der Auszubildenden zurückzuführen, zum anderen auf einen umfangreichen Einsatz von Ausbildern, die allerdings ausschließlich nebenberuflich an der Ausbildung beteiligt sind (vgl. Tabelle II/13 im Anhang). Die hohen Ausbildungserträge kommen dadurch zustande, dass die Auszubildenden praktisch von Beginn an für vielfältige anfallende Büroarbeiten einsetzbar sind.

Relativ hoch sind auch die Bruttokosten im Beruf *„Maurer/-in"* mit 17.166 €. Die Erträge liegen dagegen deutlich niedriger als im Beruf „Bürokaufmann/frau" und erreichen nur einen Anteil von 45 % der Bruttokosten. Damit ergeben sich vergleichsweise hohe Nettokosten von 9.374 €. Besonderes Gewicht haben die Personalkosten der Auszubildenden, die im Beruf „Maurer/-in" mit Abstand am höchsten im Handwerk sind und 62 % der Bruttokosten einnehmen. Dies ist auf die sehr hohen Ausbildungsvergütungen zurückzuführen, die im Bauhauptgewerbe tariflich vereinbart sind und seit langem immer zu den „Spitzenvergütungen" zählen, wie aus der regelmäßig durchgeführten Auswertung tariflicher Ausbildungsvergütungen bekannt ist.[90] Die Ausbilderkosten sowie die Anlage- und Sachkosten sind im Beruf „Maurer/-in" dagegen niedrig. Bemerkenswert sind die relativ hohen Kosten externer Ausbildung, die mit den in diesem Beruf in der Ausbildungsordnung verbindlich vorgeschriebenen überbetrieblichen Ausbildungsphasen zu erklären sind.

Im Beruf *„Gas- und Wasserinstallateur/-in"* sind mit 15.211 € wesentlich niedrigere Bruttokosten als im Beruf „Maurer/-in" zu verzeichnen. Die Erträge fallen eben-

90 Vgl. BEICHT, Ursula: Entwicklung der tariflichen Ausbildungsvergütungen von 1976 bis 2000, a. a. O.

falls geringer aus und decken 42 % der Bruttokosten. Es verbleiben Nettokosten in Höhe von 8.804 €. Die Personalkosten der Auszubildenden liegen erheblich unter denen im Beruf „Maurer/-in", die Kosten des Ausbildungspersonals dagegen deutlich darüber.

Sehr ähnlich wie im Beruf „Gas- und Wasserinstallateur/-in" ist die Kostenhöhe und -struktur im Beruf *„Elektroinstallateur/-in"*. Die Bruttokosten bewegen sich mit 14.897 € auf nahezu dem gleichen Niveau. Die Erträge sind fast genauso hoch und nehmen ebenfalls einen Anteil von 42 % der Bruttokosten ein. Die Ausbilderkosten erreichen etwas höhere, die Anlage- und Sachkosten und die Kosten externer Ausbildung dagegen niedrigere Werte.

Abbildung II/25: **Bruttokosten, Erträge und Nettokosten in sechs ausgewählten Berufen des Handwerks (Vollkosten)**

Durchschnittliche Beträge pro Auszubildenden und Jahr in Euro

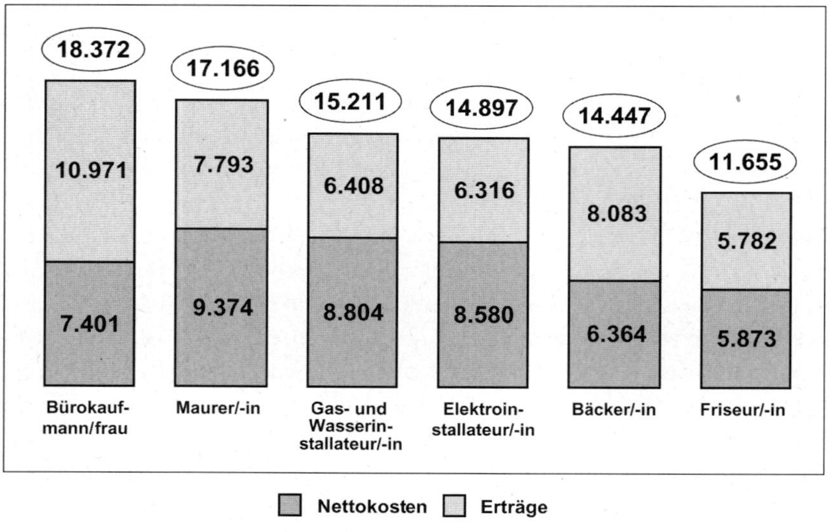

Etwas geringere Bruttokosten weist der Beruf *„Bäcker/-in"* mit 14.447 € auf. Jedoch werden erheblich höhere Ausbildungserträge erzielt, die 56 % der Bruttokosten aufwiegen. Die Nettokosten sind daher mit 6.364 € recht niedrig. Die Bruttokostenstruktur gleicht sehr stark dem Beruf „Elektroinstallateur/-in". Es fallen im Beruf „Bäcker/-in" lediglich geringere Kosten externer Ausbildung an. In Bezug auf die Kosten besteht somit ein größerer Unterschied nur bei den produktiven Leistungen der Auszubildenden: Die Einbeziehung der Auszubildenden in die laufenden betrieblichen Arbeiten ist im Beruf „Bäcker/-in" erheblich einfacher zu realisieren.

Die wenigsten Kosten von allen untersuchten Handwerksberufen entstehen im Beruf *„Friseur/-in“*. Die Bruttokosten betragen 11.655 € und werden zur Hälfte von den erwirtschafteten Ausbildungserträgen ausgeglichen, womit sich Nettokosten in Höhe von 5.873 € ergeben. Es sind geringe Personalkosten der Auszubildenden zu verzeichnen, was auf sehr niedrige Ausbildungsvergütungen zurückzuführen ist. Bei den tariflichen Ausbildungsvergütungen befindet sich das Friseurhandwerk jeweils mit am unteren Ende der Vergütungsskala, wie aus den regelmäßigen Auswertungen hervorgeht.[91] Auch die Ausbilderkosten sind die geringsten in den erfassten Handwerksberufen, was vor allem an dem allgemein sehr niedrigen Lohn- und Gehaltniveau im Friseurhandwerk liegt. Dieses ist auch der Grund für die vergleichsweise geringen Erträge der Auszubildenden.

Insgesamt zeigen die berufsspezifischen Ergebnisse, dass sich die Kostenhöhe und -strukturen im Handwerk bei weitem nicht so stark unterscheiden wie in Industrie und Handel, sondern wesentlich homogener sind. Soweit größere Kostenabweichungen zwischen den Berufen auftreten, werden diese insbesondere durch das hohe bzw. niedrige Niveau der Ausbildungsvergütungen sowie der Löhne und Gehälter verursacht. Der Umfang des produktiven Einsatzes der Auszubildenden schwankt zwischen den Berufen insgesamt nicht sehr stark, allerdings gelingt die Einbeziehung der Auszubildenden in die laufenden Arbeiten auch im Handwerk, ebenso wie in Industrie und Handel, im kaufmännischen Bereich besser als im gewerblich-technischen.

Landwirtschaft

Im Bereich der Landwirtschaft wurden die Ausbildungskosten für insgesamt nur zwei gewerbliche Berufe erhoben, und zwar für die mit Abstand bedeutendsten Berufe „Landwirt/-in“ und „Gärtner/-in“, die nun betrachtet werden (vgl. Abbildung II/26). Im Beruf *„Landwirt/-in“* liegen die Bruttokosten bei durchschnittlich 15.582 € pro Auszubildenden und Jahr. Die Auszubildenden erwirtschaften sehr hohe Erträge, die 60 % der Bruttokosten kompensieren. Die Nettokosten sind mit 6.173 € relativ niedrig. Die Personalkosten der Auszubildenden fallen mit knapp der Hälfte der Bruttokosten ins Gewicht (vgl. Tabelle II/13 im Anhang). Die Ausbilderkosten werden ausschließlich durch nebenberuflich an der Ausbildung beteiligtes Personal verursacht. Es entstehen nur sehr geringe Anlage- und Sachkosten der Ausbildung.

Im Beruf *„Gärtner/-in“* sind die Bruttokosten mit 14.854 € etwas niedriger. Allerdings werden auch weniger Ausbildungserträge erzielt, die 56 % der Bruttokosten ausgleichen. Die verbleibenden Nettokosten liegen mit 6.526 € etwas über denen im Beruf „Landwirt/-in“. Die Personalkosten der Auszubildenden, die Anlage- und Sachkosten und die Kosten für externe Ausbildung sind im Beruf „Gärtner/-in“ merklich höher, die Ausbilderkosten dagegen deutlich geringer.

91 Vgl. ebenda.

Insgesamt gesehen treten zwischen den zwei landwirtschaftlichen Berufen keine beträchtlichen Kostenabweichungen auf. Die Möglichkeiten eines umfangreichen produktiven Einsatzes der Auszubildenden sind in beiden Berufen sehr günstig.

Abbildung II/26: **Bruttokosten, Erträge und Nettokosten in je zwei ausgewählten Berufen von Landwirtschaft, Freien Berufen und Öffentlichem Dienst (Vollkosten)**

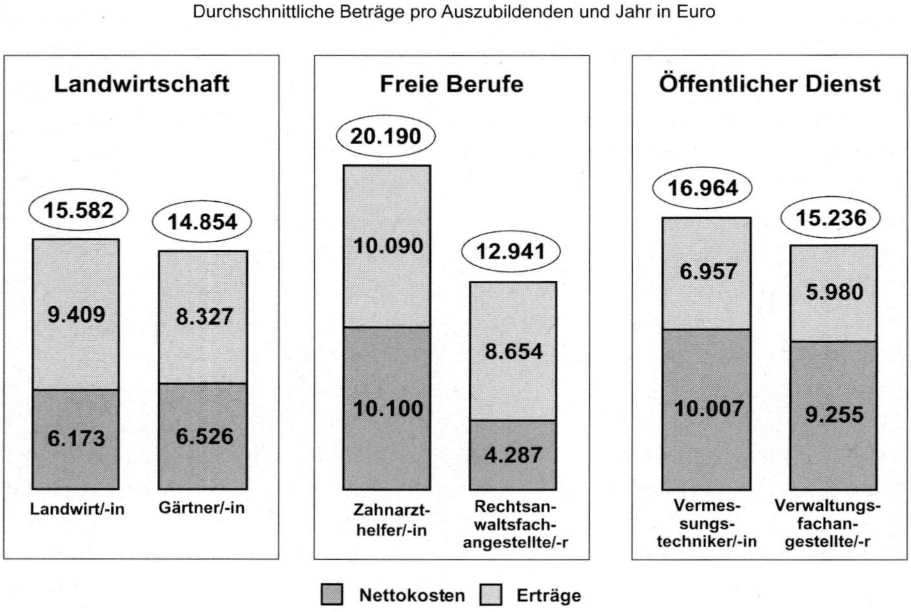

Freie Berufe

Für den Bereich der Freien Berufe wurden insgesamt vier Ausbildungsberufe in der Erhebung berücksichtigt, die alle den kaufmännisch-verwaltenden Berufen zuzurechnen sind. Auf die beiden Berufe „Zahnarzthelfer/-in“ und „Rechtsanwaltsfachangestellte/-r“ wird hier näher eingegangen (vgl. Abbildung II/26). Im Beruf *„Zahnarzthelfer/-in“* sind mit 20.190 € pro Auszubildenden und Jahr sehr hohe Bruttokosten zu verzeichnen. Gleichzeitig werden hohe Ausbildungserträge erreicht, die die Hälfte der Bruttokosten decken. Dennoch liegen auch die Nettokosten mit 10.100 € relativ hoch. Für die beträchtlichen Bruttokosten in diesem Beruf sind vor allem die Ausbilderkosten verantwortlich, die mit einem Anteil von 50 % sehr stark ins Gewicht fallen (vgl. Tabelle II/13 im Anhang). Sie werden vor allem durch eine umfangreiche Beteiligung der Praxisinhaber an der Durchführung der Ausbildung und deren hohe Verdienste verursacht. Allerdings sind auch die Personalkosten der Auszubildenden höher als in den anderen Berufen dieses Ausbildungsbereichs. Die Anlage- und Sachkosten haben nur eine geringe Bedeutung.

Im Beruf *„Rechtsanwaltsfachangestellte/-r“* sind die Bruttokosten mit 12.941 € erheblich niedriger. Durch die relativ hohen Ausbildungserträge werden 67 % der Bruttokosten aufgewogen, so dass Nettokosten von lediglich 4.287 € übrig bleiben. Dies sind die niedrigsten Nettokosten von allen untersuchten Berufen. Im Beruf „Rechtsanwaltsfachangestellte/-r“ liegen sowohl die Personalkosten der Auszubildenden als auch die Ausbilderkosten sehr niedrig. Nur die Anlage- und Sachkosten sind merklich höher als im Beruf „Zahnarzthelfer/-in“, was jedoch kaum ins Gewicht fällt.

Festzuhalten ist, dass es im Bereich der Freien Berufe beträchtliche Kostenabweichungen zwischen den Berufen gibt, die vor allem auf einen unterschiedlichen Ausbildereinsatz und ein unterschiedliches Verdienstniveau der an der Ausbildung beteiligten Personen zurückzuführen sind. Die Ausbildungserträge sind in allen Berufen relativ hoch, was mit günstigen Möglichkeiten, die Auszubildenden sehr stark in die anfallenden Arbeiten einzubeziehen, zu erklären ist.

Öffentlicher Dienst

Aus dem Bereich Öffentlicher Dienst wurden insgesamt vier Ausbildungsberufe untersucht, davon ein gewerblich-technischer und drei kaufmännisch-verwaltende Berufe. Gegenübergestellt werden im Folgenden die Ergebnisse des gewerblich-technischen Berufs „Vermessungstechniker/-in“ und des quantitativ bedeutendsten kaufmännisch-verwaltenden Berufs „Verwaltungsfachangestellte/-r“ (vgl. Abbildung II/26). Im Beruf *„Vermessungstechniker/-in“* betragen die Bruttokosten durchschnittlich 16.964 € pro Auszubildenden und Jahr. Die Ausbildungserträge erreichen einen Anteil von 41 % der Bruttokosten, womit Nettokosten in Höhe von 10.007 € entstehen. Die Personalkosten der Auszubildenden sind verglichen mit den anderen Berufen im Öffentlichen Dienst relativ niedrig, die Kosten des Ausbildungspersonals dagegen hoch (vgl. Tabelle II/13 im Anhang).

Im Beruf *„Verwaltungsfachangestellte/-r“* sind die Bruttokosten mit 15.236 € merklich niedriger. Es werden aber auch geringere Erträge durch die Auszubildenden erwirtschaftet, die 39 % der Bruttokosten ausgleichen. Die Nettokosten erreichen eine Höhe von 9.255 €. Ungewöhnlich stark ins Gewicht fallen die Personalkosten der Auszubildenden mit 65 % der Bruttokosten. Hingegen haben die Kosten des Ausbildungspersonals nur eine sehr geringe Bedeutung und liegen fast um die Hälfte niedriger als im Beruf „Vermessungstechniker/-in“. In beiden Berufen fallen nur relativ geringe Anlage- und Sachkosten der Ausbildung an. Die Kosten für externe Ausbildung sind im Beruf „Verwaltungsfachangestellte/-r“ wesentlich höher als in dem gewerblich-technischen Beruf.

Insgesamt ist festzustellen, dass es in den Berufen des Öffentlichen Dienstes zum Teil nicht unbedeutende Kostenunterschiede gibt, die vor allem auf abweichende Ausbilderkosten zurückzuführen sind. Der Grund hierfür dürfte vor allem darin liegen, dass in den Berufen mit niedrigen Ausbilderkosten häufiger eine größere Gruppe von Auszubildenden gleichzeitig von einem Ausbilder betreut wird, und dann die Kosten pro Auszubildenden sinken. Die Ausbildungserträge sind in den Berufen des Öffentlichen Dienstes eher niedrig, d.h. ein produktiver Einsatz der Auszubildenden kann hier offensichtlich nur in begrenztem Umfang realisiert werden. Dies gilt hier – im Gegensatz zu den anderen Ausbildungsbereichen – insbesondere für die kaufmännisch-verwaltenden Berufe und dürfte hier häufig auch mit Zuständigkeits- und Befugnisbeschränkungen zusammenhängen, während im Beruf „Vermessungstechniker/-in“ die Einbeziehung der Auszubildenden in die anfallenden Arbeiten noch am besten gelingt.

2.2 Teilkostenrechnung

Wie vorne näher erläutert, werden bei der Ermittlung der betrieblichen Ausbildungskosten nach der Teilkostenrechnung nur die durch die Ausbildung zusätzlich verursachten Kosten einbezogen (variable Kosten).[92] Die fixen Kosten der Ausbildung, die dem Betrieb auch dann entstehen würden, wenn er nicht ausbildete, bleiben unberücksichtigt. Dies trifft auf die Kosten des nebenberuflich mit der Durchführung der Ausbildung und der Ausbildungsverwaltung beschäftigten Personals zu. Die im folgenden dargestellten Ergebnisse der Teilkostenrechnung geben somit Aufschluss darüber, wie hoch die zusätzliche Kostenbelastung der Betriebe durch die Ausbildung ist, d. h. in welchem Umfang Kosten anfallen, die der Betrieb bei Verzicht auf Ausbildung einsparen würde.[93] Die Höhe der Teilkosten dürfte die bei Ausbildungsentscheidungen der Betriebe ausschlaggebende Kostengröße sein.

2.2.1 Teilkosten insgesamt sowie in West- und Ostdeutschland

Kostendurchschnitte

Die nach der Teilkostenrechnung ermittelten Bruttokosten liegen bezogen auf das Jahr 2000 bei durchschnittlich 10.178 € pro Auszubildenden und Jahr (vgl. Abbildung II/27).[94] Nach Abzug der Ausbildungserträge in Höhe von 7.730 € ergeben sich Nettoteilkosten von 2.448 €. Bei den Teilkosten werden somit mehr als drei Viertel der Bruttokosten durch die produktiven Leistungen der Auszubildenden gedeckt.

92 Vgl. Teil II, Kap. 1.
93 Auf die einzelnen Kostenarten wird im Folgenden nicht nochmals im Detail eingegangen, vgl. hierzu die jeweiligen Ausführungen zu den Ergebnissen der Vollkostenrechnung in Teil II, Kap. 2.1.
94 Vgl. auch Teil II, Kap. 2.1.1. Die Höhe der einzelnen Kostenarten kann Tabelle II/1 im Anhang entnommen werden.

Die Personalkosten der Auszubildenden nehmen bei den Bruttoteilkosten mit 81 % den mit Abstand bedeutendsten Anteil ein, wie Abbildung II/28 verdeutlicht. Auf die Ausbilderkosten, die bei der Teilkostenrechnung ausschließlich die Kosten hauptberuflicher und externer Ausbilder umfassen, entfallen nur knapp 5 % der Bruttokosten. Ebenfalls einen Anteil von 5 % haben die Anlage- und Sachkosten der Ausbildung. Die sonstigen Kosten der Ausbildung schlagen mit einem Anteil von 9 % zu Buche, wobei die Kosten externer Ausbildung sowie die Kosten der Ausbildungsverwaltung, d.h. des hierfür eingesetzten hauptberuflichen Personals sowie die anfallenden Sachkosten, die größte Bedeutung haben.

Abbildung II/27: **Bruttokosten, Erträge und Nettokosten insgesamt sowie in West- und Ostdeutschland (Teilkosten)**

Durchschnittliche Beträge pro Auszubildenden und Jahr in Euro

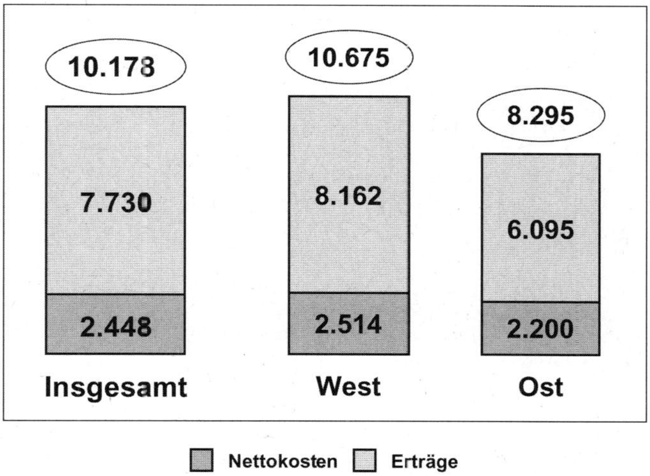

Die Bruttoteilkosten sind in Ostdeutschland mit 8.295 € um 22 % niedriger als in Westdeutschland mit 10.675 €. Durch die im Westen deutlich höheren Ausbildungserträge wird der Unterschied bei den Nettokosten zum Teil ausgeglichen. Die Erträge decken im Westen 76 % der Bruttokosten, im Osten 73 %. Die Nettokosten sind daher im Osten mit 2.200 € nur um 12 % geringer als im Westen mit 2.514 €. Damit sind die Abweichungen der Nettokosten zwischen West- und Ostdeutschland bei den Teilkosten erheblich kleiner als bei den Vollkosten.

Die Struktur der Bruttokosten unterscheidet sich kaum zwischen West- und Ostdeutschland. Die relativen Anteile der einzelnen Kostenblöcke entsprechen im

Westen den Gesamtergebnissen. Im Osten treten bei der prozentualen Verteilung lediglich Abweichungen von jeweils einem Prozentpunkt auf.

Abbildung II/28: **Struktur der Bruttokosten insgesamt sowie in West- und Ostdeutschland (Teilkosten)**

Durchschnittliche Beträge pro Auszubildenden und Jahr in Euro und Prozent

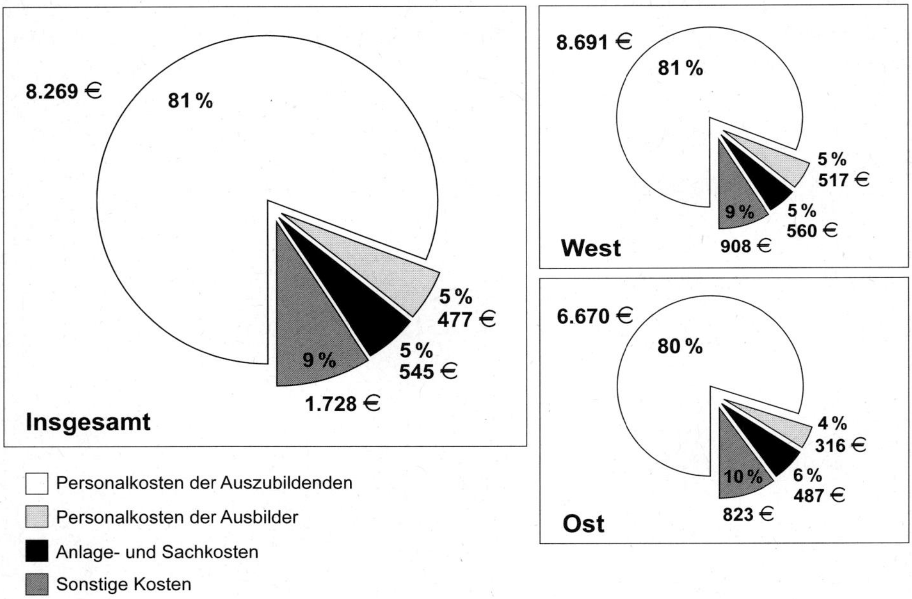

Verteilung der Auszubildenden nach Kostenhöhe

Die Streubreite der Brutto- und Nettokosten ist auch bei den Teilkosten sehr groß (vgl. Tabelle II/2 im Anhang).[95] Werden die Bruttoteilkosten betrachtet, zeigt sich insgesamt folgende Verteilung der Auszubildenden: Eine hohe Konzentration ist im Kostenbereich von 5.000 € bis 9.999 € zu verzeichnen, für 57 % der Auszubildenden liegen die Bruttokosten pro Jahr in dieser Größenordnung. 31 % der Auszubildenden verursachen Kosten von 10.000 € bis 14.999 € und 7 % Kosten von 15.000 € bis 19.999 €. Hohe Bruttoteilkosten von über 20.000 € und sehr niedrige Kosten von unter 5.000 € bilden mit einem Auszubildendenanteil von jeweils 3 % eher Ausnahmen. Verglichen mit den Vollkosten konzentrieren sich die Teilkosten damit wesent-

95 Zu beachten ist, dass ein Teil der Kostenabweichungen auch auf die ausbildungsjahrspezifischen Unterschiede zurückzuführen ist, die in die Gesamtverteilung eingegangen sind.

lich stärker auf wenige Kostenintervalle. Dies ist darauf zurückzuführen, dass die erheblich variierenden Kosten der nebenberuflichen Ausbilder in der Teilkostenrechnung nicht berücksichtigt sind.

Bei einer nach West- und Ostdeutschland differenzierten Verteilung wird deutlich, dass die Bruttoteilkosten im Osten erwartungsgemäß stärker in niedrigeren Kostenintervallen angesiedelt sind als im Westen. Im Osten fallen für 70 % der Auszubildenden Kosten von 5.000 € bis 9.999 € an, während dies im Westen nur auf 53 % zutrifft. Sehr niedrige Kosten von unter 5.000 € sind im Osten für 8 % der Auszubildenden festzustellen, im Westen nur für 2 %. Dagegen betragen im Westen die Bruttoteilkosten für 45 % der Auszubildenden über 10.000 €, im Osten für nur 21 %.

Abbildung II/29: **Verteilung der Nettokosten insgesamt (Teilkosten)**

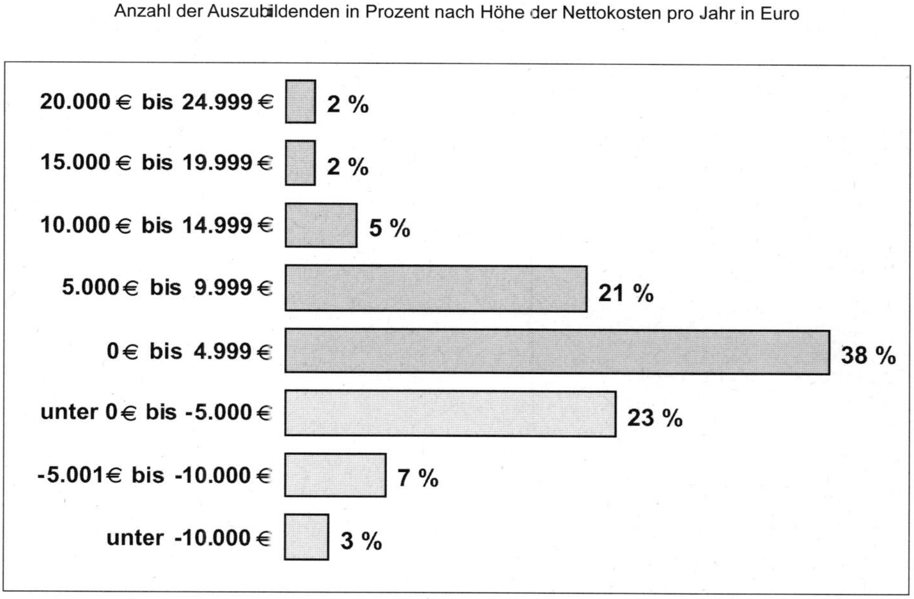

Wegen der sehr stark variierenden Anteile der Erträge treten bei den Nettokosten im Vergleich zu den Bruttokosten noch erheblich größere Unterschiede auf. Wie aus Abbildung II/29 hervorgeht, liegt der Schwerpunkt bei den Nettoteilkosten insgesamt im Kostenintervall von 0 € bis 4.999 €; für 38 % der Auszubildenden bewegen sich die Kosten in diesem Bereich. Gut ein Fünftel der Auszubildenden verursachen Kosten zwischen 5.000 € und 9.999 €, und für 9 % sind die Nettoteilkosten mit mehr als 10.000 € sehr hoch. Ein Drittel der Auszubildenden erwirtschaftet nach der Teilkostenrechnung Nettoerträge und zwar meist in einer Größenordnung von bis zu 5.000 €.

Erträge von über 5.000 € sind bei immerhin 10 % der Auszubildenden zu verzeichnen. Diese Ergebnisse verdeutlichen, dass oft nur eine relativ geringe zusätzliche Kostenbelastung der Betriebe durch die Ausbildung entsteht und sich die Ausbildung sogar teilweise bereits während der Ausbildungszeit durch die Erwirtschaftung von Nettoerträgen lohnt. Dem steht allerdings auch ein relativ großer Anteil an Betrieben gegenüber, bei denen die Ausbildung hohe zusätzliche Kosten verursacht, die sich erst nach der Ausbildung bei der Übernahme der Ausgebildeten in ein Beschäftigungsverhältnis durch die Nutzung der vermittelten Qualifikationen auszahlen können.[96]

Abbildung II/30: **Verteilung der Nettokosten in West- und Ostdeutschland (Teilkosten)**

Anzahl der Auszubildenden in Prozent nach Höhe der Nettokosten pro Jahr in Euro

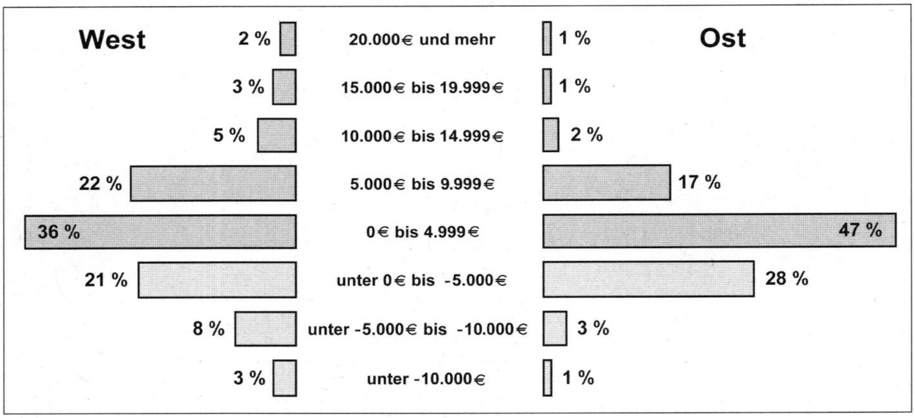

Zwischen West- und Ostdeutschland gibt es in der Verteilung der Nettoteilkosten keine gravierenden Unterschiede, was sich bereits in den entsprechenden Kostendurchschnitten andeutete (vgl. Abbildung II/30). Im Osten ist die Konzentration auf das Kostenintervall von 0 € bis 4.999 € mit 47 % der Auszubildenden noch etwas ausgeprägter als im Westen mit 36 %. Im Westen entstehen mit 22 % der Auszubildenden etwas häufiger Kosten zwischen 5.000 € und 9.999 € als im Osten, wo es nur 17 % sind. Auch Kosten über 10.000 € kommen mit 10 % der Auszubildenden öfter vor als im Osten (4 %). Der Anteil der Auszubildenden mit Nettoerträgen ist in West- und Ostdeutschland mit jeweils 32 % gleich hoch. Allerdings werden im Westen mit 11 % der Auszubildenden häufiger hohe Nettoerträge von mehr als 5.000 € erreicht, im Osten trifft dies nur auf 4 % der Auszubildenden zu.

96 Vgl. hierzu Teil III.

2.2.2 Teilkosten nach Ausbildungsbereichen

Die höchsten Bruttokosten werden bei der Teilkostenrechnung im Öffentlichen Dienst mit durchschnittlich 12.782 € erreicht, wie Abbildung II/31 zeigt.[97] Relativ hoch sind auch die Bruttokosten in Industrie und Handel, während sie in den übrigen Ausbildungsbereichen deutlich niedriger liegen. Die geringsten Bruttoteilkosten weist das Handwerk mit 8.173 € auf, sie sind damit um 36 % geringer als im Öffentlichen Dienst.

Im Öffentlichen Dienst bleiben nach Abzug der Erträge, die die Hälfte der Bruttokosten kompensieren, hohe Nettoteilkosten von 6.389 € übrig. In Industrie und Handel werden 70 % der Bruttokosten durch die Erträge gedeckt, so dass die Nettokosten hier mit 3.598 € erheblich niedriger sind. Im Handwerk beträgt der Anteil der Erträge an den Bruttokosten 83 %, und die Nettokosten sind mit 1.393 € recht gering. In der Landwirtschaft gleichen die Erträge 96 % der Bruttokosten aus, wodurch sich kaum mehr nennenswerte Nettokosten von 327 € ergeben. Bei den Freien Berufen übersteigen die Erträge die Bruttoteilkosten sogar um 4 %, es werden also Nettoerträge von durchschnittlich 337 € pro Auszubildenden und Jahr erzielt. Die durch die Ausbildung entstehende zusätzliche Kostenbelastung der Betriebe unterscheidet sich damit zwischen den Ausbildungsbereichen ganz beträchtlich.

Abbildung II/31: **Bruttokosten, Erträge und Nettokosten insgesamt sowie nach Ausbildungsbereichen (Teilkosten)**

Durchschnittliche Beträge pro Auszubildenden und Jahr in Euro

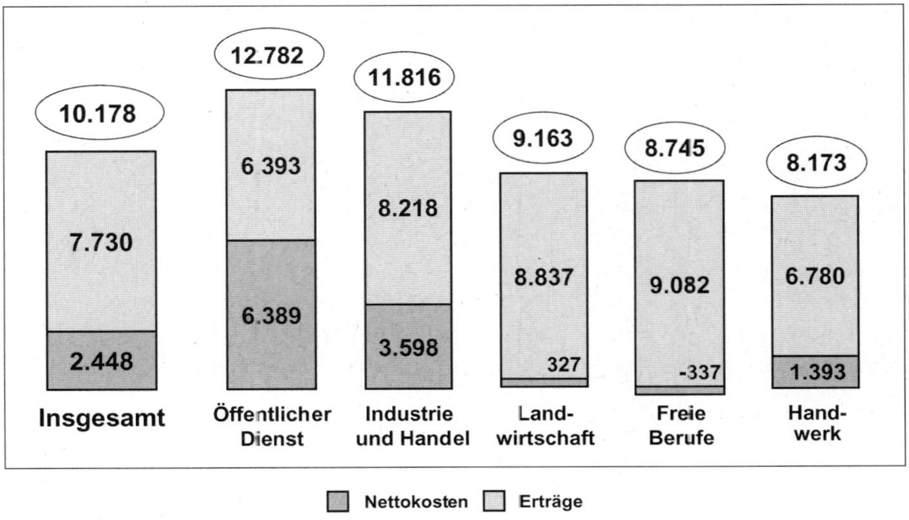

97 Vgl. auch Teil II, Kap. 2.1.2. Die Höhe der einzelnen Kostenarten kann Tabelle II/3 im Anhang entnommen werden.

In allen Ausbildungsbereichen haben die Personalkosten der Auszubildenden das weitaus größte Gewicht (vgl. Abbildung II/32): Ihr Anteil an den Bruttoteilkosten bewegt sich zwischen 78 % in Industrie und Handel und 91 % bei den Freien Berufen. Die Ausbilderkosten, die sich in der Teilkostenrechnung ausschließlich auf die Kosten hauptberuflicher und externer Ausbilder beschränken, nehmen in Industrie und Handel mit 7 % den höchsten Anteil ein, während sie in der Landwirtschaft und bei den Freien Berufen mit weit weniger als einem Prozent keinerlei Bedeutung haben, da hier die Ausbildung fast immer durch nebenberufliche Ausbilder erfolgt. Der Anteil der Anlage- und Sachkosten der Ausbildung schwankt zwischen 6 % in Industrie und Handel sowie 2 % im Öffentlichen Dienst. Auf die sonstigen Kosten der Ausbildung, die hauptsächlich auf externe Ausbildung sowie die Ausbildungsverwaltung (hauptberufliches Personal, Anlage- und Sachkosten) entfallen, haben in allen Ausbildungsbereichen den zweithöchsten Anteil an den Bruttoteilkosten, er liegt zwischen 12 % im Öffentlichen Dienst und 6 % bei den Freien Berufen.

Abbildung II/32: **Struktur der Bruttokosten nach Ausbildungsbereichen (Teilkosten)**

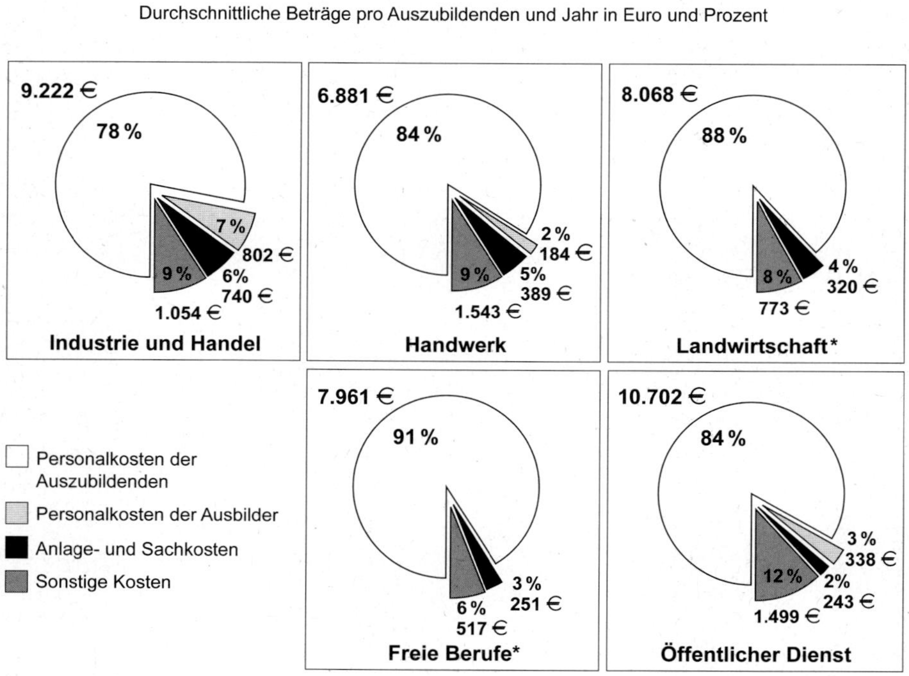

* In der Landwirtschaft kommen Personalkosten der Ausbilder von 2 € hinzu, bei den Freien Berufen von 15 €.

Wird die Verteilung der Auszubildenden nach Höhe der Teilkosten betrachtet, wird deutlich, dass die Streubreite der Ausbildungskosten in Industrie und Handel am größten ist (vgl. Tabelle II/2 im Anhang). Dagegen sind innerhalb der Landwirtschaft und der Freien Berufe wesentlich geringere Kostenunterschiede festzustellen. Bei den Bruttoteilkosten ist in allen Ausbildungsbereichen eine hohe Konzentration auf den Wertebereich zwischen 5.000 € und 14.999 € vorhanden, in der Landwirtschaft und bei den Freien Berufen liegen die Kosten für jeweils 98 % der Auszubildenden in dieser Höhe, im Handwerk sind es 90 %, in Industrie und Handel 84 % und im Öffentlichen Dienst 76 %. Für die übrigen Auszubildenden fallen meist jeweils höhere Bruttoteilkosten an, wobei in den Bereichen Industrie und Handel, Handwerk sowie Öffentlichem Dienst sogar Beträge von über 25.000 € pro Jahr auftreten, wenn auch nur in geringem Umfang. Im Handwerk sind darüber hinaus für einen relativ großen Auszubildendenanteil von 7 % sehr niedrige Bruttokosten von unter 5.000 € zu verzeichnen.

Bei den Nettokosten sind die Abweichungen innerhalb der Ausbildungsbereiche wiederum deutlich ausgeprägter als bei den Bruttokosten. In allen Ausbildungsbereichen entstehen für einen großen Anteil der Auszubildenden Nettoteilkosten zwischen 0 € bis 9.999 € pro Jahr, im Handwerk sind es 64 %, im Öffentlichen Dienst 60 %, in Industrie und Handel 57 %, in der Landwirtschaft 53 % und bei den Freien Berufen 47 % der Auszubildenden. Höhere Nettoteilkosten von über 10.000 € sind im Öffentlichen Dienst für 26 % der Auszubildenden festzustellen, in Industrie und Handel für 14 % und im Handwerk und in der Landwirtschaft für jeweils 3 %; bei den Freien Berufen kommen Kosten in dieser Größenordnung nicht vor. Ein unterschiedlich hoher Anteil der Auszubildenden verursacht in den einzelnen Ausbildungsbereichen keinerlei Kosten, sondern erwirtschaftet Nettoerträge: Dies trifft auf 53 % der Auszubildenden bei den Freien Berufen zu, auf 44 % in der Landwirtschaft, auf 33 % im Handwerk und auf 29 % in Industrie und Handel. Den geringsten Anteil von Auszubildenden mit Nettoerträgen weist der Öffentliche Dienst mit 14 % auf. Diese Ergebnisse zeigen, dass sich die Ausbildung in allen Ausbildungsbereichen zum Teil bereits während der Ausbildungszeit durch Nettoerträge auszahlt, aber auch jeweils zu einem mehr oder weniger großen Teil mit einer relativ starken zusätzlichen Kostenbelastung verbunden ist.[98] Ein Grund für sehr hohe Nettoteilkosten ist insbesondere die Durchführung von Lehrwerkstattausbildung, durch die in der Regel beträchtliche Kosten für hauptberufliche Ausbilder und hohe Anlage- und Sachkosten entstehen. Daneben spielt für die Höhe der Kostenbelastung insbesondere der Umfang, in dem die Auszubildenden für produktive Arbeiten eingesetzt werden können, eine entscheidende Rolle.

98 Dabei ist zu beachten, dass die Verteilungen auf ausbildungsjahrspezifischen Kostenwerten basieren.

2.2.3 Teilkosten in Betrieben mit und ohne Lehrwerkstattausbildung

Nach der Teilkostenrechnung betragen die Bruttokosten einer Ausbildung, die zeitweise in einer betrieblichen Lehrwerkstatt erfolgt, durchschnittlich 17.233 € pro Auszubildenden und Jahr (vgl. Abbildung II/33).[99] Sie liegen damit um 81 % höher als bei einer Ausbildung ohne Lehrwerkstattphasen, die Bruttokosten von 9.540 € verursacht. Die produktiven Leistungen der Auszubildenden kompensieren in den Betrieben mit Lehrwerkstatt nur 32 % der Bruttokosten, so dass Nettokosten in Höhe von 11.673 € verbleiben. Dagegen decken die Erträge bei einer Ausbildung ohne Lehrwerkstattanteile 83 % der Kosten und es entstehen lediglich Nettokosten von 1.614 €.

Abbildung II/33: **Bruttokosten, Erträge und Nettokosten in Betrieben mit und ohne Lehrwerkstattausbildung (Teilkosten)**

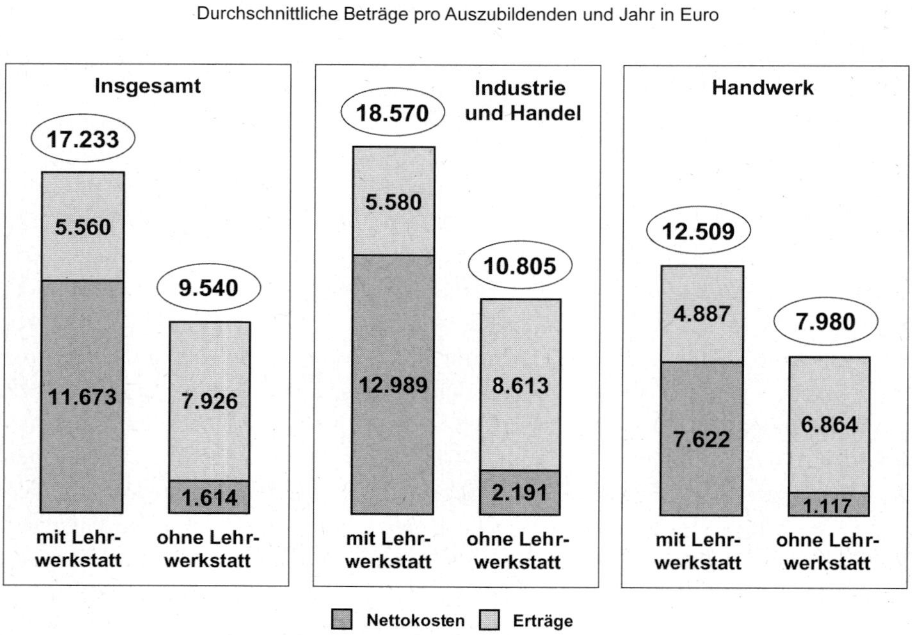

Wie Abbildung II/34 verdeutlicht, ergeben sich bei der Teilkostenrechnung erhebliche Unterschiede in der Struktur der Bruttokosten von Betrieben mit und ohne Lehrwerkstatt. Bei der Ausbildung mit Lehrwerkstatt entfällt etwas mehr als die Hälfte der Bruttokosten auf die Personalkosten der Auszubildenden. Die Kosten des Ausbildungspersonals, d. h. der hauptberuflichen und externen Ausbilder, sowie die Anlage-

99 Vgl. auch Teil II, Kap. 2.1.5. Die Höhe der einzelnen Kostenarten kann Tabelle II/6 im Anhang entnommen werden.

und Sachkosten, haben mit je fast einem Fünftel der Bruttokosten ebenfalls relativ große Bedeutung. In den Betrieben ohne Lehrwerkstattausbildung nehmen die Personalkosten der Auszubildenden den mit Abstand größten Anteil ein, während die Ausbilderkosten sowie die Anlage- und Sachkosten nur ein sehr geringes Gewicht haben. Lediglich der prozentuale Anteil der sonstigen Kosten unterscheidet sich nicht zwischen der Ausbildung mit und ohne Lehrwerkstatt.

Abbildung II/34: **Struktur der Bruttokosten in Betrieben mit und ohne Lehrwerkstattausbildung (Teilkosten)**

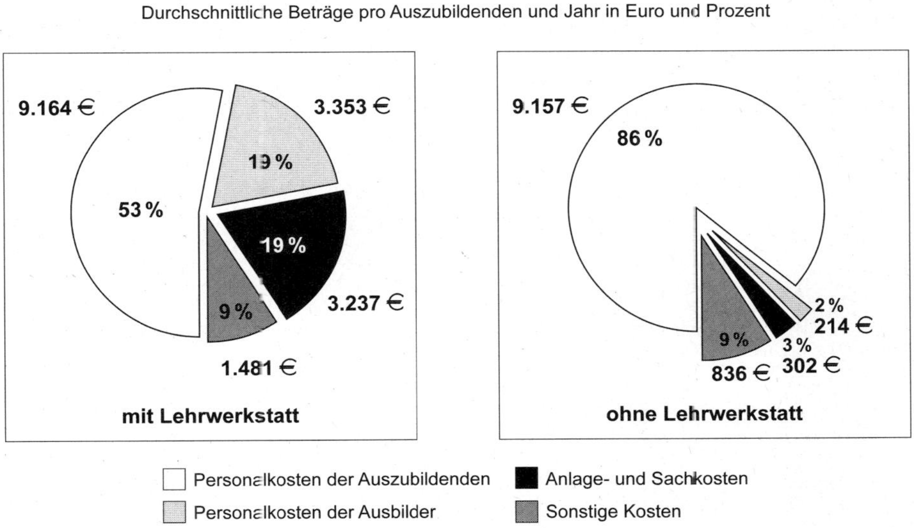

Wird eine gesonderte Betrachtung für die Ausbildungsbereiche Industrie und Handel sowie Handwerk angestellt, ist insbesondere folgendes Ergebnis festzuhalten: In beiden Ausbildungsbereichen liegen die Kosten einer Ausbildung mit Lehrwerkstattanteilen erheblich über denen einer Ausbildung ohne Lehrwerkstatt: Die Bruttokosten sind um 72 % in Industrie und Handel bzw. 57 % im Handwerk höher. Die Nettokosten betragen in den Betrieben mit Lehrwerkstatt in Industrie und Handel das Sechsfache sowie im Handwerk fast das Siebenfache, was vor allem auch auf den relativ geringen produktiven Einsatz der Auszubildenden bei der Ausbildung mit Lehrwerkstattanteilen zurückzuführen ist. Somit kann davon ausgegangen werden, dass die Durchführung von Ausbildung mit produktionsunabhängigen Phasen in einer betrieblichen Lehrwerkstatt für die Betriebe generell mit einer beträchtlich höheren zusätzlichen Kostenbelastung verbunden ist als eine sehr arbeitsplatznahe Ausbildung.

2.2.4 Teilkosten nach Betriebsgrößenklassen

Die nach der Teilkostenrechnung ermittelten Ausbildungskosten steigen mit zunehmender Betriebsgröße erheblich an, wie Abbildung II/35 zeigt. Die Bruttokosten betragen in den sehr kleinen Betrieben (bis 9 Beschäftigte) durchschnittlich 8.228 € pro Auszubildenden und Jahr, in den mittelkleinen Betrieben (10 bis 49 Beschäftigte) liegen sie um 9 % höher, in den mittleren Betrieben (50 bis 499 Beschäftigte) um 41 % und in den Großbetrieben (500 und mehr Beschäftigte) sogar um 87 % höher.[100] In den Kleinstbetrieben werden 93 % der Bruttokosten durch die produktiven Leistungen der Auszubildenden ausgeglichen, in den mittelkleinen Betrieben 84 % und in den mittleren Betrieben 71 %. Dagegen erreichen die Erträge in den Großbetrieben nur einen Anteil von 47 % der Bruttokosten.

Abbildung II/35: **Bruttokosten, Erträge und Nettokosten insgesamt und nach Betriebsgrößenklassen (Teilkosten)**

Durchschnittliche Beträge pro Auszubildenden und Jahr in Euro

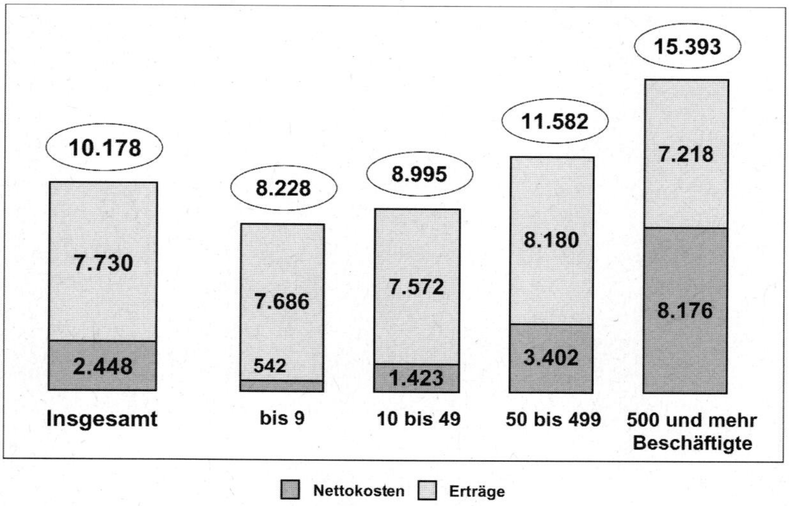

Nach Abzug der Erträge ergeben sich bei den sehr kleinen Betrieben Nettoteilkosten von lediglich 542 €. Im Vergleich dazu sind in den mittelkleinen Betrieben die Nettokosten bereits fast dreimal und in den mittleren Betrieben über sechsmal so hoch. Mit Abstand am höchsten sind die Nettokosten in den Großbetrieben mit 8.176 €. Während damit in den kleineren Betrieben die durch die Ausbildung entstehende zu-

100 Vgl. auch Teil II, Kap. 2.1.6. Die Höhe der einzelnen Kostenarten kann Tabelle II/8 im Anhang entnommen werden.

sätzliche Kostenbelastung als gering einzuschätzen ist, ist sie in den großen Betrieben ganz beträchtlich. Damit erklärt sich, dass in den Großbetrieben die Ausbildung inzwischen strikt am Nachwuchskräftebedarf orientiert erfolgt, denn nur bei einer relativ hohen Quote der Übernahme von Ausgebildeten in ein Beschäftigungsverhältnis können sich die angefallenen hohen Ausbildungskosten amortisieren.[101]

Abbildung II/36: **Struktur der Bruttokosten nach Betriebsgrößenklassen (Teilkosten)**

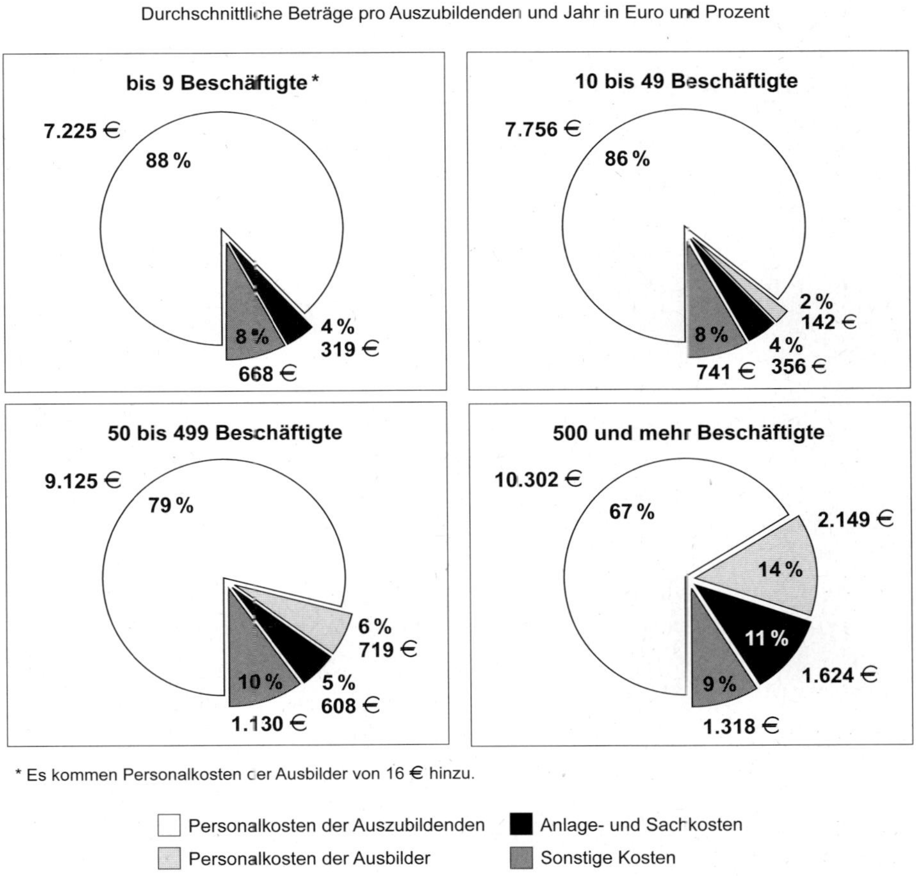

Nicht nur die Höhe, sondern auch die Struktur der Ausbildungskosten unterscheidet sich deutlich zwischen den Betriebsgrößenklassen (vgl. Abbildung II/36). In den sehr kleinen und den mittelkleinen Betrieben spielen die Personalkosten der Auszubilden-

101 Vgl. hierzu Teil III.

den mit Anteilen von 88 % bzw. 86 % der Bruttoteilkosten die zentrale Rolle. Die Kosten des Ausbildungspersonals, das in der Teilkostenrechnung nur die hauptberuflichen und die externen Ausbilder umfasst, fallen dort dagegen praktisch nicht ins Gewicht, da die Ausbildung fast ausschließlich von nebenberuflichen Ausbildern durchgeführt wird. In den mittleren Betrieben sinkt der Anteil der Personalkosten der Auszubildenden auf 79 %, während insbesondere die Ausbilderkosten durch den teilweisen Einsatz hauptberuflicher Ausbilder an Bedeutung zunehmen. In den Großbetrieben machen die Personalkosten der Auszubildenden nur noch 67 % der Bruttokosten aus. Die Anteile der Ausbilderkosten und der Anlage- und Sachkosten sind hier dagegen mehr als doppelt so hoch wie in den mittleren Betrieben. Dies ist vor allem auf die in den Großbetrieben verbreitete Lehrwerkstattausbildung zurückzuführen, die in der Regel mit hohen Kosten für hauptberufliche Ausbilder und hohen Anlage- und Sachkosten verbunden ist.

2.2.5 Teilkosten nach Ausbildungsjahren

Werden die Teilkosten getrennt nach den Ausbildungsjahren betrachtet, so zeigt sich bei den Bruttokosten ein merklicher Anstieg vom ersten bis zum dritten Ausbildungsjahr (vgl. Abbildung II/37).[102] Im ersten Ausbildungsjahr fallen Bruttokosten von 9.526 € pro Auszubildenden an, im zweiten Jahr nehmen sie um 9 % zu und im dritten Jahr nochmals um 7 %. Der Grund für diesen Kostenanstieg liegt vor allem in der gesetzlich vorgeschriebenen Steigerung der Ausbildungsvergütungen mit fortschreitender Ausbildung. Die leicht sinkenden Kosten des Ausbildungspersonals machen sich bei der Teilkostenrechnung kaum bemerkbar, da diese Kosten wegen der Einschränkung auf hauptberufliche und externe Ausbilder insgesamt nur ein relativ geringes Gewicht haben.

Durch die im Verlauf der Ausbildung stark ansteigenden Ausbildungserträge wird ein immer größerer Teil der Bruttoteilkosten kompensiert. Während im ersten Ausbildungsjahr der Anteil der Erträge erst bei 57 % liegt, beträgt er im zweiten Jahr bereits 74 %. Im dritten Jahr werden die Bruttokosten nahezu vollständig durch die Erträge ausgeglichen. Die Nettoteilkosten, die im ersten Ausbildungsjahr 4.100 € ausmachen, sinken dementsprechend im zweiten Jahr um 34 %. Im dritten Ausbildungsjahr verbleiben kaum noch nennenswerte Nettoteilkosten von 157 €. Dies verdeutlicht, dass eine hohe zusätzliche Kostenbelastung für die Betriebe vor allem im ersten Ausbildungsjahr entsteht, die sich im zweiten Jahr bereits deutlich mindert. Im dritten Jahr „finanzieren" dagegen die Auszubildenden durch ihre produktiven Leistungen die im Betrieb durch die Ausbildung zusätzlich verursachten Kosten fast vollständig selbst.

102 Vgl. auch Teil II, Kap. 2.1.7. Auf eine Darstellung der Kosten für das vierte Ausbildungsjahr wird verzichtet, da diese nicht mit denen der vorangegangenen Ausbildungsjahre vergleichbar sind. Die Höhe der einzelnen Kostenarten im ersten bis dritten Ausbildungsjahr kann Tabelle II/10 im Anhang entnommen werden.

Abbildung II/37: **Bruttokosten, Erträge und Nettokosten insgesamt nach Ausbildungsjahren (Teilkosten)**

Durchschnittliche Beträge pro Auszubildenden und Jahr in Euro

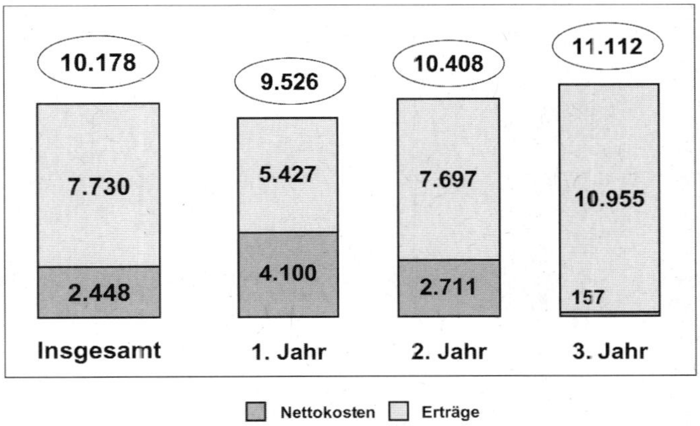

2.2.6 Teilkosten nach gewerblich-technischen und kaufmännisch-verwaltenden Berufen

Nach der Teilkostenrechnung ergeben sich insgesamt für die gewerblich-technischen Berufe durchschnittliche Bruttokosten in Höhe von 9.855 € pro Auszubildenden und Jahr (vgl. Abbildung II/38).[103] In den kaufmännisch-verwaltendenden Berufen liegen die Bruttokosten mit 10 530 € um 7 % höher. Während in den gewerblich-technischen Berufen 67 % der Bruttoteilkosten durch die Ausbildungserträge gedeckt werden, sind es in den kaufmännisch-verwaltenden Berufen 85 %. Durch die wesentlich höheren Erträge sind die Nettokosten in den kaufmännisch-verwaltenden Berufen mit 1.621 € nur etwa halb so hoch wie in den gewerblich-technischen Berufen mit 3.207 €.

Zwischen den beiden Berufsgruppen treten bei den Teilkosten deutliche Unterschiede in der Struktur der Bruttokosten auf (vgl. Abbildung II/39): In den kaufmännisch-verwaltenden Berufen entfällt mit 87 % ein wesentlich höherer Anteil auf die Personalkosten der Auszubildenden, diese machen in den gewerblich-technischen Berufen nur etwa drei Viertel der Bruttokosten aus. In den gewerblich-technischen Berufen sind dagegen die Anteile der Kosten des Ausbildungspersonals, d. h. der hauptberuflichen und externen Ausbilder, sowie der Anlage- und Sachkosten deutlich höher. Dies ist insbesondere auf die in den größeren Betrieben übliche Lehrwerkstattausbildung in den gewerblich-technischen Berufen zurückzuführen.

103 Vgl. auch Teil II, Kap. 2.1.8. Die Höhe der einzelnen Kostenarten kann Tabelle II/11 im Anhang entnommen werden.

Abbildung II/38: **Bruttokosten, Erträge und Nettokosten insgesamt nach gewerblich-technischen und kaufmännisch-verwaltenden Berufen (Teilkosten)**

Durchschnittliche Beträge pro Auszubildenden und Jahr in Euro

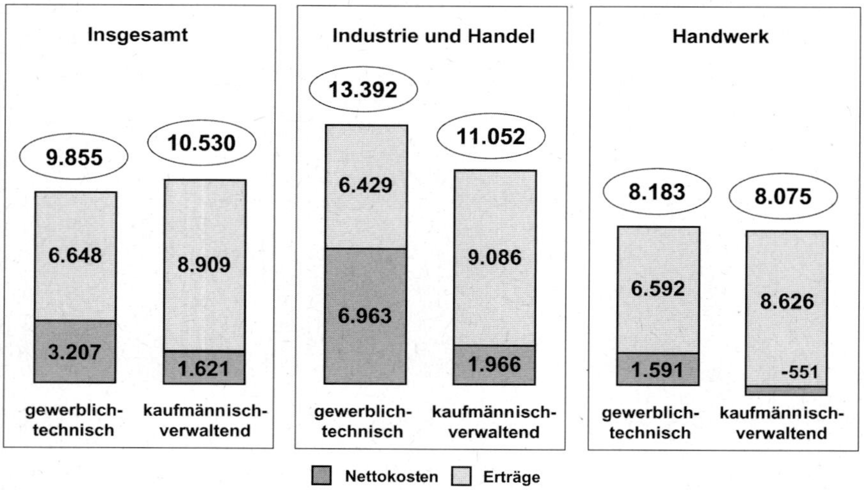

Eine auf die Ausbildungsbereiche Industrie und Handel sowie Handwerk bezogene Betrachtung zeigt, dass dort in den gewerblich-technischen Berufen jeweils bereits die Bruttoteilkosten über denen in den kaufmännischen Berufen liegen, im Handwerk zwar nur sehr leicht, in Industrie und Handel jedoch immerhin um 21 % (vgl. Abbildung II/38).

Abbildung II/39: **Struktur der Bruttokosten in gewerblich-technischen und kaufmännisch-verwaltenden Berufen (Teilkosten)**

Durchschnittliche Beträge pro Auszubildenden und Jahr in Euro und Prozent

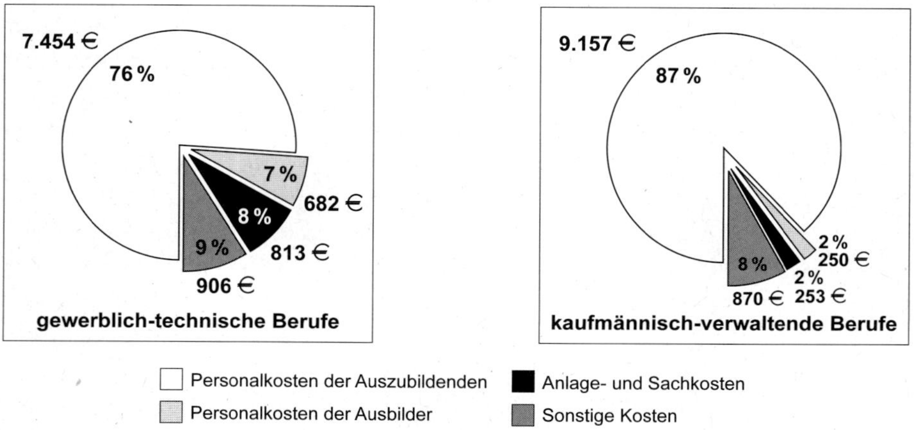

In beiden Bereichen erwirtschaften die Auszubildenden in den kaufmännischen Berufen erheblich höhere Erträge, so dass sich bei den Nettoteilkosten jeweils ein beträchtlicher Kostenunterschied ergibt. In Industrie und Handel sind die Nettokosten in den gewerblich-technischen Berufen dreieinhalbmal so hoch wie in den kaufmännischen Berufen. Im Handwerk verbleiben nach der Teilkostenrechnung in den gewerblich-technischen Berufen noch spürbare Nettokosten, während in den kaufmännischen Berufen sogar Nettoerträge zu verzeichnen sind.

2.2.7 Teilkosten in ausgewählten Ausbildungsberufen

Im Folgenden wird auf die Ergebnisse der Teilkostenrechnung für ausgewählte Berufe eingegangen. Die Darstellung bezieht sich auf die gleichen Berufe, für die vorne bereits die Vollkosten beschrieben wurden, und erfolgt auch hier getrennt nach den Ausbildungsbereichen.[104] Die Kostenwerte für alle erfassten Berufe sind in Tabelle II/13 im Anhang ausgewiesen.

Industrie und Handel

Auch nach der Teilkostenrechnung weist der gewerblich-technische Beruf „Mechatroniker/-in" die höchsten Bruttokosten von allen untersuchten Berufen auf, sie betragen durchschnittlich 22.092 € pro Auszubildenden und Jahr (vgl. Abbildung II/40). Insbesondere wegen der umfangreichen Lehrwerkstattausbildung fallen sehr hohe Kosten für hauptberufliche Ausbilder und hohe Anlage- und Sachkosten an, die mit 24 % bzw. 19 % relativ große Anteile der Bruttoteilkosten einnehmen. Auf die Personalkosten der Auszubildenden entfallen 43 % der Bruttokosten. Durch die relativ geringen produktiven Leistungen der Auszubildenden werden nur 22 % der Bruttokosten kompensiert. Damit werden die mit Abstand höchsten Nettoteilkosten in Höhe von 17.202 € erreicht.
Ebenfalls relativ hoch, aber bereits um 14 % niedriger als im Beruf „Mechatroniker/in", liegen die Bruttoteilkosten im gewerblich-technischen Beruf *„Energieelektroniker/-in – Betriebstechnik"* mit 18.955 €. Auch hier sind aufgrund von häufiger Lehrwerkstattausbildung die Ausbilderkosten (hauptberufliche und externe Ausbilder) sowie die Anlage- und Sachkosten mit Anteilen von 17 % bzw. 16 % an den Bruttokosten sehr hoch. Die Personalkosten der Auszubildenden machen 55 % der Bruttokosten aus. Die relativ niedrigen Ausbildungserträge decken 29 % der Bruttokosten, womit hohe Nettoteilkosten von 13.551 € übrig bleiben.

Die Bruttoteilkosten in den gewerblich-technischen Berufen *„Chemielaborant/-in"* und *„Industriemechaniker/-in – Betriebstechnik"* befinden sich mit 17.638 € bzw. 17.613 € auf etwa gleich hohem Niveau. Allerdings gibt es gewisse Unterschiede

104 Vgl. Teil II, Kap. 2.1.9. Auf die einzelnen Kostenarten sowie die Besonderheiten bei den jeweiligen Berufen wird im Folgenden nicht nochmals im Detail eingegangen, vgl. hierzu die entsprechenden Ausführungen zu den Ergebnissen der Vollkostenrechnung. Die Höhe der einzelnen Kostenarten kann Tabelle II/13 im Anhang entnommen werden.

in der Kostenstruktur: Im Beruf „Industriemechaniker/-in" entfällt mit 18 % ein merklich höherer Anteil auf die Kosten des (hauptberuflichen und externen) Ausbildungspersonals als im Beruf „Chemielaborant/-in" mit 11 %; die Anteile der Personalkosten der Auszubildenden betragen 58 % bzw. 62 %, die der Anlage- und Sachkosten 14 % bzw. 16 %. Die Auszubildenden im Beruf „Industriemechaniker/-in" erwirtschaften deutlich mehr Ausbildungserträge, diese gleichen hier 39 % der Bruttokosten aus, gegenüber nur 29 % im Beruf „Chemielaborant/-in". Dementsprechend liegen die Nettoteilkosten im Beruf „Chemielaborant/-in" mit 12.588 € um 18 % höher als im Beruf „Industriemechaniker/-in" mit 10.688 €.

Abbildung II/40: **Bruttokosten, Erträge und Nettokosten in acht ausgewählten Berufen von Industrie und Handel (Teilkosten)**

Durchschnittliche Beträge pro Auszubildenden und Jahr in Euro

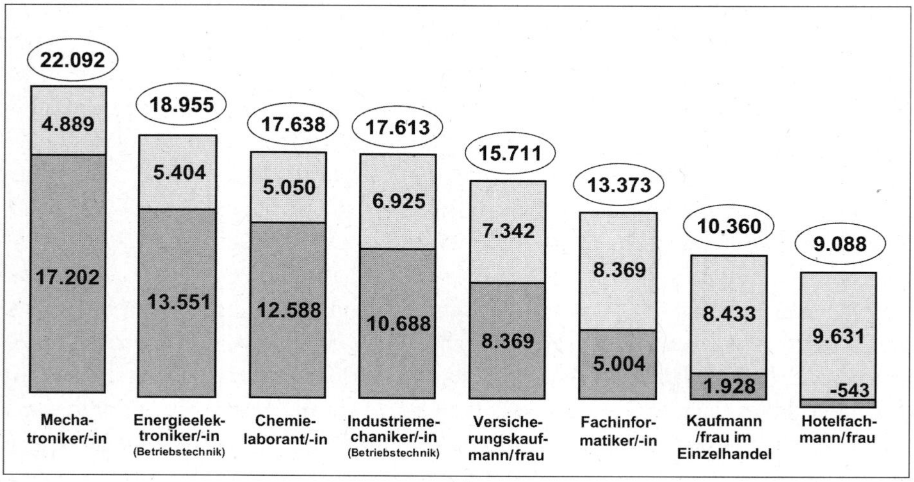

Im kaufmännischen Beruf *„Versicherungskaufmann/frau"* sind mit 15.711 € merklich niedrigere Bruttoteilkosten als in den vier vorangehend vorgestellten gewerblich-technischen Berufen zu verzeichnen. Auch ist eine stark abweichende Kostenstruktur festzustellen: Die Personalkosten der Auszubildenden nehmen hier 78 % der Bruttokosten ein, während die Personalkosten der (hauptberuflichen und externen) Ausbilder sowie die Anlage- und Sachkosten mit 10 % bzw. 5 % nur eine relativ geringe Bedeutung haben. Die produktiven Leistungen der Auszubildenden sind recht hoch und wiegen 47 % der Bruttokosten auf. Es verbleiben Nettoteilkosten von 8.369 €, die damit z. B. weniger als halb so hoch sind wie im Beruf „Mechatroniker/-in".

In dem relativ neuen IT-Beruf *„Fachinformatiker/-in“* betragen die Bruttoteilkosten 13.373 €. Dreiviertel der Bruttokosten entfallen auf die Personalkosten der Auszubildenden und 8 % auf Anlage- und Sachkosten. Die Kosten des Ausbildungspersonals (hauptberufliche und externe Ausbilder) haben mit 4 % nur ein sehr geringes Gewicht, da die Ausbildung größtenteils durch nebenberufliche Ausbilder erfolgt, die in der Teilkostenrechnung unberücksichtigt bleiben. Durch hohe Ausbildungserträge, die 63 % der Bruttokosten decken, ergeben sich relativ niedrige Nettoteilkosten von 5.004 €, die weniger als ein Drittel der Kosten im Beruf „Mechatroniker/-in“ ausmachen.

Bereits sehr niedrige Bruttoteilkosten weist der Beruf *„Kaufmann/frau im Einzelhandel“* mit 10.360 € auf. Davon nehmen allein die Personalkosten der Auszubildenden 90 % ein, während die Kosten für hauptberufliche und externe Ausbilder mit nur 4 % zu Buche schlagen und die Anlage- und Sachkosten mit weniger als einem Prozent keinerlei Rolle spielen. 81 % der Bruttokosten werden durch die hohen Ausbildungserträge kompensiert, so dass die Nettoteilkosten nur noch 1.928 € betragen.

Im kaufmännischen Beruf *„Hotelfachmann/frau“* liegen die Bruttoteilkosten mit 9.088 € noch etwas niedriger als im Beruf „Kaufmann/frau im Einzelhandel“. Hier entfallen 87 % auf die Personalkosten der Auszubildenden und je 2 % auf Kosten externer Ausbilder sowie Anlage- und Sachkosten. Die sehr hohen Erträge gleichen die Bruttokosten nicht nur aus, sondern liegen sogar um 6 % darüber, und es entstehen Nettoerträge in Höhe von 543 €.

Die Ergebnisse zeigen, dass bei der Teilkostenrechnung zum Teil noch größere Kostenunterschiede zwischen den Berufen in Industrie und Handel auftreten als bei den Vollkosten. Durch die verbreitete Lehrwerkstattausbildung in vielen der gewerblich-technischen Berufe, die mit hohen Kosten für hauptberufliche Ausbilder und hohen Anlage- und Sachkosten verbunden sind, liegen die Bruttoteilkosten hier meist deutlich über denen in den kaufmännischen Berufen, und zudem können die Auszubildenden vielfach nur in begrenztem Umfang für produktive Arbeiten eingesetzt werden. In den kaufmännischen Berufen können dagegen aufgrund der sehr arbeitsplatznahen Ausbildung in der Regel erheblich höhere Ausbildungserträge erzielt werden, womit sich die Abweichungen bei den Nettoteilkosten noch deutlich verstärken. Während damit in den gewerblich-technischen Berufen von Industrie und Handel die zusätzliche Kostenbelastung der Betriebe durch die Ausbildung oft beträchtlich ist, bleibt sie in den kaufmännischen Berufen meist relativ niedrig und es werden teilweise sogar Nettoerträge erzielt.

Handwerk

Nach der Teilkostenrechnung sind im gewerblichen Beruf *„Maurer/-in“* mit durchschnittlich 12.445 € pro Auszubildenden und Jahr die höchsten Bruttokosten von allen untersuchten Handwerksberufen zu verzeichnen (vgl. Abbildung II/41). Auf die Personalkosten der Auszubildenden, die vor allem aufgrund der tariflichen Regelungen der Ausbildungsvergütungen im Bauhauptgewerbe sehr hoch sind, entfallen 86 % der Bruttokosten. Die Kosten des Ausbildungspersonals, das hier bei den Teilkosten nur hauptberufliche Ausbilder umfasst, haben – wie in den übrigen Handwerksberufen – mit 2 % eine nur geringe Bedeutung, ebenso die Anlage- und Sachkosten mit 3 %. Durch die Ausbildungserträge werden 63 % der Bruttokosten ausgeglichen, was im Handwerk einen sehr niedrigen Anteil darstellt. Es verbleiben Nettoteilkosten von 4.652 € und damit die mit Abstand höchsten von allen Handwerksberufen.

Relativ hoch liegen im Handwerk auch die Bruttoteilkosten im Beruf *„Bürokaufmann/frau“* mit 9.400 €. Die Personalkosten der Auszubildenden nehmen hier sogar einen Anteil von 90 % ein, während die geringen Ausbilderkosten sowie Anlage- und Sachkosten kaum ins Gewicht fallen. Die sehr hohen Erträge übersteigen die Bruttokosten um 17 %, so dass Nettoerträge in Höhe von 1.570 € entstehen. Dies sind die höchsten durchschnittlichen Nettoerträge von allen untersuchten Berufen.

Abbildung II/41: **Bruttokosten, Erträge und Nettokosten in sechs ausgewählten Berufen des Handwerks (Teilkosten)**

Durchschnittliche Beträge pro Auszubildenden und Jahr in Euro

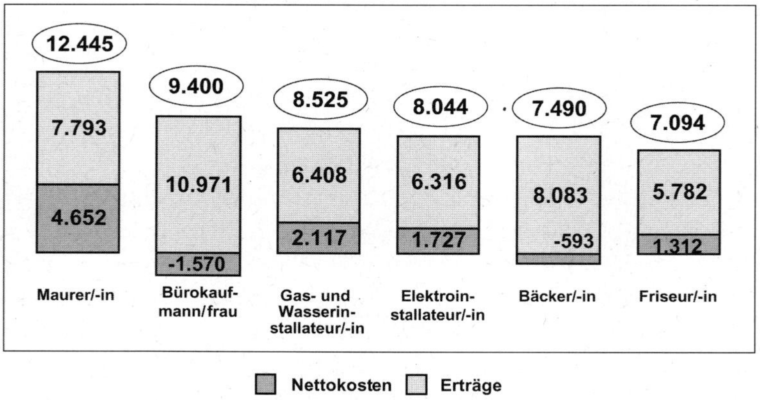

In den gewerblich-technischen Berufen *„Gas- und Wasserinstallateur/-in“* sowie *„Elektroinstallateur/-in“* befinden sich die Bruttoteilkosten mit 8.525 € bzw. 8.044 € auf ähnlichem Niveau. Auf die Personalkosten der Auszubildenden entfällt im Beruf „Elektroinstallateur/-in“ mit 87 % ein höherer Anteil als im Beruf „Gas- und Wasserinstallateur/-in“ mit 82 %. Dort spielen die Anlage- und Sachkosten mit 7 % der Bruttokosten eine etwas größere Rolle. Ausbilderkosten fallen in beiden Berufen bei der Teilkostenrechnung praktisch nicht an. Die Ausbildungserträge decken im Beruf „Gas- und Wasserinstallateur/-in“ mit 75 % einen etwas niedrigeren Anteil der Bruttokosten als im Beruf „Elektroinstallateur/-in“ mit 79 %, womit sich Nettoteilkosten von 2.117 € bzw. 1.727 € ergeben.

Im gewerblichen Beruf *„Bäcker/-in“* betragen die Bruttokosten 7.490 €. Sie entfallen zu 91 % auf die Personalkosten der Auszubildenden. Bei der Teilkostenrechnung sind keine Ausbilderkosten zu verzeichnen, und die Anlage- und Sachkosten haben einen Anteil von 3 % an den Bruttokosten. Die produktiven Leistungen der Auszubildenden sind relativ hoch und übersteigen die Bruttokosten um 8 %. Damit werden Nettoerträge von 593 € erwirtschaftet.
Die geringsten Bruttoteilkosten von allen untersuchten Berufen sind mit 7.094 € im Beruf *„Friseur/-in“* festzustellen. Die Personalkosten der Auszubildenden sind sehr niedrig und machen 85 % der Bruttokosten aus. Daneben treten mit 6 % der Bruttokosten noch nennenswerte Anlage- und Sachkosten auf, während Ausbilderkosten nach der Teilkostenrechnung kaum vorkommen. Die relativ niedrigen Ausbildungserträge gleichen 82 % der Bruttokosten aus, wodurch Nettoteilkosten in Höhe von 1.312 € entstehen.

Festzuhalten ist, dass bei den Teilkosten in fast allen Handwerksberufen bereits die Bruttokosten relativ gering sind. Dies ist vor allem darauf zurückzuführen, dass im Handwerk die Ausbildung üblicherweise ausschließlich durch nebenberufliche Ausbilder wahrgenommen wird und daher nahezu keine Ausbilderkosten in die Teilkostenrechnung eingehen. Durch die arbeitsplatznahe Ausbildung ist meist ein recht hoher produktiver Einsatz der Auszubildenden möglich, so dass durch die Ausbildungserträge meist ein sehr großer Teil der Kosten gedeckt wird. Die durch die Ausbildung verursachte zusätzliche Kostenbelastung der Betriebe kann in den meisten Handwerksberufen als relativ gering bezeichnet werden, zum Teil werden sogar Nettoerträge erwirtschaftet.

Landwirtschaft

Nach der Teilkostenrechnung liegen die Bruttokosten in beiden untersuchten gewerblichen Landwirtschaftsberufen relativ niedrig, wobei sie im Beruf *„Landwirt/-in“* mit 8.296 € noch etwas geringer sind als im Beruf *„Gärtner/-in“* mit 9.462 € (vgl. Abbildung II/42). Im Beruf „Landwirt/-in“ nehmen die Personalkosten der Auszubildenden mit 91 % der Bruttokosten einen noch größeren Anteil ein als im Beruf „Gärtner/-in“ mit 86 %. Dort spielen noch die Anlage- und Sachkosten mit 5 % der Bruttokosten eine gewisse Rolle. Ausbilderkosten sind in beiden Berufen bei der Teilkostenrechnung nicht zu verzeichnen, da die Ausbildung ausschließlich durch nebenberufliche Ausbilder erfolgt, die hier unberücksichtigt bleiben. Ein größerer Unterschied zwischen den Berufen tritt beim Umfang der produktiven Leistungen der Auszubildenden auf: Während im Beruf „Gärtner/-in“ durch die Ausbildungserträge 88 % der Bruttokosten aufgewogen werden und sich Nettoteilkosten von 1.134 € ergeben, übersteigen die Erträge im Beruf „Landwirt/-in“ die Bruttokosten um 13 %, wodurch Nettoerträge in Höhe von 1.113 € entstehen. Damit tritt bei beiden erfassten Landwirtschaftsberufen für die Betriebe in der Regel keine nennenswerte zusätzliche Kostenbelastung durch die Ausbildung auf, vielmehr rechnet sich diese sogar oft schon während der Ausbildungszeit, insbesondere im Beruf „Landwirt/-in“.

Abbildung II/42: **Bruttokosten, Erträge und Nettokosten in je zwei ausgewählten Berufen von Landwirtschaft, Freien Berufen und Öffentlichem Dienst (Teilkosten)**

Durchschnittliche Beträge pro Auszubildenden und Jahr in Euro

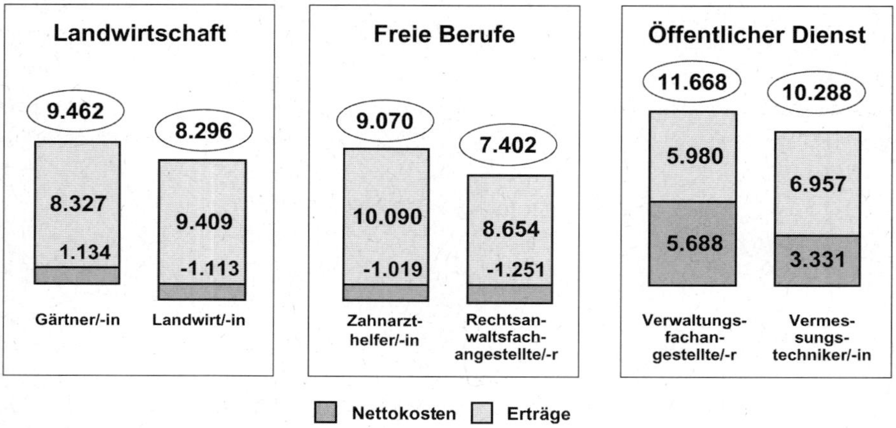

Freie Berufe

In den beiden hier betrachteten kaufmännisch-verwaltenden Berufen *„Zahnarzthelfer/-in"* und *„Rechtsanwaltsfachangestellte/-r"* sind die Bruttokosten nach der Teilkostenrechnung mit 9.070 € bzw. 7.402 € relativ niedrig (vgl. Abbildung II/42). Ein sehr großer Anteil der Bruttokosten entfällt in beiden Berufen mit 94 % bzw. 92 % auf die Personalkosten der Auszubildenden. Ausbilderkosten sind hier in der Teilkostenrechnung nicht zu berücksichtigen, da jeweils nur nebenberufliche Ausbilder an der Ausbildung beteiligt sind. In beiden Berufen werden die Auszubildenden in großem Umfang für produktive Arbeiten eingesetzt, so dass die Ausbildungserträge höher liegen als die Bruttokosten, und zwar um 11 % im Beruf „Zahnarzthelfer/-in" und 17 % im Beruf „Rechtsanwaltsfachangestellte/-r". Damit werden im Beruf „Zahnarzthelfer/-in" Nettoerträge von 1.019 € erzielt und im Beruf „Rechtsanwaltsfachangestellte/-r" von 1.251 €. In beiden Berufen entsteht somit im Durchschnitt keine zusätzliche Kostenbelastung der Betriebe bzw. Praxen durch die Ausbildung, sondern diese zahlt sich bereits vor Ausbildungsende aus.

Öffentlicher Dienst

Im kaufmännisch-verwaltenden Beruf *„Verwaltungsfachangestellte/-r"* betragen die Bruttokosten nach der Teilkostenrechnung 11.668 € und im gewerblich-technischen Beruf *„Vermessungstechniker/-in"* 10.288 €. Die Personalkosten der Auszubildenden nehmen hohe Anteile der Bruttokosten ein, und zwar 85 % im Beruf „Verwaltungsfachangestellte/-r“ und 89 % im Beruf „Vermessungstechniker/-in“. Die Personalkosten der (hauptberuflichen und externen) Ausbilder sowie die Anlage- und Sachkosten fallen mit Anteilen von je 2 % bis 3 % nur wenig ins Gewicht. Durch die produktiven Leistungen der Auszubildenden werden im Beruf „Verwaltungsfachangestellte/-r“ nur 51 % der Bruttokosten ausgeglichen, im Beruf „Vermessungstechniker/-in“ dagegen 68 %. Dementsprechend sind die Nettoteilkosten im Beruf „Verwaltungsfachangestellte/-r“ mit 5.688 € erheblich höher – und zwar um 71 % – als im Beruf „Vermessungstechniker/-in“ mit 3.331 €. Damit ist in beiden Berufen mit der Durchführung von Ausbildung eine deutliche zusätzliche Kostenbelastung der Betriebe bzw. Behörden verbunden, die sich im Beruf „Verwaltungsfachangestellte/-r“ wegen des nur eingeschränkten möglichen produktiven Einsatzes der Auszubildenden noch stärker bemerkbar macht als im Beruf „Vermessungstechniker/-in“.

2.3 Multivariate Analyse von Kostenunterschieden

Aus den bisherigen Analysen geht hervor, dass die Ausbildungskosten zwischen den Betrieben erheblich variieren. Als relevante Faktoren wurden insbesondere der Beruf, der Ausbildungsbereich, die Betriebsgröße, die Organisation der Ausbildung sowie der Standort eines Betriebs in den alten oder neuen Bundesländern identifiziert. Die bisherigen univariaten Darstellungen geben zwar Auskunft darüber, welche Unterschiede sich für einzelne Merkmalsgruppen einer bestimmten Variablen jeweils ergeben. Allerdings kann hiermit die relative Bedeutung des Einflusses einer Variablen (im Vergleich zu anderen Variablen) nur ansatzweise abgeschätzt werden. Hierzu ist vielmehr eine multivariate Betrachtung erforderlich. Es wurden deshalb für die berechneten Kosten[105] (Brutto- und Nettokosten auf Voll- und Teilkostenbasis) Regressionsanalysen durchgeführt. Bei allen berücksichtigten Einflussvariablen handelt es sich um solche mit qualitativen Ausprägungen. Hierfür wurden so genannte Dummy-Variablen gebildet (Codierung mit 1 oder 0), deren geschätzte Koeffizienten als Abweichung gegenüber einer bestimmten Referenzgruppe interpretiert werden müssen.

Übersicht II/2 enthält die Ergebnisse einer durchgeführten Regressionsanalyse für die Brutto-Vollkosten mit den Regressionskoeffizienten, der dazugehörigen Standardabweichung, den so genannten Beta-Koeffizienten (standardisierte Regressionskoeffizienten) sowie Angaben zur Signifikanz der Koeffizienten (T-Werte und Signifikanzniveau). Es wurde jeweils markiert (durch *, ** und ***), wenn Werte auf

105 Hierzu ist erforderlich, dass Ausbildungskosten pro Betrieb zur Verfügung stehen. Die Erhebung der Kosten erfolgte allerdings differenziert nach Ausbildungsjahren, wobei insbesondere in den kleineren Betrieben häufig nicht alle Ausbildungsjahre besetzt sind. Um dennoch Durchschnittskosten für den Betrieb berechnen zu können, erfolgte ein Ersatz fehlender Kostenwerte in den einzelnen Ausbildungsjahren durch ein entsprechendes Schätzprogramm.

dem 10 %-, 5 %- oder 1 %-Niveau signifikant waren. R^2, das so genannte Bestimmtheitsmaß, gibt an, wie viel Prozent der Gesamtvarianz der Ausbildungskosten durch die einbezogenen Variablen erklärt werden. Für die Regression wurden die in den bisherigen Analysen als relevant identifizierten Einflussvariablen einbezogen.

Übersicht II/2: **Einflussgrößen der Bruttokosten (Vollkosten) – Regressionsanalyse**

Einflussvariable	Regressionskoeffizient	Standardabweichung	Beta-Koeffizient	T-Wert	Signifikanzniveau	Signifikanz
Berufsbereich: Referenzgruppe kaufmännisch-verwaltende Berufe						
Gewerblich-technische Berufe	783,33	299,08	0,05	2,62	0,0089	***
Ausbildungsbereich: Referenzgruppe Industrie und Handel						
Handwerk	-3365,68	336,72	-0,21	-9,99	0,0000	***
Landwirtschaft	-4062,42	709,11	-0,10	-5,73	0,0000	***
Freie Berufe	-1389,88	538,45	-0,05	-2,58	0,0099	***
Öffentlicher Dienst	-1686,56	461,09	-0,07	-3,66	0,0003	
Betriebsgröße: Referenzgruppe Großbetriebe						
Kleinbetriebe	-614,97	524,03	-0,04	-1,17	0,2407	
Mittelkleine Betriebe	-1065,16	492,97	-0,07	-2,16	0,0308	**
Mittlere Betriebe	-748,68	465,36	-0,05	-1,61	0,1078	
Organisation der Ausbildung: Referenzgruppe Betriebe ohne Lehrwerkstatt						
Betriebe mit Ausbildung in der Lehrwerkstatt	5277,80	483,12	0,22	10,92	0,0000	***
Bundesländer: Referenzgruppe neue Bundesländer						
Betriebe in den alten Bundesländern	5508,82	300,57	0,32	18,33	0,0000	***
Konstante	**15866,81**	**542,89**		**29,23**	**0,0000**	

$R^2 = 0,25$

Mit einem Anteil der erklärten Varianz von 25 % ergibt sich ein durchaus befriedigender Wert für Individual- bzw. betriebliche Daten. Die stärksten Abweichungen zwischen den Kosten ergeben sich für die Zugehörigkeit der Betriebe zu den alten oder neuen Bundesländern sowie für Betriebe mit und ohne Lehrwerkstatt. In der multivariaten Betrachtung werden die Ergebnisse der univariaten Analyse somit voll bestätigt. Für beide Variablen ergeben sich sehr hohe Regressionskoeffizienten, welche die durchschnittliche Kostendifferenz zwischen den jeweiligen betrieblichen Gruppen zum Ausdruck bringen.

Zweitwichtigster Einflussfaktor ist die Zugehörigkeit zu einem bestimmten Ausbildungsbereich. Mit Ausnahme des öffentlichen Dienstes liegen die Bruttokosten auf Vollkostenbasis für alle Ausbildungsbereiche dabei signifikant unter denen im Bereich Industrie und Handel. Die Betriebsgröße hat dagegen eine weitaus geringere Bedeutung. So haben nur mittelkleine Betriebe signifikant niedrigere Kosten als die Großbetriebe, wobei die Abweichung auch noch deutlich geringer ist als zwischen den Ausbildungsbereichen. Für die zwei betrachteten Berufsbereiche ergibt sich zwar eine signifikante aber vergleichsweise geringe Abweichung: Gewerblich-technische Berufe haben im Schnitt höhere Bruttokosten als kaufmännisch-verwaltende Berufe.

Ergebnisse der Regressionsanalyse zu den Nettokosten auf Vollkostenbasis finden sich in der Übersicht II/3.

Übersicht II/3: **Einflussgrößen der Nettokosten (Vollkosten) – Regressionsanalyse**

Einflussvariable	Regressionskoeffizient	Standardabweichung	Beta-Koeffizient	T-Wert	Signifikanzniveau	Signifikanz
Berufsbereich: Referenzgruppe kaufmännisch-verwaltende Berufe						
Gewerblich-technische Berufe	1898,48	354,10	0,12	5,36	0,0000	***
Ausbildungsbereich: Referenzgruppe Industrie und Handel						
Handwerk	-3007,90	398,67	-0,17	-7,55	0,0000	***
Landwirtschaft	-6126,91	839,58	-0,14	-7,30	0,0000	***
Freie Berufe	-1674,10	637,52	-0,05	-2,63	0,0087	***
Öffentlicher Dienst	-34,21	545,93	-0,00	-0,06	0,9500	
Betriebsgröße: Referenzgruppe Großbetriebe						
Kleinbetriebe	-935,53	620,45	-0,05	-1,51	0,1317	
Mittelkleine Betriebe	-1855,38	583,67	-0,11	-3,18	0,0015	***
Mittlere Betriebe	-1561,30	550,98	-0,09	-2,83	0,0046	***
Organisation der Ausbildung: Referenzgruppe Betriebe ohne Lehrwerkstatt						
Betriebe mit Ausbildung in der Lehrwerkstatt	6202,71	572,01	0,23	10,84	0,0000	***
Bundesländer: Referenzgruppe neue Bundesländer						
Betriebe in den alten Bundesländern	3409,76	355,88	0,18	9,58	0,0000	***
Konstante	**9301,24**	**642,78**		**14,47**	**0,0000**	

$R^2 = 0,18$

Die Abweichungen zwischen den Nettokosten auf Vollkostenbasis können mit den einbezogenen Variablen etwas weniger gut erklärt werden als bei den zuvor betrachteten Bruttokosten. Der Anteil der erklärten Varianz liegt hier nur bei 18 %. Dies liegt vor allem daran, dass – wie in den vorangegangenen Abschnitten bereits festgestellt wurde – die Variation der Nettokosten wegen starker Unterschiede in den Ausbildungserträgen insgesamt ausgeprägter ist als bei den Bruttokosten. Die Richtung des Einflusses der einzelnen Variablen ist dabei ähnlich wie bei den Bruttokosten, allerdings gibt es durchaus hervorzuhebende Unterschiede. Weitaus stärkste Bedeutung hat nun die Ausbildung in der Lehrwerkstatt, während sich für die alten Bundesländer zwar noch ein deutlicher aber weitaus geringerer Unterschied zu den neuen Bundesländern als im Falle der Bruttokosten ergibt.

Ein starker Einfluss geht von der Zugehörigkeit zu einem Ausbildungsbereich aus. Wie bei den Bruttokosten sind auch die Nettokosten in der Landwirtschaft, dem Handwerk und den freien Berufen deutlich niedriger als im Bereich Industrie und Handel. Zwischen dem Öffentlichen Dienst und dem Bereich Industrie und Handel (IHK) gibt es dagegen bei Berücksichtigung der anderen Einflussgrößen keinen signifikanten Unterschied. Hier ist anzumerken, dass die tatsächlichen Abweichungen zwischen dem öffentlichen Dienst und dem IHK-Bereich durchaus beträchtlich sind (1.110 €). Offensichtlich ist dies aber nicht der originäre Einfluss des öffentlichen Dienstes, sondern darauf zurückzuführen, dass sich die beiden Ausbildungsbereiche in den Verteilungen der anderen relevanten Einflussvariablen (z. B. Betriebe mit Lehrwerkstatt, Betriebsgröße) unterscheiden.

Die Betriebsgröße scheint zur Erklärung von Kostenunterschieden bei den Nettokosten eine größere Rolle zu spielen als bei den Bruttokosten. In den mittelkleinen und den mittleren Betrieben sind die Kosten signifikant niedriger als in den Großbetrieben. Es fällt auf, dass sich für Klein- vs. Großbetriebe kein signifikanter Effekt zeigt. Dies dürfte zum einen darauf zurückzuführen sein, dass ein wesentlicher Aspekt möglicher Kostenunterschiede zwischen einer klein- oder einer großbetrieblichen Ausbildung bereits durch die Berücksichtigung der Variablen „Lehrwerkstatt" gemessen wird. Zum anderen sind die Personalkosten der Ausbilder, wegen der unmittelbaren Beteiligung von Führungskräften und Inhabern an der Ausbildung, in den Kleinbetrieben relativ hoch.

Gewerblich-technische Berufe haben deutlich höhere Nettokosten als kaufmännisch-verwaltende Berufe. Der betreffende Effekt ist hier wesentlich ausgeprägter als bei den Bruttokosten. Als Begründung sind hier die bei den kaufmännisch-verwaltenden Berufen sehr viel besseren Möglichkeiten zu nennen, die Auszubildenden produktiv einzusetzen.

Übersicht II/4 enthält die Ergebnisse einer durchgeführten Regressionsanalyse zu den Bruttokosten auf Teilkostenbasis.

Übersicht II/4: **Einflussgrößen der Bruttokosten (Teilkosten) – Regressionsanalyse**

Einflussvariable	Regressionskoeffizient	Standardabweichung	Beta-Koeffizient	T-Wert	Signifikanzniveau	Signifikanz
Berufsbereich: Referenzgruppe kaufmännisch-verwaltende Berufe						
Gewerblich-technische Berufe	408,12	175,69	0,04	2,32	0,0203	**
Ausbildungsbereich: Referenzgruppe Industrie und Handel						
Handwerk	-2119,18	197,80	-0,18	-10,71	0,0000	***
Landwirtschaft	-1809,00	416,55	-0,06	-4,34	0,0000	***
Freie Berufe	-1625,81	316,30	-0,08	-5,14	0,0000	***
Öffentlicher Dienst	-8,05	270,86	-4,33	-0,03	0,9763	
Betriebsgröße: Referenzgruppe Großbetriebe						
Kleinbetriebe	-4878,46	307,83	-0,43	-15,85	0,0000	***
Mittelkleine Betriebe	-4109,88	289,591	-0,38	-14,19	0,0000	***
Mittlere Betriebe	-2487,79	273,37	-0,22	-9,10	0,0000	***
Organisation der Ausbildung: Referenzgruppe Betriebe ohne Lehrwerkstatt						
Betriebe mit Ausbildung in der Lehrwerkstatt	7144,71	283,80	0,41	25,18	0,0000	***
Bundesländer: Referenzgruppe neue Bundesländer						
Betriebe in den alten Bundesländern	2254,59	176,57	0,18	12,77	0,0000	***
Konstante	**12691,94**	**318,91**		**39,80**	**0,0000**	

$R^2 = 0,52$

Hier fällt zunächst der für die betreffende Datengrundlage extrem hohe Anteil der erklärten Varianz von 52 % ins Auge. Ein wesentlicher Grund hierfür ist, dass bei den Teilkosten aufgrund des Ausschlusses der Kosten nebenberuflicher Ausbilder eine bedeutsame Varianzquelle wegfällt. Ansonsten zeigen sich ähnliche Abhängigkeitsstrukturen wie bei den Vollkosten. Den stärksten Einfluss hat wieder die Ausbildung in der Lehrwerkstatt. Ebenso ergibt sich auch für den Standort alte oder neue Bundesländer ein signifikanter Effekt. Betriebe in den alten Bundesländern haben im Schnitt auch höhere Teilkosten, allerdings ist der betreffende Effekt weniger ausgeprägt als bei den Bruttokosten.

Wie auch bei den bislang präsentierten Ergebnissen ergibt sich für den zugrundliegenden Ausbildungsbereich ein signifikanter Einfluss. Die Bruttoteilkosten im Handwerk, in der Landwirtschaft und in den freien Berufen unterscheiden sich deutlich von denjenigen im IHK-Bereich. Der öffentliche Dienst weist allerdings auch hier keine signifikanten Abweichungen vom IHK-Bereich aus.

Zur Erklärung der Unterschiede zwischen den Teilkosten spielt die Betriebsgröße eine wesentlich größere Rolle als bei den Vollkosten. Kleine, mittelkleine und mittlere Betriebe haben deutlich niedrigere Kosten als die Großbetriebe. Der Grund hierfür liegt darin, dass kleinere Betriebe nur in einem sehr geringen Umfang hauptberufliche Ausbilder einsetzen, während in größeren Betrieben die Ausbildung häufig schwerpunktmäßig gerade von dieser Gruppe durchgeführt wird.

Für gewerblich-technische im Vergleich zu kaufmännisch-verwaltenden Berufen ergibt sich zwar noch ein signifikanter Effekt. Der Unterschied in den Kosten fällt allerdings vergleichsweise moderat aus.

In der Übersicht II/5 sind die Ergebnisse der Regressionsanalyse zu den Nettoteilkosten dargestellt worden.

Übersicht II/5: **Einflussgrößen der Nettokosten (Teilkosten) – Regressionsanalyse**

Einflussvariable	Regressionskoeffizient	Standardabweichung	Beta-Koeffizient	T-Wert	Signifikanzniveau	Signifikanz
Berufsbereich: Referenzgruppe kaufmännisch-verwaltende Berufe						
Gewerblich-technische Berufe	1523,26	287,53	0,11	5,30	0,0000	***
Ausbildungsbereich: Referenzgruppe Industrie und Handel						
Handwerk	-1761,40	323,71	-0,11	-5,44	0,0000	***
Landwirtschaft	-3873,49	681,72	-0,10	-5,68	0,0000	***
Freie Berufe	-1910,03	517,65	-0,07	-3,69	0,0002	***
Öffentlicher Dienst	1644,30	443,29	0,06	3,71	0,0002	***
Betriebsgröße: Referenzgruppe Großbetriebe						
Kleinbetriebe	-5199,02	503,79	-0,33	-10,32	0,0000	***
Mittelkleine Betriebe	-4900,10	473,93	-0,32908	-10,34	0,0000	***
Mittlere Betriebe	-3300,41	447,39	-0,21	-7,38	0,0000	***
Organisation der Ausbildung: Referenzgruppe Betriebe ohne Lehrwerkstatt						
Betriebe mit Ausbildung in der Lehrwerkstatt	8069,62	464,46	0,34	17,37	0,0000	***
Bundesländer: Referenzgruppe neue Bundesländer						
Betriebe in den alten Bundesländern	155,52	288,96	0,01	0,54	0,5905	
Konstante	**6126,38**	**521,93**		**11,74**	**0,0000**	

$R^2 = 0,32$

Bei den Nettoteilkosten zeigen sich ähnliche Zusammenhänge zu den betrachteten Variablen wie bei den Bruttoteilkosten. Auch hier hat die Frage, ob Ausbildung in einer Lehrwerkstatt erfolgt oder nicht, den stärksten Einfluss. Auch für Betriebsgröße und Ausbildungsbereich sind die Ergebnisse sehr ähnlich. Allerdings sind die Unterschiede zwischen alten und neuen Bundesländern nicht mehr signifikant. Trotz der gravierenden Abweichungen im Lohn- und Gehaltsniveau zwischen West- und Ostdeutschland bewegen sich die Nettoteilkosten, also jene Kosten, die durch die Ausbildung tatsächlich zusätzlich verursacht werden, in der multivariaten Betrachtung auf einem ähnlichen Niveau. Allerdings ist hier zu berücksichtigen, dass der Durchschnittswert der Teilkosten insgesamt relativ niedrig ist.

Zusammenfassend ist hier festzuhalten, dass eine Ausbildung in der Lehrwerkstatt den wichtigsten positiven Effekt auf die Ausbildungskosten ausübt. Dies gilt in gleicher Weise für Brutto- und Nettokosten wie auch für die Betrachtung auf Voll- oder Teilkostenbasis. Bei den Vollkosten spielt daneben der Betriebsstandort in den alten oder neuen Bundesländern sowie der zugrunde liegende Ausbildungsbereich eine herausragende Rolle, während die Betriebsgröße weitaus weniger wichtig ist. Gewerblich-technische Berufe sind – auf Voll- wie auf Teilkostenbasis – generell teurer als kaufmännisch-verwaltende Berufe, wobei dies wegen der höheren Erträge in den kaufmännisch-verwaltenden Berufen in der Nettokostenbetrachtung stärker durchschlägt. Bei den Teilkosten ist neben einem deutlichen Einfluss des Ausbildungsbereichs auch ein starker Betriebsgrößeneffekt zu beobachten. Ein Betriebsstandort in den alten Bundesländern führt nur zu etwas höheren Bruttoteilkosten, nicht aber zu höheren Nettokosten. Insgesamt lassen sich für die Höhe der Ausbildungskosten vielfältige und eigenständige Einflüsse unterschiedlicher Faktoren nachweisen.

Die bisherige Analyse hat gezeigt, dass es auch zwischen den betrachteten beiden Berufsbereichen zu signifikanten Unterschieden in den Ausbildungskosten kommt. Allerdings geht aus der Darstellung der Ergebnisse für einzelne Berufe hervor, dass die Unterschiede zwischen den Berufen deutlich ausgeprägter sind als zwischen den beiden in die Regressionsanalyse einbezogenen Berufsbereiche. Die verwendeten Spezifikationsansätze liefern insofern nur Anhaltspunkte zur grundsätzlichen Bedeutung der zugrunde liegenden beruflichen Inhalte. Eine weitere Differenzierung könnte hier vor allem darüber Aufschluss geben, ob die aus der univariaten Betrachtung bekannten Kostenunterschiede zwischen einzelnen Berufen in der multivariaten Betrachtung erhalten bleiben, oder ob sie eventuell nur auf Unterschiede in den übrigen Einflussvariablen zurückgeführt werden können. Zur Überprüfung dieses Sachverhalts wurden für die Analyse 19 Berufsgruppen aus einer Kombination von Einzelberufen und Ausbildungsbereichen gebildet. Im Einzelnen wurden die folgenden Gruppen gebildet (einschließlich einiger Einzelberufe, für die eine Zuordnung schwierig schien):

- Gewerblich-technische IHK-Berufe
- Kaufmännische IHK-Berufe
- Technische IT-Berufe IHK
- Kaufmännische IT-Berufe IHK
- Handelsberufe IHK
- Gastronomieberufe IHK
- Sonstige IHK-Berufe
- Metall- und Elektroberufe Handwerk
- Kaufmännische Handwerksberufe
- Maurer/-in Handwerk
- Handwerksberufe Baunebengewerbe
- Gewerbliche Handwerksberufe (Bäcker/-in, Fleischer/-in)
- Friseur/-in
- Sonstige Handwerksberufe (z. B. Zahntechniker/-in)
- Landwirtschaftliche Berufe
- Freie Berufe: Rechtsanwalts- und Steuerfachangestellte/-r
- Freie Berufe: Arzt- und Zahnarzthelfer/-in
- Technische Berufe im Öffentlichen Dienst
- Kaufmännisch-verwaltende Berufe im Öffentlichen Dienst.

Neben den Berufsgruppen wurden für die vier Regressionsanalysen zu den unterschiedlichen Arten von Ausbildungskosten die gleichen Variablen einbezogen, wie bei den zuvor durchgeführten Analysen. Aufgrund der Kombination von Beruf und Ausbildungsbereich wurden die Variablen „Berufsbereich“ und „Ausbildungsbereich“ natürlich herausgenommen. Referenzkategorie bei den Berufsgruppen waren die kaufmännischen IHK-Berufe. Aus Platzgründen werden die sich aus der Regressionsanalyse ergebenden Koeffizienten nicht im Einzelnen vorgestellt. Vielmehr sollen die wesentlichen Ergebnisse hier zusammenfassend beschrieben werden:

Vollkosten

Bei den Bruttokosten auf Vollkostenbasis zeigen sich ausgeprägte Abweichungen zwischen den meisten Berufsgruppen und der Referenzkategorie der kaufmännischen IHK-Berufe. Höhere Kosten gibt es in den gewerblich-technischen IHK-Berufen sowie den technischen und kaufmännischen IT-Berufen. Fast alle anderen Berufsgruppen haben dagegen niedrigere Kosten. Nur der/die Maurer/-in und der/die Arzt- und Zahnarzthelfer/-in bilden hier eine Ausnahme, für sie sind signifikante Unterschiede zu den kaufmännischen IHK-Berufen nicht nachweisbar. Lehrwerkstattausbildung und die Standortfrage alte oder neue Bundesländer haben darüber hinaus nach wie vor die entsprechende große Bedeutung. Die Betriebsgröße spielt zur Erklärung von Unterschieden zwischen den Bruttovollkosten bei gesonderter Betrachtung von Berufsgruppen dagegen überhaupt keine Rolle mehr.

Für die Nettokosten auf Vollkostenbasis zeigen sich ebenfalls häufig signifikante Unterschiede zwischen den Berufsgruppen. Die Richtung des Einflusses ist dabei ähnlich wie bei dèn Bruttokosten. So sind auch die Nettokosten bei den gewerblich-technischen IHK-Berufen sowie den IT-Berufen höher als bei den kaufmännischen IHK-Berufen, während die Nettoteilkosten bei den meisten übrigen Berufsgruppen niedriger sind. Keine signifikanten Unterschiede zur kaufmännischen IHK-Ausbildung ergeben sich neben dem Beruf Maurer/-in für die sonstigen Handwerksberufe, Arzt- und Zahnarzthelfer/-in sowie die technischen und kaufmännisch-verwaltenden Berufe des öffentlichen Dienstes. Die übrigen einbezogenen Variablen behalten ihre Bedeutung; zusätzlich ergibt sich für die mittleren Betriebe im Vergleich zu den Großbetrieben ein signifikant niedrigerer Wert.

Teilkosten

Bei den Teilkosten gibt es für Brutto- wie für Nettokosten einen deutlichen Betriebsgrößeneffekt, was auch aus den Ergebnissen zu den zuvor durchgeführten Regressionsanalysen, welche nur zwei Berufsbereiche unterschieden, bereits deutlich hervorging. Die Ausbildung in einer Lehrwerkstatt hat den stärksten Einfluss auf Unterschiede zwischen Brutto- wie Nettokosten. Betriebe in den alten Bundesländern haben nur signifikant höhere Bruttoteilkosten, nicht aber höhere Nettoteilkosten. Auch dies bestätigt die Ergebnisse aus den anderen Regressionsanalysen. Im Hinblick auf die Unterschiede zwischen Berufen und Berufsgruppen zeigen sich bei den Bruttoteilkosten ähnliche Tendenzen wie bei den Vollkosten. Kaufmännische IT-Berufe weisen nun allerdings keine höheren Kosten mehr auf als die Gruppe der „klassischen" kaufmännischen IHK-Berufe. Dies gilt auch für die Nettokosten auf Teilkostenbasis. Insgesamt reduziert sich hier im Vergleich zu den entsprechenden Bruttokosten die Zahl der Berufsbereiche, welche signifikant niedrigere Kosten aufweisen als die kaufmännischen IHK-Berufe. Beispielsweise haben die IHK-Handelsberufe und die handwerklichen Metall- und Elektroberufe nunmehr ein ähnliches Kostenniveau.

Zusammenfassend ist festzuhalten, dass auch bei einer deutlichen Differenzierung nach Berufsgruppen, die zuvor als relevant identifizierten Variablen ihren eigenständigen Einfluss behalten. Die Berufe bzw. Berufsgruppen haben aber darüber hinaus eine ganz wesentliche Bedeutung für die Erklärung von Abweichungen zwischen den Ausbildungskosten. Die höchsten Kosten haben generell gewerblich-technische IHK-Berufe sowie die IT-Berufe. Kaufmännische IHK-Berufe liegen in einem Mittelfeld und sie übersteigen mit ihren Kosten die meisten anderen Berufsgruppen. Aufgrund der relativ hohen Erträge in den kaufmännischen IHK-Berufen schwächt sich dieser Unterschied allerdings bei den Nettoteilkosten ab.

2.4 Zeitstruktur der Ausbildung

Die Höhe der betrieblichen Ausbildungskosten wird in einem hohen Maße davon bestimmt, wie die Ausbildung im Betrieb organisiert ist. Entscheidende Faktoren sind dabei vor allem, an welchen innerbetrieblichen Lernorten die Ausbildung durchgeführt wird, in welchem zeitlichen Ausmaß die Auszubildenden von den Ausbildern unterwiesen und zu welchen Zeitanteilen die Auszubildenden für produktive Arbeiten eingesetzt werden. Von Bedeutung ist auch, in welchem Umfang die Auszubildenden überhaupt im Betrieb anwesend sind, da die Abwesenheitszeiten der Auszubildenden, die auf Berufsschulunterricht, externe Lehrgänge bzw. externe Ausbildungsphasen, Urlaub und krankheitsbedingte Fehlzeiten entfallen, relativ stark variieren können. Aus der Erhebung der Ausbildungskosten liegen detaillierte Informationen zu den Zeitstrukturen der betrieblichen Berufsausbildung vor, diese bilden einen wichtigen Bestandteil der Kosten, die sich jeweils einerseits aus Mengenangaben, zu denen die Zeitangaben zählen, und andererseits Wertangaben zusammensetzen.[106]

Bevor auf die Zeitstrukturen näher eingegangen wird, ist es notwendig, kurz auf die Vorgehensweise bei der Ermittlung der Ausbildungszeiten und auf die unterschiedlichen Zeitarten einzugehen. Im Kostenmodell wird für die entsprechenden Berechnungen von einer festen Anzahl an Arbeitstagen im Erhebungsjahr 2000 ausgegangen, und zwar von jeweils 250 Tagen für das erste bis dritte Ausbildungsjahr und von 125 Tagen für das vierte (halbe) Ausbildungsjahr. Von dieser Zahl der Arbeitstage werden die in der Erhebung erfassten Tage, an denen die Auszubildenden in der Berufsschule, in externen Lehrgängen bzw. externen Ausbildungsphasen, in Urlaub oder krank waren, abgezogen. Als Restgröße ergeben sich die Anwesenheitstage der Auszubildenden im Betrieb. Diese Zeiten verteilen sich auf die drei innerbetrieblichen Lernorte „Arbeitsplatz“, „betriebliche Lehrwerkstatt“ und „innerbetrieblicher Unterricht“ in gesonderten Räumen. Die Ausbildungszeiten in der betrieblichen Lehrwerkstatt und im innerbetrieblichen Unterricht wurden genau erfragt, die Zeiten am Arbeitsplatz ließen sich anhand der anderen Zeitangaben als Saldo errechnen.

Für die Ausbildungszeiten am betrieblichen Arbeitsplatz wurden die Befragten in der Erhebung um eine prozentuale Aufteilung auf folgende Zeitarten gebeten:

- *Unterweisungszeiten,* d. h., der Ausbilder zeigt oder erklärt den Auszubildenden bestimmte Tätigkeiten, beobachtet und überprüft ihre Tätigkeiten, erläutert theoretische Grundlagen u. ä.;
- *Übungszeiten, Selbstlernzeiten,* d. h., die Auszubildenden üben selbstständig bestimmte Tätigkeiten ein oder eignen sich bestimmte Kenntnisse in einem selbstgesteuerten Lernprozess an, z. B. durch Studium von Lehrbüchern oder mit Hilfe computergestützter Lernprogramme;

106 Vgl. Teil II, Kap. 1

- *Produktive Zeiten I,* d. h., die Auszubildenden verrichten einfachere Tätigkeiten, die normalerweise von einer an- oder ungelernten Arbeitskraft erledigt werden (könnten). Es stehen entsprechende für den Betrieb verwertbare Produkte oder Leistungen;
- *Produktive Zeiten II*, d.h., die Auszubildenden verrichten – z. B. auch im Rahmen von Projektarbeit – schwierigere Tätigkeiten, die normalerweise von einer Fachkraft erledigt werden (müssten). Es stehen entsprechende für den Betrieb verwertbare Produkte oder Leistungen;
- *Sonstige Zeiten*, hierbei kann es sich z. B. um betrieblich bedingte Wartezeiten oder um Fahrzeiten zur Baustelle oder zum Kunden handeln.

Anhand der erhobenen Prozentanteile konnten die auf die einzelnen Zeitarten entfallenden Ausbildungstage am betrieblichen Arbeitsplatz berechnet werden. Für die betriebliche Lehrwerkstatt wurde erfasst, welcher Anteil der dortigen Ausbildungstage auf die produktiven Zeiten I und II entfällt, der restliche Zeitanteil wurde den Unterweisungs-, Übungs- und sonstigen Zeiten zugerechnet. Bei den erfassten Zeiten im innerbetrieblichen Unterricht handelt es sich ausschließlich um Unterweisungszeiten.

Bei den produktiven Zeiten ist zur Ermittlung der Ausbildungserträge noch der Leistungsgrad zu berücksichtigen, den die Auszubildenden im Vergleich zu einer Arbeitskraft erreichen, die normalerweise für die entsprechenden Tätigkeiten eingesetzt würde.[107] Bei den produktiven Zeiten I wird ein Leistungsgrad der Auszubildenden von 100 % unterstellt, d. h., es wird angenommen, dass eine an- oder ungelernte Arbeitskraft die gleiche Zeit zur Erledigung der betreffenden Arbeiten brauchen würde.[108] Bei den produktiven Zeiten II wird dagegen von einem geringeren Leistungsgrad der Auszubildenden im Vergleich zu einer Fachkraft ausgegangen. Dieser Leistungsgrad wurde in der Erhebung von den Befragten geschätzt. Werden die produktiven Zeiten II mit dem Leistungsgrad der Auszubildenden bewertet, ergeben sich die so genannten äquivalenten Zeiten II. Diese entsprechen dem (niedrigeren) Zeitaufwand, den eine Fachkraft für die gleichen Arbeiten benötigt hätte.[109]

Im Folgenden werden die Zeitstrukturen der betrieblichen Berufsausbildung, die den vorangehend dargestellten Kostenergebnissen zugrunde liegen, differenziert nach wichtigen Strukturmerkmalen beschrieben.

107 Vgl. hierzu Teil II, Kap. 1.3.

108 Werden die produktiven Zeiten I mit dem Lohn bzw. Gehalt eines An- oder Ungelernten bewertet, ergeben sich die Lohn- bzw. Gehaltskosten, die der Betrieb durch die vom Auszubildenden wahrgenommenen An- und Ungelernten-Tätigkeiten einspart. Diese eingesparten Kosten stellen einen Teil der Ausbildungserträge dar.

109 Werden die äquivalenten Zeiten II mit dem Lohn bzw. Gehalt einer Fachkraft bewertet, ergeben sich die Lohn- bzw. Gehaltskosten, die der Betrieb durch die vom Auszubildenden wahrgenommenen Fachkraft-Tätigkeiten einspart. Diese Kostenersparnis bildet einen weiteren Teil der Ausbildungserträge.

2.4.1 *Zeitstruktur insgesamt sowie in West- und Ostdeutschland*

Im Gesamtdurchschnitt über alle Auszubildenden fand die Ausbildung im Jahr 2000 an 243 Arbeitstagen statt. Dieser geringere Wert im Vergleich zu den insgesamt zur Verfügung stehenden 250 Arbeitstagen ergibt sich dadurch, dass in den Durchschnittswert die Ausbildungsverhältnisse im vierten (halben) Ausbildungsjahr eingerechnet sind.[110] Von der durchschnittlichen Gesamtzahl der Ausbildungstage entfallen ein Viertel auf den Berufsschulunterricht, 5 % auf externe Lehrgänge oder externe Ausbildungsphasen in anderen Betrieben, 11 % auf Urlaub und andere tariflich oder betrieblich vereinbarte freie Tage bzw. Freistellungstage sowie 4 % auf Krankheitszeiten. Die Abwesenheitszeiten der Auszubildenden vom Betrieb machen somit insgesamt 45 % der Ausbildungszeit aus (vgl. Tabelle II/14 im Anhang). Die Anwesenheitszeiten der Auszubildenden im Betrieb betragen im Gesamtdurchschnitt 133 Tage. Davon verbringen die Auszubildenden 94 % am betrieblichen Arbeitsplatz, 3 % in einer betrieblichen Lehrwerkstatt und 2 % im innerbetrieblichen Unterricht in gesonderten Räumen.

Am betrieblichen Arbeitsplatz befinden sich die Auszubildenden durchschnittlich an 126 Tagen. Diese verteilen sich wie folgt auf die unterschiedlichen Zeitarten: In knapp einem Viertel der Zeit (24 %) am Arbeitplatz werden die Auszubildenden von den Ausbildern unterwiesen, und 17 % entfallen auf Übungs- oder Selbstlernzeiten der Auszubildenden. In insgesamt mehr als der Hälfte der Ausbildungszeit am Arbeitsplatz (55 %) erledigen die Auszubildenden produktive Arbeiten, wobei der Anteil der produktiven Zeiten I (Tätigkeiten von An- und Ungelernten) mit 3 % etwas höher ist als der der produktiven Zeiten II (Tätigkeiten von Fachkräften) mit 25 %. Sonstige Zeiten nehmen bei der Ausbildung am Arbeitsplatz einen Anteil von 4 % ein. In einer betrieblichen Lehrwerkstatt werden die Auszubildenden durchschnittlich an vier Tagen ausgebildet. Zu gut einem Viertel dieser Zeit (27 %) sind die Auszubildenden produktiv tätig, wobei es sich zu jeweils der Hälfte um produktive Zeiten I und produktive Zeiten II handelt. Innerbetrieblicher Unterricht findet für durchschnittlich drei Tage statt.[111]

Wie Abbildung II/43 zeigt, beträgt der Anteil der Unterweisungs-, Übungs- und sonstigen Zeiten im Betrieb mit 62 Tagen im Durchschnitt gut ein Viertel (26 %) der gesamten Ausbildungszeit. Die produktiven Zeiten I haben mit knapp 39 Tagen einen Anteil von 16 %, die produktiven Zeiten II mit 33 Tagen einen Anteil von 13 %. Insgesamt sind die Auszubildenden an 71 Tagen im Betrieb produktiv tätig.

---

110 Bei allen weiteren Differenzierungen der Zeitstrukturen ist zu beachten, dass meist in unterschiedlichem Umfang dreieinhalbjährige Ausbildungsberufe vertreten sind und daher jeweils zu einem mehr oder weniger großen Anteil Ausbildungsverhältnisse des vierten (halben) Ausbildungsjahres in die Durchschnittsberechnungen eingegangen sind. Für einen Vergleich der Zeitstrukturen sind aus diesem Grund immer die prozentualen Verteilungen zu betrachten und nicht die durchschnittlichen absoluten Werte, die in den jeweiligen Tabellen im Anhang enthalten sind.

111 Innerbetrieblicher Unterricht wird in der Regel nur stundenweise an einzelnen Tagen durchgeführt. Es erfolgte eine Umrechnung in volle Arbeitstage anhand der erfassten normalen betrieblichen Arbeitszeit pro Woche.

Abbildung II/43: **Zeitstruktur der Ausbildung insgesamt sowie in West- und Ostdeutschland**

Durchschnittliche Beträge pro Auszubildenden und Jahr in Prozent

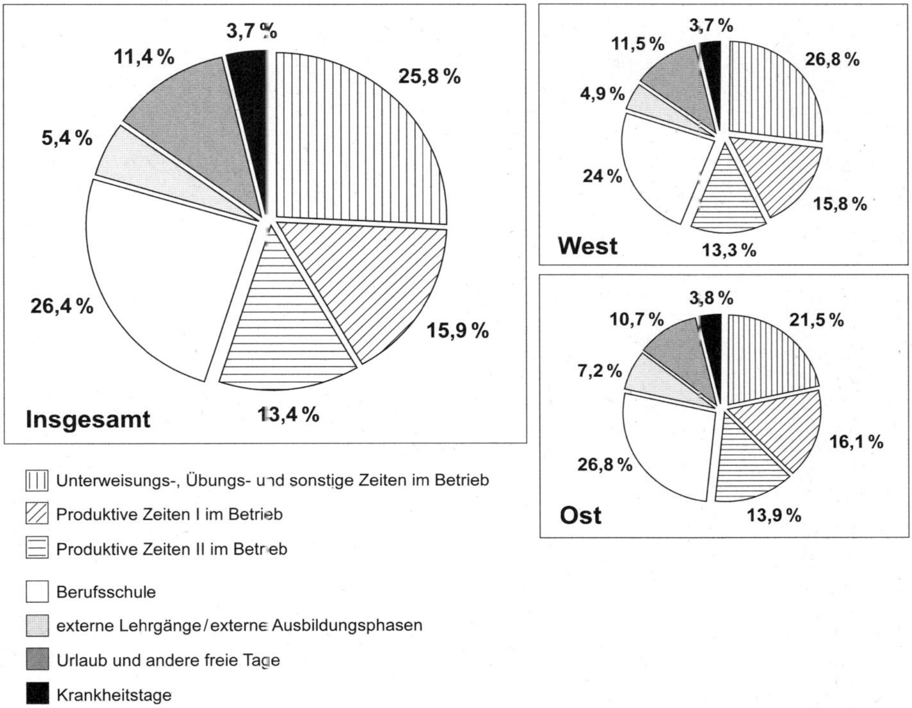

Zwischen West- und Ostdeutschland gibt es zum Teil Abweichungen in der Zeitstruktur der Ausbildung. Insgesamt sind die Abwesenheitszeiten der Auszubildenden vom Betrieb im Osten mit 49 % der gesamten Ausbildungszeit höher als im Westen mit 44 %. Dies ist auf etwas umfangreichere Berufsschulzeiten und höhere externe Ausbildungszeiten zurückzuführen. Die Anwesenheitszeiten der Auszubildenden im Betrieb haben somit im Osten einen Anteil von 51 % und im Westen von 56 % der gesamten Ausbildungszeit.

Im Osten ist der Anteil der Unterweisungs-, Übungs- und sonstigen Zeiten etwas geringer, er beträgt hier 42 % der betrieblichen Ausbildungszeit gegenüber 48 % im Westen. Dies dürfte vor allem mit der im Osten umfangreicheren externen Ausbildung zu erklären sein. Dementsprechend ist der Anteil der produktiven Zeiten im Osten mit 58 % höher als im Westen mit 52 %. Beim Anteil der produktiven Tätigkeiten II an den gesamten produktiven Zeiten tritt kein Unterschied zwischen West- und Ostdeutschland auf, auf die fachkraftgleichen Tätigkeiten entfällt jeweils ein Anteil von 46 %.

Abbildung II/44: **Produktive und äquivalente Zeiten in der betrieblichen Ausbildung insgesamt**

Durchschnittliche Zeiten pro Auszubildenden

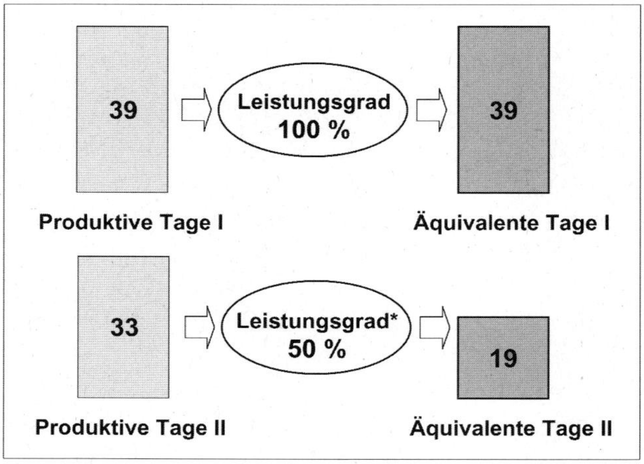

* Durchschnittlicher Leistungsgrad bei der Ausbildung am Arbeitsplatz

Wie vorne erläutert, wird bei den produktiven Zeiten I davon ausgegangen, dass die Auszubildenden einen Leistungsgrad von 100 % erreichen bei den betreffenden Tätigkeiten, die normalerweise von an- oder ungelernten Arbeitskräften ausgeübt werden (vgl. Abbildung II/44). Somit erbringen die Auszubildenden im Gesamtdurchschnitt zu annähernd einem Fünftel (18 %) die Leistungen einer vollzeitbeschäftigten an- oder ungelernten Arbeitskraft.[112] Bei den produktiven Zeiten II ist zusätzlich der geschätzte geringere Leistungsgrad der Auszubildenden im Vergleich zu einer Fachkraft, die normalerweise für die Tätigkeiten eingesetzt wird, zu berücksichtigen. Der Leistungsgrad der Auszubildenden in Relation zu einer Fachkraft beträgt bei den produktiven Tätigkeiten II am Arbeitsplatz im Gesamtdurchschnitt 50 %.[113] Es ergeben sich daraus äquivalente Zeiten im Umfang von durchschnittlich 19 Tagen, d. h. für eine Fachkraft wäre dieser Zeitaufwand für die gleichen Arbeiten, wie sie von den Auszubildenden verrichtet wurden, erforderlich gewesen. Damit erreichen die Auszubildenden zusätzlich fast ein Zehntel (9 %) der Arbeitsleistungen einer vollzeitbeschäftigten Fachkraft. Werden die produktiven Leistungen I und II zusammengenommen, werden von einem Auszubildenden im Durchschnitt annährend drei Zehntel der Leistungen einer vollzeitbeschäftigten Arbeitskraft substituiert.

112 Dabei wird für eine vollzeitbeschäftigte Arbeitskraft von 210 Anwesenheitstagen im Betrieb ausgegangen (250 Arbeitstage minus 30 Urlaubstage minus 10 Krankheitstage).

113 Für die produktiven Zeiten II in der Lehrwerkstatt wurde der Leistungsgrad gesondert geschätzt. Er beträgt im Durchschnitt 42 % und bezieht sich nur auf die relativ geringe Zahl von Auszubildenden mit Lehrwerkstattausbildung, vgl. Teil II, Kap. 2.4.3.

2.4.2 Zeitstruktur nach Ausbildungsbereichen

Die Zeitstruktur der Ausbildung weicht zwischen den Ausbildungsbereichen zum Teil deutlich voneinander ab, wie aus Abbildung II/45 hervorgeht. Beim Zeitanteil, der auf den Berufsschulunterricht entfällt, treten relativ geringe Unterschiede auf, er liegt zwischen 24 % im Bereich der Freien Berufe und knapp 26 % in der Landwirtschaft. Dagegen schwankt der Zeitumfang für externe Ausbildung sehr stark: Während dieser bei den Freien Berufen weniger als 2 % der gesamten Ausbildungszeit ausmacht, beträgt er im Öffentlichen Dienst 12 %; in den übrigen Bereichen bewegt er sich zwischen 5 % und 6 %. Den Großteil der externen Ausbildung nehmen in den meisten Ausbildungsbereichen Lehrgänge in externen Bildungseinrichtungen ein, im Handwerk und in der Landwirtschaft handelt es sich hierbei insbesondere um die ergänzenden Lehrgänge in überbetrieblichen Berufsbildungsstätten. Nur im Bereich Industrie und Handel kommen neben externen Lehrgängen in noch stärkerem Umfang Ausbildungsphasen in anderen Betrieben vor (vgl. Tabelle II/15 im Anhang).[114] Der Zeitanteil für Urlaub und sonstige freie Tage liegt in allen Ausbildungsbereichen bei 11 %. Der Anteil der Krankheitstage ist im Handwerk mit 5 % am höchsten, im Öffentlichen Dienst dagegen mit 3 % am niedrigsten. Insgesamt erreichen damit die Abwesenheitszeiten der Auszubildenden vom Betrieb im Öffentlichen Dienst über die Hälfte der Ausbildungszeit (51 %), im Bereich der Freien Berufe dagegen nur 40 %. In Industrie und Handel beträgt der Anteil der Abwesenheitszeiten 44 %, im Handwerk und in der Landwirtschaft jeweils 47 %. Die Anwesenheitszeiten der Auszubildenden im Betrieb machen somit bei den Freien Berufen 60 %, in Industrie und Handel 56 %, im Handwerk und in der Landwirtschaft 53 % sowie im Öffentlichen Dienst 50 % der Gesamtzeit aus.

In allen Ausbildungsbereichen spielt der Arbeitsplatz als innerbetrieblicher Lernort die mit Abstand größte Rolle: Im Handwerk, in der Landwirtschaft und bei den Freien Berufen findet die betriebliche Ausbildung in der Regel fast ausschließlich dort statt, auf Phasen in der Lehrwerkstatt und in gesonderten Unterrichtsräumen entfällt zusammengenommen lediglich ein Anteil von etwa 2 % der betrieblichen Ausbildungszeit. In Industrie und Handel haben Lehrwerkstattausbildung mit durchschnittlich 6 % und innerbetrieblicher Unterricht mit 3 % der betrieblichen Zeiten einen merklich höheren Stellenwert. Im Öffentlichen Dienst hat der innerbetriebliche Unterricht mit einem Zeitanteil von 6 % besondere Bedeutung.

Werden die Ausbildungstage im Betrieb insgesamt betrachtet, so nehmen die Unterweisungs-, Übungs- und sonstigen Zeiten in den Ausbildungsbereichen einen unterschiedlich großen Anteil ein: Am höchsten ist dieser im Öffentlichen Dienst mit 53 %, am geringsten dagegen in der Landwirtschaft mit 35 %. Dementsprechend unterscheiden sich auch die Zeitanteile, in denen die Auszubildenden für produktive Arbeiten eingesetzt werden: In der Landwirtschaft sind die Auszubildenden in 65 %

114 In den Bereichen Industrie und Handel sowie Handwerk wurden zum Teil dreieinhalbjährige Ausbildungsberufe untersucht, in den übrigen Bereichen dagegen ausschließlich dreijährige Berufe, was bei Betrachtung der absoluten Werte besonders zu beachten ist.

der betrieblichen Ausbildungszeit produktiv tätig, bei den Freien Berufen in 56 %, in Industrie und Handel in 54 %, im Handwerk in 52 % und im Öffentlichen Dienst in 47 % der Zeit. In allen Ausbildungsbereichen entfällt dabei ein etwas höherer Anteil auf die produktiven Tätigkeiten I, die normalerweise von an- und ungelernten Arbeitskräften wahrgenommen werden. Die produktiven Tätigkeiten II, die sonst von Fachkräften übernommen werden, nehmen bei den Freien Berufen mit 47 % der produktiven Zeit den größten Anteil ein, im Öffentlichen Dienst dagegen mit 36 % den kleinsten. Der Leistungsgrad, der von den Auszubildenden bei den produktiven Tätigkeiten II im Vergleich zu einer Fachkraft erreicht wird, wird ebenfalls etwas verschieden eingeschätzt, und zwar am höchsten in der Landwirtschaft mit durchschnittlich 52 % und am geringsten im Handwerk mit 47 %. Der durchschnittliche Leistungsgrad in Industrie und Handel sowie bei den Freien Berufen beträgt jeweils 51 % und im Öffentlichen Dienst 48 %.

Abbildung II/45: **Zeitstruktur der Ausbildung nach Ausbildungsbereichen**

Durchschnittliche Beträge pro Auszubildenden und Jahr in Prozent

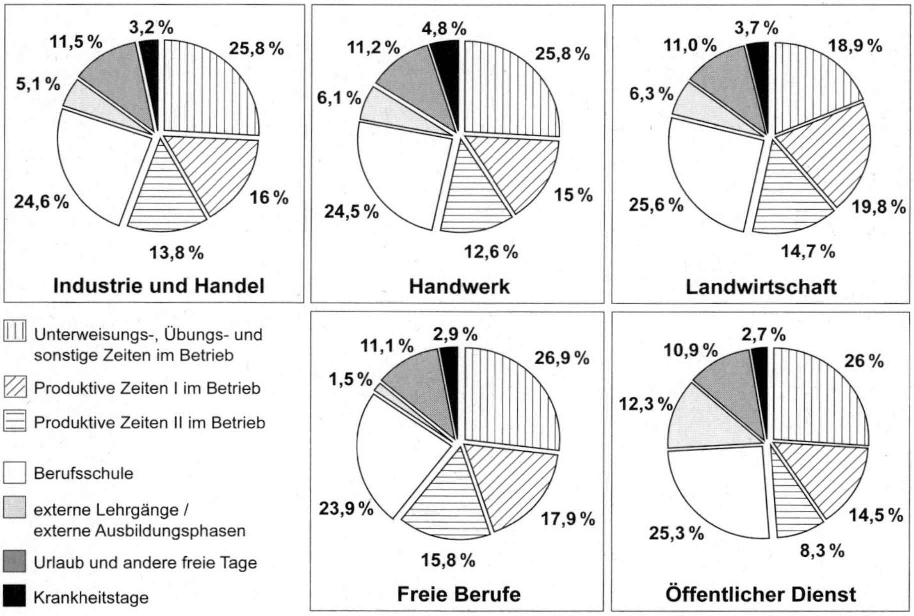

2.4.3 Zeitstruktur in Betrieben mit und ohne Lehrwerkstattausbildung

Zwischen den Betrieben mit und ohne Lehrwerkstattausbildung gibt es hinsichtlich der Abwesenheitszeiten der Auszubildenden fast keine Unterschiede. Wie Abbildung

II/46 verdeutlicht, sind die Zeitanteile, die im Einzelnen auf Berufsschule, externe Lehrgänge, Urlaub und andere freie Tage sowie auf Krankheitszeiten entfallen, nahezu identisch. Insgesamt sind die Auszubildenden jeweils etwa 45 % der Ausbildungszeit nicht im Betrieb anwesend. Die Ausbildungszeiten im Betrieb machen damit je 55 % der Gesamtzeit aus.

In den Betrieben mit Lehrwerkstatt werden die Auszubildenden nur an etwas mehr als der Hälfte (53 %) der Ausbildungstage im Betrieb am Arbeitsplatz ausgebildet; 42 % der Zeit verbringen die Auszubildenden in der Lehrwerkstatt und 5 % in gesonderten Unterrichtsräumen. Dagegen kommt in den Betrieben ohne Lehrwerkstatt neben der Ausbildung am Arbeitsplatz nur noch zu einem sehr geringen Zeitanteil von 2 % innerbetrieblicher Unterricht vor. Durch die unterschiedliche Organisation der Ausbildung sind die Unterweisungs-, Übungs- und sonstigen Zeiten in den Betrieben mit Lehrwerkstatt mit 62 % erheblich umfangreicher als in den Betrieben ohne Lehrwerkstatt mit 45 % der betrieblichen Ausbildungszeit. In den Betrieben mit Lehrwerkstattausbildung steht daher ein wesentlich geringerer Zeitanteil von nur 38 % der betrieblichen Ausbildungszeit für produktive Tätigkeiten der Auszubildenden zur Verfügung, gegenüber 55 % bei den Betrieben ohne Lehrwerkstatt. Dabei entfällt in den Lehrwerkstattbetrieben ein Anteil von 49 % der produktiven Zeiten auf die Tätigkeiten II, die sonst von Fachkräften erledigt werden. In den Betrieben ohne Lehrwerkstatt nehmen die produktiven Tätigkeiten II mit 46 % einen etwas geringeren Anteil ein. Der Leistungsgrad der Auszubildenden im Vergleich zu einer Fachkraft wird bei den produktiven Zeiten II am Arbeitsplatz in den Lehrwerkstattbetrieben mit 48 % ähnlich eingeschätzt wie in den Betrieben ohne Lehrwerkstatt (50 %). In den Lehrwerkstattbetrieben wurde der Leistungsgrad für die produktiven Zeiten II in der Lehrwerkstatt nochmals gesondert geschätzt, weil sich die produktiven Arbeiten hier relativ stark von den entsprechenden Tätigkeiten am Arbeitplatz unterscheiden können, und beträgt im Durchschnitt 42 %. Der vergleichsweise geringe Wert ist darauf zurückzuführen, dass Lehrwerkstattausbildung vor allem in relativ anspruchsvollen gewerblich-technischen Berufen und schwerpunktmäßig zu Beginn der Ausbildung durchgeführt wird.

Werden die Zeitstrukturen in den Betrieben mit und ohne Lehrwerkstattausbildung gesondert für die Ausbildungsbereiche Industrie und Handel sowie Handwerk betrachtet, so zeigen sich ähnliche Ergebnisse wie insgesamt (vgl. Tabelle II/16 im Anhang). Auch hier gibt es jeweils keine bedeutenden Abweichungen bei den Abwesenheitstagen der Auszubildenden zwischen Betrieben mit und ohne Lehrwerkstatt. Dagegen ist die Verteilung der betrieblichen Ausbildungszeiten auf die innerbetrieblichen Lernorte wiederum sehr unterschiedlich: In Industrie und Handel werden in den Betrieben mit Lehrwerkstatt die Auszubildenden zu einem Zeitanteil von 45 % am betrieblichen Arbeitsplatz ausgebildet, zu 49 % in der Lehrwerkstatt und zu 6 % im innerbetrieblichen Unterricht; in den Betrieben ohne Lehrwerkstatt entfallen 97 % der Zeiten auf den Arbeitsplatz und 3 % auf innerbetrieblichen Unterricht. Im Handwerk sind in den Betrieben mit Lehrwerkstatt die Lehrwerkstattphasen deutlich geringer: Sie betragen nur 20 % der betrieblichen Ausbildungszeit, während mit 78 % der Großteil der Ausbildung auch hier am Arbeitsplatz stattfindet; hinzu kommen noch 2 % innerbetrieblicher Unterricht. In den Handwerksbetrieben ohne Lehrwerkstatt wird die betriebliche Ausbildung fast ausschließlich am Arbeitsplatz durchgeführt, innerbetrieblicher Unterricht spielt mit einem Zeitanteil von 1 % nur eine geringe Rolle. Die Unterweisungs-, Übungs- und sonstigen Zeiten sind in den Betrieben mit Lehrwerkstatt jeweils sehr umfangreich und betragen sowohl in Industrie und Handel als auch im Handwerk 63 % der betrieblichen Ausbildungszeit; die entsprechenden Zeitanteile in den Betrieben ohne Lehrwerkstatt liegen demgegenüber bei 44 % bzw. 48 %. Die produktiven Zeiten sind somit in den Lehrwerkstatt-Betrieben mit jeweils 37 % erheblich geringer als in den Betrieben ohne Lehrwerkstatt, in denen sie mehr als die Hälfte der betrieblichen Ausbildungszeit ausmachen, und zwar 56 % in Industrie und Handel sowie 52 % im Handwerk.

Abbildung II/46: **Zeitstruktur der Ausbildung in Betrieben mit und ohne Lehrwerkstattausbildung**

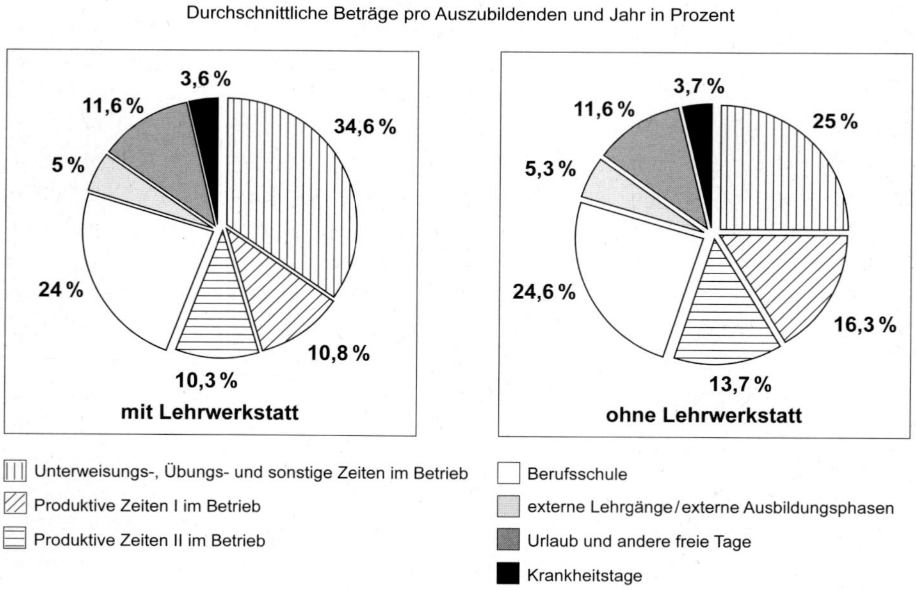

2.4.4 Zeitstruktur nach Betriebsgrößenklassen

In den Betrieben unterschiedlicher Größenordnungen sind im Hinblick auf die Abwesenheitszeiten der Auszubildenden folgende Ergebnisse zu verzeichnen (vgl.

Abbildung II/47): Der Zeitanteil, der auf den Berufsschulunterricht entfällt, ist in allen Betriebsgrößenklassen mit 24 % bis 25 % der gesamten Ausbildungszeit nahezu identisch. Dagegen nimmt der Umfang externer Ausbildung mit steigender Betriebsgröße merklich zu, er beträgt in den sehr kleinen Betrieben mit bis zu 9 Beschäftigten 4 % und in den Großbetrieben mit über 500 Beschäftigten 8 % der Gesamtzeit. In den kleineren Betrieben (bis 49 Beschäftigte) handelt es sich dabei überwiegend um Lehrgänge in externen Bildungseinrichtungen. In den mittleren Betrieben (50 bis 499 Beschäftigte) und insbesondere den Großbetrieben spielen darüber hinaus externe Bildungsphasen in anderen Betrieben noch eine Rolle, wobei es sich häufig um Ausbildungsabschnitte in Betrieben des eigenen Unternehmens an anderen Standorten handelt. Bei den Zeitanteilen, die Urlaub und sonstige freie Tage sowie krankheitsbedingte Fehlzeiten einnehmen, treten keine großen Abweichungen zwischen den Betriebsgrößenklassen auf. Die Abwesenheitszeiten insgesamt steigen von 43 % der gesamten Ausbildungszeit in den sehr kleinen Betrieben auf 47 % in den Großbetrieben an, dementsprechend sinken die Anwesenheitszeiten der Auszubildenden im Betrieb mit steigender Betriebsgröße von 57 % auf 53 % der Gesamtzeit.

Die einzelnen innerbetrieblichen Lernorte haben in den Betriebsgrößenklassen eine unterschiedliche Bedeutung (vgl. Tabelle II/17 im Anhang): In den sehr kleinen Betrieben wird die Ausbildung nahezu ausschließlich am betrieblichen Arbeitsplatz durchgeführt, innerbetrieblicher Unterricht findet nur zu 1 % der betrieblichen Ausbildungszeit statt und Lehrwerkstattausbildung kommt nur in Ausnahmefällen vor. Ähnliches gilt für die mittelkleinen Betriebe, in denen lediglich der Zeitanteil für innerbetrieblichen Unterricht mit 2 % etwas höher ist. In den mittleren Betrieben entfallen auf den Arbeitsplatz 92 % der betrieblichen Ausbildungszeit, auf die Lehrwerkstatt 5 % und auf den innerbetrieblichen Unterricht 3 %. In den Großbetrieben haben Lehrwerkstattausbildung mit 17 % und innerbetrieblicher Unterricht mit 6 % Zeitanteil den – verglichen mit den anderen Betriebsgrößenklassen – weitaus höchsten Stellenwert und die Ausbildung am Arbeitsplatz mit 77 % den niedrigsten.

Aufgrund der unterschiedlichen Organisation der Ausbildung haben die Unterweisungs-, Übungs- und sonstigen Zeiten bei den mittleren und großen Betrieben mit 48 % bzw. 53 % der betrieblichen Ausbildungszeit ein größeres Gewicht als in den sehr kleinen und mittelkleinen Betrieben mit 46 % bzw. 45 %. Dementsprechend nehmen in den kleineren Betrieben die produktiven Zeiten mit 54 % bzw. 55 % einen höheren Umfang ein als in den mittleren und großen Betrieben mit 52 % bzw. 47 %. Mit steigender Betriebsgröße sinkt der Anteil der produktiven Tätigkeiten II, die normalerweise von Fachkräften erledigt werden, merklich: Während dieser in den kleineren Betrieben bei 48 % bzw. 47 % der produktiven Zeiten liegt, beträgt er in den mittleren Betrieben 45 % und in den Großbetrieben nur 40 %. Dies dürfte damit zusammenhängen, dass es in den größeren Betrieben insbesondere in den anspruchsvollen gewerblich-technischen Berufen schwierig und eher nur zum Ende der Ausbildungszeit möglich ist, die Auszubildenden mit Fachkrafttätigkeiten zu betrauen. Der im Vergleich zu einer Fachkraft erreichte Leistungsgrad der Auszubildenden bei den produktiven Tätigkeiten II schwankt zwischen den Betriebsgrößenklassen: Er wird in den mittelkleinen und den mittleren Betrieben mit durchschnittlich 51 % bzw. 50 % etwas höher eingeschätzt als in den sehr kleinen sowie den großen Betrieben mit jeweils 48 %.

Abbildung II/47: **Zeitstruktur der Ausbildung nach Betriebsgrößenklassen**

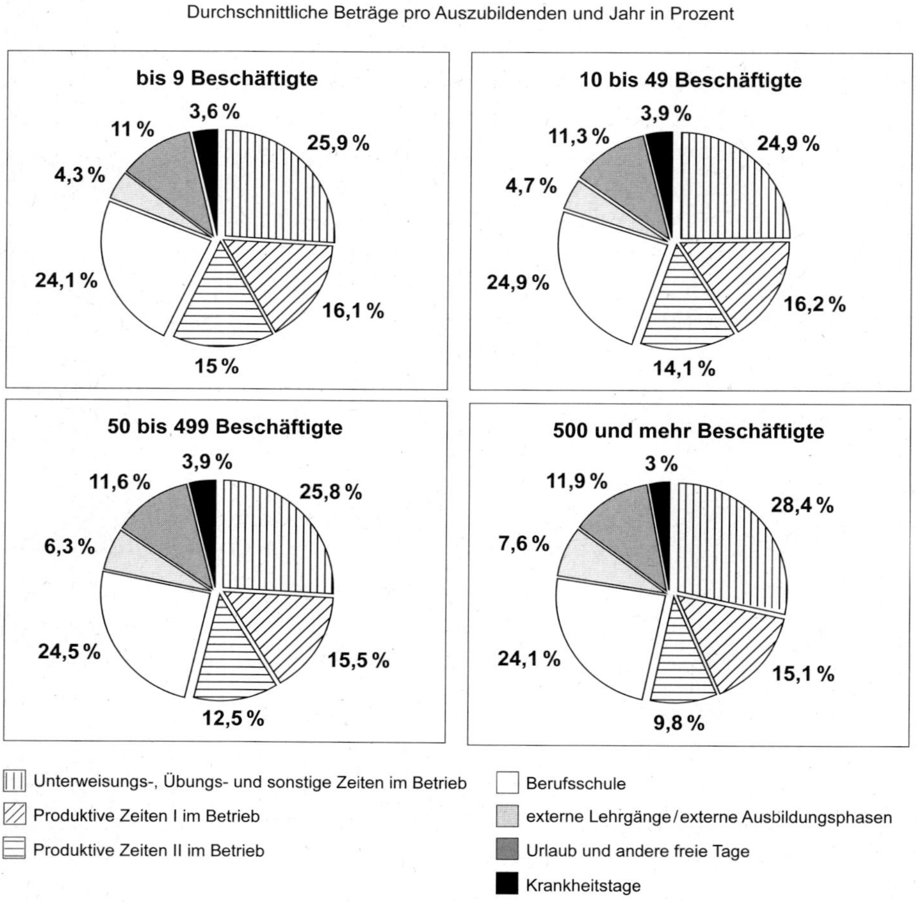

2.4.5 Zeitstruktur nach Ausbildungsjahren

Einen nennenswerten Unterschied zwischen den Ausbildungsjahren gibt es bei den Abwesenheitszeiten der Auszubildenden vom Betrieb nur in Bezug auf die Berufsschulzeiten, die im Verlauf der Ausbildung leicht sinken (vgl. Abbildung II/48): Sie nehmen im ersten Ausbildungsjahr 26 % der gesamten Ausbildungszeit ein, im zweiten Jahr 24 % und im dritten Jahr 23 %. Dies dürfte darauf zurückzuführen sein, dass teilweise der Umfang des Berufsschulunterrichts ab dem zweiten Lehrjahr auf einen Unterrichtstag pro Woche begrenzt ist, während er ansonsten eineinhalb bis zwei Tage betragen kann. Die Anteile für externe Ausbildungszeiten, Urlaub, sonstige freie Tage sowie Krankheitszeiten sind in den einzelnen Ausbildungsjahren nahezu identisch. Die Abwesenheitszeiten insgesamt machen damit im ersten Jahr 46 % der gesamten Ausbildungszeit aus, im zweiten Jahr 45 % und im dritten Jahr 44 %. Dementsprechend erhöhen sich die Anwesenheitszeiten der Auszubildenden im Betrieb von 54 % im ersten Jahr auf 56 % im dritten Jahr.

Abbildung II/48: **Zeitstruktur der Ausbildung nach Ausbildungsjahren**

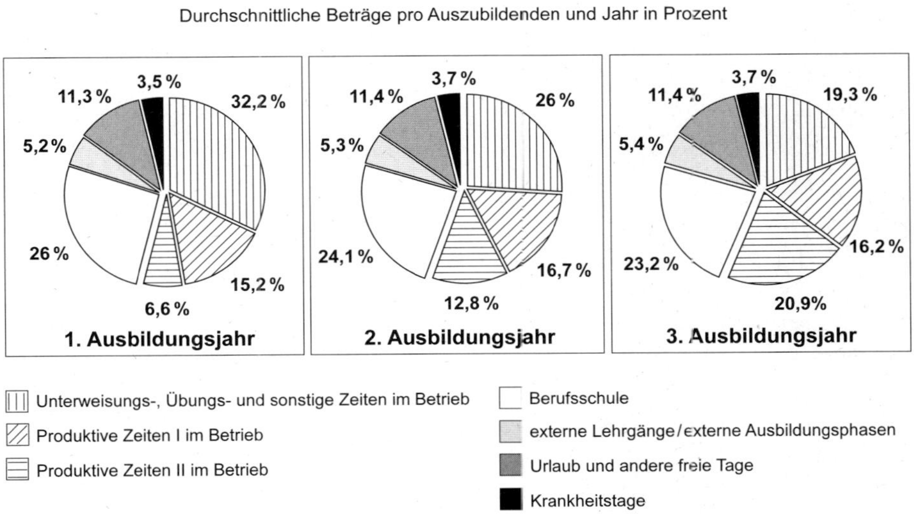

Im Hinblick auf die Ausbildung an den unterschiedlichen innerbetrieblichen Lernorten sind folgende Ergebnisse festzuhalten: Die Verweilzeiten der Auszubildenden in der Lehrwerkstatt sind im ersten Ausbildungsjahr am längsten mit durchschnittlich 4 % der betrieblichen Ausbildungszeit. Im zweiten Jahr befinden sich die Auszubildenden zu 3 % und im dritten Jahr nur noch zu 2 % der betrieblichen Ausbildungszeit in der Lehrwerkstatt. Damit wird deutlich, dass Lehrwerkstattausbildung schwerpunktmäßig zu Beginn der Ausbildung durchgeführt wird, und mit zunehmenden Kenntnissen und Fertigkeiten der Auszubildenden eine Verlagerung der Ausbildung an den betrieblichen Arbeitsplatz möglich ist. Dementsprechend steigen die Zeitanteile der Ausbildung am Arbeitsplatz kontinuierlich an von 94 % im ersten

Jahr auf 96 % im dritten Jahr. Der Anteil des innerbetrieblichen Unterrichts bleibt im Ausbildungsverlauf mit je rund 2 % der betrieblichen Ausbildungszeit in etwa gleich.

Erwartungsgemäß nehmen die Unterweisungs-, Übungs- und sonstigen Zeiten im ersten Ausbildungsjahr mit 60 % den größten Anteil der betrieblichen Ausbildungszeit ein und sinken dann im zweiten Jahr auf 47 % und im dritten Jahr auf 34 %. Die produktiven Zeiten nehmen dementsprechend im Ausbildungsverlauf stark zu von 40 % im ersten Jahr auf 53 % im zweiten und 66 % im dritten Jahr. Da die Auszubildenden zu Beginn der Ausbildung eher mit einfacheren Arbeiten betraut werden und mit zunehmendem Kenntnisstand mehr und mehr schwierigere Aufgaben hinzukommen, verändert sich die Verteilung der produktiven Zeiten auf die Tätigkeiten I (An- und Ungelernte) und Tätigkeiten II (Fachkräfte) ebenfalls erheblich. Während im ersten Jahr nur 30 % der produktiven Zeiten auf Fachkraft-Tätigkeiten entfallen, sind es im zweiten Jahr bereits 43 % und im dritten Jahr sogar 56 %. Selbstverständlich steigt hierbei auch der Leistungsgrad der Auszubildenden im Vergleich zu einer Fachkraft stark an, und zwar von durchschnittlich 28 % im ersten Ausbildungsjahr auf 45 % im zweiten und 66 % im dritten Jahr.

2.4.6 Zeitstruktur nach gewerblich-technischen und kaufmännisch-verwaltenden Berufen

Im Hinblick auf die Abwesenheitszeiten der Auszubildenden vom Betrieb sind zwischen gewerblich-technischen und kaufmännisch-verwaltenden Berufen nur leichte Unterschiede festzustellen (vgl. Abbildung II/49): Die Zeitanteile, die auf externe Ausbildung und auf krankheitsbedingte Fehltage entfallen, sind bei den gewerblich-technischen Berufen etwas höher als bei den kaufmännisch-verwaltenden Berufen. Die Anteile für Berufsschulunterricht sowie Urlaub und sonstige freie Tage stimmen dagegen nahezu überein, so dass sich für die gewerblich-technischen Berufe ein wenig umfangreichere Abwesenheitszeiten von 46 % der gesamten Ausbildungszeit ergeben als bei den kaufmännisch-verwaltenden Berufen mit 44 %. Damit liegen die Anwesenheitszeiten der Auszubildenden im Betrieb bei den gewerblich-technischen Berufen mit 54 % etwas niedriger als in den kaufmännisch-verwaltenden Berufen mit 56 %.

Wird die Verteilung der betrieblichen Ausbildungszeiten auf die innerbetrieblichen Lernorte betrachtet, so zeigt sich, dass bei den gewerblich-technischen Berufen Lehrwerkstattausbildung mit einem durchschnittlichen Zeitanteil von 6 % relativ große Bedeutung hat (vgl. Tabelle II/19 im Anhang).[115] Demgegenüber spielen Ausbildungsphasen in einer speziellen betrieblichen Lehreinrichtung bei den kaufmännisch-verwaltenden Betrieben mit weniger als 1 % der Zeit so gut wie keine Rolle.

115 Bei den gewerblich-technischen Berufen handelt es sich zum Teil um dreieinhalbjährige Ausbildungsberufe, während die einbezogenen kaufmännisch-verwaltenden Berufe ausschließlich eine dreijährige Ausbildungsdauer haben, was bei Betrachtung der absoluten Werte besonders zu beachten ist.

In den kaufmännisch-verwaltenden Berufen kommt dagegen innerbetrieblicher Unterricht mit 3 % ein wenig häufiger vor als in den gewerblich-technischen Berufen mit 2 % der betrieblichen Ausbildungszeit. Auf die Ausbildung am Arbeitplatz entfällt damit in den gewerblich-technischen Berufen ein Zeitanteil von 92 % und in den kaufmännisch-verwaltenden Berufen von 97 %.

Die Unterweisungs-, Übungs- und sonstigen Zeiten nehmen bei den gewerblich-technischen Berufen mit der Hälfte der betrieblichen Ausbildungszeit einen etwas größeren Anteil ein als bei den kaufmännisch-verwaltenden Berufen mit 44 %. Dementsprechend ist der Umfang der produktiven Zeiten bei den gewerblich-technischen Berufen mit 50 % niedriger als bei den kaufmännisch-verwaltenden Berufen mit 56 %. Der Anteil der fachkraftgleichen Tätigkeiten an den produktiven Zeiten ist bei beiden Berufsarten fast gleich hoch, er beträgt bei den gewerblich-technischen Berufen 46 %, bei den kaufmännisch-verwaltenden Berufen 45 %. Der Leistungsgrad der Auszubildenden im Vergleich zu einer Fachkraft ist bei den gewerblich-technischen Berufen mit durchschnittlich 48 % etwas niedriger als bei den kaufmännisch-verwaltenden Berufen mit 51 %.

Abbildung II/49: **Zeitstruktur der Ausbildung nach gewerblich-technischen und kaufmännisch-verwaltenden Berufen**

Durchschnittliche Beträge pro Auszubildenden und Jahr in Prozent

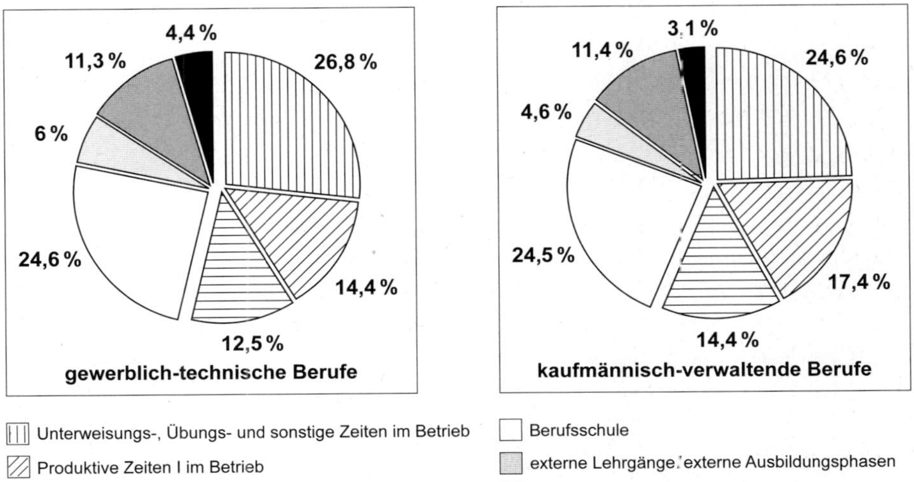

Werden die Zeitstrukturen der beiden Berufsarten gesondert für die Ausbildungsbereiche Industrie und Handel sowie Handwerk untersucht, so ergeben sich zum Teil erheblich stärkere Unterschiede als insgesamt (vgl. Tabelle II/19 im Anhang). In Industrie und Handel treten zwar bei den Abwesenheitstagen der Auszubildenden vom Betrieb keine nennenswerten Abweichungen zwischen gewerblich-technischen und kaufmännisch-verwaltenden Berufen auf, jedoch ist die Verteilung der betrieblichen Ausbildungszeiten auf die innerbetrieblichen Lernorte sehr unterschiedlich. So verbringen die Auszubildenden in den gewerblich-technischen Berufen von Industrie und Handel immerhin durchschnittlich 18 % der betrieblichen Ausbildungszeit in einer Lehrwerkstatt, während entsprechende betriebliche Lehreinrichtungen in den kaufmännischen Berufen auch hier kaum Bedeutung haben. Der Anteil der produktiven Zeiten ist aufgrund der unterschiedlichen Ausbildungsorganisation in den gewerblich-technischen Berufen von Industrie und Handel mit 47 % deutlich geringer als in den kaufmännischen Berufen mit 57 % der betrieblichen Ausbildungszeit. Im Handwerk treten bereits bei den Abwesenheitstagen der Auszubildenden Unterschiede zwischen den beiden Berufsarten auf: Bei den gewerblich-technischen Berufen sind die Berufsschulzeiten und insbesondere die Zeiten für externe Ausbildung höher als in den kaufmännischen Berufen. Damit ergeben sich im Handwerk für die gewerblich-technischen Berufe merklich niedrigere Anwesenheitszeiten der Auszubildenden im Betrieb von 53 % der gesamten Ausbildungszeit gegenüber 59 % in den kaufmännischen Berufen. Auch der Anteil der produktiven Zeiten im Betrieb ist in den gewerblich-technischen Berufen mit 51 % merklich geringer als in den kaufmännischen Berufen, in denen die produktiven Tätigkeiten 60 % der betrieblichen Ausbildungszeit einnehmen.

2.5 Umfang der Förderung betrieblicher Ausbildung durch die öffentliche Hand

Die betriebliche Ausbildung wird zum weitaus überwiegenden Teil durch die Betriebe selbst finanziert. Aus Programmen der öffentlichen Hand erhalten Betriebe aber auch finanzielle Unterstützung. Unter den Förderzielen kommt der Schaffung zusätzlicher Ausbildungsplätze dabei eine besondere Bedeutung zu.[116] Die Betriebe wurden im Rahmen der Haupterhebung zunächst gefragt, inwieweit Sie im Jahr 2000 für die Ausbildung im ausgewählten Beruf Mittel aus Förderprogrammen des Bundes, der Länder, des Europäischen Sozialfonds (ESF) sowie der Bundesanstalt für Arbeit in Form eines Zuschusses erhalten haben. Es sollten ausschließlich Zuschüsse zu laufenden Ausgaben berücksichtigt werden.

Rund 10 % aller Betriebe haben einen entsprechenden Zuschuss zur Ausbildung im jeweiligen Beruf bekommen. Die tatsächliche Quote der Betriebe, die solche Zuschüsse überhaupt erhalten haben, dürfte allerdings höher liegen, da die Frage aus-

116 Zum Gesamtumfang öffentlicher Förderung der beruflichen Ausbildung vgl. BERGER, Klaus: Was kostet den Staat die Ausbildungskrise? Umfang und Struktur staatlicher Ausgaben zur Ausbildungsförderung. In: Berufsbildung in Wissenschaft und Praxis, Heft 2/2003, S. 5–9.

schließlich auf einen ausgewählten Beruf ausgerichtet war. Deutliche Unterschiede in der Inanspruchnahme öffentlicher Mittel gibt es zwischen Ost- und Westdeutschland. Während die betreffende Quote in Westdeutschland nur 6 % beträgt, liegt sie in Ostdeutschland bei knapp 30 %.[117] Zuschüsse zur eigenen Ausbildung erhalten insgesamt häufiger kleine Betriebe als große Betriebe.
Analog zur Berechnung der Ausbildungskosten wurden die den Betrieben gewährten Zuschüsse als Zuschüsse pro Auszubildenden auf die Gesamtheit aller Auszubildenden hochgerechnet. Im Schnitt über alle Auszubildenden ergibt sich hier ein Wert von 64 € pro Auszubildenden im Jahr 2000, der allerdings für unterschiedliche betrachtete Merkmale zum Teil deutlich schwankt. In Westdeutschland liegt der Zuschussbetrag bei 39 € und in Ostdeutschland mit 158 € deutlich höher. Hochgerechnet auf die Gesamtheit aller Auszubildenden im Jahr 2000 ergibt sich ein Wert von 107,1 Mio. €. Davon entfallen 51,5 Mio. € auf West- und 55,6 Mio. € auf Ostdeutschland. Zu berücksichtigen ist, dass diese Beträge nicht vollständig gleichzusetzen sind mit der Gesamtförderung der betrieblichen Ausbildung. Neben Zuschüssen zu den laufenden Ausgaben werden von der öffentlichen Hand auch Zuschüsse und Darlehen zu Bau- und Ausstattungsinvestitionen für die berufliche Ausbildung gewährt. Hierauf wird später noch eingegangen. Ebenfalls ist zu beachten, dass öffentliche Mittel zur Förderung der betrieblichen Ausbildung auch kompensatorisch (zum Ausgleich fehlender betrieblicher Ausbildungsplätze) eingesetzt werden und nicht immer ein Betrieb der Empfänger der Zahlungen ist.

Betrachtet man die verschiedenen Ausbildungsbereiche, so ergibt sich mit 152 € für die Landwirtschaft der höchste durchschnittliche Zuschussbetrag. Im Öffentlichen Dienst ist der Wert mit 22 € am geringsten. Zwischen den Bereichen Industrie und Handel (57 €), dem Handwerk (68 €) sowie den Freien Berufen (69 €) gibt es dagegen nur geringfügige Unterschiede.

Kleinbetriebe bis zu 9 Beschäftigten stehen mit einem Wert von 132 € im Vordergrund der öffentlichen Förderung. Mit steigender Betriebsgröße geht der Förderbetrag dann deutlich und kontinuierlich zurück. Mittelkleine (57 €) und mittlere Betriebe (33 €) weisen ebenfalls noch deutlich höhere Durchschnittsbeträge als Großbetriebe (16 €) auf.

Nach Ausbildungsberufen sind auffällige Unterschiede zu verzeichnen. Besonders hohe Werte ergeben sich hier für Floristen/Floristinnen (242 €), IT-Systemkaufleute (291 €), Hotelfachleute (243 €) sowie Landwirte/Landwirtinnen (265 €). Relativ hohe Werte zeigen sich ebenfalls für Köche/Köchinnen (104 €), IT-System-Elektroniker/-innen (107 €), Bauzeichner/-innen (135 €), Kaufleute für Bürokommunikation (185 €), Metallbauer/-innen (120 €), Maurer/-innen (134 €), Gärtner/-innen

117 Zu beachten ist, dass diese Quote nicht mit dem Anteil öffentlich geförderter Ausbildungsplätze an allen Ausbildungsplätzen verwechselt werden darf, da hier auch die außerbetriebliche Ausbildung einzubeziehen wäre.

(100 €), Steuerfachangestellte (115 €) sowie Arzthelfer/-innen (121 €). Daneben gibt es auch Berufe, die nur sehr geringe (weniger als 10 €) oder überhaupt keine Fördermittel erhalten haben. Hierzu gehören Mediengestalter/-in Digital- und Printmedien, Chemielaboranten/Chemielaborantinnen, Bankkaufleute, Rechtsanwaltsfachangestellte. Offensichtlich werden die öffentlichen Fördermittel über die einzelnen Ausbildungsberufe sehr ungleich verteilt. Ob dies auf entsprechende berufliche Präferenzen der öffentlichen Hand zurückzuführen ist oder besondere Strukturbedingungen in Betrieben vorliegen, die die betreffenden Berufe ausbilden, lässt sich im Rahmen der durchgeführten Betriebsbefragung nicht klären.
Die Betriebe wurden darüber hinaus danach gefragt, inwieweit sie für getätigte Ausbildungsinvestitionen (z. B. Errichtung von Gebäuden für Ausbildungszwecke, Ausstattung von Ausbildungswerkstätten) Zuschüsse oder Darlehen aus öffentlichen Programmen erhalten haben. Die Frage bezog sich dabei auf die Ausbildung im Betrieb generell und nicht nur auf den ausgewählten Beruf. Der Anteil der Betriebe, die entsprechende Zuschüsse erhalten haben, ist aber mit 0,6 % sehr niedrig. Aufgrund der hier nur noch sehr geringen Fallzahlen können die Zuschussbeträge nicht mehr zuverlässig hochgerechnet werden.

Im Rahmen öffentlicher Förderprogramme können Betriebe neben Zuschüssen auch Darlehen erhalten. 0,5 % aller Betriebe gaben an, dass sie entsprechende Darlehen erhalten haben. Ein Ausweis der angegebenen Beträge ist aber auch hier wegen der zu geringen Fallzahlen nicht möglich.

Aufgrund der nur wenigen Angaben bei den öffentlichen Hilfen für betriebliche Ausbildungsinvestitionen kann der Gesamtbetrag direkter staatlicher Transferzahlen an die Betriebe nicht exakt bestimmt werden. Die geschätzten und oben genannten 107,1 Mio. € als Zuschüsse zu den laufenden Ausbildungskosten dürften allerdings den Löwenanteil bei den staatlichen Transferzahlungen ausmachen. Der Betrag liegt sicherlich in einer nicht zu vernachlässigenden Größenordnung und bringt deutliche Belastungen für die öffentlichen Haushalte mit sich. Bezieht man ihn allerdings auf die Gesamtsumme der betrieblichen Ausbildungskosten (Nettovollkosten) von 14,7 Mrd. €, so ergibt sich mit 0,7 % doch insgesamt ein sehr bescheidener Anteil. Zu berücksichtigen sind hier die großen Unterschiede zwischen West- und Ostdeutschland. Während in Westdeutschland die Quote 0,4 % beträgt, liegt sie in Ostdeutschland mit 2,5 % deutlich höher.

Vergleicht man die hier präsentierten Ergebnisse mit Untersuchungen zur Entwicklung der öffentlichen Ausgaben zur Ausbildungsförderung[118] (welche deutlich höher liegen), so ist festzustellen, dass das Gros der öffentlichen Mittel nicht direkt an die Betriebe gezahlt wird, sondern kompensatorisch eingesetzt wird, um die Folgen fehlender betrieblicher Ausbildungsplätze auszugleichen.

118 Vgl. BERGER, Klaus: Was kostet den Staat die Ausbildungskrise? A. a. O.

Anhang zu Teil II:
Tabellen II/1 bis II/19

Tabelle II/1: **Betriebliche Ausbildungskosten insgesamt und in West- und Ostdeutschland**

Durchschnittliche Beträge in Euro pro Auszubildenden im Jahr 2000

Kostenarten	Insgesamt		West		Ost	
	in €	in % der BK	in €	in % der BK	in €	in % der BK
Bruttokosten (Vollkosten) (BK)	**16.435**	**100,0**	**17.491**	**100,0**	**12.438**	**100,0**
Erträge	**7.730**	**47,0**	**8.162**	**46,7**	**6.095**	**49,0**
Nettokosten (Vollkosten)	**8.705**	**53,0**	**9.329**	**53,3**	**6.343**	**51,0**
Personalkosten der Auszubildenden	**8.269**	**50,3**	**8.691**	**49,7**	**6.670**	**53,6**
davon: Ausbildungsvergütungen	6.042	36,8	6.338	36,2	4.923	39,6
Gesetzliche Sozialleistungen	1.466	8,9	1.513	8,7	1.285	10,3
Tarifliche, freiwillige Sozialleistungen	761	4,6	840	4,8	462	3,7
Personalkosten der Ausbilder (Vollkosten)	**5.893**	**35,9**	**6.459**	**36,9**	**3.751**	**30,2**
davon: Hauptberufliche Ausbilder	453	2,8	490	2,8	314	2,5
Nebenberufliche Ausbilder	5.419	33,0	5.943	34,0	3.435	27,6
Externe Ausbilder	22	0,1	27	0,2	2	0,0
Anlage- und Sachkosten	**545**	**3,3**	**560**	**3,2**	**487**	**3,9**
Sonstige Kosten (Vollkosten)	**1.728**	**10,5**	**1.780**	**10,2**	**1.530**	**12,3**
davon: Lehrbücher, Übungsmaterial	54	0,3	54	0,3	54	0,4
Lernsoftware, Lernvideos	21	0,1	23	0,1	10	0,1
Gebühren an zuständige Stelle	136	0,8	135	0,8	143	1,1
Berufs- und Schutzkleidung	65	0,4	65	0,4	68	0,5
Externe Ausbildung	310	1,9	312	1,8	304	2,4
Ausbildungsverwaltung	1.141	6,9	1.191	6,8	952	7,7
davon:						
hauptberufliches Personal, Sachkosten	*303*	*1,8*	*319*	*1,8*	*244*	*2,0*
nebenberufliches Personal	*838*	*5,1*	*873*	*5,0*	*708*	*5,7*
Bruttokosten (Teilkosten)	10.178	-	10.675	-	8.295	-
Nettokosten (Teilkosten)	2.448	-	2.514	-	2.200	-

Tabelle II/1a: **Betriebliche Ausbildungskosten in West- und Ostdeutschland in Industrie und Handel sowie im Handwerk**

Durchschnittliche Beträge in Euro pro Auszubildenden im Jahr 2000

Kostenarten	Westdeutschland				Ostdeutschland			
	Industrie und Handel		Handwerk		Industrie und Handel		Handwerk	
	in €	in % der BK	in €	in % der BK	in €	in % der BK	in €	in % der BK
Bruttokosten (Vollkosten) (BK)	**18.979**	**100,0**	**15.281**	**100,0**	**13.135**	**100,0**	**11.344**	**100,0**
Erträge	**8.620**	**45,4**	**7.273**	**47,6**	**6.710**	**51,1**	**5.079**	**44,8**
Nettokosten (Vollkosten)	**10.359**	**54,6**	**8.008**	**52,4**	**6.425**	**48,9**	**6.265**	**55,2**
Personalkosten der Auszubildenden	**9.678**	**51,0**	**7.275**	**47,6**	**7.506**	**57,1**	**5.524**	**48,7**
davon: Ausbildungsvergütungen	6.980	36,8	5.417	35,5	5.442	41,4	4.170	36,8
Gesetzliche Sozialleistungen	1.668	8,8	1.290	8,4	1.360	10,4	1.179	10,4
Tarifliche, freiwillige Sozialleistungen	1.030	5,4	567	3,7	705	5,4	175	1,5
Personalkosten der Ausbilder (Vollkosten)	**6.461**	**34,0**	**6.169**	**40,4**	**3.694**	**28,1**	**3.561**	**31,4**
davon: Hauptberufliche Ausbilder	848	4,5	181	1,2	452	3,4	175	1,5
Nebenberufliche Ausbilder	5.567	29,3	5.983	39,2	3.241	24,7	3.383	29,8
Externe Ausbilder	46	0,2	6	0,0	2	0,0	3	0,0
Anlage- und Sachkosten	**802**	**4,2**	**346**	**2,3**	**508**	**3,9**	**537**	**4,7**
Sonstige Kosten (Vollkosten)	**2.038**	**10,7**	**1.491**	**9,8**	**1.426**	**10,9**	**1.722**	**15,2**
davon: Lehrbücher, Übungsmaterial	65	0,3	38	0,2	62	0,5	43	0,4
Lernsoftware, Lernvideos	32	0,2	12	0,1	14	0,1	6	0,0
Gebühren an zuständige Stelle	123	0,6	165	1,1	112	0,9	193	1,7
Berufs- und Schutzkleidung	50	0,3	88	0,6	45	0,3	102	0,9
Externe Ausbildung	307	2,1	200	1,3	220	1,7	450	4,0
Ausbildungsverwaltung	1.371	7,2	988	6,5	973	7,4	927	8,2
davon:								
hauptberufliches Personal, Sachkosten	*471*	*2,5*	*133*	*0,9*	*281*	*2,1*	*208*	*1,8*
nebenberufliches Personal	*900*	*4,7*	*855*	*5,6*	*692*	*5,3*	*719*	*6,3*
Bruttokosten (Teilkosten)	12.512	-	8.443	-	9.203	-	7.242	-
Nettokosten (Teilkosten)	3.892	-	1.170	-	2.493	-	2.163	-

Tabelle II/2: **Verteilung der betrieblichen Ausbildungskosten insgesamt, in West- und Ostdeutschland sowie nach Ausbildungsbereichen**

Anteil der Auszubildenden nach Höhe der Bruttokosten, Nettokosten und Erträge im Jahr 2000 in Prozent

Kostenintervalle in Euro	Insgesamt	West-/Ostdeutschland		Ausbildungsbereiche				
		West	Ost	Industrie und Handel	Handwerk	Landwirtschaft	Freie Berufe	Öffentlicher Dienst
Bruttokosten (Vollkosten)								
0 € bis unter 5.000 €	0,4 %	0,3 %	0,9 %	0,0 %	1,0 %	-	-	-
5.000 € bis unter 10.000 €	14,4 %	9,6 %	32,6 %	8,1 %	26,1 %	6,8 %	8,1 %	0,8 %
10.000 € bis unter 15.000 €	33,1 %	30,6 %	42,3 %	31,9 %	32,7 %	48,7 %	35,7 %	37,3 %
15.000 € bis unter 20.000 €	26,1 %	28,1 %	18,4 %	29,2 %	21,4 %	28,7 %	22,0 %	43,3 %
20.000 € bis unter 25.000 €	16,3 %	19,5 %	4,2 %	17,5 %	14,1 %	15,0 %	20,4 %	12,7 %
25.000 € bis unter 30.000 €	6,1 %	7,5 %	0,5 %	7,7 %	3,9 %	0,7 %	8,2 %	3,5 %
30.000 € bis unter 35.000 €	2,5 %	3,0 %	0,5 %	3,5 %	0,6 %	-	4,8 %	1,9 %
35.000 € und mehr	1,0 %	1,2 %	0,5 %	1,9 %	0,1 %	-	0,9 %	0,5 %
Nettokosten (Vollkosten)								
unter -10.000 €	1,1 %	1,2 %	0,5 %	1,4 %	1,0 %	-	-	-
-10.000 € bis unter -5.000 €	2,1 %	2,6 %	0,4 %	2,7 %	1,3 %	2,5 %	2,8 %	0,3 %
-5.000 € bis unter 0 €	8,4 %	7,6 %	11,2 %	7,9 %	9,3 %	9,4 %	8,6 %	3,5 %
0 € bis unter 5.000 €	19,4 %	17,1 %	28,1 %	16,8 %	22,0 %	32,0 %	20,8 %	16,9 %
5.000 € bis unter 10.000 €	29,5 %	27,0 %	39,2 %	26,6 %	34,6 %	34,5 %	26,2 %	21,2 %
10.000 € bis unter 15.000 €	20,1 %	21,5 %	14,9 %	20,4 %	17,9 %	10,7 %	24,8 %	37,8 %
15.000 € bis unter 20.000 €	11,9 %	14,0 %	4,0 %	14,1 %	10,2 %	10,5 %	6,8 %	13,8 %
20.000 € bis unter 25.000 €	4,7 %	5,7 %	0,8 %	5,5 %	3,0 %	-	8,6 %	4,6 %
25.000 € und mehr	2,6 %	2,8 %	0,9 %	4,4 %	0,6 %	0,4 %	1,5 %	1,9 %
Zahl der Auszubildenden (=100 %)	1.684.328	1.332.408	351.920	833.016	616.872	40.385	146.599	47.456

Fortsetzung der Tabelle II/2

Kostenintervalle in Euro	Insgesamt	West-/Ostdeutschland		Ausbildungsbereiche				
		West	Ost	Industrie und Handel	Handwerk	Landwirtschaft	Freie Berufe	Öffentlicher Dienst
Erträge (Vollkosten)								
0 €	4,4 %	4,7 %	3,3 %	3,1 %	7,0 %	1,8 %	1,4 %	4,6 %
über 0 € bis unter 5.000 €	30,0 %	26,8 %	42,4 %	29,4 %	32,9 %	17,2 %	22,3 %	38,4 %
5.000 € bis unter 10.000 €	37,9 %	37,7 %	38,8 %	37,4 %	38,6 %	48,0 %	35,6 %	38,1 %
10.000 € bis unter 15.000 €	17,3 %	18,4 %	13,2 %	17,6 %	14,8 %	20,6 %	26,2 %	14,8 %
15.000 € bis unter 20.000 €	7,3 %	8,7 %	1,9 %	8,2 %	5,0 %	9,8 %	12,1 %	3,6 %
20.000 € bis unter 25.000 €	2,4 %	2,9 %	0,5 %	3,0 %	1,8 %	2,5 %	2,3 %	0,4 %
25.000 € und mehr	0,8 %	0,9 %	-	1,3 %	-	-	0,1 %	-
Bruttokosten (Teilkosten)								
0 € bis unter 5.000 €	2,9 %	1,7 %	7,7 %	0,6 %	6,8 %	-	1,8 %	-
5.000 € bis unter 10.000 €	56,7 %	53,0 %	70,9 %	39,6 %	77,1 %	70,3 %	78,0 %	15,0 %
10.000 € bis unter 15.000 €	30,5 %	33,8 %	18,3 %	44,1 %	12,5 %	27,3 %	20,2 %	61,4 %
15.000 € bis unter 20.000 €	6,5 %	7,6 %	2,0 %	9,7 %	2,8 %	2,3 %	-	20,4 %
20.000 € bis unter 25.000 €	1,9 %	2,3 %	0,1 %	3,1 %	0,6 %	-	-	2,7 %
25.000 € bis unter 30.000 €	0,7 %	0,9 %	0,2 %	1,4 %	-	-	-	0,4 %
30.000 € bis unter 35.000 €	0,5 %	0,5 %	0,4 %	0,9 %	0,2 %	-	-	0,1 %
35.000 € und mehr	0,2 %	0,2 %	0,4 %	0,5 %	-	-	-	-
Nettokosten (Teilkosten)								
unter -10.000 €	3,0 %	3,5 %	0,7 %	3,2 %	2,7 %	3,8 %	3,4 %	0,2 %
-10.000 € bis unter -5.000 €	6,9 %	7,9 %	3,4 %	6,1 %	6,9 %	10,0 %	12,7 %	2,0 %
-5.000 € bis unter 0 €	22,8 %	21,5 %	27,8 %	19,8 %	23,8 %	29,8 %	37,2 %	12,1 %
0 € bis unter 5.000 €	38,1 %	35,7 %	47,2 %	32,8 %	47,1 %	44,7 %	32,0 %	26,8 %
5.000 € bis unter 10.000 €	20,6 %	21,6 %	16,9 %	24,5 %	16,7 %	8,7 %	14,8 %	33,2 %
10.000 € bis unter 15.000 €	4,6 %	5,4 %	1,7 %	6,9 %	1,5 %	2,9 %	-	20,7 %
15.000 € bis unter 20.000 €	2,3 %	2,6 %	1,5 %	3,6 %	1,2 %	-	-	4,7 %
20.000 € bis unter 25.000 €	0,8 %	1,0 %	0,1 %	1,7 %	-	-	-	0,3 %
25.000 € und mehr	0,8 %	0,9 %	0,7 %	1,5 %	-	-	-	-
Zahl der Auszubildenden (=100 %)	1.684.328	1.332.408	351.920	833.016	616.872	40.385	146.599	47.456

Tabelle II/3: **Betriebliche Ausbildungskosten insgesamt und nach Ausbildungsbereichen**

Durchschnittliche Beträge in Euro pro Auszubildenden im Jahr 2000

Kostenarten	Insgesamt		Industrie und Handel		Handwerk		Landwirtschaft		Freie Berufe		Öffentlicher Dienst	
	in €	in % der BK	in €	in % der BK	in €	in % der BK	in €	in % der BK	in €	in % der BK	in €	in % der BK
Bruttokosten (Vollkosten) (BK)	**16.435**	**100,0**	**17.750**	**100,0**	**14.395**	**100,0**	**15.020**	**100,0**	**17.738**	**100,0**	**17.035**	**100,0**
Erträge	**7.730**	**47,0**	**8.218**	**46,3**	**6.780**	**47,1**	**8.837**	**58,8**	**9.082**	**51,2**	**6.393**	**37,5**
Nettokosten (Vollkosten)	**8.705**	**53,0**	**9.532**	**53,7**	**7.615**	**52,9**	**6.183**	**41,2**	**8.656**	**48,8**	**10.642**	**62,5**
Personalkosten der Auszubildenden	**8.269**	**50,3**	**9.222**	**52,0**	**6.881**	**47,8**	**8.068**	**53,7**	**7.961**	**44,9**	**10.702**	**62,8**
davon: Ausbildungsvergütungen	6.042	36,8	6.657	37,5	5.137	35,7	5.919	39,4	5.836	32,9	7.769	45,6
Gesetzliche Sozialleistungen	1.466	8,9	1.603	9,0	1.265	8,8	1.408	9,4	1.412	8,0	1.871	11,0
Tarifliche, freiwillige Sozialleistungen	761	4,6	962	5,4	479	3,3	742	4,9	713	4,0	1.062	6,2
Personalkosten der Ausbilder (Vollkosten)	**5.893**	**35,9**	**5.880**	**33,1**	**5.582**	**38,8**	**5.001**	**33,3**	**8.148**	**45,9**	**3.975**	**23,3**
davon: Hauptberufliche Ausbilder	453	2,8	765	4,3	179	1,2	0	0,0	0	0,0	323	1,9
Nebenberufliche Ausbilder	5.419	33,0	5.078	28,6	5.398	37,5	4.999	33,3	8.132	45,8	3.637	21,3
Externe Ausbilder	22	0,1	37	0,2	5	0,0	2	0,0	15	0,1	15	0,1
Anlage- und Sachkosten	**545**	**3,3**	**740**	**4,2**	**389**	**2,7**	**320**	**2,1**	**251**	**1,4**	**243**	**1,4**
Sonstige Kosten (Vollkosten)	**1.728**	**10,5**	**1.909**	**10,8**	**1.543**	**10,7**	**1.631**	**10,9**	**1.378**	**7,8**	**2.116**	**12,4**
davon: Lehrbücher, Übungsmaterial	54	0,3	65	0,4	39	0,3	33	0,2	46	0,3	103	0,6
Lernsoftware, Lernvideos	21	0,1	28	0,2	11	0,1	24	0,2	20	0,1	11	0,1
Gebühren an zuständige Stelle	136	0,8	121	0,7	171	1,2	76	0,5	101	0,6	116	0,7
Berufs- und Schutzkleidung	65	0,4	49	0,3	91	0,6	109	0,7	58	0,3	6	0,0
Externe Ausbildung	310	1,9	360	2,0	256	1,8	313	2,1	151	0,9	636	3,7
Ausbildungsverwaltung	1.141	6,9	1.287	7,2	974	6,8	1.076	7,2	1.002	5,6	1.243	7,3
davon:												
hauptberufliches Personal, Sachkosten	*303*	*1,8*	*431*	*2,4*	*150*	*1,0*	*218*	*1,5*	*141*	*0,8*	*627*	*3,7*
nebenberufliches Personal	*838*	*5,1*	*856*	*4,8*	*824*	*5,7*	*858*	*5,7*	*861*	*4,8*	*616*	*3,6*
Bruttokosten (Teilkosten)	10.178	-	11.816	-	8.173	-	9.163	-	8.745	-	12.782	-
Nettokosten (Teilkosten)	2.448	-	3.598	-	1.393	-	327	-	-337	-	6.389	-

Tabelle II/4: **Betriebliche Ausbildungskosten in Industrie und Handel sowie Handwerk in Westdeutschland 1991 und 2000**

Durchschnittliche Beträge in Euro pro Auszubildenden im Jahr

Kostenarten	1991						2000					
	Insgesamt		Industrie und Handel		Handwerk		Landwirtschaft		Freie Berufe		Öffentlicher Dienst	
	in €	in % der BK	in €	in % der BK	in €	in % der BK	in €	in % der BK	in €	in % der BK	in €	in % der BK
Bruttokosten (Vollkosten) (BK)	**15.120**	**100,0**	**16.271**	**100,0**	**12.726**	**100,0**	**17.423**	**100,0**	**18.979**	**100,0**	**15.281**	**100,0**
Erträge	**5.988**	**39,6**	**5.785**	**35,6**	**6.410**	**50,4**	**8.053**	**46,2**	**8.620**	**45,4**	**7.273**	**47,6**
Nettokosten (Vollkosten)	**9.133**	**60,4**	**10.486**	**64,4**	**6.315**	**49,6**	**9.369**	**53,8**	**10.359**	**54,6**	**8.008**	**52,4**
Personalkosten der Auszubildenden	**7.380**	**48,8**	**8.145**	**50,1**	**5.789**	**45,5**	**8.667**	**49,7**	**9.678**	**51,0**	**7.275**	**47,6**
davon: Ausbildungsvergütungen	5.281	34,9	5.784	35,5	4.235	33,3	6.323	36,3	6.980	36,8	5.417	35,4
Gesetzliche Sozialleistungen	1.148	7,6	1.206	7,4	1.028	8,1	1.509	8,7	1.668	8,8	1.290	8,4
Tarifliche, freiwillige Sozialleistungen	872	5,8	1.068	6,6	464	3,6	835	4,8	1.030	5,4	567	3,7
Personalkosten der Ausbilder (Vollkosten)	**5.958**	**39,4**	**6.145**	**37,8**	**5.567**	**43,8**	**6.338**	**36,4**	**6.461**	**34,0**	**6.169**	**40,4**
davon: Hauptberufliche Ausbilder	662	4,4	931	5,7	102	0,8	567	3,3	848	4,5	181	1,2
Nebenberufliche Ausbilder	5.257	34,8	5.160	31,7	5.457	42,9	5.742	33,0	5.567	29,3	5.983	39,2
Externe Ausbilder	39	0,3	53	0,3	8	0,1	29	0,2	46	0,2	6	0,0
Anlage- und Sachkosten	**536**	**3,5**	**632**	**3,9**	**336**	**2,6**	**610**	**3,5**	**802**	**4,2**	**346**	**2,3**
Sonstige Kosten (Vollkosten)	**1.246**	**8,2**	**1.349**	**8,3**	**1.032**	**8,1**	**1.808**	**10,4**	**2.038**	**10,7**	**1.491**	**9,8**
davon: Lehrbücher, Übungsmaterial	72	0,5	84	0,5	46	0,4	54	0,3	65	0,3	38	0,2
Lernsoftware, Lernvideos	-	-	-	-	-	-	24	0,1	32	0,2	12	0,1
Gebühren an zuständige Stelle	126	0,8	122	0,7	135	1,1	141	0,8	123	0,6	165	1,1
Berufs- und Schutzkleidung	56	0,4	44	0,3	82	0,6	66	0,4	50	0,3	88	0,6
Externe Ausbildung	290	1,9	382	2,3	99	0,8	314	1,8	397	2,1	200	1,3
Ausbildungsverwaltung	635	4,2	625	3,8	654	5,1	1.209	6,9	1.371	7,2	988	6,5
davon:												
hauptberufliches Personal, Sachkosten	-	-	-	-	-	-	*328*	*1,9*	*471*	*2,5*	*133*	*0,9*
nebenberufliches Personal	-	-	-	-	-	-	*881*	*5,1*	*900*	*4,7*	*855*	*5,6*
Bruttokosten (Teilkosten)	9.229	-	10.486	-	6.614	-	10.799	-	12.512	-	8.443	-
Nettokosten (Teilkosten)	3.241	-	4.701	-	204	-	2.746	-	3.892	-	1.170	-

Tabelle II/5: **Ausbildungskosten an den innerbetrieblichen Lernorten insgesamt, in Industrie und Handel sowie im Handwerk (Vollkosten)**

Durchschnittliche Beträge in Euro pro Auszubildenden im Jahr 2000

Kostenarten	**Insgesamt**		**Industrie und Handel**		**Handwerk**	
	in €	in % der BK	in €	in % der BK	in €	in % der BK
Bruttokosten insgesamt (BK)	**16.435**	**100,0**	**17.750**	**100,0**	**14.395**	**100,0**
Erträge insgesamt	**7.730**	**47,0**	**8.218**	**46,3**	**6.780**	**47,1**
Bruttokosten am Arbeitsplatz	**5.775**	**35,1**	**5.523**	**31,1**	**5.718**	**39,7**
Personalkosten der Ausbilder	5.436	33,1	5.143	29,0	5.397	37,5
Hauptberufliche Ausbilder	214	1,3	336	1,9	111	0,8
Nebenberufliche Ausbilder	5.222	31,8	4.807	27,1	5.285	36,7
Anlage- und Sachkosten	338	2,1	380	2,1	322	2,2
Erträge am Arbeitsplatz	**7.596**	**46,2**	**7.970**	**44,9**	**6.749**	**46,9**
Bruttokosten in der Lehrwerkstatt	**421**	**2,6**	**734**	**4,1**	**141**	**1,0**
Personalkosten der Ausbilder	219	1,3	380	2,1	75	0,5
Hauptberufliche Ausbilder	174	1,1	314	1,8	50	0,3
Nebenberufliche Ausbilder	44	0,3	65	0,4	25	0,2
Externe Ausbilder	1	0,0	2	0,0	0	0,0
Anlage- und Sachkosten	203	1,2	354	2,0	66	0,5
Erträge in der Lehrwerkstatt	**134**	**0,8**	**248**	**1,4**	**31**	**0,2**
Kosten des innerbetrieblichen Unterrichts	**242**	**1,5**	**363**	**2,0**	**112**	**0,8**
Personalkosten der Ausbilder	238	1,5	357	2,0	111	0,8
Hauptberufliche Ausbilder	65	0,4	115	0,7	18	0,1
Nebenberufliche Ausbilder	152	0,9	206	1,2	88	0,6
Externe Ausbilder	21	0,1	35	0,2	5	0,0
Anlage- und Sachkosten	4	0,0	6	0,0	2	0,0
Kosten der Ausbildungsprozesse insgesamt	**6.438**	**39,2**	**6.620**	**37,3**	**5.971**	**41,5**
Nicht zugerechnete Kosten	**9.997**	**60,8**	**11.131**	**62,7**	**8.424**	**58,5**

Tabelle II/6: **Betriebliche Ausbildungskosten in Betrieben mit und ohne Lehrwerkstattausbildung insgesamt, in Industrie und Handel sowie im Handwerk**

Durchschnittliche Beträge in Euro pro Auszubildenden im Jahr 2000

Kostenarten	Insgesamt				Industrie und Handel				Handwerk			
	mit Lehrwerkstatt		ohne Lehrwerkstatt		mit Lehrwerkstatt		ohne Lehrwerkstatt		mit Lehrwerkstatt		ohne Lehrwerkstatt	
	in €	in % der BK	in €	in % der BK	in €	in % der BK	in €	in % der BK	in €	in % der BK	in €	in % der BK
Bruttokosten (Vollkosten) (BK)	**20.683**	**100,0**	**16.051**	**100,0**	**21.549**	**100,0**	**17.182**	**100,0**	**17.245**	**100,0**	**14.269**	**100,0**
Erträge	**5.560**	**26,9**	**7.926**	**49,4**	**5.580**	**25,9**	**8.613**	**50,1**	**4.887**	**28,3**	**6.864**	**48,1**
Nettokosten (Vollkosten)	**15.123**	**73,1**	**8.125**	**50,6**	**15.968**	**74,1**	**8.568**	**49,9**	**12.358**	**71,7**	**7.405**	**51,9**
Personalkosten der Auszubildenden	**9.164**	**44,3**	**8.188**	**51,0**	**9.416**	**43,7**	**9.193**	**53,5**	**7.916**	**45,9**	**6.835**	**47,9**
davon: Ausbildungsvergütungen	6.493	31,4	6.002	37,4	6.635	30,8	6.660	38,8	5.765	33,4	5.109	35,8
Gesetzliche Sozialleistungen	1.586	7,7	1.455	9,1	1.620	7,5	1.600	9,3	1.410	8,2	1.259	8,8
Tarifliche, freiwillige Sozialleistungen	1.086	5,2	731	4,6	1.160	5,4	932	5,4	741	4,3	467	3,3
Personalkosten der Ausbilder (Vollkosten)	**6.310**	**30,5**	**5.856**	**36,5**	**6.405**	**29,7**	**5.801**	**33,8**	**5.806**	**33,7**	**5.572**	**39,1**
davon: Hauptberufliche Ausbilder	3.326	16,1	193	1,2	3.849	17,9	303	1,8	1.725	10,0	111	0,8
Nebenberufliche Ausbilder	2.957	14,3	5.641	35,1	2.527	11,7	5.460	31,8	4.065	23,6	5.457	38,2
Externe Ausbilder	27	0,1	21	0,1	30	0,1	38	0,2	16	0,1	5	0,0
Anlage- und Sachkosten	**3.237**	**15,6**	**302**	**1,9**	**3.661**	**17,0**	**303**	**1,8**	**1.868**	**10,8**	**324**	**2,3**
Sonstige Kosten (Vollkosten)	**1.972**	**9,5**	**1.706**	**10,6**	**2.067**	**9,6**	**1.885**	**11,0**	**1.655**	**9,6**	**1.538**	**10,8**
davon: Lehrbücher, Übungsmaterial	81	0,4	52	0,3	93	0,4	60	0,4	34	0,2	40	0,3
Lernsoftware, Lernvideos	55	0,3	17	0,1	67	0,3	22	0,1	11	0,1	11	0,1
Gebühren an zuständige Stelle	138	0,7	136	0,8	114	0,5	122	0,7	249	1,4	168	1,2
Berufs- und Schutzkleidung	96	0,5	63	0,4	94	0,4	42	0,2	89	0,5	92	0,6
Externe Ausbildung	332	1,6	308	1,9	323	1,5	365	2,1	391	2,3	250	1,8
Ausbildungsverwaltung	1.272	6,1	1.129	7,0	1.375	6,4	1.274	7,4	881	5,1	978	6,9
davon:												
hauptberufliches Personal, Sachkosten	*779*	*3,8*	*260*	*1,6*	*923*	*4,3*	*357*	*2,1*	*210*	*1,2*	*147*	*1,0*
nebenberufliches Personal	*493*	*2,4*	*869*	*5,4*	*452*	*2,1*	*917*	*5,3*	*671*	*3,9*	*831*	*5,8*
Bruttokosten (Teilkosten)	17.233	-	9.540	-	18.570	-	10.805	-	12.509	-	7.980	-
Nettokosten (Teilkosten)	11.673	-	1.614	-	12.989	-	2.191	-	7.622	-	1.117	-

Tabelle II/7: **Ausbildungskosten an den innerbetrieblichen Lernorten in Betrieben mit und ohne Lehrwerkstattausbildung insgesamt, in Industrie und Handel sowie im Handwerk (Vollkosten)**

Durchschnittliche Beträge in Euro pro Auszubildenden im Jahr 2000

Kostenarten	Insgesamt				Industrie und Handel				Handwerk			
	mit Lehrwerkstatt		ohne Lehrwerkstatt		mit Lehrwerkstatt		ohne Lehrwerkstatt		mit Lehrwerkstatt		ohne Lehrwerkstatt	
	in €	in % der BK	in €	in % der BK	in €	in % der BK	in €	in % der BK	in €	in % der BK	in €	in % der BK
Bruttokosten insgesamt (BK)	**20.683**	**100,0**	**16.051**	**100,0**	**21.549**	**100,0**	**17.182**	**100,0**	**17.245**	**100,0**	**14.269**	**100,0**
Erträge insgesamt	**5.560**	**26,9**	**7.926**	**49,4**	**5.580**	**25,9**	**8.613**	**50,1**	**4.887**	**28,3**	**6.864**	**48,1**
Bruttokosten am Arbeitsplatz	**3.861**	**18,7**	**5.948**	**37,1**	**3.771**	**17,5**	**5.785**	**33,7**	**3.899**	**22,6**	**5.799**	**40,6**
Personalkosten der Ausbilder	3.080	14,9	5.649	35,2	2.845	13,2	5.487	31,9	3.584	20,8	5.477	38,4
Hauptberufliche Ausbilder	823	4,0	159	1,0	1.010	4,7	235	1,4	182	1,1	108	0,8
Nebenberufliche Ausbilder	2.257	10,9	5.490	34,2	1.835	8,5	5.252	30,6	3.401	19,7	5.369	37,6
Anlage- und Sachkosten	781	3,8	298	1,9	926	4,3	298	1,7	315	1,8	322	2,3
Erträge am Arbeitsplatz	**3.941**	**19,1**	**7.926**	**49,4**	**3.675**	**17,1**	**8.613**	**50,1**	**4.158**	**24,1**	**6.864**	**48,1**
Bruttokosten in der Lehrwerkstatt	**5.083**	**24,6**	**0**	**0,0**	**5.638**	**26,2**	**0**	**0,0**	**3.313**	**19,2**	**0**	**0,0**
Personalkosten der Ausbilder	2.639	12,8	0	0,0	2.919	13,5	0	0,0	1.760	10,2	0	0,0
Hauptberufliche Ausbilder	2.095	10,1	0	0,0	2.408	11,2	0	0,0	1.179	6,8	0	0,0
Nebenberufliche Ausbilder	534	2,6	0	0,0	499	2,3	0	0,0	581	3,4	0	0,0
Externe Ausbilder	9	0,0	0	0,0	12	0,1	0	0,0	0	0,0	0	0,0
Anlage- und Sachkosten	2.444	11,8	0	0,0	2.720	12,6	0	0,0	1.553	9,0	0	0,0
Erträge in der Lehrwerkstatt	**1.620**	**7,8**	**0**	**0,0**	**1.905**	**8,8**	**0**	**0,0**	**729**	**4,2**	**0**	**0,0**
Kosten des innerbetrieblichen Unterrichts	**602**	**2,9**	**210**	**1,3**	**656**	**3,0**	**319**	**1,9**	**463**	**2,7**	**97**	**0,7**
Personalkosten der Ausbilder	591	2,9	206	1,3	641	3,0	314	1,8	462	2,7	95	0,7
Hauptberufliche Ausbilder	408	2,0	34	0,2	430	2,0	68	0,4	364	2,1	3	0,0
Nebenberufliche Ausbilder	166	0,8	151	0,9	193	0,9	208	1,2	83	0,5	88	0,6
Externe Ausbilder	17	0,1	21	0,1	18	0,1	38	0,2	16	0,1	5	0,0
Anlage- und Sachkosten	12	0,1	3	0,0	15	0,1	5	0,0	0	0,0	2	0,0
Kosten der Ausbildungsprozesse insgesamt	**9.546**	**46,2**	**6.158**	**38,4**	**10.065**	**46,7**	**6.104**	**35,5**	**7.675**	**44,5**	**5.896**	**41,3**
Nicht zugerechnete Kosten	**11.137**	**53,8**	**9.893**	**61,6**	**11.483**	**53,3**	**11.078**	**64,5**	**9.571**	**55,5**	**8.373**	**58,7**

Tabelle II/8: **Betriebliche Ausbildungskosten insgesamt und nach Betriebsgrößenklassen**

Durchschnittliche Beträge in Euro pro Auszubildenden im Jahr 2000

Kostenarten	Insgesamt		bis 9 Beschäftigte		10–49 Beschäftigte		50–499 Beschäftigte		500 und mehr Beschäftigte	
	in €	in % der BK	in €	in % der BK	in €	in % der BK	in €	in % der BK	in €	in % der BK
Bruttokosten (Vollkosten) (BK)	**16.435**	**100,0**	**17.100**	**100,0**	**15.580**	**100,0**	**16.192**	**100,0**	**18.920**	**100,0**
Erträge	**7.730**	**47,0**	**7.686**	**44,9**	**7.572**	**48,6**	**8.180**	**50,5**	**7.218**	**38,1**
Nettokosten (Vollkosten)	**8.705**	**53,0**	**9.414**	**55,1**	**8.008**	**51,4**	**8.012**	**49,5**	**11.702**	**61,9**
Personalkosten der Auszubildenden	**8.269**	**50,3**	**7.225**	**42,2**	**7.756**	**49,8**	**9.125**	**56,4**	**10.302**	**54,5**
davon: Ausbildungsvergütungen	6.042	36,8	5.414	31,7	5.719	36,7	6.634	41,0	7.118	37,6
Gesetzliche Sozialleistungen	1.466	8,9	1.324	7,7	1.392	8,9	1.589	9,8	1.738	9,2
Tarifliche, freiwillige Sozialleistungen	761	4,6	488	2,9	646	4,1	902	5,6	1.446	7,6
Personalkosten der Ausbilder (Vollkosten)	**5.893**	**35,9**	**7.809**	**45,7**	**5.876**	**37,7**	**4.590**	**28,3**	**5.166**	**27,3**
davon: Hauptberufliche Ausbilder	453	2,8	0	0,0	126	0,8	685	4,2	2.125	11,2
Nebenberufliche Ausbilder	5.419	33,0	7.793	45,6	5.734	36,8	3.871	23,9	3.016	15,9
Externe Ausbilder	22	0,1	16	0,1	16	0,1	34	0,2	24	0,1
Anlage- und Sachkosten	**545**	**3,3**	**319**	**1,9**	**356**	**2,3**	**608**	**3,8**	**1.624**	**8,6**
Sonstige Kosten (Vollkosten)	**1.728**	**10,5**	**1.747**	**10,2**	**1.592**	**10,2**	**1.869**	**11,5**	**1.827**	**9,7**
davon: Lehrbücher, Übungsmaterial	54	0,3	48	0,3	45	0,3	67	0,4	66	0,3
Lernsoftware, Lernvideos	21	0,1	17	0,1	13	0,1	32	0,2	27	0,1
Gebühren an zuständige Stelle	136	0,8	143	0,8	135	0,9	134	0,8	134	0,7
Berufs- und Schutzkleidung	65	0,4	62	0,4	89	0,6	40	0,2	51	0,3
Externe Ausbildung	310	1,9	216	1,3	265	1,7	449	2,8	325	1,7
Ausbildungsverwaltung	1.141	6,9	1.262	7,4	1.045	6,7	1.148	7,1	1.225	6,5
davon:										
hauptberufliches Personal, Sachkosten	*303*	*1,8*	*182*	*1,1*	*194*	*1,2*	*408*	*2,5*	*715*	*3,8*
nebenberufliches Personal	*838*	*5,1*	*1.079*	*6,3*	*851*	*5,5*	*739*	*4,6*	*510*	*2,7*
Bruttokosten (Teilkosten)	10.178	-	8.228	-	8.995	-	11.582	-	15.393	-
Nettokosten (Teilkosten)	2.448	-	542	-	1.423	-	3.402	-	8.176	-

Tabelle II/9: **Ausbildungskosten an den innerbetrieblichen Lernorten insgesamt und nach Betriebsgrößenklassen (Vollkosten)**

Durchschnittliche Beträge in Euro pro Auszubildenden im Jahr 2000

Kostenarten	Insgesamt		bis 9 Beschäftigte		10–49 Beschäftigte		50–499 Beschäftigte		500 und mehr Beschäftigte	
	in €	in % der BK	in €	in % der BK	in €	in % der BK	in €	in % der BK	in €	in % der BK
Bruttokosten insgesamt (BK)	**16.435**	**100,0**	**17.100**	**100,0**	**15.580**	**100,0**	**16.192**	**100,0**	**18.920**	**100,0**
Erträge insgesamt	**7.730**	**47,0**	**7.686**	**44,9**	**7.572**	**48,6**	**8.180**	**50,5**	**7.218**	**38,1**
Bruttokosten am Arbeitsplatz	**5.775**	**35,1**	**7.915**	**46,3**	**6.036**	**38,7**	**4.200**	**25,9**	**4.189**	**22,1**
Personalkosten der Ausbilder	5.436	33,1	7.619	44,6	5.706	36,6	3.931	24,3	3.537	18,7
Hauptberufliche Ausbilder	214	1,3	0	0,0	105	0,7	353	2,2	747	3,9
Nebenberufliche Ausbilder	5.222	31,8	7.619	44,6	5.600	35,9	3.577	22,1	2.789	14,7
Anlage- und Sachkosten	338	2,1	296	1,7	330	2,1	270	1,7	652	3,4
Erträge am Arbeitsplatz	**7.596**	**46,2**	**7.652**	**44,7**	**7.561**	**48,5**	**7.949**	**49,1**	**6.637**	**35,1**
Bruttokosten in der Lehrwerkstatt	**421**	**2,6**	**26**	**0,2**	**27**	**0,2**	**688**	**4,2**	**2.129**	**11,3**
Personalkosten der Ausbilder	219	1,3	4	0,0	5	0,0	353	2,2	1.171	6,2
Hauptberufliche Ausbilder	174	1,1	0	0,0	1	0,0	247	1,5	1.045	5,5
Nebenberufliche Ausbilder	44	0,3	4	0,0	5	0,0	106	0,7	123	0,6
Externe Ausbilder	1	0,0	0	0,0	0	0,0	1	0,0	4	0,0
Anlage- und Sachkosten	203	1,2	22	0,1	22	0,1	335	2,1	958	5,1
Erträge in der Lehrwerkstatt	**134**	**0,8**	**34**	**0,2**	**11**	**0,1**	**231**	**1,4**	**581**	**3,1**
Kosten des innerbetrieblichen Unterrichts	**242**	**1,5**	**187**	**1,1**	**168**	**1,1**	**310**	**1,9**	**473**	**2,5**
Personalkosten der Ausbilder	238	1,5	186	1,1	165	1,1	306	1,9	458	2,4
Hauptberufliche Ausbilder	65	0,4	0	0,0	20	0,1	84	0,5	334	1,8
Nebenberufliche Ausbilder	152	0,9	170	1,0	129	0,8	189	1,2	104	0,6
Externe Ausbilder	21	0,1	16	0,1	15	0,1	33	0,2	21	0,1
Anlage- und Sachkosten	4	0,0	0	0,0	4	0,0	3	0,0	14	0,1
Kosten der Ausbildungsprozesse insgesamt	**6.438**	**39,2**	**8.128**	**47,5**	**6.231**	**40,0**	**5.198**	**32,1**	**6.791**	**35,9**
Nicht zugerechnete Kosten	**9.997**	**60,8**	**8.972**	**52,5**	**9.348**	**60,0**	**10.995**	**67,9**	**12.130**	**64,1**

Tabelle II/10: **Betriebliche Ausbildungskosten insgesamt und nach Ausbildungsjahren**

Durchschnittliche Beträge in Euro pro Auszubildenden im Jahr 2000

Kostenarten	Industrie und Handel		Handwerk		Industrie und Handel		Handwerk	
	in €	in % der BK	in €	in % der BK	in €	in % der BK	in €	in % der BK
Bruttokosten (Vollkosten) (BK)	**16.435**	**100,0**	**16.926**	**100,0**	**17.017**	**100,0**	**16.613**	**100,0**
Erträge	**7.730**	**47,0**	**5.427**	**32,1**	**7.697**	**45,2**	**10.955**	**65,9**
Nettokosten (Vollkosten)	**8.705**	**53,0**	**11.499**	**67,9**	**9.320**	**54,8**	**5.657**	**34,1**
Personalkosten der Auszubildenden	**8.269**	**50,3**	**7.512**	**44,4**	**8.503**	**50,0**	**9.437**	**56,8**
davon: Ausbildungsvergütungen	6.042	36,8	5.452	32,2	6.213	36,5	6.967	41,9
Gesetzliche Sozialleistungen	1.466	8,9	1.357	8,0	1.504	8,8	1.652	9,9
Tarifliche, freiwillige Sozialleistungen	761	4,6	703	4,2	786	4,6	818	4,9
Personalkosten der Ausbilder (Vollkosten)	**5.893**	**35,9**	**7.116**	**42,0**	**6.245**	**36,7**	**4.950**	**29,8**
davon: Hauptberufliche Ausbilder	453	2,8	553	3,3	449	2,6	300	1,8
Nebenberufliche Ausbilder	5.419	33,0	6.542	38,7	5.774	33,9	4.625	27,8
Externe Ausbilder	22	0,1	22	0,1	22	0,1	26	0,2
Anlage- und Sachkosten	**545**	**3,3**	**573**	**3,4**	**519**	**3,0**	**456**	**2,7**
Sonstige Kosten (Vollkosten)	**1.728**	**10,5**	**1.724**	**10,2**	**1.749**	**10,3**	**1.770**	**10,7**
davon: Lehrbücher, Übungsmaterial	54	0,3	61	0,4	51	0,3	51	0,3
Lernsoftware, Lernvideos	21	0,1	20	0,1	22	0,1	19	0,1
Gebühren an zuständige Stelle	136	0,8	119	0,7	123	0,7	158	1,0
Berufs- und Schutzkleidung	65	0,4	68	0,4	59	0,3	61	0,4
Externe Ausbildung	310	1,9	286	1,7	337	2,0	321	1,9
Ausbildungsverwaltung	1.141	6,9	1.170	6,9	1.157	6,8	1.159	7,0
davon:								
hauptberufliches Personal, Sachkosten	*303*	*1,8*	*312*	*1,8*	*323*	*1,9*	*283*	*1,7*
nebenberufliches Personal	*838*	*5,1*	*858*	*5,1*	*834*	*4,9*	*876*	*5,3*
Bruttokosten (Teilkosten)	10.178	-	9.526	-	10.408	-	11.112	-
Nettokosten (Teilkosten)	2.448	-	4.100	-	2.711	-	157	-

Tabelle II/11: **Betriebliche Ausbildungskosten in gewerblich-technischen und kaufmännisch-verwaltenden Berufen insgesamt, in Industrie und Handel sowie im Handwerk**

Durchschnittliche Beträge in Euro pro Auszubildenden im Jahr 2000

Kostenarten	Insgesamt				Industrie und Handel				Handwerk			
	gewerblich-technische Berufe		kaufmännisch-verwaltende Berufe		gewerblich-technische Berufe		kaufmännisch-verwaltende Berufe		gewerblich-technische Berufe		kaufmännisch-verwaltende Berufe	
	in €	in % der BK	in €	in % der BK	in €	in % der BK	in €	in % der BK	in €	in % der BK	in €	in % der BK
Bruttokosten (Vollkosten) (BK)	**15.748**	**100,0**	**17.183**	**100,0**	**18.758**	**100,0**	**17.262**	**100,0**	**14.327**	**100,0**	**15.066**	**100,0**
Erträge	**6.648**	**42,2**	**8.909**	**51,8**	**6.429**	**34,3**	**9.086**	**52,6**	**6.592**	**46,0**	**8.626**	**57,3**
Nettokosten (Vollkosten)	**9.100**	**57,8**	**8.274**	**48,2**	**12.328**	**65,7**	**8.177**	**47,4**	**7.735**	**54,0**	**6.439**	**42,7**
Personalkosten der Auszubildenden	**7.454**	**47,3**	**9.157**	**53,3**	**8.623**	**46,0**	**9.512**	**55,1**	**6.823**	**47,6**	**7.448**	**49,4**
davon: Ausbildungsvergütungen	5.475	34,8	6.661	38,8	6.193	33,0	6.882	39,9	5.080	35,5	5.697	37,8
Gesetzliche Sozialleistungen	1.344	8,5	1.598	9,3	1.508	8,0	1.649	9,6	1.257	8,8	1.345	8,9
Tarifliche, freiwillige Sozialleistungen	635	4,0	898	5,2	921	4,9	981	5,7	486	3,4	406	2,7
Personalkosten der Ausbilder (Vollkosten)	**5.761**	**36,6**	**6.038**	**35,1**	**6.393**	**34,1**	**5.631**	**32,6**	**5.504**	**38,4**	**6.350**	**42,1**
davon: Hauptberufliche Ausbilder	673	4,3	214	1,2	1.759	9,4	283	1,6	198	1,4	0	0,0
Nebenberufliche Ausbilder	5.079	32,3	5.788	33,7	4.616	24,6	5.302	30,7	5.302	37,0	6.342	42,1
Externe Ausbilder	9	0,1	36	0,2	19	0,1	46	0,3	5	0,0	8	0,1
Anlage- und Sachkosten	**813**	**5,2**	**253**	**1,5**	**1.715**	**9,1**	**267**	**1,5**	**416**	**2,9**	**126**	**0,8**
Sonstige Kosten (Vollkosten)	**1.721**	**10,9**	**1.735**	**10,1**	**2.026**	**10,8**	**1.852**	**10,7**	**1.584**	**11,1**	**1.142**	**7,6**
davon: Lehrbücher, Übungsmaterial	51	0,3	57	0,3	75	0,4	60	0,3	41	0,3	25	0,2
Lernsoftware, Lernvideos	22	0,1	19	0,1	45	0,2	20	0,1	11	0,1	11	0,1
Gebühren an zuständige Stelle	151	1,0	120	0,7	118	0,6	122	0,7	174	1,2	144	1,0
Berufs- und Schutzkleidung	93	0,6	35	0,2	86	0,5	30	0,2	95	0,7	53	0,4
Externe Ausbildung	305	1,9	316	1,8	384	2,0	348	2,0	269	1,9	126	0,8
Ausbildungsverwaltung	1.098	7,0	1.188	6,9	1.318	7,0	1.272	7,4	993	6,9	783	5,2
davon:												
hauptberufliches Personal, Sachkosten	*284*	*1,8*	*323*	*1,9*	*569*	*3,0*	*364*	*2,1*	*151*	*1,1*	*134*	*0,9*
nebenberufliches Personal	*814*	*5,2*	*865*	*5,0*	*749*	*4,0*	*908*	*5,3*	*842*	*5,9*	*649*	*4,3*
Bruttokosten (Teilkosten)	9.855	-	10.530	-	13.392	-	11.052	-	8.183	-	8.075	-
Nettokosten (Teilkosten)	3.207	-	1.621	-	6.963	-	1.966	-	1.591	-	-551	-

Tabelle II/12: **Ausbildungskosten an den innerbetrieblichen Lernorten in gewerblich-technischen und kaufmännisch-verwaltenden Berufen insgesamt, in Industrie und Handel sowie im Handwerk (Vollkosten)**

Durchschnittliche Beträge in Euro pro Auszubildenden im Jahr 2000

Kostenarten	Insgesamt				Industrie und Handel				Handwerk			
	gewerblich-technische Berufe		kaufmännisch-verwaltende Berufe		gewerblich-technische Berufe		kaufmännisch-verwaltende Berufe		gewerblich-technische Berufe		kaufmännisch-verwaltende Berufe	
	in €	in % der BK	in €	in % der BK	in €	in % der BK	in €	in % der BK	in €	in % der BK	in €	in % der BK
Bruttokosten insgesamt (BK)	**15.748**	**100,0**	**17.183**	**100,0**	**18.758**	**100,0**	**17.262**	**100,0**	**14.327**	**100,0**	**15.066**	**100,0**
Erträge insgesamt	**6.648**	**42,2**	**8.909**	**51,8**	**6.429**	**34,3**	**9.086**	**52,6**	**6.592**	**46,0**	**8.626**	**57,3**
Bruttokosten am Arbeitsplatz	**5.602**	**35,6**	**5.963**	**34,7**	**5.593**	**29,8**	**5.488**	**31,8**	**5.650**	**39,4**	**6.393**	**42,4**
Personalkosten der Ausbilder	5.161	32,8	5.737	33,4	4.909	26,2	5.256	30,4	5.308	37,1	6.267	41,6
Hauptberufliche Ausbilder	270	1,7	153	0,9	613	3,3	201	1,2	123	0,9	0	0,0
Nebenberufliche Ausbilder	4.890	31,1	5.583	32,5	4.296	22,9	5.055	29,3	5.186	36,2	6.267	41,6
Anlage- und Sachkosten	441	2,8	227	1,3	684	3,6	232	1,3	341	2,4	126	0,8
Erträge am Arbeitsplatz	**6.416**	**40,7**	**8.881**	**51,7**	**5.749**	**30,6**	**9.047**	**52,4**	**6.558**	**45,8**	**8.626**	**57,3**
Bruttokosten in der Lehrwerkstatt	**774**	**4,9**	**37**	**0,2**	**2.147**	**11,4**	**50**	**0,3**	**155**	**1,1**	**0**	**0,0**
Personalkosten der Ausbilder	406	2,6	15	0,1	1.122	6,0	20	0,1	82	0,6	0	0,0
Hauptberufliche Ausbilder	331	2,1	3	0,0	955	5,1	3	0,0	55	0,4	0	0,0
Nebenberufliche Ausbilder	74	0,5	12	0,1	164	0,9	17	0,1	27	0,2	0	0,0
Externe Ausbilder	1	0,0	0	0,0	4	0,0	0	0,0	0	0,0	0	0,0
Anlage- und Sachkosten	369	2,3	22	0,1	1.025	5,5	29	0,2	73	0,5	0	0,0
Erträge in der Lehrwerkstatt	**232**	**1,5**	**27**	**0,2**	**680**	**3,6**	**39**	**0,2**	**34**	**0,2**	**0**	**0,0**
Kosten des innerbetrieblichen Unterrichts	**198**	**1,3**	**291**	**1,7**	**368**	**2,0**	**360**	**2,1**	**115**	**0,8**	**83**	**0,5**
Personalkosten der Ausbilder	194	1,2	286	1,7	362	1,9	354	2,1	114	0,8	82	0,5
Hauptberufliche Ausbilder	72	0,5	58	0,3	190	1,0	79	0,5	20	0,1	0	0,0
Nebenberufliche Ausbilder	115	0,7	193	1,1	157	0,8	230	1,3	89	0,6	74	0,5
Externe Ausbilder	8	0,0	35	0,2	15	0,1	45	0,3	5	0,0	8	0,1
Anlage- und Sachkosten	3	0,0	5	0,0	7	0,0	6	0,0	2	0,0	0	0,0
Kosten der Ausbildungsprozesse insgesamt	**6.574**	**41,7**	**6.291**	**36,6**	**8.108**	**43,2**	**5.898**	**34,2**	**5.920**	**41,3**	**6.476**	**43,0**
Nicht zugerechnete Kosten	**9.175**	**58,3**	**10.892**	**63,4**	**10.649**	**56,8**	**11.364**	**65,8**	**8.407**	**58,7**	**8.590**	**57,0**

Tabelle II/13: **Betriebliche Ausbildungskosten nach Ausbildungsberufen**

Durchschnittliche Beträge in Euro pro Auszubildenden im Jahr 2000

Kostenarten	Ausbildungsberufe in Industrie und Handel											
	Bankkauf-mann/frau		**Bauzeichner/-in**		**Bürokauf-mann/frau**		**Chemielabo-rant/-in**		**Chemikant/-in**		**Drucker/-in**	
	in €	in % der BK	in €	in % der BK	in €	in % der BK	in €	in % der BK	in €	in % der BK	in €	in % der BK
Bruttokosten (Vollkosten) (BK)	**18.993**	**100,0**	**18.211**	**100,0**	**16.283**	**100,0**	**23.723**	**100,0**	**24.232**	**100,0**	**23.283**	**100,0**
Erträge	**8.632**	**45,4**	**10.536**	**57,9**	**8.343**	**51,2**	**5.050**	**21,3**	**5.701**	**23,5**	**7.993**	**34,3**
Nettokosten (Vollkosten)	**10.361**	**54,6**	**7.675**	**42,1**	**7.940**	**48,8**	**18.674**	**78,7**	**18.532**	**76,5**	**15.290**	**65,7**
Personalkosten der Auszubildenden	**11.356**	**59,8**	**7.761**	**42,6**	**8.727**	**53,6**	**10.858**	**45,8**	**11.654**	**48,1**	**10.696**	**45,9**
davon: Ausbildungsvergütungen	7.983	42,0	5.791	31,8	6.469	39,7	7.443	31,4	7.637	31,5	7.739	33,2
Gesetzliche Sozialleistungen	1.917	10,1	1.440	7,9	1.538	9,4	1.839	7,8	1.905	7,9	1.860	8,0
Tarifliche, freiwillige Sozialleistungen	1.457	7,7	530	2,9	720	4,4	1.577	6,6	2.112	8,7	1.097	4,7
Personalkosten der Ausbilder (Vollkosten)	**4.952**	**26,1**	**8.045**	**44,2**	**5.724**	**35,1**	**7.410**	**31,2**	**6.972**	**28,8**	**9.235**	**39,7**
davon: Hauptberufliche Ausbilder	421	2,2	103	0,6	256	1,6	1.918	8,1	2.300	9,5	1.506	6,5
Nebenberufliche Ausbilder	4.523	23,8	7.942	43,6	5.467	33,6	5.454	23,0	4.639	19,1	7.728	33,2
Externe Ausbilder	9	0,0	0	0,0	0	0,0	38	0,2	33	0,1	1	0,0
Anlage- und Sachkosten	**116**	**0,6**	**624**	**3,4**	**340**	**2,1**	**2.905**	**12,2**	**2.860**	**11,8**	**1.336**	**5,7**
Sonstige Kosten (Vollkosten)	**2.568**	**13,5**	**1.781**	**9,8**	**1.493**	**9,2**	**2.550**	**10,8**	**2.747**	**11,3**	**2.015**	**8,7**
davon: Lehrbücher, Übungsmaterial	76	0,4	41	0,2	78	0,5	176	0,7	134	0,6	83	0,4
Lernsoftware, Lernvideos	56	0,3	107	0,6	23	0,1	19	0,1	36	0,1	16	0,1
Gebühren an zuständige Stelle	139	0,7	133	0,7	120	0,7	145	0,6	133	0,6	143	0,6
Berufs- und Schutzkleidung	2	0,0	14	0,1	6	0,0	128	0,5	164	0,7	41	0,2
Externe Ausbildung	1.074	5,7	120	0,7	78	0,5	610	2,6	647	2,7	113	0,5
Ausbildungsverwaltung	1.222	6,4	1.367	7,5	1.189	7,3	1.472	6,2	1.633	6,7	1.620	7,0
davon:												
hauptberufliches Personal, Sachkosten	*782*	*4,1*	*164*	*0,9*	*292*	*1,8*	*840*	*3,5*	*811*	*3,3*	*494*	*2,1*
nebenberufliches Personal	*440*	*2,3*	*1.203*	*6,6*	*897*	*5,5*	*631*	*2,7*	*821*	*3,4*	*1.126*	*4,8*
Bruttokosten (Teilkosten)	14.030	-	9.067	-	9.919	-	17.638	-	18.772	-	14.429	-
Nettokosten (Teilkosten)	5.398	-	-1.469	-	1.576	-	12.588	-	13.071	-	6.436	-

Fortsetzung der Tabelle II/13

Kostenarten	**Ausbildungsberufe in Industrie und Handel**											
	Energieelek-troniker/-in – Betriebstechnik		**Fachinforma-tiker/-in**		**Fachkraft für Lagerwirtschaft**		**Florist/-in**		**Hotelfach-mann/frau**		**Industriekauf-mann/frau**	
	in €	in % der BK	in €	in % der BK	in €	in % der BK	in €	in % der BK	in €	in % der BK	in €	in % der BK
Bruttokosten (Vollkosten) (BK)	**22.623**	**100,0**	**22.610**	**100,0**	**17.768**	**100,0**	**13.367**	**100,0**	**14.408**	**100,0**	**18.820**	**100,0**
Erträge	**5.404**	**23,9**	**8.369**	**37,0**	**9.853**	**55,5**	**6.606**	**49,4**	**9.631**	**66,8**	**11.420**	**60,7**
Nettokosten (Vollkosten)	**17.219**	**76,1**	**14.241**	**63,0**	**7.915**	**44,5**	**6.760**	**50,6**	**4.777**	**33,2**	**7.399**	**39,3**
Personalkosten der Auszubildenden	**10.377**	**45,9**	**10.001**	**44,2**	**8.974**	**50,5**	**5.903**	**44,2**	**7.873**	**54,6**	**10.084**	**53,6**
davon: Ausbildungsvergütungen	7.445	32,9	7.330	32,4	6.699	37,7	4.414	33,0	5.774	40,1	7.243	38,5
Gesetzliche Sozialleistungen	1.798	7,9	1.694	7,5	1.570	8,8	1.258	9,4	1.389	9,6	1.732	9,2
Tarifliche, freiwillige Sozialleistungen	1.135	5,0	976	4,3	704	4,0	231	1,7	711	4,9	1.109	5,9
Personalkosten der Ausbilder (Vollkosten)	**6.511**	**28,8**	**8.275**	**36,6**	**6.784**	**38,2**	**6.041**	**45,2**	**4.673**	**32,4**	**6.391**	**34,0**
davon: Hauptberufliche Ausbilder	3.219	14,2	566	2,5	404	2,3	0	0,0	0	0,0	80	0,4
Nebenberufliche Ausbilder	3.270	14,5	7.680	34,0	6.373	35,9	6.041	45,2	4.471	31,0	6.304	33,5
Externe Ausbilder	22	0,1	30	0,1	8	0,0	0	0,0	202	1,4	8	0,0
Anlage- und Sachkosten	**3.070**	**13,6**	**1.057**	**4,7**	**186**	**1,0**	**366**	**2,7**	**198**	**1,4**	**239**	**1,3**
Sonstige Kosten (Vollkosten)	**2.666**	**11,8**	**3.276**	**14,5**	**1.824**	**10,3**	**1.057**	**7,9**	**1.664**	**11,5**	**2.106**	**11,2**
davon: Lehrbücher, Übungsmaterial	104	0,5	90	0,4	21	0,1	60	0,5	49	0,3	41	0,2
Lernsoftware, Lernvideos	32	0,1	96	0,4	16	0,1	10	0,1	18	0,1	14	0,1
Gebühren an zuständige Stelle	118	0,5	123	0,5	105	0,6	118	0,9	140	1,0	117	0,6
Berufs- und Schutzkleidung	124	0,5	7	0,0	68	0,4	38	0,3	116	0,8	7	0,0
Externe Ausbildung	988	4,4	854	3,8	149	0,8	97	0,7	327	2,3	202	1,1
Ausbildungsverwaltung	1.300	5,7	2.106	9,3	1.466	8,3	733	5,5	1.014	7,0	1.725	9,2
davon:												
hauptberufliches Personal, Sachkosten	*902*	*4,0*	*549*	*2,4*	*389*	*2,2*	*103*	*0,8*	*165*	*1,1*	*314*	*1,7*
nebenberufliches Personal	*398*	*1,8*	*1.557*	*6,9*	*1.077*	*6,1*	*631*	*4,7*	*849*	*5,9*	*1.411*	*7,5*
Bruttokosten (Teilkosten)	18.955	-	13.373	-	10.318	-	6.695	-	9.088	-	11.105	-
Nettokosten (Teilkosten)	13.551	-	5.004	-	465	-	89	-	-543	-	-315	-

Fortsetzung der Tabelle II/13

Kostenarten	Ausbildungsberufe in Industrie und Handel											
	Industrie-mechaniker/-in – Maschinen- und Systemtechnik		Industrie-mechaniker/-in – Betriebstechnik		Informatikkauf-mann/frau		IT-System-Elektroniker/-in		IT-System-Kaufmann/frau		Kaufmann/frau für Büro-kommunikation	
	in €	in % der BK	in €	in % der BK	in €	in % der BK	in €	in % der BK	in €	in % der BK	in €	in % der BK
Bruttokosten (Vollkosten) (BK)	**24.244**	**100,0**	**21.728**	**100,0**	**21.922**	**100,0**	**22.368**	**100,0**	**19.600**	**100,0**	**18.712**	**100,0**
Erträge	**6.018**	**24,8**	**6.925**	**31,9**	**9.972**	**45,5**	**8.593**	**38,4**	**7.980**	**40,7**	**9.014**	**48,2**
Nettokosten (Vollkosten)	**18.226**	**75,2**	**14.803**	**68,1**	**11.950**	**54,5**	**13.775**	**61,6**	**11.620**	**59,3**	**9.698**	**51,8**
Personalkosten der Auszubildenden	**11.122**	**45,9**	**10.167**	**46,8**	**9.858**	**45,0**	**9.875**	**44,1**	**8.590**	**43,8**	**8.585**	**45,9**
davon: Ausbildungsvergütungen	7.913	32,6	7.165	33,0	6.967	31,8	6.992	31,3	6.587	33,6	6.197	33,1
Gesetzliche Sozialleistungen	1.913	7,9	1.734	8,0	1.674	7,6	1.661	7,4	1.518	7,7	1.470	7,9
Tarifliche, freiwillige Sozialleistungen	1.297	5,3	1.269	5,8	1.217	5,6	1.222	5,5	485	2,5	919	4,9
Personalkosten der Ausbilder (Vollkosten)	**7.082**	**29,2**	**6.663**	**30,7**	**8.914**	**40,7**	**7.817**	**34,9**	**7.467**	**38,1**	**6.882**	**36,8**
davon: Hauptberufliche Ausbilder	4.744	19,6	3.093	14,2	888	4,0	1.840	8,2	541	2,8	524	2,8
Nebenberufliche Ausbilder	2.289	9,4	3.547	16,3	7.743	35,3	5.939	26,6	6.756	34,5	6.242	33,4
Externe Ausbilder	49	0,2	23	0,1	283	1,3	39	0,2	171	0,9	116	0,6
Anlage- und Sachkosten	**3.632**	**15,0**	**2.493**	**11,5**	**631**	**2,9**	**2.091**	**9,3**	**1.144**	**5,8**	**719**	**3,8**
Sonstige Kosten (Vollkosten)	**2.407**	**9,9**	**2.405**	**11,1**	**2.519**	**11,5**	**2.584**	**11,6**	**2.398**	**12,2**	**2.525**	**13,5**
davon: Lehrbücher, Übungsmaterial	97	0,4	98	0,5	68	0,3	77	0,3	123	0,6	58	0,3
Lernsoftware, Lernvideos	39	0,2	95	0,4	46	0,2	112	0,5	51	0,3	38	0,2
Gebühren an zuständige Stelle	137	0,6	118	0,5	119	0,5	139	0,6	109	0,6	131	0,7
Berufs- und Schutzkleidung	125	0,5	112	0,5	6	0,0	33	0,1	84	0,4	1	0,0
Externe Ausbildung	383	1,6	681	3,1	484	2,2	502	2,2	548	2,8	476	2,5
Ausbildungsverwaltung	1.627	6,7	1.302	6,0	1.795	8,2	1.722	7,7	1.483	7,6	1.821	9,7
davon:												
hauptberufliches Personal, Sachkosten	*971*	*4,0*	*733*	*3,4*	*523*	*2,4*	*917*	*4,1*	*502*	*2,6*	*709*	*3,8*
nebenberufliches Personal	*656*	*2,7*	*569*	*2,6*	*1.272*	*5,8*	*805*	*3,6*	*981*	*5,0*	*1.112*	*5,9*
Bruttokosten (Teilkosten)	21.299	-	17.613	-	12.906	-	15.624	-	11.864	-	11.357	-
Nettokosten (Teilkosten)	15.281	-	10.688	-	2.935	-	7.031	-	3.884	-	2.343	-

Fortsetzung der Tabelle II/13

Kostenarten	Ausbildungsberufe in Industrie und Handel											
	Kaufmann/frau im Einzelhandel		Kaufmann/frau im Groß- und Außenhandel		Koch/Köchin		Mechatroniker/-in		Mediengestalter/-in Digital- und Printmedien		Reiseverkehrs-kaufmann/frau	
	in €	in % der BK	in €	in % der BK	in €	in % der BK	in €	in % der BK	in €	in % der BK	in €	in % der BK
Bruttokosten (Vollkosten) (BK)	**16.037**	**100,0**	**15.602**	**100,0**	**14.255**	**100,0**	**29.335**	**100,0**	**21.995**	**100,0**	**17.310**	**100,0**
Erträge	**8.433**	**52,6**	**9.934**	**63,7**	**7.462**	**52,3**	**4.889**	**16,7**	**7.450**	**33,9**	**6.451**	**37,3**
Nettokosten (Vollkosten)	**7.604**	**47,4**	**5.668**	**36,3**	**6.793**	**47,7**	**24.446**	**83,3**	**14.544**	**66,1**	**10.860**	**62,7**
Personalkosten der Auszubildenden	**9.353**	**58,3**	**9.627**	**61,7**	**7.202**	**50,5**	**10.657**	**36,3**	**9.817**	**44,6**	**8.352**	**48,3**
davon: Ausbildungsvergütungen	6.848	42,7	6.940	44,5	5.395	37,8	7.630	26,0	7.221	32,8	6.106	35,3
Gesetzliche Sozialleistungen	1.650	10,3	1.664	10,7	1.306	9,2	1.815	6,2	1.699	7,7	1.456	8,4
Tarifliche, freiwillige Sozialleistungen	854	5,3	1.023	6,6	501	3,5	1.211	4,1	896	4,1	790	4,6
Personalkosten der Ausbilder (Vollkosten)	**5.263**	**32,8**	**4.070**	**26,1**	**5.027**	**35,3**	**11.444**	**39,0**	**8.511**	**38,7**	**7.030**	**40,6**
davon: Hauptberufliche Ausbilder	353	2,2	0	0,0	395	2,8	5.231	17,8	234	1,1	0	0,0
Nebenberufliche Ausbilder	4.877	30,4	4.070	26,1	4.629	32,5	6.213	21,2	8.225	37,4	7.026	40,6
Externe Ausbilder	33	0,2	0	0,0	4	0,0	0	0,0	52	0,2	4	0,0
Anlage- und Sachkosten	**30**	**0,2**	**259**	**1,7**	**357**	**2,5**	**4.244**	**14,5**	**1.729**	**7,9**	**213**	**1,2**
Sonstige Kosten (Vollkosten)	**1.392**	**8,7**	**1.647**	**10,6**	**1.668**	**11,7**	**2.990**	**10,2**	**1.938**	**8,8**	**1.716**	**9,9**
davon: Lehrbücher, Übungsmaterial	42	0,3	73	0,5	47	0,3	144	0,5	75	0,3	59	0,3
Lernsoftware, Lernvideos	3	0,0	7	0,0	7	0,1	135	0,5	55	0,3	13	0,1
Gebühren an zuständige Stelle	102	0,6	151	1,0	117	0,8	88	0,3	143	0,7	115	0,7
Berufs- und Schutzkleidung	74	0,5	18	0,1	120	0,8	130	0,4	13	0,1	17	0,1
Externe Ausbildung	185	1,2	393	2,5	66	0,5	956	3,3	191	0,9	229	1,3
Ausbildungsverwaltung	985	6,1	1.004	6,4	1.312	9,2	1.538	5,2	1.460	6,6	1.282	7,4
davon:												
hauptberufliches Personal, Sachkosten	*185*	*1,2*	*241*	*1,5*	*524*	*3,7*	*507*	*1,7*	*413*	*1,9*	*190*	*1,1*
nebenberufliches Personal	*800*	*5,0*	*763*	*4,9*	*788*	*5,5*	*1.030*	*3,5*	*1.047*	*4,8*	*1.092*	6,3
Bruttokosten (Teilkosten)	10.360	-	10.769	-	8.838	-	22.092	-	12.722	-	9.192	-
Nettokosten (Teilkosten)	1.928	-	835	-	1.377	-	17.202	-	5.272	-	2.741	-

Fortsetzung der Tabelle II/13

Kostenarten	Ausbildungsberufe in Industrie und Handel				Ausbildungsberufe im Handwerk							
	Versicherungs-kaufmann/frau		Werkzeugmechani-ker/-in – Stanz- und Umformtechnik		Augen-optiker/-in		Bäcker/-in		Bürokauf-mann/frau		Elektroin-stallateur/-in	
	in €	in % der BK	in €	in % der BK	in €	in % der BK	in €	in % der BK	in €	in % der BK	in €	in % der BK
Bruttokosten (Vollkosten) (BK)	**23.328**	**100,0**	**20.633**	**100,0**	**17.342**	**100,0**	**14.447**	**100,0**	**18.372**	**100,0**	**14.897**	**100,0**
Erträge	**7.342**	**31,5**	**7.772**	**37,7**	**5.363**	**30,9**	**8.083**	**56,0**	**10.971**	**59,7**	**6.316**	**42,4**
Nettokosten (Vollkosten)	**15.986**	**68,5**	**12.861**	**62,3**	**11.978**	**69,1**	**6.364**	**44,0**	**7.401**	**40,3**	**8.580**	**57,6**
Personalkosten der Auszubildenden	**12.332**	**52,9**	**10.913**	**52,9**	**6.901**	**39,8**	**6.814**	**47,2**	**8.464**	**46,1**	**6.999**	**47,0**
davon: Ausbildungsvergütungen	8.589	36,8	7.515	36,4	5.078	29,3	5.161	35,7	6.258	34,1	5.141	34,5
Gesetzliche Sozialleistungen	2.080	8,9	1.826	8,8	1.193	6,9	1.207	8,4	1.541	8,4	1.293	8,7
Tarifliche, freiwillige Sozialleistungen	1.663	7,1	1.572	7,6	629	3,6	447	3,1	665	3,6	566	3,8
Personalkosten der Ausbilder (Vollkosten)	**8.146**	**34,9**	**5.966**	**28,9**	**7.616**	**43,9**	**5.935**	**41,1**	**8.113**	**44,2**	**6.112**	**41,0**
davon: Hauptberufliche Ausbilder	1.265	5,4	1.533	7,4	0	0,0	0	0,0	0	0,0	0	0,0
Nebenberufliche Ausbilder	6.633	28,4	4.430	21,5	7.616	43,9	5.935	41,1	8.086	44,0	6.105	41,0
Externe Ausbilder	248	1,1	3	0,0	0	0,0	0	0,0	27	0,1	7	0,0
Anlage- und Sachkosten	**719**	**3,1**	**2.132**	**10,3**	**1.008**	**5,8**	**200**	**1,4**	**162**	**0,9**	**251**	**1,7**
Sonstige Kosten (Vollkosten)	**2.130**	**9,1**	**1.622**	**7,9**	**1.817**	**10,5**	**1.497**	**10,4**	**1.633**	**8,9**	**1.534**	**10,3**
davon: Lehrbücher, Übungsmaterial	74	0,3	60	0,3	76	0,4	31	0,2	57	0,3	47	0,3
Lernsoftware, Lernvideos	17	0,1	25	0,1	19	0,1	1	0,0	22	0,1	6	0,0
Gebühren an zuständige Stelle	91	0,4	96	0,5	227	1,3	163	1,1	265	1,4	191	1,3
Berufs- und Schutzkleidung	1	0,0	89	0,4	9	0,1	52	0,4	22	0,1	131	0,9
Externe Ausbildung	333	1,4	348	1,7	232	1,3	117	0,8	103	0,6	266	1,8
Ausbildungsverwaltung	1.615	6,9	1.004	4,9	1.253	7,2	1.134	7,8	1.165	6,3	893	6,0
davon:												
hauptberufliches Personal, Sachkosten	*631*	*2,7*	*321*	*1,6*	*236*	*1,4*	*112*	*0,8*	*279*	*1,5*	*145*	*1,0*
nebenberufliches Personal	*984*	*4,2*	*683*	*3,3*	*1.017*	*5,9*	*1.022*	*7,1*	*886*	*4,8*	*748*	*5,0*
Bruttokosten (Teilkosten)	15.711	-	15.520	-	8.708	-	7.490	-	9.400	-	8.044	-
Nettokosten (Teilkosten)	8.369	-	7.748	-	3.345	-	-593	-	-1.570	-	1.727	-

Fortsetzung der Tabelle II/13

Kostenarten	Ausbildungsberufe im Handwerk											
	Fachverkäufer/-in im Nahrungs-mittelhandwerk		Fleischer/-in		Friseur/-in		Gas- und Wasser-installateur/-in		Informations-elektroniker/-in		Kraftfahrzeug-mechaniker/-in	
	in €	in % der BK	in €	in % der BK	in €	in % der BK	in €	in % der BK	in €	in % der BK	in €	in % der BK
Bruttokosten (Vollkosten) (BK)	**14.261**	**100,0**	**17.277**	**100,0**	**11.655**	**100,0**	**15.211**	**100,0**	**15.483**	**100,0**	**15.511**	**100,0**
Erträge	**8.052**	**56,5**	**7.791**	**45,1**	**5.782**	**49,6**	**6.408**	**42,1**	**6.057**	**39,1**	**6.207**	**40,0**
Nettokosten (Vollkosten)	**6.209**	**43,5**	**9.485**	**54,9**	**5.873**	**50,4**	**8.804**	**57,9**	**9.426**	**60,9**	**9.304**	**60,0**
Personalkosten der Auszubildenden	**7.162**	**50,2**	**7.842**	**45,4**	**6.009**	**51,6**	**7.024**	**46,2**	**6.448**	**41,6**	**7.443**	**48,0**
davon: Ausbildungsvergütungen	5.529	38,8	5.780	33,5	4.425	38,0	5.207	34,2	4.761	30,7	5.465	35,2
Gesetzliche Sozialleistungen	1.289	9,0	1.416	8,2	1.270	10,9	1.310	8,6	1.266	8,2	1.326	8,5
Tarifliche, freiwillige Sozialleistungen	343	2,4	646	3,7	314	2,7	508	3,3	421	2,7	652	4,2
Personalkosten der Ausbilder (Vollkosten)	**5.942**	**41,7**	**7.496**	**43,4**	**3.855**	**33,1**	**5.799**	**38,1**	**6.697**	**43,3**	**5.738**	**37,0**
davon: Hauptberufliche Ausbilder	0	0,0	1.195	6,9	0	0,0	0	0,0	0	0,0	0	0,0
Nebenberufliche Ausbilder	5.942	41,7	6.301	36,5	3.818	32,8	5.799	38,1	6.693	43,2	5.738	37,0
Externe Ausbilder	0	0,0	0	0,0	37	0,3	0	0,0	4	0,0	0	0,0
Anlage- und Sachkosten	**119**	**0,8**	**713**	**4,1**	**405**	**3,5**	**568**	**3,7**	**648**	**4,2**	**265**	**1,7**
Sonstige Kosten (Vollkosten)	**1.039**	**7,3**	**1.225**	**7,1**	**1.385**	**11,9**	**1.821**	**12,0**	**1.691**	**10,9**	**2.064**	**13,3**
davon: Lehrbücher, Übungsmaterial	17	0,1	19	0,1	62	0,5	33	0,2	33	0,2	42	0,3
Lernsoftware, Lernvideos	10	0,1	2	0,0	20	0,2	5	0,0	24	0,2	26	0,2
Gebühren an zuständige Stelle	109	0,8	175	1,0	186	1,6	246	1,6	217	1,4	187	1,2
Berufs- und Schutzkleidung	61	0,4	150	0,9	27	0,2	134	0,9	46	0,3	140	0,9
Externe Ausbildung	131	0,9	72	0,4	252	2,2	415	2,7	221	1,4	265	1,7
Ausbildungsverwaltung	711	5,0	808	4,7	839	7,2	988	6,5	1.151	7,4	1.405	9,1
davon:												
hauptberufliches Personal, Sachkosten	*97*	*0,7*	*190*	*1,1*	*96*	*0,8*	*101*	*0,7*	*122*	*0,8*	*208*	*1,3*
nebenberufliches Personal	*614*	*4,3*	*618*	*3,6*	*743*	*6,4*	*887*	*5,8*	*1.029*	*6,6*	*1.197*	*7,7*
Bruttokosten (Teilkosten)	7.706	-	10.357	-	7.094	-	8.525	-	7.761	-	8.575	-
Nettokosten (Teilkosten)	-346	-	2.566	-	1.312	-	2.117	-	1.704	-	2.368	-

Fortsetzung der Tabelle II/13

Kostenarten	Ausbildungsberufe im Handwerk											
	Maler/-in und Lackierer/-in		Maurer/-in		Metallbauer/-in		Tischler/-in		Zahntechniker/-in		Zentralheizungs- und Lüftungsbauer/-in	
	in €	in % der BK	in €	in % der BK	in €	in % der BK	in €	in % der BK	in €	in % der BK	in €	in % der BK
Bruttokosten (Vollkosten) (BK)	**16.280**	**100,0**	**17.166**	**100,0**	**14.427**	**100,0**	**15.087**	**100,0**	**17.092**	**100,0**	**15.470**	**100,0**
Erträge	**8.831**	**54,2**	**7.793**	**45,4**	**6.513**	**45,1**	**7.653**	**50,7**	**7.955**	**46,5**	**6.470**	**41,8**
Nettokosten (Vollkosten)	**7.449**	**45,8**	**9.374**	**54,6**	**7.914**	**54,9**	**7.435**	**49,3**	**9.136**	**53,5**	**9.000**	**58,2**
Personalkosten der Auszubildenden	**7.081**	**43,5**	**10.708**	**62,4**	**7.098**	**49,2**	**7.029**	**46,6**	**6.428**	**37,6**	**6.721**	**43,4**
davon: Ausbildungsvergütungen	5.381	33,1	8.124	47,3	5.307	36,8	5.218	34,6	4.568	26,7	5.053	32,7
Gesetzliche Sozialleistungen	1.289	7,9	1.881	11,0	1.298	9,0	1.291	8,6	1.248	7,3	1.255	8,1
Tarifliche, freiwillige Sozialleistungen	411	2,5	703	4,1	493	3,4	520	3,4	612	3,6	413	2,7
Personalkosten der Ausbilder (Vollkosten)	**7.207**	**44,3**	**4.099**	**23,9**	**5.176**	**35,9**	**5.995**	**39,7**	**7.240**	**42,4**	**6.417**	**41,5**
davon: Hauptberufliche Ausbilder	818	5,0	306	1,8	190	1,3	260	1,7	805	4,7	0	0,0
Nebenberufliche Ausbilder	6.389	39,2	3.793	22,1	4.985	34,6	5.735	38,0	6.435	37,7	6.417	41,5
Externe Ausbilder	0	0,0	0	0,0	0	0,0	0	0,0	0	0,0	0	0,0
Anlage- und Sachkosten	**405**	**2,5**	**344**	**2,0**	**562**	**3,9**	**619**	**4,1**	**1.701**	**10,0**	**445**	**2,9**
Sonstige Kosten (Vollkosten)	**1.588**	**9,8**	**2.016**	**11,7**	**1.592**	**11,0**	**1.444**	**9,6**	**1.722**	**10,1**	**1.887**	**12,2**
davon: Lehrbücher, Übungsmaterial	66	0,4	10	0,1	43	0,3	42	0,3	48	0,3	20	0,1
Lernsoftware, Lernvideos	9	0,1	6	0,0	2	0,0	2	0,0	27	0,2	7	0,0
Gebühren an zuständige Stelle	154	0,9	111	0,6	209	1,4	183	1,2	231	1,3	220	1,4
Berufs- und Schutzkleidung	88	0,5	134	0,8	142	1,0	69	0,5	63	0,4	123	0,8
Externe Ausbildung	255	1,6	639	3,7	324	2,2	183	1,2	163	1,0	348	2,2
Ausbildungsverwaltung	1.016	6,2	1.115	6,5	873	6,1	965	6,4	1.190	7,0	1.168	7,5
davon:												
hauptberufliches Personal, Sachkosten	*125*	*0,8*	*187*	*1,1*	*130*	*0,9*	*239*	*1,6*	*184*	*1,1*	*233*	*1,5*
nebenberufliches Personal	*891*	*5,5*	*928*	*5,4*	*743*	*5,1*	*725*	*4,8*	*1.006*	*5,9*	*935*	*6,0*
Bruttokosten (Teilkosten)	9.001	-	12.445	-	8.699	-	8.627	-	9.650	-	8.118	-
Nettokosten (Teilkosten)	169	-	4.652	-	2.186	-	974	-	1.695	-	1.648	-

Fortsetzung der Tabelle II/13

Kostenarten	Ausbildungsberufe in der Landwirtschaft				Ausbildungsberufe im Bereich der Freien Berufe							
	Gärtner/-in		Landwirt/-in		Arzthelfer/-in		Rechtsanwaltsfachangestellte/-r		Steuerfachangestellte/-r		Zahnarzthelfer/-in	
	in €	in % der BK	in €	in % der BK	in €	in % der BK	in €	in % der BK	in €	in % der BK	in €	in % der BK
Bruttokosten (Vollkosten) (BK)	**14.854**	**100,0**	**15.582**	**100,0**	**17.646**	**100,0**	**12.941**	**100,0**	**17.487**	**100,0**	**20.190**	**100,0**
Erträge	**8.327**	**56,1**	**9.409**	**60,4**	**7.955**	**45,1**	**8.654**	**66,9**	**9.898**	**56,6**	**10.090**	**50,0**
Nettokosten (Vollkosten)	**6.526**	**43,9**	**6.173**	**39,6**	**9.691**	**54,9**	**4.287**	**33,1**	**7.589**	**43,4**	**10.100**	**50,0**
Personalkosten der Auszubildenden	**8.183**	**55,1**	**7.588**	**48,7**	**8.010**	**45,4**	**6.788**	**52,5**	**7.787**	**44,5**	**8.498**	**42,1**
davon: Ausbildungsvergütungen	6.102	41,1	5.365	34,4	5.974	33,9	4.636	35,8	5.821	33,3	6.181	30,6
Gesetzliche Sozialleistungen	1.443	9,7	1.295	8,3	1.390	7,9	1.367	10,6	1.377	7,9	1.478	7,3
Tarifliche, freiwillige Sozialleistungen	639	4,3	928	6,0	645	3,7	785	6,1	589	3,4	839	4,2
Personalkosten der Ausbilder (Vollkosten)	**4.681**	**31,5**	**6.150**	**39,5**	**8.102**	**45,9**	**4.965**	**38,4**	**7.562**	**43,2**	**10.076**	**49,9**
davon: Hauptberufliche Ausbilder	0	0,0	0	0,0	0	0,0	0	0,0	0	0,0	0	0,0
Nebenberufliche Ausbilder	4.678	31,5	6.150	39,5	8.093	45,9	4.965	38,4	7.504	42,9	10.073	49,9
Externe Ausbilder	3	0,0	0	0,0	9	0,1	0	0,0	58	0,3	3	0,0
Anlage- und Sachkosten	**430**	**2,9**	**78**	**0,5**	**127**	**0,7**	**349**	**2,7**	**577**	**3,3**	**162**	**0,8**
Sonstige Kosten (Vollkosten)	**1.559**	**10,5**	**1.766**	**11,3**	**1.407**	**8,0**	**839**	**6,5**	**1.560**	**8,9**	**1.454**	**7,2**
davon: Lehrbücher, Übungsmaterial	32	0,2	37	0,2	45	0,3	36	0,3	75	0,4	35	0,2
Lernsoftware, Lernvideos	32	0,2	2	0,0	14	0,1	2	0,0	65	0,4	6	0,0
Gebühren an zuständige Stelle	65	0,4	91	0,6	105	0,6	67	0,5	107	0,6	104	0,5
Berufs- und Schutzkleidung	124	0,8	92	0,6	69	0,4	1	0,0	2	0,0	105	0,5
Externe Ausbildung	346	2,3	241	1,5	74	0,4	66	0,5	536	3,1	48	0,2
Ausbildungsverwaltung	959	6,5	1.303	8,4	1.101	6,2	667	5,2	775	4,4	1.157	5,7
davon:												
hauptberufliches Personal, Sachkosten	*245*	*1,6*	*168*	*1,1*	*134*	*0,8*	*94*	*0,7*	*242*	*1,4*	*111*	*0,5*
nebenberufliches Personal	*714*	*4,8*	*1.136*	*7,3*	*966*	*5,5*	*573*	*4,4*	*533*	*3,1*	*1.046*	*5,2*
Bruttokosten (Teilkosten)	9.462	-	8.296	-	8.586	-	7.402	-	9.450	-	9.070	-
Nettokosten (Teilkosten)	1.134	-	-1.113	-	631	-	-1.251	-	-448	-	-1.020	-

Fortsetzung der Tabelle II/13

Kostenarten	**Ausbildungsberufe im Öffentlichen Dienst**							
	Fachangestellte/-r für Bürokommunikation		**Sozialversicherungs-fachangestellte/-r**		**Vermessungstechniker/-in**		**Verwaltungsfach-angestellte/-r**	
	in €	in % der BK	in €	in % der BK	in €	in % der BK	in €	in % der BK
Bruttokosten (Vollkosten) (BK)	**17.517**	**100,0**	**20.346**	**100,0**	**16.964**	**100,0**	**15.236**	**100,0**
Erträge	**5.981**	**34,1**	**7.196**	**35,4**	**6.957**	**41,0**	**5.980**	**39,3**
Nettokosten (Vollkosten)	**11.536**	**65,9**	**13.150**	**64,6**	**10.007**	**59,0**	**9.255**	**60,7**
Personalkosten der Auszubildenden	**9.918**	**56,6**	**13.244**	**65,1**	**9.187**	**54,2**	**9.967**	**65,4**
davon: Ausbildungsvergütungen	7.169	40,9	9.516	46,8	6.758	39,8	7.273	47,7
Gesetzliche Sozialleistungen	1.732	9,9	2.300	11,3	1.598	9,4	1.753	11,5
Tarifliche, freiwillige Sozialleistungen	1.017	5,8	1.427	7,0	830	4,9	941	6,2
Personalkosten der Ausbilder (Vollkosten)	**5.028**	**28,7**	**3.552**	**17,5**	**6.202**	**36,6**	**3.393**	**22,3**
davon: Hauptberufliche Ausbilder	890	5,1	146	0,7	329	1,9	277	1,8
Nebenberufliche Ausbilder	4.101	23,4	3.373	16,6	5.859	34,5	3.116	20,5
Externe Ausbilder	37	0,2	32	0,2	15	0,1	0	0,0
Anlage- und Sachkosten	**327**	**1,9**	**206**	**1,0**	**238**	**1,4**	**245**	**1,6**
Sonstige Kosten (Vollkosten)	**2.243**	**12,8**	**3.344**	**16,4**	**1.337**	**7,9**	**1.630**	**10,7**
davon: Lehrbücher, Übungsmaterial	113	0,6	123	0,6	82	0,5	95	0,6
Lernsoftware, Lernvideos	29	0,2	15	0,1	18	0,1	4	0,0
Gebühren an zuständige Stelle	87	0,5	69	0,3	62	0,4	158	1,0
Berufs- und Schutzkleidung	0	0,0	0	0,0	45	0,3	0	0,0
Externe Ausbildung	376	2,1	1.669	8,2	86	0,5	294	1,9
Ausbildungsverwaltung	1.639	9,4	1.468	7,2	1.045	6,2	1.079	7,1
davon:								
hauptberufliches Personal, Sachkosten	*884*	*5,0*	*689*	*3,4*	*228*	*1,3*	*628*	*4,1*
nebenberufliches Personal	*756*	*4,3*	*779*	*3,8*	*817*	*4,8*	*451*	*3,0*
Bruttokosten (Teilkosten)	12.660	-	16.194	-	10.288	-	11.668	-
Nettokosten (Teilkosten)	6.679	-	8.998	-	3.331	-	5.688	-

Tabelle II/14: **Zeitstruktur der Ausbildung insgesamt und in West- und Ostdeutschland**

Durchschnittliche Anzahl der Tage pro Auszubildenden im Jahr 2000

Zeitarten	Insgesamt		West		Ost	
	in Tagen	in % von gesamt	in Tagen	in % von gesamt	in Tagen	in % von gesamt
Tage im Betrieb insgesamt	**133,4**	**55,0**	**135,6**	**55,9**	**125,0**	**51,5**
Verteilung auf die innerbetrieblichen Lernorte:						
Tage am Arbeitsplatz	126,0	52,0	127,5	52,6	120,3	49,5
Tage in der Lehrwerkstatt	4,4	1,8	4,9	2,0	2,4	1,0
Tage im innerbetrieblichen Unterricht	3,0	1,2	3,2	1,3	2,3	1,0
Anteile unterschiedlicher Zeitarten:						
Unterweisungstage am Arbeitsplatz	29,9	12,3	31,1	12,8	25,6	10,5
Übungs-/Selbstlernzeiten am Arbeitsplatz	21,5	8,9	22,5	9,3	17,8	7,3
Sonstige Zeiten am Arbeitsplatz	5,0	2,1	5,0	2,0	5,2	2,2
Produktive Tage I am Arbeitsplatz	37,9	15,6	37,6	15,5	38,9	16,0
Produktive Tage II am Arbeitsplatz	32,0	13,2	31,6	13,0	33,3	13,7
Äquivalente Tage II am Arbeitsplatz	18,6	7,6	18,0	7,4	20,5	8,5
Produktive Tage I in der Lehrwerkstatt	0,6	0,2	0,7	0,3	0,3	0,1
Produktive Tage II in der Lehrwerkstatt	0,6	0,2	0,6	0,3	0,4	0,2
Äquivalente Tage II in der Lehrwerkstatt	0,3	0,1	0,3	0,1	0,2	0,1
Produktive Tage I insgesamt	38,5	15,9	38,3	15,8	39,2	16,1
Produktive Tage II insgesamt	32,6	13,4	32,3	13,3	33,7	13,9
Äquivalente Tage II insgesamt	18,8	7,8	18,4	7,6	20,7	8,5
Produktive Tage I und II insgesamt	**71,0**	**29,3**	**70,6**	**29,1**	**72,8**	**30,0**
Berufsschultage	59,6	24,6	58,1	24,0	65,1	26,8
Tage in externen Lehrgängen	9,2	3,8	8,4	3,5	12,2	5,0
Tage für externe Ausbildungsphasen	3,8	1,6	3,4	1,4	5,4	2,2
Urlaubstage	26,9	11,1	27,2	11,2	25,5	10,5
Andere freie Tage	0,7	0,3	0,8	0,3	0,4	0,2
Krankheitstage	9,1	3,7	9,0	3,7	9,3	3,8
Abwesenheitstage insgesamt	**109,1**	**45,0**	**106,8**	**44,1**	**117,9**	**48,5**
Tage insgesamt	**242,5**	**100,0**	**242,4**	**100,0**	**242,9**	**100,0**

Tabelle II/15: Zeitstruktur der Ausbildung insgesamt und nach Ausbildungsbereichen

Durchschnittliche Anzahl der Tage pro Auszubildenden im Jahr 2000

Zeitarten	Insgesamt		Industrie und Handel		Handwerk		Landwirtschaft		Freie Berufe		Öffentlicher Dienst	
	in Tagen	in % von gesamt	in Tagen	in % von gesamt	in Tagen	in % von gesamt	in Tagen	in % von gesamt	in Tagen	in % von gesamt	in Tagen	in % von gesamt
Tage im Betrieb insgesamt	**133,4**	**55,0**	**135,8**	**55,6**	**126,8**	**53,4**	**133,5**	**53,4**	**151,2**	**60,5**	**122,1**	**48,8**
Verteilung auf die innerbetrieblichen Lernorte:												
Tage am Arbeitsplatz	126,0	52,0	123,8	50,7	124,0	52,3	130,4	52,1	149,5	59,8	114,1	45,6
Tage in der Lehrwerkstatt	4,4	1,8	7,9	3,2	1,1	0,5	1,2	0,5	0,0	0,0	0,5	0,2
Tage im innerbetrieblichen Unterricht	3,0	1,2	4,1	1,7	1,6	0,7	2,0	0,8	1,7	0,7	7,5	3,0
Anteile unterschiedlicher Zeitarten:												
Unterweisungstage am Arbeitsplatz	29,9	12,3	28,4	11,6	30,5	12,8	21,3	8,5	38,6	15,4	32,0	12,8
Übungs-/Selbstlernzeiten am Arbeitsplatz	21,5	8,9	20,7	8,5	22,6	9,5	18,1	7,2	22,8	9,1	20,9	8,4
Sonstige Zeiten am Arbeitsplatz	5,0	2,1	4,2	1,7	6,2	2,6	5,3	2,1	4,5	1,8	4,4	1,8
Produktive Tage I am Arbeitsplatz	37,9	15,6	38,0	15,6	35,5	14,9	49,5	19,8	44,7	17,9	36,3	14,5
Produktive Tage II am Arbeitsplatz	32,0	13,2	32,7	13,4	29,7	12,5	36,6	14,7	39,4	15,8	20,8	8,3
Äquivalente Tage II am Arbeitsplatz	18,6	7,6	19,8	8,1	16,1	6,8	20,9	8,3	23,3	9,3	12,3	4,9
Produktive Tage I in der Lehrwerkstatt	0,6	0,2	1,1	0,5	0,1	0,0	0,0	0,0	0,0	0,0	0,0	0,0
Produktive Tage II in der Lehrwerkstatt	0,6	0,2	1,0	0,4	0,3	0,1	0,0	0,0	0,0	0,0	0,0	0,0
Äquivalente Tage II in der Lehrwerkstatt	0,3	0,1	0,5	0,2	0,1	0,1	0,0	0,0	0,0	0,0	0,0	0,0
Produktive Tage I insgesamt	38,5	15,9	39,1	16,0	35,6	15,0	49,5	19,8	44,7	17,9	36,3	14,5
Produktive Tage II insgesamt	32,6	13,4	33,7	13,8	30,0	12,6	36,6	14,7	39,4	15,8	20,8	8,3
Äquivalente Tage II insgesamt	18,8	7,8	20,3	8,3	16,2	6,8	20,9	8,3	23,3	9,3	12,3	4,9
Produktive Tage I und II insgesamt	**71,0**	**29,3**	**72,9**	**29,8**	**65,5**	**27,6**	**86,2**	**34,5**	**84,1**	**33,6**	**57,1**	**22,8**
Berufsschultage	59,6	24,6	60,1	24,6	58,1	24,5	63,9	25,6	59,9	23,9	63,3	25,3
Tage in externen Lehrgängen	9,2	3,8	5,5	2,3	14,2	6,0	14,6	5,8	3,1	1,2	21,6	8,7
Tage für externe Ausbildungsphasen	3,8	1,6	6,8	2,8	0,1	0,1	1,3	0,5	0,8	0,3	9,0	3,6
Urlaubstage	26,9	11,1	27,4	11,2	26,2	11,0	26,8	10,7	26,9	10,8	26,2	10,5
Andere freie Tage	0,7	0,3	0,8	0,3	0,6	0,2	0,7	0,3	0,9	0,3	1,1	0,4
Krankheitstage	9,1	3,7	7,8	3,2	11,3	4,8	9,2	3,7	7,3	2,9	6,7	2,7
Abwesenheitstage insgesamt	**109,1**	**45,0**	**108,5**	**44,4**	**110,5**	**46,6**	**116,5**	**46,6**	**98,8**	**39,5**	**127,9**	**51,2**
Tage insgesamt	**242,5**	**100,0**	**244,3**	**100,0**	**237,3**	**100,0**	**250,0**	**100,0**	**250,0**	**100,0**	**250,0**	**100,0**

Tabelle II/16: **Zeitstruktur der Ausbildung nach Betrieben mit und ohne Lehrwerkstatt insgesamt, in Industrie und Handel sowie im Handwerk**

Durchschnittliche Anzahl der Tage pro Auszubildenden im Jahr 2000

Zeitarten	Insgesamt				Industrie und Handel				Handwerk			
	in Tagen	in % von gesamt	in Tagen	in % von gesamt	in Tagen	in % von gesamt	in Tagen	in % von gesamt	in Tagen	in % von gesamt	in Tagen	in % von gesamt
Tage im Betrieb insgesamt	**125,2**	**55,7**	**134,2**	**55,0**	**124,2**	**56,7**	**137,6**	**55,5**	**126,5**	**52,0**	**126,8**	**53,5**
Verteilung auf die innerbetrieblichen Lernorte:												
Tage am Arbeitsplatz	65,8	29,3	131,5	53,8	55,4	25,3	134,1	54,0	98,4	40,5	125,2	52,8
Tage in der Lehrwerkstatt	52,8	23,5	0,0	0,0	61,0	27,8	0,0	0,0	26,0	10,7	0,0	0,0
Tage im innerbetrieblichen Unterricht	6,7	3,0	2,7	1,1	7,9	3,6	3,5	1,4	2,2	0,9	1,6	0,7
Anteile unterschiedlicher Zeitarten:												
Unterweisungstage am Arbeitsplatz	17,7	7,9	31,1	12,7	12,5	5,7	30,7	12,4	39,5	16,2	30,1	12,7
Übungs-/Selbstlernzeiten am Arbeitsplatz	12,1	5,4	22,4	9,2	10,4	4,8	22,2	8,9	18,5	7,6	22,8	9,6
Sonstige Zeiten am Arbeitsplatz	2,4	1,1	5,2	2,1	2,4	1,1	4,5	1,8	1,5	0,6	6,4	2,7
Produktive Tage I am Arbeitsplatz	17,2	7,7	39,8	16,3	14,3	6,5	41,6	16,8	24,2	9,9	36,0	15,2
Produktive Tage II am Arbeitsplatz	15,9	7,1	33,4	13,7	15,1	6,9	35,4	14,3	15,0	6,2	30,4	12,8
Äquivalente Tage II am Arbeitsplatz	9,0	4,0	19,4	8,0	8,8	4,0	21,4	8,6	8,1	3,3	16,5	6,9
Produktive Tage I in der Lehrwerkstatt	7,1	3,1	0,0	0,0	8,5	3,9	0,0	0,0	2,4	1,0	0,0	0,0
Produktive Tage II in der Lehrwerkstatt	7,1	3,2	0,0	0,0	7,7	3,5	0,0	0,0	5,9	2,4	0,0	0,0
Äquivalente Tage II in der Lehrwerkstatt	3,5	1,5	0,0	0,0	3,8	1,7	0,0	0,0	2,9	1,2	0,0	0,0
Produktive Tage I insgesamt	24,3	10,8	39,8	16,3	22,8	10,4	41,6	16,8	26,5	10,9	36,0	15,2
Produktive Tage II insgesamt	23,0	10,3	33,4	13,7	22,8	10,4	35,4	14,3	20,9	8,6	30,4	12,8
Äquivalente Tage II insgesamt	12,5	5,5	19,4	8,0	12,5	5,7	21,4	8,6	11,1	4,5	16,5	6,9
Produktive Tage I und II insgesamt	**47,3**	**21,1**	**73,2**	**30,0**	**45,6**	**20,8**	**76,9**	**31,0**	**47,4**	**19,5**	**66,3**	**28,0**
Berufsschultage	54,0	24,0	60,1	24,6	52,7	24,0	61,2	24,7	58,0	23,9	58,2	24,5
Tage in externen Lehrgängen	7,2	3,2	9,3	3,8	3,4	1,6	5,8	2,4	22,1	9,1	13,9	5,8
Tage für externe Ausbildungsphasen	4,1	1,8	3,8	1,5	5,2	2,4	7,1	2,8	0,3	0,1	0,1	0,1
Urlaubstage	25,1	11,1	27,0	11,1	24,6	11,2	27,9	11,2	26,8	11,0	26,1	11,0
Andere freie Tage	1,1	0,5	0,7	0,3	1,2	0,6	0,7	0,3	0,4	0,1	0,6	0,2
Krankheitstage	8,1	3,6	9,1	3,7	7,8	3,6	7,8	3,2	9,1	3,7	11,4	4,8
Abwesenheitstage insgesamt	**99,6**	**44,3**	**110,0**	**45,1**	**94,9**	**43,3**	**110,5**	**44,6**	**116,7**	**48,0**	**110,2**	**46,5**
Tage insgesamt	**224,8**	**100,0**	**244,1**	**100,0**	**219,2**	**100,0**	**248,1**	**100,0**	**243,2**	**100,0**	**237,0**	**100,0**

Tabelle II/17: **Zeitstruktur der Ausbildung insgesamt und nach Betriebsgrößenklassen**

Durchschnittliche Anzahl der Tage pro Auszubildenden im Jahr 2000

Zeitarten	Insgesamt		bis 9 Beschäftigte		10–49 Beschäftigte		50–499 Beschäftigte		500 und mehr Beschäftigte	
	in Tagen	in % von gesamt	in Tagen	in % von gesamt	in Tagen	in % von gesamt	in Tagen	in % von gesamt	in Tagen	in % von gesamt
Tage im Betrieb insgesamt	**133,4**	**55,0**	**139,7**	**57,0**	**133,3**	**55,2**	**130,6**	**53,8**	**127,0**	**53,3**
Verteilung auf die innerbetrieblichen Lernorte:										
Tage am Arbeitsplatz	126,0	52,0	137,7	56,2	130,6	54,0	120,0	49,4	97,7	41,0
Tage in der Lehrwerkstatt	4,4	1,8	0,5	0,2	0,5	0,2	6,6	2,7	22,2	9,3
Tage im innerbetrieblichen Unterricht	3,0	1,2	1,5	0,6	2,2	0,9	4,0	1,6	7,1	3,0
Anteile unterschiedlicher Zeitarten:										
Unterweisungstage am Arbeitsplatz	29,9	12,3	32,4	13,2	29,7	12,3	30,9	12,7	22,7	9,5
Übungs-/Selbstlernzeiten am Arbeitsplatz	21,5	8,9	24,5	10,0	22,0	9,1	20,2	8,3	16,4	6,9
Sonstige Zeiten am Arbeitsplatz	5,0	2,1	5,4	2,2	6,3	2,6	3,2	1,3	4,2	1,8
Produktive Tage I am Arbeitsplatz	37,9	15,6	39,3	16,0	39,0	16,2	36,7	15,1	33,4	14,0
Produktive Tage II am Arbeitsplatz	32,0	13,2	36,5	14,9	34,0	14,1	29,3	12,1	20,8	8,7
Äquivalente Tage II am Arbeitsplatz	18,6	7,6	20,9	8,5	20,1	8,3	16,9	7,0	11,8	4,9
Produktive Tage I in der Lehrwerkstatt	0,6	0,2	0,1	0,0	0,1	0,0	1,1	0,4	2,4	1,0
Produktive Tage II in der Lehrwerkstatt	0,6	0,2	0,2	0,1	0,0	0,0	1,0	0,4	2,6	1,1
Äquivalente Tage II in der Lehrwerkstatt	0,3	0,1	0,1	0,1	0,0	0,0	0,5	0,2	1,2	0,5
Produktive Tage I insgesamt	38,5	15,9	39,4	16,1	39,1	16,2	37,7	15,5	35,9	15,1
Produktive Tage II insgesamt	32,6	13,4	36,7	15,0	34,1	14,1	30,3	12,5	23,4	9,8
Äquivalente Tage II insgesamt	18,8	7,8	21,0	8,6	20,1	8,3	17,4	7,2	13,0	5,4
Produktive Tage I und II insgesamt	**71,0**	**29,3**	**76,1**	**31,1**	**73,2**	**30,3**	**68,0**	**28,0**	**59,3**	**24,9**
Berufsschultage	59,6	24,6	59,2	24,1	60,3	24,9	59,6	24,5	57,5	24,1
Tage in externen Lehrgängen	9,2	3,8	9,7	3,9	9,6	4,0	9,4	3,9	5,9	2,5
Tage für externe Ausbildungsphasen	3,8	1,6	1,0	0,4	1,8	0,7	5,9	2,4	12,3	5,1
Urlaubstage	26,9	11,1	26,4	10,8	26,8	11,1	27,3	11,2	27,1	11,4
Andere freie Tage	0,7	0,3	0,5	0,2	0,6	0,2	0,9	0,4	1,3	0,5
Krankheitstage	9,1	3,7	8,8	3,6	9,4	3,9	9,4	3,9	7,3	3,0
Abwesenheitstage insgesamt	**109,1**	**45,0**	**105,5**	**43,0**	**108,4**	**44,8**	**112,4**	**46,2**	**111,2**	**46,7**
Tage insgesamt	**242,5**	**100,0**	**245,2**	**100,0**	**241,7**	**100,0**	**243,0**	**100,0**	**238,2**	**100,0**

Tabelle II/18: **Zeitstruktur der Ausbildung nach Betrieben insgesamt und nach Ausbildungsjahren**

Durchschnittliche Anzahl der Tage pro Auszubildenden im Jahr 2000

Zeitarten	Insgesamt		1. Ausbildungsjahr		2. Ausbildungsjahr		3. Ausbildungsjahr	
	in Tagen	in % von gesamt	in Tagen	in % von gesamt	in Tagen	in % von gesamt	in Tagen	in % von gesamt
Tage im Betrieb insgesamt	**133,4**	**55,0**	**135,3**	**54,1**	**138,7**	**55,5**	**141,2**	**56,5**
Verteilung auf die innerbetrieblichen Lernorte:								
Tage am Arbeitsplatz	126,0	52,0	126,8	50,7	131,7	52,7	135,7	54,3
Tage in der Lehrwerkstatt	4,4	1,8	5,3	2,1	4,1	1,6	2,6	1,1
Tage im innerbetrieblichen Unterricht	3,0	1,2	3,2	1,3	2,9	1,2	2,9	1,2
Anteile unterschiedlicher Zeitarten:								
Unterweisungstage am Arbeitsplatz	29,9	12,3	42,0	16,8	31,1	12,4	20,9	8,4
Übungs-/Selbstlernzeiten am Arbeitsplatz	21,5	8,9	25,6	10,2	23,0	9,2	18,9	7,6
Sonstige Zeiten am Arbeitsplatz	5,0	2,1	5,8	2,3	5,5	2,2	4,3	1,7
Produktive Tage I am Arbeitsplatz	37,9	15,6	37,4	15,0	41,2	16,5	40,2	16,1
Produktive Tage II am Arbeitsplatz	32,0	13,2	16,2	6,5	31,3	12,5	51,8	20,7
Äquivalente Tage II am Arbeitsplatz	18,6	7,6	5,4	2,2	15,4	6,2	36,8	14,7
Produktive Tage I in der Lehrwerkstatt	0,6	0,2	0,6	0,2	0,6	0,2	0,4	0,2
Produktive Tage II in der Lehrwerkstatt	0,6	0,2	0,3	0,1	0,7	0,3	0,6	0,2
Äquivalente Tage II in der Lehrwerkstatt	0,3	0,1	0,1	0,0	0,3	0,1	0,3	0,1
Produktive Tage I insgesamt	38,5	15,9	38,0	15,2	41,8	16,7	40,6	16,2
Produktive Tage II insgesamt	32,6	13,4	16,5	6,6	32,0	12,8	52,4	20,9
Äquivalente Tage II insgesamt	18,8	7,8	5,5	2,2	15,7	6,3	37,1	14,9
Produktive Tage I und II insgesamt	**71,0**	**29,3**	**54,4**	**21,8**	**73,8**	**29,5**	**93,0**	**37,2**
Berufsschultage	59,6	24,6	65,0	26,0	60,4	24,1	57,9	23,2
Tage in externen Lehrgängen	9,2	3,8	8,6	3,5	9,2	3,7	9,9	4,0
Tage für externe Ausbildungsphasen	3,8	1,6	4,3	1,7	4,0	1,6	3,4	1,4
Urlaubstage	26,9	11,1	27,5	11,0	27,7	11,1	27,6	11,1
Andere freie Tage	0,7	0,3	0,7	0,3	0,8	0,3	0,7	0,3
Krankheitstage	9,1	3,7	8,7	3,5	9,3	3,7	9,2	3,7
Abwesenheitstage insgesamt	**109,1**	**45,0**	**114,7**	**45,9**	**111,3**	**44,5**	**108,8**	**43,5**
Tage insgesamt	**242,5**	**100,0**	**250,0**	**100,0**	**250,0**	**100,0**	**250,0**	**100,0**

Tabelle II/19: **Zeitstruktur der Ausbildung nach Betrieben insgesamt sowie nach gewerblich-technischen und kaufmännisch-verwaltenden Berufen**

Durchschnittliche Anzahl der Tage pro Auszubildenden im Jahr 2000

Zeitarten	Insgesamt				Industrie und Handel				Handwerk			
	gewerblich-technische Berufe		kaufmännisch-verwaltende Berufe		gewerblich-technische Berufe		kaufmännisch-verwaltende Berufe		gewerblich-technische Berufe		kaufmännisch-verwaltende Berufe	
	in Tagen	in % von gesamt	in Tagen	in % von gesamt	in Tagen	in % von gesamt	in Tagen	in % von gesamt	in Tagen	in % von gesamt	in Tagen	in % von gesamt
Tage im Betrieb insgesamt	**126,5**	**53,7**	**141,0**	**56,4**	**128,7**	**55,3**	**139,3**	**55,7**	**124,7**	**52,8**	**147,5**	**59,0**
Verteilung auf die innerbetrieblichen Lernorte:												
Tage am Arbeitsplatz	116,0	49,2	136,9	54,8	101,6	43,7	134,6	53,8	121,8	51,6	146,1	58,4
Tage in der Lehrwerkstatt	8,0	3,4	0,5	0,2	23,0	9,9	0,7	0,3	1,2	0,5	0,0	0,0
Tage im innerbetrieblichen Unterricht	2,5	1,0	3,6	1,5	4,1	1,8	4,1	1,6	1,6	0,7	1,5	0,6
Anteile unterschiedlicher Zeitarten:												
Unterweisungstage am Arbeitsplatz	27,7	11,7	32,4	13,0	23,0	9,9	30,9	12,4	30,3	12,8	32,2	12,9
Übungs-/Selbstlernzeiten am Arbeitsplatz	21,7	9,2	21,3	8,5	20,3	8,7	20,9	8,3	22,6	9,6	23,3	9,3
Sonstige Zeiten am Arbeitsplatz	5,7	2,4	4,3	1,7	3,9	1,7	4,4	1,8	6,5	2,8	3,0	1,2
Produktive Tage I am Arbeitsplatz	32,9	13,9	43,4	17,3	27,5	11,8	43,1	17,3	34,2	14,5	47,4	18,9
Produktive Tage II am Arbeitsplatz	28,4	12,1	35,8	14,3	26,9	11,6	35,6	14,2	28,6	12,1	40,6	16,2
Äquivalente Tage II am Arbeitsplatz	15,7	6,7	21,6	8,7	15,6	6,7	21,8	8,7	15,4	6,5	22,6	9,1
Produktive Tage I in der Lehrwerkstatt	1,1	0,4	0,1	0,0	3,2	1,4	0,1	0,0	0,1	0,0	0,0	0,0
Produktive Tage II in der Lehrwerkstatt	1,0	0,4	0,2	0,1	2,6	1,1	0,2	0,1	0,3	0,1	0,0	0,0
Äquivalente Tage II in der Lehrwerkstatt	0,5	0,2	0,1	0,0	1,3	0,5	0,1	0,0	0,1	0,1	0,0	0,0
Produktive Tage I insgesamt	33,9	14,4	43,4	17,4	30,6	13,2	43,2	17,3	34,4	14,6	47,4	18,9
Produktive Tage II insgesamt	29,4	12,5	36,0	14,4	29,5	12,7	35,8	14,3	28,9	12,2	40,6	16,2
Äquivalente Tage II insgesamt	16,2	6,9	21,7	8,7	16,9	7,3	21,9	8,8	15,6	6,6	22,6	9,1
Produktive Tage I und II insgesamt	**63,3**	**26,9**	**79,4**	**31,8**	**60,2**	**25,9**	**79,0**	**31,6**	**63,2**	**26,8**	**88,0**	**35,2**
Berufsschultage	58,1	24,6	61,2	24,5	56,7	24,4	61,8	24,7	58,3	24,7	56,5	22,6
Tage in externen Lehrgängen	12,1	5,1	6,0	2,4	5,7	2,5	5,4	2,2	15,0	6,4	6,4	2,6
Tage für externe Ausbildungsphasen	2,1	0,9	5,6	2,2	6,3	2,7	7,1	2,8	0,1	0,1	0,3	0,1
Urlaubstage	26,0	11,0	27,9	11,1	25,6	11,0	28,3	11,3	26,1	11,0	27,1	10,8
Andere freie Tage	0,7	0,3	0,7	0,3	1,0	0,4	0,7	0,3	0,6	0,3	0,3	0,1
Krankheitstage	10,3	4,4	7,7	3,1	8,6	3,7	7,4	3,0	11,2	4,8	11,9	4,8
Abwesenheitstage insgesamt	**109,2**	**46,3**	**109,0**	**43,6**	**103,9**	**44,7**	**110,7**	**44,3**	**111,3**	**47,2**	**102,5**	**41,0**
Tage insgesamt	**235,7**	**100,0**	**250,0**	**100,0**	**232,6**	**100,0**	**250,0**	**100,0**	**236,0**	**100,0**	**250,0**	**100,0**

GÜNTER WALDEN, HERMANN HERGET

Teil III: Nutzen der Ausbildung

1 Theoretische Vormerkungen

Der Nutzen der betrieblichen Ausbildung ist nicht unmittelbar identifizierbar und entzieht sich einer direkten Erfassbarkeit. Es handelt sich um ein Konstrukt, welches zur Vorbereitung der durchgeführten empirischen Erhebung operationalisiert werden musste. Bevor die Ergebnisse der empirischen Erhebung zum Nutzen der Ausbildung referiert werden, sind deshalb einige theoretische Vorbemerkungen zum Nutzenbegriff, zur Bedeutung von Kosten und Nutzen der Ausbildung für das betriebliche Ausbildungsverhalten sowie zu den verwendeten Methoden zur Messung des Ausbildungsnutzens voranzustellen.

1.1 Zur Präzisierung des Nutzenbegriffs in der betrieblichen Ausbildung

In der Bildungsforschung und -politik hat es sich seit einiger Zeit eingebürgert, von einem Nutzen der Bildung zu sprechen. Ein solcher Nutzen kann dabei den Individuen zukommen, die an entsprechenden Maßnahmen teilnehmen, er kann aber auch für den Staat bzw. die Gesellschaft und die Betriebe entstehen. Im Rahmen unserer Untersuchung ist dabei nur der Teil des Nutzens betrieblicher Ausbildung relevant, der den Betrieben zufließt.

Obwohl häufig neben den Kosten auch vom Nutzen der Ausbildung für den Betrieb gesprochen[119] wird, ist die Anwendung dieses Begriffs auf die betriebliche Ausbildung nicht unumstritten. Hier ist zunächst darauf hinzuweisen, dass die Betriebswirtschaftslehre, der der Kostenbegriff entlehnt ist, den Begriff des Nutzens gar nicht kennt. Vielmehr stellt die Betriebwirtschaftslehre den Kosten den Begriff der Leistungen gegenüber.[120] Im Sinne der betriebswirtschaftlichen Terminologie wäre es also sinnvoller von Leistungen des betrieblichen Bildungswesens als von einem Nutzen zu sprechen.

Timmermann[121] arbeitet heraus, dass Nutzen ein Begriff aus der mikroökonomischen Theorie des Haushalts ist und „die Eigenschaft eines materiellen oder immateriellen Gutes" bezeichnet, „Bedürfnisse zu befriedigen".[122] Einem Bedürfnis liegt

119 So: BARDELEBEN, Richard von; BEICHT, Ursula; FÉHÉR, Kálmán: Betriebliche Kosten und Nutzen der Ausbildung. Bundesinstitut für Berufsbildung. Der Generalsekretär (Hrsg.). Berichte zur beruflichen Bildung, Heft 187, Bielefeld 1995.

120 Vgl. z. B. WÖHE, Günter: Einführung in die Allgemeine Betriebswirtschaftslehre, 17. Aufl., München 1990, S. 974 ff.

121 TIMMERMANN, Dieter: Nutzen aus der Sicht der Wissenschaft. In: Bundesinstitut für Berufsbildung. Der Generalsekretär (Hrsg.): Nutzen der beruflichen Bildung. Fachtagung des Bundesinstituts für Berufsbildung am 25. und 26. September 1997, Berlin 1998, S. 75–92.

122 ebenda, S. 78.

dabei das Empfinden eines Mangels zugrunde. „Da nur Menschen Bedürfnisse im Sinne von Mangelempfindungen entwickeln können",[123] können nach Timmermann Bildungsaktivitäten auch nur bei den Individuen zu einem Nutzen führen. Timmermann schlägt deshalb vor, allgemeiner von Wirkungen der Bildungsaktivitäten zu sprechen. Wirkungen im Hinblick auf die Individuen werden als Nutzen, Wirkungen im Hinblick auf den Staat und die Gesellschaft sowie auf die Betriebe als Ertrag bezeichnet. Hierzu korrespondiert, dass in der internationalen bildungsökonomischen Literatur – auch in Bezug auf betriebliche Bildungsaktivitäten – häufig von Erträgen („returns") gesprochen wird.[124]

Da der Begriff des Nutzens sich in vielen Untersuchungen zur betrieblichen Bildung eingebürgert hat, werden im Rahmen der folgenden Ausführungen Ertrag und Nutzen – trotz der geschilderten begrifflichen Probleme – als Synonyme betrachtet werden. Notwendig erscheint dabei aber gleichwohl eine Präzisierung der Komponenten, die den Nutzen oder Ertrag ausmachen. Wie bereits angesprochen, geht es in unserer Untersuchung dabei ausschließlich um den Nutzen, der den Betrieben zufließt. Bildung wird also als Instrument zur Steigerung des Erfolgs und der Wettbewerbsfähigkeit des Unternehmens betrachtet.

Umgangssprachlich wird Nutzen häufig als eine – möglichst in Geldeinheiten – quantifizierte Größe angesehen. Da der Beitrag von Bildungsaktivitäten zum Unternehmenserfolg mit erheblichen Messproblemen behaftet ist, erscheint eine solche grundsätzliche Einengung des Nutzen- oder Ertragsbegriffs allerdings problematisch. Es besteht die Gefahr, dass nur solche Wirkungen von Bildungsaktivitäten betrachtet werden, die sich relativ leicht messen und quantifizieren lassen. Es ist aber zu beachten, dass Wirkungen von Bildungsaktivitäten für ein Unternehmen auch dann von erheblicher wirtschaftlicher Relevanz sein können, wenn diese nicht eindeutig gemessen oder quantifiziert werden können.[125] In der vorliegenden Untersuchung werden – soweit möglich – alle für den Unternehmenserfolg relevanten Wirkungen ins Blickfeld genommen werden, unabhängig davon, wie gut sie sich monetär quantifizieren lassen.

Da betriebliche Bildungsaktivitäten Teil des betrieblichen Geschehens sind, müssen sie sich wie alle anderen Aktivitäten auch wirtschaftlich legitimieren lassen. Der betrieblichen Ausbildung kommt hier insofern der Charakter einer Investition zu, als Kosten mit der Absicht einer Ertragserzielung aufgewendet werden.[126] Ein erheblicher

123 ebenda, S. 81.

124 Vgl. BARRET, Allan u. a.: Exploring the returns to continuing vocational training in enterprises. Cedefop (Hrsg.), Thessaloniki 1998.

125 Vgl. BARDELEBEN, Richard von; HERGET, Hermann: Nutzen und Erfolg betrieblicher Weiterbildung messen: Herausforderungen für das Weiterbildungs-Controlling. In: Krekel, Elisabeth M.; Seusing, Beate (Hrsg.): Bildungscontrolling – ein Konzept zur Optimierung der betrieblichen Weiterbildungsarbeit. Berichte zur beruflichen Bildung, Heft 233. Bundesinstitut für Berufsbildung. Der Generalsekretär (Hrsg.). Bielefeld 1999, S. 79–112, hier S. 82.

126 Dem steht nicht entgegen, dass die betriebliche Bildung aufgrund handelsrechtlicher Vorschriften formal nicht als Investition gilt. Dies wird angeführt von : BARDELEBEN, Richard von; BEICHT, Ursula; FÉHÉR, Kalman: Betriebliche Kosten und Nutzen der Ausbildung, a. a. O. S. 12. Zum Investitionscharakter der Ausbildung vgl. GAUGLER, Eduard: Betriebliche Bildungsarbeit als Unternehmensinvestition. In: Gaugler, Eduard; Schlaffke, Winfried (Hrsg.): Weiterbildung als Produktionsfaktor, Köln 1989, S. 28 ff.

Teil des Nutzens fällt zudem erst nach Abschluss der Ausbildung und Übernahme des Ausgebildeten in ein Beschäftigungsverhältnis an; eine wirtschaftliche Entscheidung ist dann gegeben, wenn die abdiskontierten Erträge die Ausbildungskosten übersteigen. Auch wenn dieses ökonomische Kalkül sicherlich nur in Ausnahmefällen bei Bildungsentscheidungen in Unternehmen direkt Anwendung findet, so dürfte es doch zumindest implizit eine Rolle spielen. Da die Kosten in monetären Größen ausgedrückt werden, muss der (voraussichtliche) Nutzen, wenn er den Kosten gegenübergestellt werden soll, bewertet werden. Diese Bewertung muss nicht in einer genau quantifizierenden Form erfolgen, in jedem Fall findet aber – entweder implizit oder explizit – eine Abwägung von Kosten und Nutzen statt. Betriebliche Bildungserträge ergeben sich also aus einer Bewertung von Wirkungen, die auf Bildungsaktivitäten zurückgeführt werden können. Diese Wirkungen sind für den Betrieb nur insoweit relevant, als sie eine positive Bedeutung für den Unternehmenserfolg haben.

Für die vorliegende Untersuchung nehmen wir eine einfache und plastische Systematisierung des Gesamtnutzens der betrieblichen Ausbildung vor. Grundsätzlich können folgende drei Komponenten des Ausbildungsnutzens[127] unterschieden werden:

- Nutzen durch die Auszubildenden

Während der Ausbildung entsteht für die Betriebe ein Nutzen durch die Auszubildenden, indem Erträge durch produktiven Arbeitseinsatz erwirtschaftet werden. Diese Erträge werden auf der Grundlage eines bereits in früheren Erhebungen verwendeten und bewährten Konzepts geschätzt: Die Erträge aus produktiven Leistungen der Auszubildenden sind Teil des Konzepts zur Ermittlung der Ausbildungskosten. Werden die ermittelten Bruttokosten um die Erträge vermindert, so ergeben sich die Nettokosten. Wesentliche Ergebnisse zu den Ausbildungserträgen wurden im Rahmen der Darstellung der Kosten der betrieblichen Berufsausbildung bereits dargestellt. In diesem Teil des Buches wird zusätzlich auf einige besondere Aspekte der produktiven Leistungen der Auszubildenden eingegangen.

- Nutzen durch die Ausgebildeten

Bei Übernahme der im Betrieb Ausgebildeten in ein Beschäftigungsverhältnis entsteht für den Betrieb ein Nutzen deshalb, weil die während der Ausbildung vermittelten Qualifikationen im Arbeitsprozess sinnvoll genutzt werden können. Ein solcher Nutzen kann nur insoweit entstehen, als die selbst Ausgebildeten auch tatsächlich vom Betrieb übernommen werden. Diese unmittelbar bedarfsbezogenen Nutzenelemente werden von uns im Folgenden auch als Verwertungsnutzen bezeichnet. Der Nutzen nach der Ausbildung ist am ehesten indirekt zu ermitteln, indem ein Vergleich mit einer alternativen Möglichkeit der Personalrekrutierung vorgenommen wird. Ein Aus-

127 Zu dieser Klassifikation vgl. WALDEN, Günter; HERGET, Hermann: Nutzen der betrieblichen Ausbildung für Betriebe – erste Ergebnisse einer empirischen Untersuchung. In: Berufsbildung in Wissenschaft und Praxis, Heft 6/2002, S. 32–37.

bildungsnutzen ergibt sich für den Betrieb nur insoweit, als die eigene Ausbildung günstiger ist als die Rekrutierung von Fachkräften auf dem externen Arbeitsmarkt. Quantität und Qualität des externen Arbeitskräfteangebots sind somit eine wesentliche Determinante des Nutzen, den ein Betrieb aus der eigenen Ausbildung ziehen kann. Da das externe Arbeitskräfteangebot vom Ausbildungsverhalten aller Betriebe und des Staates bestimmt wird, hängt der Nutzen des Einzelbetriebs letztlich vom Ausbildungsengagement der Wirtschaft insgesamt ab. Je weniger andere Betriebe ausbilden, umso höher ist möglicherweise der Nutzen der eigenen Ausbildung für den einzelnen Betrieb. Falls auf dem externen Arbeitsmarkt nicht genügend qualifizierte Arbeitskräfte als alternative Rekrutierungsmöglichkeiten zur Verfügung stehen, können für den Betrieb bei einem Ausbildungsverzicht erhebliche Ausfallkosten entstehen. Diese Ausfallkosten können eine beträchtliche Größenordnung annehmen und müssen als ein möglicher Nutzen der betrieblichen Ausbildung zugerechnet werden.

Ein Teil des Ausbildungsnutzens ergibt sich aus einem Vergleich zwischen der eigenen Ausbildung und den Kosten alternativer Rekrutierung und Qualifizierung. Werden Arbeitskräfte des externen Arbeitsmarktes eingestellt, so fallen Personalsuch- und insbesondere Einarbeitungs- und Qualifizierungskosten an. Die hier bei einer eigenen Ausbildung eingesparten Kosten stellen indirekt einen durch die Ausbildung gestifteten Nutzen dar.[128]

Ergibt sich für die extern rekrutierten Fachkräfte nach erfolgter betrieblicher Qualifizierung ein ähnliches Leistungsniveau wie für die vom Betrieb selbst ausgebildeten Fachkräfte, so fällt kein weiterer Nutzen der Ausbildung an. Allerdings dürfte dies eher die Ausnahme als die Regel sein. So dürften in den Qualifizierungsmaßnahmen im Allgemeinen nur solche Kenntnisse und Fertigkeiten vermittelt werden, die für die Ausübung der an einem konkreten Arbeitsplatz notwendigen Tätigkeiten unbedingt erforderlich sind. Insofern ist von längerfristigen Leistungsunterschieden zwischen betrieblich ausgebildeten und extern rekrutierten Arbeitskräften auszugehen, die sich in unterschiedlichen Kenntnissen, Fertigkeiten, Fähigkeiten und Verhaltensweisen dokumentieren. Diese Leistungsunterschiede sind für den Betrieb in dem Maße relevant, als sie sich auf den Unternehmenserfolg oder dessen weitere Entwicklung auswirken. Zu unterscheiden ist in diesem Kontext zwischen manifesten und latenten Leistungsunterschieden. Manifeste Unterschiede sind im Rahmen der konkreten und aktuellen Arbeitsvorgänge bereits zu erkennen und deshalb von unmittelbarer Bedeutung für den Betrieb. Es kann sich allerdings auch um latente Leistungsunterschiede handeln, die erst dann wirksam werden, wenn sich der Betrieb auf neue Marktkonstellationen einstellen muss und entsprechende Anpassungsleis-

128 Eine Abschätzung dieser eingesparten Kosten ist erstmals von Cramer und Müller für ein einzelnes Unternehmen (AEG) erstellt worden: CRAMER, Günter; MÜLLER, Karlheinz: Nutzen der betrieblichen Berufsausbildung. Institut der deutschen Wirtschaft (Hrsg.), Beiträge zur Gesellschafts- und Bildungspolitik 195, Köln 1994.

tungen zu erbringen sind. Da Betriebe immer weniger von stabilen Umweltbedingungen ausgehen können, darf die Bedeutung latenter Leistungsunterschiede nicht unterschätzt werden.

Weshalb ergeben sich überhaupt zwischen den im Betrieb selbst ausgebildeten Fachkräften und externen Arbeitskräften relevante Leistungsunterschiede? Hier sind spezifische Vorteile anzusprechen, die die eigene Ausbildung für den Betrieb bietet. So kann die Qualifizierung – unter Berücksichtigung der bestehenden Ausbildungsrahmenpläne – unmittelbar auf den unternehmensspezifischen Bedarf ausgerichtet werden. Auszubildende erwerben hier frühzeitig ein Wissen über die Besonderheiten des betrieblichen Produktions- und Dienstleistungsprozesses und der Arbeitsvorgänge, über die Firmenprodukte und die Firmenphilosophie, und es werden geeignete Einstellungen und Handlungsmuster herausgebildet. Darüber hinaus stellt die betriebliche Ausbildung auch eine sehr lange Probezeit dar, die dem Betrieb die Möglichkeit gibt, eine Entscheidung darüber zu fällen, welche Mitarbeiter und Mitarbeiterinnen für eine dauerhafte Beschäftigung tatsächlich geeignet sind.

Vorhandene Leistungsunterschiede zwischen betrieblich ausgebildeten und extern rekrutierten Fachkräften können sich in einer Vielzahl von Wirkungen niederschlagen, die für den Betrieb von erheblicher wirtschaftlicher Bedeutung sind. Zu nennen sind hier neben einer höheren Produktivität der betrieblich ausgebildeten Fachkräfte eine geringere Fluktuation, eine höhere Arbeitsqualität und eine höhere Anpassungsgeschwindigkeit bei Produktionsumstellungen und Veränderungen der Marktkonstellationen. Die betriebliche Ausbildung dürfte darüber hinaus auch zu einer höheren Identifikation mit den Zielen eines Unternehmens beitragen und die Anpassung an die spezifische Unternehmenskultur begünstigen.

Bei einem Vergleich zwischen den Alternativen „externe Rekrutierung" und „eigene Ausbildung" sind auch eventuelle Lohnunterschiede für die Ertragsermittlung zu berücksichtigen. Eine eindeutige Richtung dieser Lohnunterschiede kann dabei nicht angegeben werden. Es ist sowohl ein höheres (aufgrund höherer Leistung) als auch ein niedrigeres Lohnniveau (höhere Betriebsbindung) der im Betrieb ausgebildeten Fachkräfte vorstellbar.

- Nutzen durch die Ausbildung

Ein Nutzen der Ausbildung entsteht auch dadurch, dass sich der Betrieb dazu entschließt, Ausbildung überhaupt durchzuführen oder anzubieten. Es handelt sich hier also um Nutzenelemente, die aus der Beschäftigung mit Ausbildungsfragen überhaupt resultieren. Dieser Nutzen wird von uns als „Angebotsnutzen" bezeichnet. Hier ist zunächst eine Stärkung der Position des Unternehmens auf den externen Arbeitsmärkten anzusprechen.[129] So dürfte es ein renommierter Ausbildungsbetrieb auch in

129 Dieser Aspekt ist insbesondere von Sadowski betont worden: SADOWSKI, Dieter: Berufliche Bildung und betriebliches Bildungsbudget, Stuttgart 1980.

anderen Qualifikationsbereichen grundsätzlich einfacher haben, leistungsfähige Arbeitskräfte für sich zu gewinnen. Ebenfalls wird durch ein hohes Ausbildungsengagement das Image des Unternehmens in der Öffentlichkeit und bei potenziellen Kunden oder Geschäftspartnern positiv beeinflusst. Neben diesen Dimensionen, die sich auf die Außendarstellung des Unternehmens richten, kann sich die Ausbildung auch positiv auf die Qualität der Arbeit innerhalb eines Unternehmens auswirken. Hier ist zunächst davon auszugehen, dass die im Rahmen einer Ausbildungstätigkeit aufgebaute besondere Kompetenz auch sinnvoll für die Gestaltung der betrieblichen Weiterbildung genutzt werden kann. Insofern kann die Beschäftigung mit Fragen der beruflichen Ausbildung zu einem Professionalisierungszuwachs in der Weiterbildung führen. Schließlich führt eine dauerhaft angelegte betriebliche Berufsausbildung auch zu einem ständigen Zustrom jüngerer Fachkräfte, welches ansonsten, bei anderen Rekrutierungsalternativen nicht im gleichen Maße gegeben wäre. Die betriebliche Ausbildung kann somit auch als eine institutionalisierte Verjüngung eines Unternehmens angesehen werden. Angesichts der sich immer rascher vollziehenden Veränderungen in den Märkten und der großen Unterschiede im Konsumentenverhalten zwischen einzelnen Altersgruppen ist ein gesicherter Zustrom jüngerer Fachkräfte für die langfristige Existenz eines Unternehmens von Nutzen. Darüber hinaus zwingt die Beschäftigung mit Ausbildungsfragen auch dazu, das verfügbare Wissen zu modernisieren.

1.2 Kosten und Nutzen der Ausbildung als Determinanten des betrieblichen Ausbildungsverhaltens

1.2.1 Kosten-Nutzen-Kalkül

Im Folgenden soll ein Entscheidungskalkül eines Betriebs zur Bilanzierung von Kosten und Nutzen der Ausbildung formuliert werden. Die Darstellung bezieht sich auf den einzelnen Auszubildenden und nicht auf von vornherein aggregierte Größen.[130] Zum besseren Verständnis werden die einzelnen formalisierten Ausdrücke nummeriert.

Kosten der Ausbildung:

(1) $$\sum_{i=1}^{l}\sum_{t=0}^{k-1} \frac{K_{it}}{(1+r)^t}$$

130 Zu ähnlichen Modellformulierungen vgl. z. B. RICHTER, Julia F.: Das Ausbildungsverhalten von Betrieben. Eine Analyse der Kosten und Nutzen der betrieblichen Berufsausbildung in Westdeutschland, Berlin 2000, insbesondere S. 226 f.

Nutzen der Ausbildung:
Der Nutzen der Ausbildung lässt sich in vier Nutzendimensionen aufgliedern:

a) Erträge während der Ausbildung:

$$(2) \quad \sum_{i=1}^{l}\sum_{t=0}^{k-1} \frac{E_{it}}{(1+r)^t}$$

b) produktiver Einsatz des Auszubildenden bei Übernahme:

$$(3) \quad \sum_{i=1}^{j}\sum_{t=k}^{k+n-1} \frac{S_{it}+(AP_{it}-wa_{it})-(EP_{it}-we_{it})}{(1+r)^t}$$

c) Aufwand für alternative Rekrutierung:

Der Rekrutierungsaufwand würde nach Beendigung der Ausbildung einmalig anfallen. Die tatsächliche Höhe des Rekrutierungsaufwands nimmt dabei zu, wenn die eingestellten externen Fachkräfte eine hohe Fluktuation aufweisen.

$$(4) \quad \sum_{i=1}^{j} \frac{R_i}{(1+r)^t}$$

d) Angebotsnutzen:

$$(5) \quad \sum_{i=1}^{l}\sum_{t=0}^{k-1} \frac{I_{it}}{(1+r)^t}$$

Erklärung der Symbole:
K = Bruttokosten eines Auszubildenden
r = Diskontierungsfaktor
S = Ausfallkosten für die Zeit bis ein Externer eingestellt werden kann
AP = Wertprodukt des im Betrieb Ausgebildeten
wa = Lohn des Ausgebildeten
EP = Wertprodukt eines extern Rekrutierten
we = Lohn eines extern Rekrutierten
R = Rekrutierungskosten für einen Externen (Anzeigen, Vorstellungsgespräche, Einarbeitungsaufwand)
I = Angebotsnutzen (z.B. Imageverbesserung bei Kunden)
i = Auszubildender
l = Anzahl der Auszubildenden
t = Periode, beginnend mit 0

k = Dauer der Ausbildung
j = Anzahl der in ein Beschäftigungsverhältnis übernommenen erfolgreich Ausgebildeten
n = Beschäftigungszeit nach Abschluss der Ausbildung

Insgesamt lohnt sich die Ausbildung für den Betrieb, wenn folgende Bedingung gilt:

$$(6)\quad \sum_{i=1}^{l}\sum_{t=0}^{k-1}\frac{K_{it}}{(1+r)^t} < \sum_{i=1}^{j}\frac{R_i}{(1+r)^t} + \sum_{i=1}^{j}\sum_{t=k}^{k+n-1}\frac{S_{it}+(AP_{it}-wa_{it})-(EP_{it}-we_{it})}{(1+r)^t} + \sum_{i=1}^{l}\sum_{t=0}^{k-1}\frac{I_{it}}{(1+r)^t} + \sum_{i=1}^{l}\sum_{t=0}^{k-1}\frac{E_{it}}{(1+r)^t}$$

Die Zahl der Auszubildenden wird in einer Modellbetrachtung[131] solange erhöht, bis die zusätzlich entstehenden Gesamtkosten gleich dem zusätzlichen Gesamtnutzen sind (Grenzkosten = Grenznutzen):

Zu den unterschiedlichen Bestandteilen des Kosten-Nutzen-Kalküls ist im Einzelnen Folgendes anzumerken:

Kosten

Es werden die Bruttokosten für jeden Auszubildenden zugrunde gelegt. Für die ersten Auszubildenden werden die Kosten höher sein als für die folgenden Auszubildenden. Dies gilt allerdings nur bis zu einem bestimmten Sättigungsniveau, d. h., es können sprungfixe Kosten unterstellt werden. Für die Anwendung des Entscheidungskalküls dürften die Bruttokosten auf Teilkostenbasis eher in Betracht kommen als diejenigen auf Vollkostenbasis.

Nutzen

Die Kalkulation der Rekrutierungskosten geschieht für den Zeitpunkt nach Beendigung der Ausbildung und für alle Auszubildenden, die übernommen werden. Basis der Kalkulation ist eine theoretisch mögliche Rekrutierung über den externen Arbeitsmarkt, welche davon abstrahiert, ob eine solche Rekrutierung auch tatsächlich gelingen könnte.

131 Eine weiterführende modelltheoretische Betrachtung dieses Optimierungsprozesses findet sich in GROSSMANN, Stefan; MEYER, Hans Ludwig: Berufsausbildung im Dualen System – eine lohnende Investition? Frankfurt/M. usw. 2002, S. 64 ff.

Die S (für Suche) genannte Größe steht für die Auswirkungen, die der Betrieb zu tragen hat, falls zu einem bestimmten Zeitpunkt keine Fachkräfte zur Verfügung stehen. S ist groß, falls kaum Alternativen auf dem externen Arbeitsmarkt zur Verfügung stehen. S kann dabei nicht ausschließlich durch die Produktivität der einzelnen Fachkraft gemessen werden, da diese immer nur für den Status quo der vorhandenen Bedingungen in einem Betrieb steht (Fachkräftebestand, Produktionsbedingungen). Fehlen Fachkräfte, so verändern sich die Produktionsbedingungen grundlegend. Im Grenzfall könnte die Produktion nicht mehr aufrechterhalten werden, oder es wären vielfältige Anpassungen zu erbringen (Veränderungen in der Arbeitsorganisation, andere Kapitalausstattung).

AP steht für das tatsächliche Wertprodukt einer konkreten Fachkraft. Anders als in anderen formalisierten Darstellungen wird also nicht von vornherein auf das Grenzprodukt abgestellt. Die Differenz zum Lohn gibt den tatsächlichen produktiven Wert einer Fachkraft unter den konkreten im Betrieb geltenden Bedingungen an. EP und we sind die entsprechenden Werte für eine externe Fachkraft, sobald sie (theoretisch) tatsächlich im Betrieb beschäftigt werden könnte. Der entsprechende (Teil)Nutzen der Ausbildung ergibt sich durch einen Vergleich der produktiven Beiträge einer im Betrieb ausgebildeten und einer externen Fachkraft. Es wird deutlich, dass ein Betrieb bei Beschäftigung einer selbst ausgebildeten Fachkraft aus der Beschäftigung durchaus Gewinn erzielen kann, auch wenn der betreffende (Teil)Nutzen negativ wäre (da die Beschäftigung einer externen Fachkraft noch lohnender wäre).

Zwischen den genannten unterschiedlichen Nutzendimensionen gibt es Zusammenhänge: S fällt auf 0, sobald externe Arbeitskräfte theoretisch eingestellt werden könnten. Insgesamt gilt, dass abhängig von spezifischen Bedingungen des externen Arbeitsmarktes bzw. den faktisch bestehenden kurzfristigen Rekrutierungsmöglichkeiten unterschiedliche Faktoren der in Gleichung (6) angesprochenen Nutzendimensionen dominieren können. Falls die Rekrutierungsmöglichkeiten gut sind wird der Ausbildungsnutzen durch die Rekrutierungskosten und die Differenzen zwischen den Wertprodukten eines intern und eines extern Ausgebildeten bestimmt. S nimmt dann den Wert 0 an. Sind die Rekrutierungsmöglichkeiten dagegen schlecht, wird S sehr groß. Rekrutierungskosten fallen in jedem Fall an; die Differenzen zwischen den Wertprodukten werden zu dem Zeitpunkt relevant, zu dem die Einstellung externer Fachkräfte tatsächlich gelingen könnte.

Die Differenzen zwischen den produktiven Werten (korrigiert um evtl. unterschiedlich hohe Löhne) einer im Betrieb ausgebildeten und einer extern rekrutierten Fachkraft werden im Zeitablauf sinken und schließlich den Wert 0 einnehmen. Das heißt, es ist davon auszugehen, dass sich die Produktivitäten zwischen betrieblich Ausgebildeten und extern Rekrutierten im Zeitablauf annähern werden.

Der so genannte Angebotsnutzen (z. B. Image) fällt nur solange an, wie auch ausgebildet wird, nach Beendigung der Ausbildung fällt er auf 0. Dies gilt gleichermaßen für die Erträge während der Ausbildung.

Wie entwickelt sich der zusätzliche Nutzen pro Auszubildenden oder Ausgebildeten nun bei Einstellung zusätzlicher Auszubildender? Weitgehend dürfte für die unterschiedlichen Nutzendimensionen wohl der klassische Verlauf der Ertragskurve unterstellt werden. Anfangs dürfte sich ein steigender Grenznutzen ergeben, der relativ bald in einen ausgedehnten Bereich konstanter Nutzenzuwächse übergeht. Mit einer weiteren Steigerung der Zahl der Auszubildenden dürfte dann ein abnehmender Nutzenzuwachs verbunden sein, der schließlich auf 0 fällt. Wie bereits angesprochen, lohnt sich die Ausbildung bis zu dem Punkt, an dem Grenzkosten und Grenznutzen der Ausbildung gleich sind.

Es ist bekannt, dass ein Teil der ökonomischen Theorie grundsätzlich die Möglichkeiten für Betriebe leugnet, Erträge aus Ausbildungsinvestitionen zu internalisieren, wenn die vermittelten Qualifikationen auch in anderen Betrieben angewendet werden können. G. S. Becker[132] hat für solche über die Betriebsgrenzen hinweg transferierbaren Qualifikationen den Begriff „generelles Humankapital" geprägt (im Gegensatz zu spezifischem Humankapital, bei dem Qualifikationen nur in einem Betrieb genutzt werden können). Gilt die Grenzproduktivitätstheorie, erfolgt also eine Entlohnung nach dem Grenzprodukt, so führt die durch Ausbildung geschaffene höhere Leistungsfähigkeit der betrieblichen Fachkräfte auch zu höheren Löhnen; Erträge fallen in diesem Fall für den Betrieb nicht an. Zunächst spricht hiergegen ein empirisches Argument: Insbesondere Großunternehmen dürften wohl kaum erhebliche Mittel für die Ausbildung aufwenden, wenn sich dies für sie nicht auch ökonomisch rentieren würde. Daneben gibt es aber auch theoretische Begründungen dafür, dass sich getätigte Bildungsinvestitionen für einen Betrieb ökonomisch rentieren können.

- Im Sinne der Unterteilung von G. S. Becker in spezifisches und generelles Humankapital spricht einiges dafür, dass in der Berufsausbildung – trotz der rechtlichen Normierung in staatlich anerkannten Ausbildungsberufen – auch Elemente spezifischen Humankapitals herangebildet werden. Hier wurde oben bereits auf den Vorteil einer frühzeitigen Anpassung des Auszubildenden an die spezifische Unternehmenskultur sowie die Besonderheiten von Produktion, Organisation und Produkten hingewiesen.
- Es ist generell zweifelhaft, dass am Arbeitsmarkt die Bedingungen vollkommener Konkurrenz erfüllt sind. Im Falle unvollkommener Konkurrenz erfolgt aber keine Entlohnung nach dem Grenzprodukt; damit ergibt sich für die Betriebe die Möglichkeit, Ausbildungserträge auch zu internalisieren.[133] In jüngerer Zeit ist

132 BECKER, Gary S.: Human Capital. A Theoretical and Empirical Analysis with Special Reference to Education, Chicago 1964.
133 Vgl. TIMMERMANN, a. a. O; S. 87.

das von Becker entwickelte Standardmodell des Humankapitalansatzes durch Acemoglu und Pischke[134] weiter entwickelt worden. Im Rahmen eines formal-analytischen Modells zeigen sie Anreize und Situationen für Betriebe auf, unter denen diese Bildungsinvestitionen tätigen, auch wenn dabei vollständig allgemeine Qualifikationen vermittelt werden. Entscheidende Bedeutung kommt in diesem Zusammenhang möglichen Lohnstrukturverzerrungen zu.

- Timmermann[135] weist weiterhin darauf hin, dass eine Entlohnung nach dem Grenzprodukt nur für den letzten übernommenen Auszubildenden gilt. Werden abnehmende Grenzerträge unterstellt, so können für alle anderen übernommenen Auszubildenden die entsprechenden Produktivitätsunterschiede vom Betrieb als Erträge abgeschöpft werden.

1.2.2 Ex post- und ex ante-Bestimmung des Verhältnisses von Kosten und Nutzen

Bei einer Ermittlung der einzelnen Kosten- und Nutzenkomponenten sind ex post- und ex ante-Schätzung zu unterscheiden. Ex post könnte für einen bestimmten vergangenen Zeitraum versucht werden, Kosten- und Nutzenwerte anhand der obigen Formel zu bestimmen und eine Schätzung des Verhältnisses von Kosten und Nutzen vorzunehmen. Allerdings wirken auf die Höhe des tatsächlichen Verhältnisses von Kosten und Nutzen eine Vielzahl von Faktoren ein, die vom Betrieb zu einem großen Teil nicht selbst bestimmt werden können. Hier sind Umweltbedingungen wie die Konjunktur und die Marktlage zu nennen. Ein Betrieb, der eine gute Marktlage erwartet und viele Auszubildende einstellt, kann also Recht behalten und einen hohen Ausbildungsnutzen erzielen. Er kann sich aber auch irren und bei schlechter Marktlage und mangelnden Beschäftigungsmöglichkeiten für die im Betrieb Ausgebildeten einen niedrigeren Ausbildungsnutzen erzielen. Die tatsächliche Höhe des Nutzens der Ausbildung bzw. des Verhältnisses von Kosten und Nutzen hängt also von vielen Faktoren ab, die mit der Ausbildung selbst und auch mit dem Betrieb relativ wenig zu tun haben. In erster Linie hängt die tatsächliche Höhe des Ausbildungsnutzens deshalb von den Fähigkeiten des Betriebs ab, die zukünftige Entwicklung des Marktes und der benötigten Arbeitskräfte zu prognostizieren. Allerdings dürften die Möglichkeiten, die Zukunft vorherzusehen, grundsätzlich begrenzt sein. Ein Betrieb ist deshalb bei der Entwicklung einer Ausbildungsstrategie dazu gezwungen – wie bei anderen

134 ACEMOGLU, Daron; PISCHKE, Jörn-Steffen: Beyond Becker: Training in imperfect labour markets, in: The Economic Journal. 109 (February) 1999, F112–142, sowie ACEMOGLU, Daron; PISCHKE, Jörn-Steffen: Why do firms train? Theory and evidence; in: The Quarterly Journal of Economics, February 1998, S. 79–119. Eine empirische Überprüfung des Modells für Deutschland findet sich in BECKMANN, Michael: Lohnstrukturverzerrung und betriebliche Ausbildung. Empirische Analyse des Acemoglu-Pischke-Modells mit Daten des IAB-Betriebspanels, in: Mitteilungen aus der Arbeitsmarkt- und Berufsforschung, Heft 2/2002, S. 189–204.

135 TIMMERMANN, a. a. O; S. 87.

Investitionsentscheidungen auch – eine Entscheidung unter Unsicherheit zu fällen. Der Nutzen der Ausbildung bzw. das Verhältnis von Kosten und Nutzen sind also ex ante abzuschätzen. Falls wesentliche Konstellationen sich anders entwickeln als unterstellt, so muss die getroffene Entscheidung gleichwohl nicht als falsch angesehen werden, wenn die betreffenden Entwicklungen prinzipiell nicht vorhersagbar waren.

Bei der Entwicklung einer Ausbildungsstrategie und der Festlegung von Auszubildendenzahlen sind die in der Zukunft zu erwartenden Kosten- und Nutzengrößen abzuschätzen. Die Kosten der Ausbildung können dabei für den Betrieb noch als relativ gut kalkulierbar angesehen werden, dies gilt für den Nutzen nicht in gleicher Weise. Am besten zu kalkulieren sind hier noch die Erträge während der Ausbildung und die Kosten für Fremdrekrutierung. Auch hier ist allerdings schon eine Prognose des Fachkräftebedarfs für den Zeitpunkt nach Beendigung der Ausbildung erforderlich. Die übrigen Größen sind nur schwer abzuschätzen. Sie hängen in erheblichem Maße von Umweltbedingungen ab, die der Betrieb nur zum Teil selbst beeinflussen kann. Bei Kenntnis aller möglichen Konstellationen und einer Bewertung mit (subjektiven) Wahrscheinlichkeiten könnte ein Erwartungswert berechnet werden, der den erwarteten betrieblichen Nutzen aus der Ausbildung einer bestimmten Zahl von Auszubildenden angeben würde. Zu maximieren wäre für den Betrieb der Nettogewinn aus der Ausbildung. Dieses Maximum würde – wie oben bereits ausgeführt – dann erreicht, wenn die Grenzkosten der Ausbildung gleich dem Grenznutzen wären.

Allerdings wäre die Verwendung nur des Erwartungswertes zur Bestimmung des Nutzens nicht unproblematisch. In der Zukunft können Risiken liegen, deren Eintreten zwar nur mit einer niedrigen subjektiven Wahrscheinlichkeit bewertet wird, deren Auswirkungen bei Eintreten aber gravierend sein könnten. Insofern könnte zur Bestimmung eines Ausbildungsnutzens zum Erwartungswert auch noch eine Risikoprämie addiert werden, deren Höhe für die Risikoneigung eines Betriebes stünde. Eine solche Risikoprämie ließe sich auch bei vollständiger Kenntnis des Ereignisraumes und der entsprechenden Wahrscheinlichkeiten nicht „objektiv" bestimmen. Sie würde vielmehr von der Bewertung der Risiken durch den Betrieb und der Neigung abhängen, Risiken zu vermeiden oder in Kauf zu nehmen. In der Entscheidungstheorie ergibt sich die Risikoprämie als die Differenz zwischen dem Erwartungswert und dem sogenannten Sicherheitsäquivalent.[136] Das Sicherheitsäquivalent ist eine subjektive Größe, die ausdrückt, was dem Betrieb die Abdeckung möglicher Risiken durch die Ausbildung letzten Endes wert ist.

Deutlich geworden ist bisher, dass der Ausbildungsnutzen keine eindimensionale und keine leicht zu berechnende Größe ist. Dies würde selbst für den Fall gelten, dass die zur Bestimmung des Nutzens relevanten Daten (was nur in Ausnahmefällen realistisch erscheint) vorliegen würden. Zumindest ist nach einer ex ante- und einer

136 Vgl. EISENFÜHR, Franz; WEBER, Martin: Rationales Entscheiden, 3. Aufl., Berlin 1999, S. 222 ff.

ex post-Bestimmung zu unterscheiden, wobei ex ante die Risikoabdeckung einer subjektiven Bewertung der betrieblichen Entscheidungsträger unterliegt.

Fragt man nach der Höhe des für den Betrieb durch Ausbildung erzielbaren Nutzens, so ist zu berücksichtigen, dass der mögliche Nutzen, so wie er in den Formeln dargestellt wird, abhängig ist von den spezifischen Bedingungen in einem Betrieb: Dies ist zunächst das gewählte Produktionsverfahren, die vorhandene Kapitalintensität sowie der Anteil qualifizierter Arbeit (Fachkräfte) an der eingesetzten Arbeit insgesamt. Unter Berücksichtigung dieser Ausgangsbedingungen können die betreffenden Bestimmungsformeln angewendet werden. Dabei werden die jeweiligen betrieblichen Bedingungen unterschiedlich sein und es werden sich insoweit unterschiedlich gute Möglichkeiten für eine Verwertung der Ausbildung bzw. für einen hohen Ausbildungsnutzen ergeben. Würden die jeweiligen betrieblichen Bedingungen frei gegeben bzw. als frei wählbar angesehen, so würde sich eine ganz andere Bestimmung für den Ausbildungsnutzen ergeben. Der Ausbildungsnutzen würde sich dann aus einem Vergleich aller möglichen betrieblichen Strategien und ihrer jeweiligen Verknüpfung mit einem bestimmten Anteil qualifizierter Arbeit ergeben. Zu wählen wäre diejenige Strategie und der Anteil qualifizierter Arbeit, welche langfristig zu einem maximalen Gewinn führen würden. Der jeweilige Ausbildungsnutzen würde sich aus einem Vergleich der mit den einzelnen Strategien jeweils zu erzielenden Gewinne ergeben. Insbesondere könnten die Gewinne alternativer Strategien mit hohen Anteilen qualifizierter Arbeit und sehr niedrigen Anteilen qualifizierter Arbeit miteinander verglichen werden.

In der Realität dürfte eine Abstraktion vom Vorliegen bestimmter betrieblicher Ausgangskonstellationen für eine Nutzenbestimmung kaum gangbar sein. Die Überlegungen haben aber nicht nur eine theoretische Bedeutung. Relevanz dürfte diesen Hinweisen insbesondere bei einem Vergleich des Nutzens von Qualifizierung in einem internationalen Kontext zukommen. Hier ist sehr wahrscheinlich, dass in einzelnen Ländern unterschiedliche Lösungen für ein bestimmtes Produktionsproblem gewonnen wurden und Hinweise auf einen hohen Ausbildungsnutzen in einem Land nicht ohne weiteres auf die in anderen Ländern herrschenden Konstellationen übertragen werden können.[137]

1.2.3 Bestimmungsgrößen des Ausbildungsnutzens

Im Folgenden soll herausgearbeitet werden, von welchen grundlegenden Faktoren die Höhe des betrieblichen Ausbildungsnutzens bestimmt wird. Die Frage nach den Determinanten des Ausbildungsnutzens kann auch als Frage nach den Bestimmungsgründen des betrieblichen Ausbildungsplatzangebots zu einem bestimmten Zeitpunkt

137 Vgl. BACKES-GELLNER, Uschi: Betriebliche Bildungs- und Wettbewerbsstrategien im deutsch-britischen Vergleich, München und Mering 1996.

angesehen werden, weil die Zahl der angebotenen Ausbildungsplätze aus ökonomischer Sicht unmittelbar vom erzielbaren Nutzen (bzw. vom Verhältnis von Kosten und Nutzen) determiniert wird. Da es sich beim betrieblichen Ausbildungsplatzangebot – anders als beim Nutzen – um eine sehr konkrete und anschauliche Größe handelt, sollen die folgenden Überlegungen hierauf bezogen werden. Das Angebot an betrieblichen Ausbildungsplätzen wird als Funktion unterschiedlicher Größen gesehen:

(7) P = f (FE, BF (KI, QA, EL), SQ, NK, I)

Es bedeuten:
P = Angebot an betrieblichen Ausbildungsplätzen
FE = Zahl der Fachkräfte auf dem externen Arbeitsmarkt
BF = Zukünftiger Bedarf an Fachkräften
KI = Kapitalintensität
QA = Gewünschter Anteil der Fachkräfte an allen Arbeitskräften
EL = Ertragslage
SQ = Spezifität der Qualifikationsanforderungen im Betrieb für einen bestimmten Ausbildungsberuf
NK = Nettokosten der Ausbildung
I = Angebotsnutzen der Ausbildung

Der Ausdruck (7) greift die in der Formel (6) enthaltenen Zusammenhänge auf und nennt Faktoren, von denen die in (6) enthaltenen Nutzendimensionen abhängen. Ausdruck (7) soll nun näher erläutert werden:

Das Angebot an Ausbildungsplätzen wird bestimmt durch die Zahl der Fachkräfte auf dem externen Arbeitsmarkt, dem zukünftigen Bedarf an Fachkräften (welcher wiederum von anderen Faktoren bestimmt wird), der Spezifität der Qualifikationsanforderungen in einem Betrieb, den Nettokosten der Ausbildung und dem Angebotsnutzen der Ausbildung.

Die Zahl der Fachkräfte im für den Betrieb relevanten Segment auf dem externen Arbeitsmarkt gibt die grundsätzlichen Möglichkeiten für den Betrieb an, auf externe Fachkräfte überhaupt zugreifen zu können. Diese Größe hängt u. a. davon ab, inwieweit sich der Betrieb in seinem Produktionsprogramm und seinen benötigten Fachkräften grundsätzlich von anderen Betrieben, insbesondere in einer bestimmten Region, unterscheidet. Je mehr Fachkräfte auf dem externen Arbeitsmarkt vorhanden sind, bzw. auch von anderen Betrieben ausgebildet werden, umso eher wird sich die eigene Ausbildung für den Betrieb nicht lohnen. Allerdings gilt diese Entscheidungssituation grundsätzlich für jeden Betrieb.

Der vom Betrieb erwartete Bedarf an Fachkräften ist eine zentrale Determinante des Ausbildungsplatzangebotes. Dieser Bedarf wird in der Formel (7) durch drei betriebliche Bedingungen bestimmt. Die Kapitalintensität (das Verhältnis von Kapital und eingesetzter Arbeitsmenge) und der gewünschte Anteil der Fachkräfte an allen Arbeitskräften stehen für die vom Betrieb grundsätzlich gewählte Lösung seiner wirtschaftlichen Aufgaben. Von dieser Lösung dürfte es abhängen, wie wichtig überhaupt die Einstellung entsprechender Fachkräfte in der Zukunft ist. Die Kapitalintensität ist ein Maß für das Gewicht des Faktors Arbeit (im Verhältnis zu eingesetztem Kapital) überhaupt. Dabei werden in wirtschaftstheoretischen Ansätzen häufig Substitutionsbeziehungen unterstellt, die so nicht immer gegeben sein dürften. Für die Kapitalintensität und den Fachkräftebedarf kann so keine eindeutige Beziehung unterstellt werden. Eine hohe Kapitalintensität dürfte sich insbesondere negativ auf die Beschäftigung ungelernter Arbeitskräfte auswirken, bei den Fachkräften sind allerdings sowohl positive als auch negative Wirkungen vorstellbar. Eindeutig positive Wirkungen auf den Bedarf können aber für einen hohen gewünschten Anteil von Fachkräften an allen Arbeitskräften unterstellt werden. Schließlich dürfte sich eine (in der Zukunft erwartete) gute Ertragslage unmittelbar positiv auf den Fachkräftebedarf auswirken. Ein geringer oder geringerer Bedarf an Fachkräften ist nach dieser Darstellung insbesondere dann zu erwarten, wenn die wirtschaftliche Situation insgesamt als ungünstig eingeschätzt wird oder sich die Wertschätzung dual ausgebildeter Fachkräfte (im Vergleich zu anderen Bildungsabschlüssen) reduziert. Die erste Abhängigkeit des Fachkräftebedarfs ist konjunktureller, die andere dagegen struktureller Art.

Die Größe SQ in Formel (7) steht für die Spezifität der Qualifikationsanforderungen eines bestimmten Berufes in einem Betrieb. Sie gibt an, wie wichtig es für einen Betrieb ist, die Fachkräfte eines bestimmten Segments selbst auszubilden. Man kann dabei von einer doppelten Spezifität der betrieblichen Ausbildung als einer wesentlichen Determinante der Höhe des betrieblichen Ausbildungsangebots sprechen. Die erste Spezifität wird durch die Zahl der auf dem externen Arbeitsmarkt zur Verfügung stehenden Fachkräfte ausgedrückt, was oben bereits dargestellt wurde. Hierdurch kommt zum Ausdruck, inwieweit sich neben einem Betrieb noch andere Betriebe an der Ausbildung in einem bestimmten Segment beteiligen. Im Grenzfall gibt es in einer Region nur einen Betrieb, der im betreffenden Beruf ausbildet, und dem Betrieb bleibt grundsätzlich keine Wahl. Werden Fachkräfte allerdings in einem größeren Maße auch von anderen Betrieben ausgebildet, so ergeben sich Wahlmöglichkeiten zwischen der eigenen Ausbildung und der Anwerbung extern ausgebildeter Fachkräfte. SQ symbolisiert dagegen die Spezifität der Ausbildung innerhalb eines bestimmten allgemein anerkannten Ausbildungsberufs. So werden in der Berufsausbildung immer auch Inhalte vermittelt, die nur für den jeweiligen Ausbildungsbetrieb eine besondere Relevanz haben (z. B. Kenntnis besonderer Abläufe und Verfahrensweisen, Identifikation mit dem Unternehmen).

Als theoretischer Ausgangspunkt für die Bedeutung der Spezifität der Ausbildung kann der so genannte Transaktionskostenansatz aus der Neuen Institutionenökonomie[138] herangezogen werden. Hiernach stellt sich für jedes Unternehmen die grundsätzliche Frage, ob eine bestimmte Leistung im Unternehmen selbst erbracht oder über den Markt bezogen werden soll. Nach Coase[139] werden Transaktionen nur so lange aus dem Markt in eine Unternehmung verlagert, bis die Grenzkosten unternehmensinterner Transaktionen auf die Höhe der Grenzkosten marktlicher Transaktionen angestiegen sind. Im Hinblick auf unser Ausbildungsthema steht ein Unternehmen also vor der Wahl, benötigte Qualifikationen durch eine eigene Berufsausbildung entweder selbst heranzubilden oder über den Markt (externe Rekrutierung) einzukaufen. Nach den Aussagen der Transaktionskostentheorie steigt die Wahrscheinlichkeit für eine Integration entsprechender Leistungen in das Unternehmen (also Ausbildung selbst zu betreiben) mit dem Grad der Faktorspezifität. Im Kern geht es hier um die Spezifität des Humankapitals, allerdings ist hierfür häufig eine hohe Spezifität des Sachkapitals ursächlich. Ausgehend von diesen Überlegungen haben Franz und Soskice[140] sowie Neubäumer[141] eine These von zwei Segmenten des deutschen dualen Ausbildungssystems formuliert. Hiernach existiert ein Segment mit hoher Faktorspezifität, welches sich durch hohe Ausbildungskosten und hohe Übernahmequoten der betrieblich Ausgebildeten auszeichnet. Ein anderes Segment weist demgegenüber eine geringere Faktorspezifität auf und ist durch niedrigere Ausbildungskosten und hohe Abwanderungsquoten nach der Ausbildung gekennzeichnet. Der (potenzielle) Verwertungsnutzen der Ausbildung ist im ersten Segment hoch und im zweiten Segment eher niedrig. Wird ein rationales Verhalten des Betriebs unterstellt, so müssten die Ausbildungskosten im zweiten Segment bereits während der Ausbildung durch produktive Leistungen der Auszubildenden bzw. durch weitere Nutzenelemente gedeckt werden Als typische Segmente werden Industriebetriebe auf der einen und Handwerksbetriebe auf der anderen Seite genannt.

Die Nettokosten der Ausbildung als Differenz von Bruttokosten und Erträgen während der Ausbildung mindern unmittelbar den Gesamtnutzen der Ausbildung und wirken sich tendenziell negativ auf die Höhe des betrieblichen Ausbildungsplatzangebots aus. Die Nettokosten dürften allerdings nur dann eine dominierende Rolle spielen, wenn das Interesse des Betriebs an einer Deckung des zukünftigen Qualifikationsbedarfs durch eine eigene Ausbildung gering ist. Nur in diesem Fall dürften die Ausbildungskosten (verglichen mit dem durch eine Ausbildung zu erzielenden Nutzen) wesentlich ins Gewicht fallen.

---

138 Vgl. RICHTER, Rudolf; FURUBOTN, Eirik G.: Neue Institutionenökonomik, 2. Aufl., Tübingen 1999.

139 COASE, R. H.: The Nature of the Firm, in: Economica, 4/1937, S. 386–405.

140 FRANZ, Wolfgang.; SOSKICE, David.: The German Apprenticeship System, in: Buttler, F.; Franz, W.; Schettkat, R.; Soskice, D. (Hrsg.): Institutional Frameworks and Labour Market Performance. Comparative Views on the U.S. and German Economies, London, New York 1995.

141 NEUBÄUMER; Renate: Der Ausbildungsstellenmarkt der Bundesrepublik Deutschland. Eine theoretische und empirische Analyse, Berlin, 1999.

Ein Angebotsnutzen fällt während der gesamten Ausbildungszeit an und wirkt sich positiv auf das betriebliche Ausbildungsplatzangebot aus. Die tatsächliche Bedeutung dieser Nutzendimension muss empirisch überprüft werden.

Die hier dargestellten Ableitungen und Überlegungen sollen eine bessere Strukturierung der Auswertung der empirischen Daten zum Nutzen der Berufsausbildung ermöglichen. Eine wesentliche Schlussfolgerung kann an dieser Stelle bereits gezogen werden. Sie betrifft die Amortisation der Ausbildungskosten bzw. die Frage, wie lange eine im Betrieb ausgebildete (und in ein Beschäftigungsverhältnis übernommene) Fachkraft im Betrieb beschäftigt sein muss, damit sich die Ausbildung lohnt. Eine These ist hier, dass die Amortisation der Ausbildungskosten in den meisten Fällen bereits wenige Jahre nach Beendigung der Ausbildung gelingt (bzw. gelingen muss). Hierfür sprechen mehrere Gründe:

- Aufgrund der vorzunehmenden Abdiskontierung nehmen die tatsächlichen Nutzenwerte umso stärker ab, je weiter entfernt sie in der Zukunft liegen. Ebenso werden die Verbleibswahrscheinlichkeiten der ausgebildeten Fachkräfte mit der Zeit zurückgehen. Ein realistischer Erwartungshorizont für einen tatsächlich zu erzielenden Nutzen aus der Ausbildung muss deshalb notwendigerweise deutlich begrenzt sein.
- Zur Qualifizierung von Fachkräften ist einerseits nur eine begrenzte Zeit erforderlich. Ereignisse, die sehr weit in der Zukunft liegen, können andererseits durch eine Veränderung der Ausbildungsaktivitäten jederzeit beeinflusst werden. Es wäre für einen Betrieb dann lohnender, zur Abdeckung entsprechender Risiken nicht schon heute, sondern erst zu einem späteren Zeitpunkt über eine Ausweitung der Ausbildungsaktivitäten gegenzusteuern.
- Wie im Text bereits angesprochen werden bei einer gelungenen Einstellung externer Fachkräfte die Differenzen ihrer Produktivitäten zu den intern ausgebildeten Fachkräften nur anfangs hoch sein, dann aber deutlich zurückgehen.

Hinzuweisen ist schließlich noch darauf, dass für das institutionalisierte duale Ausbildungssystem in Deutschland betriebliche Ausbildungsentscheidungen nicht ausschließlich einem engen betrieblichen Kalkül der Nutzenmaximierung folgen dürften. Vielmehr ist – innerhalb bestimmter Grenzen – zwischen den Betrieben einer Region oder innerhalb von Branchen mit einem gemeinsamen Interesse an einer Deckung des Qualifikationsbedarfs die Entwicklung kooperativer Strategien wahrscheinlich. Hierzu trägt sicherlich die Organisation der Betriebe in den Kammern bei. Insbesondere für größere Betriebe mit einer hohen Zahl beschäftigter Fachkräfte ist wahrscheinlich, dass sie bereit sind, einen Beitrag zur Deckung des Qualifikationsbedarfs insgesamt zu leisten. Ebenfalls begreifen Betriebe berufliche Ausbildung auch als einen Beitrag für die Gesellschaft. Die Bedeutung politischer Appelle an die Betriebe, ihrer gesellschaftlichen Verantwortung nachzukommen, dürfen hier nicht unterschätzt werden.

1.3 Methoden zur empirischen Schätzung des Ausbildungsnutzens

Die vorstehenden Ausführungen bilden einen Bezugsrahmen für die Darstellung der Ergebnisse der durchgeführten Erhebung zum Nutzen der betrieblichen Ausbildung. Die einzelnen Modellkomponenten des Ausbildungsnutzens sind allerdings empirisch nicht eins zu eins abbildbar, da sich erhebliche Mess- und Erfassungsschwierigkeiten ergeben. Auf den Versuch, den Gesamtnutzen der Ausbildung vollständig monetär zu bewerten, wurde deshalb verzichtet. Zusätzlich zur monetären Quantifizierung einzelner Nutzenkomponenten wurde deshalb die Bedeutung des Ausbildungsnutzens auch über die unmittelbare Bewertung qualitativer Indikatoren durch die Betriebe erhoben. Zur Ermittlung von Nutzenkomponenten wurde im Projekt eine standardisierte mündliche Befragung von Ausbildungsbetrieben vorgenommen. Zusätzlich wurde eine Ergänzungsbefragung primär bei nicht ausbildenden Betrieben (sowie einer Kontrollgruppe ausbildender Betriebe) auf schriftlichem Wege durchgeführt.

In den standardisierten Erhebungen wurde auf unterschiedlichem Wege versucht, Anhaltspunkte für den Nutzen der betrieblichen Berufsausbildung zu gewinnen. Im Rahmen einer indirekten Erfassung des Nutzens der betrieblichen Ausbildung wurde zunächst die eigene Ausbildung mit den Möglichkeiten einer externen Personalrekrutierung verglichen. Es wurde die tatsächliche Bedeutung externer Rekrutierung erhoben und eine Quantifizierung der durch die eigene Ausbildung vermiedenen Kosten vorgenommen. Hierzu wurde nach den tatsächlichen Kosten gefragt, die sich bei einer Einstellung externer Fachkräfte ergeben hatten. Im Einzelnen ging es um die Inserierungskosten, die Vorstellungsgespräche, die Kosten für Einarbeitung (berechnet aus Einarbeitungsszeit und Minderleistung) und Weiterbildung. Neben dieser faktischen Betrachtung wurde ergänzend hypothetisch gefragt, auf welche Möglichkeiten der externen Rekrutierung der Betrieb zurückgreifen könnte, wenn auf die eigene Ausbildung verzichtet würde.

Zusätzlich zur quantifizierenden Schätzung der Rekrutierungsvorteile einer betrieblichen Ausbildung wurde in den Fragebogen eine breite Palette von Aussagen zur direkten Nutzenbewertung durch die Betriebe aufgenommen. Unterschiedliche Aspekte der genannten wesentlichen Nutzenkomponenten wurden hierzu in Form von Einschätzungsskalen differenziert in das Erhebungsinstrumentarium aufgenommen.

Im Rahmen einer statistischen Analyse wurde schließlich überprüft, inwieweit Beziehungen zwischen betrieblichen Ausbildungsaktivitäten und betrieblichen Erfolgsindikatoren nachzuweisen sind (z. B. Umsatz- und Gewinnentwicklung in den vergangenen Jahren, Personalengpässe, Innovationsgeschwindigkeit, Reklamationen, Qualitätsniveau). Ausgangspunkt der Überlegungen ist hier die Beobachtung, dass Betriebe unterschiedliche Qualifizierungsstrategien verfolgen, die auch unterschiedlich erfolgreich sein können.[142]

142 Vgl. BACKES-GELLNER, Uschi: Betriebliche Bildungs- und Wettbewerbsstrategien im deutsch-britischen Vergleich, a. a. O.

Die theoretischen Vorüberlegungen haben gezeigt, dass die Höhe des Ausbildungsnutzens bzw. die relative Attraktivität der eigenen Ausbildung auch im Vergleich zu alternativen Möglichkeiten der Personalrekrutierung nicht für jeden Betrieb gleich sein dürfte, sondern von einer Reihe unterschiedlicher Rahmenbedingungen abhängig ist. Die durchgeführte empirische Erhebung versuchte deshalb, relevante Bedingungen zu erfassen. Im Einzelnen handelt es sich um die Erfassung der betrieblichen Strukturmerkmale und Marktbedingungen, die vom Betrieb verfolgten Wettbewerbsstrategien sowie die betrieblichen Ausbildungsstrategien. Die entsprechenden Variablen werden zur Erklärung einer unterschiedlichen Höhe des Ausbildungsnutzens und zur Prüfung spezifischer Hypothesen herangezogen.

Neben den Ausbildungsbetrieben – für die gleichzeitig auch die Ausbildungskosten ermittelt wurden – wurde zusätzlich auch eine Ergänzungsbefragung bei nicht ausbildenden Betrieben durchgeführt, welche ähnliche Fragenkomplexe wie hier angesprochen enthielt. Außerdem wurden Gründe für den Verzicht auf eine eigene Ausbildung eruiert.

Differenzierte Ausführungen zur jeweils verwendeten Erhebungsmethode bei der Schätzung von Nutzenkomponenten erfolgen im Zusammenhang der Darstellung der empirischen Ergebnisse.

2 Grundorientierungen der betrieblichen Ausbildung

Wie im vorherigen Abschnitt ausgeführt ergibt sich der Nettonutzen der Ausbildung für einen Betrieb aus einer Bilanzierung aller relevanten Kosten- und Nutzendimensionen. Grundsätzlich sind hier zwei Möglichkeiten einer positiven Nutzenbilanz zu unterscheiden. Zum einen kann bereits während der Ausbildung bzw. bis zu ihrem Abschluss ein solcher Nettonutzen erzielt werden. Voraussetzung hierfür ist, dass die Erträge aus produktiven Leistungen der Auszubildenden zuzüglich von Elementen eines Angebotsnutzens der Ausbildung die gesamten Ausbildungskosten übersteigen. Wird ein solcher Nettonutzen während der Ausbildung nicht erzielt, so ist die Ausbildung für einen Betrieb nur dann rentabel, wenn der Auszubildende in ein Beschäftigungsverhältnis übernommen wird und – aufgrund von Rekrutierungs- und Leistungsvorteilen des selbst Ausgebildeten gegenüber externen Fachkräften oder eines generell mangelhaften Fachkräfteangebots – ein weiterer Nutzen aus der Ausbildung vom Betrieb internalisiert werden kann. Für diese beiden unterschiedlichen Möglichkeiten, Ausbildung wirtschaftlich zu betreiben, sind die Begriffe „Produktions- vs. Investitionsmodell“ der Ausbildung geprägt worden.[143] Im ersten Fall können die Ausbildungskosten durch den wirtschaftlichen Einsatz der Auszubildenden kompensiert werden; die Ausbildungsstrategie des Betriebes richtet sich auf einen

143 Eine ausführliche Darstellung findet sich in SCHWERI, Jürg u. a.: Kosten und Nutzen der Lehrlingsausbildung aus der Sicht Schweizer Betriebe, a. a. O., S. 23 ff.

möglichst wirtschaftlichen Einsatz des Auszubildenden in der laufenden Produktion. Im anderen Fall wird Ausbildung dagegen als langfristige Investition betrachtet, die sich erst später – nach Übernahme des Ausgebildeten in ein Beschäftigungsverhältnis – für den Betrieb rentiert.

Da die Kosten pro Auszubildenden, die Möglichkeiten für einen wirtschaftlichen Einsatz von Auszubildenden wie auch die Verwertungsbedingungen von Qualifikationen in einem Betrieb nicht unbedingt konstant sind, sind theoretisch auch Kombinationen der beiden Ausbildungsstrategien vorstellbar. So könnte beispielsweise bei grundsätzlich investitionsorientierter Ausbildung eine geringe Ausbildung über den eigentlichen Fachkräftebedarf hinaus wirtschaftlich rentabel sein, auch wenn die durchschnittlichen Kosten der Ausbildung deutlich höher wären als die durchschnittlichen Erträge aus produktiven Leistungen der Auszubildenden. Voraussetzung wäre aber, dass die Grenzkosten für die zusätzlich aufgenommenen Auszubildenden unterhalb der möglichen Erträge aus produktiven Leistungen lägen.

Die Frage ist nun, ob sich die beiden theoretisch abgeleiteten Grundmodelle einer aus ökonomischer Sicht für den Betrieb rentablen Berufsausbildung auch empirisch identifizieren lassen. Lassen sich also Betriebe, deren Hauptinteresse der produktive Einsatz der Auszubildenden ist und die demzufolge auf einen Ausgleich von Kosten und Nutzen während der eigentlichen Ausbildungszeit bedacht sein müssen, von solchen unterscheiden, die mit der Ausbildung eher langfristige Investitionsinteressen verbinden und stärker am späteren Arbeitseinsatz der erfolgreich Ausgebildeten interessiert sein müssten? Eine Möglichkeit dies zu überprüfen – wäre die genaue Gegenüberstellung von Kosten und Nutzen während der Ausbildungsdauer. Durch die Berechnung von Bruttokosten sowie den Erträgen aus produktiven Leistungen der Auszubildenden und den daraus resultierenden Nettokosten haben wir hierfür eigentlich relativ gute Schätzungen. Allerdings fehlen die Nutzenelemente, die wir als Angebotsnutzen bezeichnet haben (z. B. Image des Betriebs) und welche sich kaum monetär quantifizieren lassen. Abgesehen hiervon bestünde bei dieser Vorgehensweise ein Problem darin, dass aus den vorhandenen Kosten-Nutzen-Relationen von vornherein und unzulässig verkürzt auf ein dahinterstehendes Interesse geschlossen würde. Betriebe mit zumindest ausgeglichener Kosten-Nutzen-Bilanz während der Ausbildungszeit würden automatisch dem Produktionsmodell zugeordnet, obwohl die eigentliche Interessenlage eine andere sein könnte. Für Betriebe mit einer produktionsorientierten Ausbildung wären negative Nutzen-Kosten-Relationen per definitionem ausgeschlossen; auch könnte es keine Betriebe mit Investitionsinteresse und gleichzeitig bereits während der Ausbildung ausgeglichener Kosten-Nutzen-Bilanz geben. Wir wollen deshalb der Frage nach unterschiedlichen Grundorientierungen der betrieblichen Ausbildung zunächst mit anderen Mitteln nachgehen.

Es erscheint plausibel, dass Betriebe, welche Ausbildung vor allem als längerfristige Investition betrachten, einen großen Teil der von ihnen Ausgebildeten in ein

Beschäftigungsverhältnis übernehmen. Umgekehrt dürften Betriebe, welche eher an einer direkten wirtschaftlichen Mitwirkung der Auszubildenden während der Ausbildung interessiert sind, hier ein weniger ausgeprägtes Interesse zeigen. Hohe Übernahmequoten nach Abschluss der Ausbildung signalisieren also eine eher investitionsorientierte Ausbildung, niedrige Übernahmequoten dagegen eine eher produktionsorientierte Ausbildung. In unserer Erhebung haben wir eine Typisierung der Betriebe in solche mit hohem Übernahmeinteresse und solche mit eher niedrigem Übernahmeinteresse vorgenommen. Hierfür wurden die tatsächlichen Übernahmequoten in den letzten drei Jahren sowie ergänzende Aussagen der Betriebe zu den Zielen ihrer Ausbildung herangezogen.[144] Nach unserer Klassifikation sind rund zwei Drittel (65 %) der deutschen Ausbildungsbetriebe als investitionsorientiert und nur ein Drittel als produktionsorientiert zu bezeichnen. Natürlich würden sich bei anderen als den von uns gewählten Zuordnungsfestlegungen auch andere Häufigkeiten ergeben. Da wir für die Zuordnung in die Gruppe der Betriebe mit hohem Übernahmeinteresse eine relativ hohe Quote vorgegeben haben (mehr als 75 %), dürfte sich bei einer anderen Zuordnung noch ein etwas höherer Anteil für die eher investitionsorientierten Betriebe ergeben.

Anhand der vorliegenden Übernahmequoten kann natürlich nicht mit 100%iger Sicherheit das langfristige Investitionsinteresse eines Betriebes an der Ausbildung abgelesen werden. So dürfte die Übernahmequote auch von aktuellen wirtschaftlichen Problemlagen beeinflusst werden. Ebenfalls ist darauf hinzuweisen, dass Betriebe, welche aus einer gesellschaftlichen Verpflichtung heraus in einem hohen Maße über den eigenen Bedarf hinaus ausbilden, zwangsläufig niedrigere Übernahmequoten aufweisen müssen als Betriebe, welche strikt bedarfsorientiert ausbilden. In einzelnen Tarifbereichen gibt es zudem Tarifverträge, die die Betriebe zu einer befristeten Übernahme der Auszubildenden verpflichten. Auf der Ebene des einzelnen Betriebes können wir sicherlich nicht in jedem Fall davon ausgehen, dass wir die betreffende Zuordnung mit den uns zur Verfügung stehenden Informationen richtig vorgenommen haben; allerdings dürften in der Summe aller Betriebe die Wahrscheinlichkeiten für eine richtige Zuordnung relativ hoch sein.

Für unsere Klassifikation nach eher hohem oder eher niedrigem Übernahmeinteresse ergeben sich deutliche Zusammenhänge mit einer Reihe von anderen Variablen zur Beurteilung eines eher kurz- oder längerfristigen betrieblichen Interesses an der Ausbildung. So befinden sich im Schnitt in Betrieben mit einem hohem Übernahmeinteresse ein Jahr nach Abschluss der Ausbildung noch 66 % aller Ausgebildeten im Betrieb. Bei Betrieben mit einem von uns konstatierten niedrigen Übernah-

144 Da bei vielen Betrieben nicht in jedem Jahr Absolventen im jeweiligen Beruf eine Ausbildung abgeschlossen hatten, gab es bei der Berechnung der einzelnen Übernahmequoten hohe Ausfälle. In einer Gesamtabfrage über die letzten drei Jahre wurde solchen Betrieben ein hohes Übernahmeinteresse attestiert, deren Übernahmequote mindestens einmal in diesen Jahren 75 % überstieg. Da für rund ein Viertel der befragten Betriebe keine Informationen zur Übernahme vorlagen, wurden diese aufgrund relevanter Angaben zu den Ausbildungszielen entsprechend klassifiziert.

meinteresse beträgt der entsprechende Anteil dagegen nur 26 %. Wir haben bei unserer Typenbildung zwar auf die Gesamtübernahmequoten abgestellt und nicht danach unterschieden, ob der Weggang aus dem Betrieb eher vom Auszubildenden oder eher vom Betrieb ausging.[145] Es gibt aber auch hier einen deutlichen Zusammenhang. Bei Betrieben mit hohem Übernahmeinteresse beträgt so die Quote der aus betrieblichen Gründen im Jahr 1998 nicht übernommenen Auszubildenden rund 5 %; bei Betrieben mit niedrigem Übernahmeinteresse liegt diese Quote dagegen bei 44 %.

Im Folgenden wollen wir prüfen, ob es für unterschiedliche betriebliche oder berufliche Konstellationen eventuell unterschiedliche Schwerpunkte im Hinblick auf das Übernahmeinteresse gibt.

Die Übersicht III/1 zeigt die Verteilung für die beiden Typen der Übernahmeorientierung von Betrieben für eine Reihe ausgewählter Ausbildungsberufe.[146] Dabei wurden jeweils fünf Berufe mit niedriger und fünf Berufe mit hoher Übernahmeorientierung aufgenommen.

Übersicht III/1: **Betriebliches Übernahmeinteresse nach ausgewählten Ausbildungsberufen in Prozent**

	Niedriges Übernahmeinteresse	Hohes Übernahmeinteresse
Landwirt/-in	78	22
Rechtsanwaltsfachangestellte/r	69	31
Kfz.-Mechaniker/-in	62	38
Koch/Köchin	56	44
Hotelfachmann/frau	51	49
Chemikant/-in	8	92
Industriemechaniker/-in (Maschinen- und Systemtechnik)	11	89
Werkzeugmechaniker/-in (Stanz- und Umformtechnik)	18	82
Zahntechniker/-in	15	85
Kaufmann/frau im Groß- und Außenhandel	18	82

Betrachtet man Übersicht III/1, so fallen auf den ersten Blick die erheblichen Unterschiede in der Verteilung der Betriebstypen innerhalb der Ausbildungsberufe auf. Während beim Beruf Chemikant/-in der Anteil der Betriebe mit hohem Übernahmeinteresse 92 % beträgt, liegt der entsprechende Anteil für den Beruf Landwirt/-in nur bei 22 %. Das Interesse an einer Übernahme der Auszubildenden in ein Beschäf-

145 Für eine differenzierte Analyse des Übergangsverhaltens vgl. SCHWERDT, Wolfgang; BENDER, Stefan: Was tun Lehrlinge nach ihrer Ausbildung? Eine Analyse mit dem Linked Employer-Employee-Datensatz des IAB. In: Mitteilungen aus der Arbeitsmarkt- und Berufsforschung, Heft 1/2003, S. 46–59.

146 Eine ähnlich große Streuung zeigt sich auch nach Wirtschaftszweigen. Vgl. hierzu BMBF: Berufsbildungsbericht 2003, Bonn 2003, S. 187.

tigungsverhältnis und damit wohl auch das Verständnis von Ausbildung als einer langfristigen Investition unterscheidet sich zwischen den Berufen also deutlich.

Größere Unterschiede im Hinblick auf das Übernahmeinteresse sind auch nach der Betriebsgröße festzustellen. So beträgt der Anteil der Betriebe mit hohem Übernahmeinteresse in Großbetrieben mit mehr als 500 Beschäftigten 86 %, in Kleinbetrieben mit weniger als 9 Beschäftigten 59 %. Zur Erklärung der Unterschiede in der Bedeutung des Übernahmeinteresses scheint – nach diesen Zahlen – der Beruf aber deutlich wichtiger zu sein als die Betriebsgröße. In einer multivariaten Analyse (logistische Regression) wurde die Abhängigkeit des Übernahmeinteresses (hohe vs. niedrige Übernahmeorientierung) vom Ausbildungsberuf und der Betriebsgröße simultan untersucht. Zusätzlich aufgenommen als Erklärungsgröße wurden die Teilkosten pro Ausbildungsgang.[147] Insgesamt wurden für die Analyse 19 Berufsgruppen aus einer Kombination von Einzelberufen und Ausbildungsbereichen gebildet.[148]

Zur Kennzeichnung der Betriebsgröße wurden Kleinbetriebe (1–9 Beschäftigte), mittelkleine Betriebe (10–49 Beschäftigte), mittlere Betriebe (50–499 Beschäftigte) sowie Großbetriebe (mit 500 und mehr Beschäftigten) unterschieden.

In der multivariaten Analyse wurden die Ergebnisse unserer bivariaten Betrachtung bestätigt. Kleinbetriebe unterscheiden sich in den Anteilen für Betriebe mit hohem und solchen mit niedrigem Übernahmeinteresse deutlich von Großbetrieben. Der zugrunde liegende Ausbildungsberuf ist aber zur Erklärung der Bedeutung eines hohen oder niedrigen Übernahmeinteresses deutlich wichtiger. Beispielsweise ist hier das „relative Risiko" eines Betriebs, welcher in einem kaufmännischen IT-Beruf ausbildet, in die Gruppe der Betriebe mit hohem Übernahmeinteresse zu fallen, um 170 % höher als im Durchschnitt über alle Betriebe. Insgesamt ergeben sich für die folgenden Berufsgruppen signifikant höhere Anteile für Betriebe mit einem hohen Übernahmeinteresse:[149]

- Gewerblich-technische IHK-Berufe
- Kaufmännische IHK-Berufe
- Kaufmännische IT-Berufe IHK
- Sonstige Handwerksberufe

Berufsgruppen, für die eher ein niedriges Übernahmeinteresse der Betriebe typisch ist, sind die Folgenden:

- Gastronomieberufe
- Landwirtschaftliche Berufe
- technische Berufe im Öffentlichen Dienst

147 Beruf und Betriebsgröße sind qualitative Variable, die Kosten haben metrisches Skalenniveau.
148 Vgl. zur Bildung der Berufsgruppen Teil II, Abschnitt 2.3.
149 Vergleichsmaßstab war hier jeweils der Gesamtdurchschnittswert über alle Betriebe.

Auffällig nach dieser Analyse ist vor allem, dass die meisten Berufsgruppen im Bereich des Handwerks – unter Berücksichtigung der übrigen Einflussfaktoren wie der Betriebsgröße – zwar ein niedrigeres Übernahmeinteresse aufweisen als die meisten IHK-Berufe, gleichwohl sich aber eher in einem durchschnittlichen Bereich des gesamten Berufsspektrums bewegen.

Die in die Analyse aufgenommenen Gesamtteilkosten eines Ausbildungsgangs haben einen deutlichen Einfluss auf das Übernahmeinteresse. Je höher hiernach die Ausbildungskosten sind, umso häufiger werden Auszubildende nach Abschluss ihrer Ausbildung vom Betrieb in ein Beschäftigungsverhältnis übernommen.

Als Ergebnis unserer empirischen Analyse ist hier herauszustellen, dass die Übernahmequoten von Betrieben sich nach Betriebsgrößen und in einem ausgeprägten Maße zwischen einzelnen Berufen und Berufsgruppen unterscheiden. In Kleinbetrieben und beispielsweise in Gastronomieberufen sind die Übernahmequoten wesentlich niedriger als in Großbetrieben und in gewerblich-technischen IHK-Berufen. Gleichzeitig sind im multivariaten Zusammenhang höhere Ausbildungskosten eher mit einem hohen Übernahmeinteresse und niedrigere Ausbildungskosten eher mit einem niedrigeren Übernahmeinteresse verbunden.

Es gibt also deutliche Belege dafür, dass die theoretisch plausiblen unterschiedliche Ausrichtungen der betrieblichen Ausbildung im Sinne eines eher langfristigen Investitionsinteresses oder eines eher kurzfristigen Produktionsinteresses auch empirisch identifiziert werden können.[150] Trotz eines signifikanten Zusammenhangs zwischen Ausbildungskosten und Übernahmeinteresse gibt es allerdings keine Identität zwischen einem hohen Übernahmeinteresse und hohen Ausbildungskosten auf der einen Seite und einem niedrigen Übernahmeinteresse und niedrigen Ausbildungskosten auf der anderen Seite. Legt man die Teilkosten zugrunde, so ergibt sich für 38 % aller Betriebe mindestens ein Ausgleich der entstandenen Kosten durch die Erträge aus produktiven Leistungen der Auszubildenden. In der Gruppe der Betriebe mit niedrigem Übernahmeinteresse beträgt dieser Anteil 42 %, während er in der Gruppe der Betriebe mit hohem Übernahmeinteresse nur bei 35 % liegt. Dies bedeutet zum einen, dass ein größerer Anteil von Betrieben mit einem hohen Übernahmeinteresse auch bereits während der Ausbildungszeit einen Nettonutzen erzielt, der sich bei einer hohen Übernahmequote noch deutlich erhöhen dürfte. Zum anderen gibt es auch Betriebe, welche bei einem niedrigen Übernahmeinteresse keinen Ausgleich der entstandenen Kosten durch die während der Ausbildung erwirtschafteten Erträge der Auszubildenden erzielen. Bezogen auf die Gesamtheit aller Betriebe liegt ihr Anteil bei knapp 20 %.

150 Zu unterschiedlichen Grundorientierungen der betrieblichen Ausbildung vgl. auch NEUBÄUMER, Renate; BELLMANN, Lutz: Ausbildungsintensität und Ausbildungsbeteiligung von Betrieben: Theoretische Erklärungen und empirische Ergebnisse auf der Basis des IAB-Betriebspanels 1997. In: Beer, Doris u. a. (Hrsg.): Die wirtschaftlichen Folgen von Aus- und Weiterbildung, München und Mering 1999, S. 9–41.

Wie lässt sich das Ausbildungsverhalten der zuletzt genannten Betriebsgruppe nun erklären, die – wegen der niedrigen Übernahmequote – (scheinbar) auf den Kosten „sitzen bleibt“? Hier sind folgende Gründe anzuführen:

- Ein gewisser Teil der Betriebe, für die ein eher niedriges Übernahmeinteresse ermittelt worden ist, dürfte Überbedarfsausbildung aus einem gesellschaftlichen Engagement heraus betreiben. Die eigentliche Ausrichtung der Ausbildung in solchen Betrieben dürfte aber gleichwohl investitionsorientiert sein. Dies bedeutet gleichzeitig, dass der von uns berechnete Anteil von 65 % für Betriebe mit investitionsorientierter Ausbildung eher eine Untergrenze darstellen dürfte.
- Die durch den produktiven Arbeitseinsatz der Auszubildenden während der Ausbildungszeit erzielten Erträge sind nicht deckungsgleich mit dem erzielten Gesamtnutzen während der Ausbildungszeit. So könnten Komponenten des Angebotsnutzens (z. B. Imageverbesserung) aus Sicht der Betriebe so wichtig sein, dass doch noch ein Ausgleich der Kosten erfolgt. Ebenfalls ist zu berücksichtigen, dass bei der Schätzung der Erträge der Auszubildenden immer auf den vergleichbaren Einsatz einer Fachkraft abgestellt wird, wobei jedoch nicht in jedem Fall der gleiche Verfügbarkeitsgrad solcher Fachkräfte gegeben sein dürfte. So können die produktiven Leistungen eines Auszubildenden jeweils in den benötigten Quantitäten und zum benötigten Zeitpunkt abgerufen werden. Die Erhöhung des Fachkräftebestandes im Sinne einer vergleichbaren „Vorratshaltung“ dürfte hier in der Regel deutlich kostenintensiver sein.
- Des Weiteren ist zu berücksichtigen, dass die jeweiligen Übernahmequoten nur eine Momentaufnahme darstellen und das Übernahmeverhalten in einer längerfristigen Betrachtung anders ausfallen kann.
- Der wichtigste Grund aber dürfte der sein, dass auch Betriebe mit einem von uns klassifizierten niedrigen Übernahmeinteresse nur ganz selten überhaupt keine Auszubildenden übernehmen. Die meisten Betriebe haben also die Möglichkeit, aus der Übernahme weniger Auszubildender einen Nutzen der Ausbildung zu erzielen, der letztendlich die Gesamtkosten der Ausbildung decken oder übersteigen kann.

Unsere Analysen zeigen, dass unterschiedliche Grundorientierungen der betrieblichen Ausbildung im Sinne eines eher investitionsorientierten oder eines eher produktionsorientierten Modells auch empirisch durchaus eine Rolle spielen. Die vorherrschende Ausrichtung der deutschen Ausbildung scheint dabei deutlich dem investitionsorientierten Typ zu folgen. Die Ausrichtung der Ausbildung ist in besonderer Weise abhängig vom zugrundeliegenden Ausbildungsberuf, sie ist aber weit von einer vollständigen Determination entfernt. Insbesondere die Gleichsetzung einzelner Ausbildungsbereiche mit einer bestimmten Ausbildungsorientierung wird hier der komplexen Realität nicht gerecht. So kann vor allem das Handwerk als Ganzes nur begrenzt als Prototyp eines eher produktionsorientierten Ausbildungsmodells herangezogen werden. Eingewendet werden könnte an dieser Stelle, dass die längerfristigen Abwanderungsbewegungen von ausgebildeten Fachkräften im Handwerk deutlich höher liegen als z. B. in der Industrie.[151] Allerdings ist hier zu berücksichtigen, dass diese Abwanderung häufig erst eine gewisse Zeit nach Übernahme und Tätigkeit als Fachkraft im Ausbildungsbetrieb geschieht, dem Betrieb also genügend Zeit verbleibt, um einen entsprechenden Nutzen aus dem Fachkrafteinsatz zu internalisieren. In einer bildungsökonomischen Betrachtung, welche die gesamten Ausbildungskosten dem Gesamtnutzen aus der Ausbildung gegenüberstellt, wäre insofern die Ausbildung gleichwohl als investitionsorientiert zu bezeichnen.

3 Empirische Befunde zum Nutzen der betrieblichen Ausbildung

3.1 Produktive Leistungen der Auszubildenden

Bei der Darstellung der Untersuchungsergebnisse zu den Kosten der Berufsausbildung in Teil II dieser Veröffentlichung wurden die wesentlichen Ergebnisse zu den sich aus den produktiven Leistungen der Auszubildenden ergebenden Erträgen bereits dargestellt. Dies war notwendig, da die Erträge als Differenz zwischen den Brutto- und Nettokosten der Ausbildung konstitutiv zum Konzept der Erfassung der Ausbildungskosten gehören. In diesem Abschnitt sollen in einer multivariaten Betrachtung wichtige Einflussgrößen im Hinblick auf ihren relativen Stellenwert bei der Erklärung von Unterschieden zwischen den Erträgen überprüft werden. Relevante Faktoren sind hier die Faktoren, welche in Teil II dieser Veröffentlichung zur Erklärung von Kostenunterschieden herangezogen wurden. Im Einzelnen handelt es sich um den Beruf, den Ausbildungsbereich, die Betriebsgröße, die Organisation der Ausbildung sowie den Standort eines Betriebs in den alten oder neuen Bundesländern. Bei den in einer Regressionsanalyse[152] zu den Erträgen berücksichtigten Einflussvariablen handelt es sich um solche mit qualitativen Ausprägungen. Hierfür wurden so genannte Dummy-Variablen gebildet (Codierung mit 1 oder 0), deren geschätzte Regressionskoeffizienten als Abweichung gegenüber einer bestimmten Referenzgruppe interpretiert werden müssen.

Übersicht III/2 enthält die Ergebnisse einer durchgeführten Regressionsanalyse zu den Erträgen mit den Regressionskoeffizienten, der dazugehörigen Standardabweichung, den so genannten Beta-Koeffizienten (standardisierte Regressionskoeffizienten) sowie Angaben zur Signifikanz der Koeffizienten (T-Werte und Signifi-

151 Vgl. HECKER, Ursula: Übergang von der Ausbildung in den Beruf – eine Längsschnittbetrachtung. In: Jansen, Rolf (Hrsg.): Die Arbeitswelt im Wandel. Weitere Ergebnisse aus der BIBB/IAB-Erhebung 1998/99 zur Qualifikation und Erwerbssituation in Deutschland. Bundesinstitut für Berufsbildung. Der Generalsekretär (Hrsg.), Bielefeld 2002, S. 52–64, hier S. 58.

152 Die Regressionsanalyse erfolgte auf der Basis nicht gewichteter Werte.

kanzniveau). Es wurde jeweils markiert (durch *, ** und ***), wenn Werte auf dem 10-, 5- oder 1 %-Niveau signifikant waren. R^2, das so genannte Bestimmtheitsmaß, gibt an, wie viel Prozent der Gesamtvarianz der Ausbildungskosten durch die einbezogenen Variablen erklärt werden.

Übersicht III/2: **Einflussgrößen der Erträge aus produktiven Leistungen der Auszubildenden – Regressionsanalyse**

Einflussvariable	Regressions-koeffizient	Standard-abweichung	Beta-Koeffizient	T-Wert	Signifikanz-niveau	Signifikanz
Berufsbereich: Referenzgruppe Kaufmännisch-verwaltende Berufe						
Gewerblich-technische Berufe	-1115,14	217,41	-0,11	-5,12	0,0000	***
Ausbildungsbereich: Referenzgruppe IHK						
Handwerk	-357,77	244,78	-0,03	-1,46	0,1440	
Landwirtschaft	2064,49	515,49	0,08	4,00	0,0000	***
Freie Berufe	284,22	391,43	0,01	0,72	0,4678	
Öffentlicher Dienst	-1652,35	335,20	-0,10	-4,92	0,0000	***
Betriebsgröße: Referenzgruppe Großbetriebe						
Kleinbetriebe	320,55	380,95	0,03	0,84	0,4002	
Mittelkleine Betriebe	790,21	358,37	0,08	2,20	0,0200	**
Mittlere Betriebe	812,62	338,30	0,07	2,40	0,0100	***
Organisation der Ausbildung: Referenzgruppe Betriebe ohne Lehrwerkstatt						
Betriebe mit Ausbildung in der Lehrwerkstatt	-924,90	351,21	-0,05	-2,63	0,0085	***
Bundesländer: Referenzgruppe neue Bundesländer						
Betriebe in den alten Bundesländern	2099,06	218,50	0,18	9,6	0,0000	***
Konstante[153]	6565,56	394,66		16,63		

$R^2 = 0, 08$

153 Die Konstante steht für den Durchschnittswert über alle Betriebe, der sich ohne Berücksichtigung der in die Regressionsgleichung aufgenommenen Merkmalskombinationen ergibt.

Bei einem Vergleich mit den in Teil II durchgeführten Analysen zu den Ausbildungskosten fällt auf, dass die statistische Erklärung der Abweichungen in den Ausbildungserträgen bei Weitem nicht so gut gelingt. Der Anteil der erklärten Varianz beträgt nur 8 % und liegt damit deutlich unter den entsprechenden Werten für die Ausbildungskosten (vgl. Teil II, Abschnitt 2.3). Die Höhe der Erträge scheint also insgesamt durch ein breiteres Spektrum von Variablen bestimmt zu werden als die Höhe der Ausbildungskosten. Vergegenwärtigt man sich die aus dem Mengen- und Wertgerüst abzuleitenden Elemente, welche in die Berechnung der Erträge eingehen, so sind hier insbesondere drei Faktoren zu nennen:

- Produktive Zeiten

Die Erträge sind umso höher, je umfangreicher die Zeiten sind, in denen Auszubildende für den Betrieb überhaupt produktiv tätig werden. Diese Zeiten hängen von der Anwesenheitszeit der Auszubildenden im Betrieb und der Organisation der Ausbildung im Betrieb ab. Beispielsweise vermindern längere Berufsschulzeiten, die Ausbildung in überbetrieblichen Einrichtungen oder ein hoher Anteil des innerbetrieblichen Unterrichts die Erträge.

- Leistungsgrad der Auszubildenden

Bei den produktiven Zeiten mit Tätigkeiten, welche normalerweise von Fachkräften ausgeübt werden, erfolgt eine Bewertung mit dem Leistungsgrad der Auszubildenden (Äquivalente Zeiten). Auszubildende mit Lernschwierigkeiten bzw. schwächeren Leistungen reduzieren also die Erträge. Bei Tätigkeiten, welche normalerweise von An- und Ungelernten erbracht werden, wird ein Leistungsgrad von 100 % unterstellt.

- Lohn- und Gehaltsniveau im Betrieb

Die vom Auszubildenden erbrachten äquivalenten Zeiten werden mit dem Lohn bzw. dem Gehalt einer Fachkraft oder von An- und Ungelernten bewertet. In Branchen mit einem niedrigeren Lohn- und Gehaltsniveau fallen die Erträge also tendenziell niedriger aus.

Die jeweilige Höhe der Erträge in einem Betrieb hängt von der spezifischen Kombination der einzelnen Bestandteile der Ertragsermittlung ab. Diese Kombinationen scheinen dabei nur in begrenzter Weise mit den betriebsstrukturellen Merkmalen in Verbindung zu stehen, welche in unserer Regressionsgleichung verwendet wurden und welche Unterschiede zwischen den Ausbildungskosten in einem hohen Maße erklären konnten. Allerdings ergeben sich auch im Hinblick auf die Erträge für die betreffenden Variablen eine Reihe signifikanter Einflüsse (vgl. Übersicht III/2):

Die größte Abweichung in den Erträgen zeigt sich in der multivariaten Betrachtung zwischen Betrieben aus den alten und den neuen Bundesländern. Für Betriebe aus den alten Bundesländern liegen die Erträge im Schnitt mehr als 2.000 € höher.

Hauptgrund hierfür dürften – wie im Teil II mehrfach angesprochen – die gravierenden Unterschiede in den Lohn- und Gehaltsstrukturen zwischen den alten und neuen Bundesländern sein. Von erheblicher Bedeutung ist darüber hinaus der zugrunde liegende Ausbildungsberuf. In der vorliegenden Analyse ergeben sich für gewerblich-technische Berufe deutlich niedrigere Erträge als für kaufmännisch-verwaltende Berufe. In gleicher Richtung wirkt eine Ausbildung in einer Lehrwerkstatt. In diesem Fall sind die Erträge signifikant niedriger.

Bei den Ausbildungsbereichen gibt es bezogen auf die Referenzgruppe Industrie und Handel signifikante Unterschiede nur zur Landwirtschaft (höhere Erträge) und zum öffentlichen Dienst (niedrigere Erträge). Auffällig ist hier vor allem, dass zwischen dem Handwerk und dem Bereich Industrie und Handel keine signifikanten Unterschiede bestehen. Wie in Teil II dieser Veröffentlichung dargestellt ist die Differenz zwischen den tatsächlichen Durchschnittswerten der beiden Ausbildungsbereiche allerdings beträchtlich (rund 1.400 € höhere Erträge im Bereich Industrie und Handel). Aufgrund der Ergebnisse der multivariaten Betrachtung scheint es aber so sein, dass dieser Unterschied nicht auf die Zugehörigkeit eines Betriebs zu einem der beiden Ausbildungsbereiche sondern primär auf andere Faktoren zurückzuführen ist, welche eher in dem einen als dem anderen der beiden Ausbildungsbereiche anzutreffen sind (z. B. Ausbildung in einer Lehrwerkstatt).

Eine signifikante Bedeutung für die Erträge hat auch die Betriebsgröße. Mittelkleine und mittlere Betriebe weisen höhere Erträge auf als Großbetriebe. Interessant ist hier, dass die tatsächlichen Abweichungen zwischen den Durchschnittswerten in den einzelnen Betriebsgrößenklassen vergleichsweise moderat (vgl. Teil II) ausfallen. Insgesamt führt also die multivariate Betrachtung zu einigen Akzentverschiebungen im Vergleich zur Darstellung der tatsächlichen Unterschiede zwischen einzelnen Merkmalsausprägungen, wie sie in Teil II vorgenommen wurde.

Aus den Ergebnissen der durchgeführten Regressionsanalyse geht hervor, dass zwischen dem gewerblich-technischen und dem kaufmännisch-verwaltenden Berufsbereich deutliche Unterschiede bestehen. Um dies weiter zu differenzieren wurden deshalb insgesamt 19 Berufsgruppen aus einer Kombination von beruflichem Inhalt und dem jeweiligen Ausbildungsbereich gebildet (vgl. Teil II, Abschnitt 2.3). Neben den Berufsgruppen wurden für eine weitere Regressionsanalyse die gleichen Variablen einbezogen wie bei der zuvor durchgeführten Analyse. Aufgrund der Kombination von Beruf und Ausbildungsbereich wurden die Variablen „Berufsbereich“ und „Ausbildungsbereich“ natürlich herausgenommen. Referenzkategorie bei den Berufsgruppen waren die kaufmännischen IHK-Berufe. Aus Platzgründen werden die sich aus der Regressionsanalyse ergebenden Koeffizienten nicht im Einzelnen vorgestellt. Vielmehr sollen die wesentlichen Ergebnisse hier zusammenfassend beschrieben werden.

Zunächst ist anzumerken, dass sich durch die Einbeziehung der Berufsgruppen der Anteil der erklärten Varianz nur unwesentlich (von 8 % auf 9 %) erhöht. Die in der zuvor durchgeführten Regressionsanalyse festgestellten Signifikanzen für die übrigen Variablen (Betriebsgröße, Lehrwerkstatt, alte vs. neue Bundesländer) bleiben dabei im Wesentlichen erhalten. Darüber hinaus gibt es zwischen einzelnen Berufsgruppen signifikante Abweichungen. Niedrigere Erträge als in der Referenzgruppe der kaufmännisch-verwaltenden Berufe gibt es hiernach (und zwar deutlich) in den gewerblich-technischen Industrieberufen. Alle anderen IHK-Berufsgruppen weisen dagegen keine signifikanten Abweichungen zu den kaufmännisch-verwaltenden IHK-Berufen aus. Im Handwerk liegen die Erträge für die Metall- und Elektroberufe, die Friseure und die sonstigen Handwerksberufe ebenfalls signifikant unter den Werten für die betreffende Referenzgruppe der kaufmännisch-verwaltenden IHK-Berufe. Ebenso sind die Erträge für die Berufsgruppen des öffentlichen Dienstes deutlich niedriger. Im Hinblick auf den eigenständigen Einfluss von Berufen bzw. Berufsgruppen auf die durch produktive Leistungen der Auszubildenden zu erzielenden Erträge kann deshalb zusammenfassend folgende Rangordnung aufgestellt werden: Die höchsten Erträge haben kaufmännisch-verwaltende IHK-Berufe aber auch viele Handwerksberufe und die Berufsgruppen im Bereich der Freien Berufe. Demgegenüber gibt es niedrigere Erträge eher in bestimmten Handwerksberufen (wie Metall und Elektro) sowie generell dem Öffentlichen Dienst. Dies lässt sich auch aus den in Teil II dargestellten Durchschnittswerten nach Einzelberufen erkennen.

Die hier referierten Ergebnisse beruhen auf der Ertragsermittlung nach dem Äquivalenzprinzip (vgl. Teil II); d. h. als Bezugsgröße werden die Löhne und Gehälter von Fachkräften herangezogen, welche – bei einem Verzicht auf Ausbildung – für die entsprechende Arbeit herangezogen worden wären. Wie im vorherigen Abschnitt bereits angesprochen kann hierbei nicht berücksichtigt werden, dass für den alternativen Einsatz von Fachkräften nicht in jedem Fall der gleiche Verfügbarkeitsgrad gegeben sein dürfte. So können die produktiven Leistungen eines Auszubildenden jeweils in den benötigten Quantitäten und zum benötigten Zeitpunkt abgerufen werden. Die Erhöhung des Fachkräftebestandes im Sinne einer vergleichbaren Vorratshaltung dürfte hier in der Regel deutlich kostenintensiver sein. Insofern dürften die tatsächlichen Vorteile des Einsatzes von Auszubildenden die nach dem Äquivalenzprinzip berechneten Erträge zum Teil noch deutlich übersteigen.

In der Erhebung des Bundesinstituts wurde – wie auch in früheren Erhebungen[154] – zusätzlich ein alternatives Verfahren der Ertragsermittlung praktiziert. Bei diesem Verfahren, dem das so genannte Substitutionsprinzip zugrunde liegt, wurden die Betriebe gefragt, wie viele an- oder ungelernte Arbeitskräfte bzw. Fachkräfte sie eingestellt hätten bzw. wie viele der vorhandenen Arbeitskräfte notwendig gewesen

154 Vgl. von BARDELEBEN, BEICHT, FÉHER: Betriebliche Kosten und Nutzen der Ausbildung, a. a. O., S. 50 ff.

wären, wenn im Untersuchungszeitraum auf die gesamten produktiven Tätigkeiten der Auszubildenden hätte verzichtet werden müssen. Bei dieser Vorgehensweise werden Betriebe also damit konfrontiert, welche unmittelbaren Konsequenzen im Falle eines Ausbildungsverzichts zu ziehen wären.

Im Gesamtdurchschnitt über alle Auszubildenden wurden nach dem Substitutionsverfahren Erträge von 7.917 € berechnet. Dieser Betrag unterscheidet sich nur unwesentlich von dem Durchschnittswert für die Erträge, welcher nach dem Äquivalenzprinzip berechnet wurde (7.730 €). Bei einer Betrachtung nach Ausbildungsbereichen zeigen sich für den Bereich Industrie und Handel sowie das Handwerk kaum Unterschiede zwischen den nach den beiden Verfahren ermittelten Ertragswerten. Im Bereich Industrie und Handel betragen die Substitutionserträge 8.710 € und im Handwerk 6.836 €. Bei den Freien Berufen sind die Substitutionserträge etwas höher als die Äquivalenzerträge (10.140 € zu 9.082 €). In der Landwirtschaft (5.778 € zu 8.837 €) und im Öffentlichen Dienst (3.017 € zu 6.393 €) sind die Substitutionserträge dagegen deutlich niedriger als die Äquivalenzerträge. Dies bedeutet, dass in den Freien Berufen ein Ausbildungsverzicht in stärkerem Maße durch Neueinstellungen von Fachkräften und durch zusätzliche Überstunden aufgefangen würde, als dies in der Landwirtschaft und im Öffentlichen Dienst der Fall wäre.

Der bloße Vergleich der Durchschnittswerte von Substitutionserträgen und Äquivalenzerträgen täuscht allerdings. So zeigt eine Häufigkeitsauszählung der Substitutionserträge, dass sich für 47,8 % aller Auszubildenden ein Wert von Null ergibt. Der entsprechende Anteil bei den Äquivalenzerträgen beträgt dagegen nur 4,4 %. Substitutionserträge von Null kommen dadurch zustande, dass die Betriebe bei einem Ausbildungsverzicht überhaupt keine Neueinstellungen von Fachkräften vornehmen und auch keine Überstunden anordnen würden. Da die Äquivalenzerträge aufgrund des faktischen produktiven Einsatzes der Auszubildenden gleichwohl angefallen sind, würden die Betriebe in einem solchen Fall auf die Realisierung dieser Erträge verzichten. Dies müsste sich in einem Rückgang des Umsatzes bzw. der wirtschaftlichen Aktivität zeigen. Insofern ist die These plausibel, dass die Äquivalenzerträge gewissermaßen für einen Mindestertrag stehen. Höhere Substitutionserträge würden dann eine entsprechend höhere wirtschaftliche Bedeutung des produktiven Einsatzes von Auszubildenden signalisieren; niedrigere Substitutionserträge würden die aufgrund des tatsächlichen produktiven Einsatzes der Auszubildenden bereits erzielten Äquivalenzerträge dagegen unberührt lassen.

Um die Größenordnung der Substitutionserträge für die Betriebe abschätzen zu können, welche bei einem Ausbildungsverzicht tatsächlich Einstellungen von Fachkräften vornehmen bzw. Überstunden anordnen würden, haben wir Durchschnittswerte für alle Fälle berechnet, bei denen die Substitutionserträge größer als Null sind. Hier zeigt sich mit 15.159 € ein relativ hoher Gesamt-Durchschnittswert. Für die Freien Berufe ergibt sich mit 18.422 € dabei der höchste und für den Öffentlichen

Dienst mit 11.818 € der niedrigste Wert. Bei einer Differenzierung nach Betriebsgrößenklassen ist festzustellen, dass die Substitutionserträge in den Kleinbetrieben (bis zu 9 Beschäftigte: 19.708 €) deutlich höher sind als in allen anderen Betriebsgrößenklassen (10 – 49 Beschäftigte: 13.775 €). Die durchschnittlichen Substitutionserträge sind also sehr hoch, in vielen Betrieben dürften sie eine ähnliche Größenordnung wie die Bruttokosten erreichen oder sie sogar übersteigen.

Insgesamt ist festzustellen, dass in vielen Fällen mit den im Rahmen der Kostenerhebung ermittelten Äquivalenzerträgen die sich aus der Ausbildung ergebenden wirtschaftlichen Vorteile eines Betriebs unterschätzt werden dürften. Insofern bedeuten positive Nettokosten nicht unbedingt, dass sich die Ausbildung für einen Betrieb nicht schon während der Ausbildungszeit lohnen würde. Gleichwohl hat die Ertragsermittlung nach dem Äquivalenzprinzip für die Berechnung der Nettokosten den Vorteil, dass sie auf eine faktische und nicht auf eine hypothetische Situation (wie bei der Ertragsermittlung nach dem Substitutionsprinzip) abstellt.

3.2 Ausbildung als Alternative zur Rekrutierung von Fachkräften über den externen Arbeitsmarkt

Eine Möglichkeit zur Bestimmung des Nutzens der betrieblichen Ausbildung ist der Vergleich mit den sich ergebenden Alternativen zur Rekrutierung von Fachkräften. Hierzu wurden im Projekt – analog zur Ermittlung der Kosten der betrieblichen Ausbildung – erstmals auf breiter empirischer Basis die Kosten der Rekrutierung für die Einstellung einer externen Fachkraft erhoben und geschätzt.[155] Durch eigene Ausbildung und Übernahme des Ausgebildeten in ein Beschäftigungsverhältnis lassen sich entsprechende Kosten einsparen. Sie können insofern als Nutzen der betrieblichen Ausbildung zugerechnet werden. Neben dieser monetären Bewertung eines Teils des Ausbildungsnutzens wurden darüber hinaus in das Erhebungsinstrumentarium eine Reihe von Einschätzungsskalen aufgenommen, die auf einen grundsätzlichen Vergleich zwischen einer eigenen Ausbildung und der externen Rekrutierung abstellen und Dimensionen berücksichtigen, die über eine Betrachtung der eingesparten Rekrutierungskosten hinausgehen. Hier geht es z. B. um die grundsätzliche Frage, welche Auswirkungen es für einen Betrieb hätte, wenn die Personalrekrutierung im Fachkräftebereich ausschließlich extern erfolgen würde. Zunächst soll aber auf die Ergebnisse zur Höhe der eingesparten Rekrutierungskosten eingegangen werden.

155 In ähnlicher Weise wurde dies – allerdings für ein bestimmtes Unternehmen – von CRAMER, MÜLLER: Nutzen der betrieblichen Berufsausbildung, a. a. O. vorgenommen. GROSSMANN, MEYER: Berufsausbildung im Dualen System, a. a. O. haben im Rahmen von Fallstudien ähnliche Berechnungen durchgeführt. Vgl. auch HANSJOSTEN, Heiko: Lohnt sich die betriebliche Ausbildung? Eine Studie am Beispiel der DaimlerChrysler AG, München und Mering 2000.

3.2.1 Nutzen der Ausbildung durch eingesparte Kosten der Rekrutierung von Fachkräften

3.2.1.1 Vorgehensweise bei der Ermittlung der eingesparten Kosten

Im Fragebogen wurden die durchschnittlichen Kosten der Einstellung einer externen Fachkraft erfasst. Die Angaben bezogen sich ausschließlich auf tatsächliche Einstellungsvorgänge, die innerhalb der vorangegangenen drei Jahre bezogen auf einen ausgewählten Beruf stattfanden. Bei der Kostenerfassung wurden hier im Einzelnen die folgenden Komponenten unterschieden:

- Inserierungskosten

Die Betriebe wurden um Angaben zu den Inserierungskosten pro neu einzustellender Fachkraft gebeten.

- Vorstellungsgespräche

Ermittelt wurde der im Betrieb entstandene Zeitaufwand für die Vorbereitung, Durchführung, Nachbereitung sowie verwaltungsmäßige Bearbeitung der Vorstellungsgespräche. Bei der Erfassung wurde nach den einzelnen Mitarbeitergruppen differenziert, welche an der Auswahl der Bewerber im jeweiligen Betrieb beteiligt waren. Unterschieden werden Führungskräfte/Betriebsinhaber, Fachkräfte im kaufmännischen Bereich, Fachkräfte im technischen Bereich, Fachkräfte im gewerblichen Bereich sowie an- und ungelernte Arbeitskräfte.

- Einarbeitung

Es wurde zunächst die durchschnittliche Einarbeitungszeit ermittelt. Anschließend sollten die Betriebe die durchschnittliche Minderleistung für die Fachkräfte in der Einarbeitungszeit angeben.

- Weiterbildung

Erfasst wurde, in welchem Umfang externe Fachkräfte noch an speziellen Weiterbildungsveranstaltungen zum Zwecke der Einarbeitung teilnehmen. Es wurden sowohl direkte Kosten (Lehrgangsgebühren und Reisekosten) als auch indirekte Kosten (Gehalts- bzw. Lohnfortzahlung) erhoben.

- Lohn- und Gehaltsunterschiede

Zur Berechnung der Rekrutierungskosten muss berücksichtigt werden, ob für selbst ausgebildete und externe Fachkräfte unterschiedlich hohe Löhne und Gehälter gezahlt werden. Je nachdem, ob für externe Fachkräfte Lohnzuschläge oder Lohnabschläge gezahlt werden, erhöhen oder vermindern sich die Rekrutierungskosten. Es wurde unterstellt, dass die entsprechenden Unterschiede in der Entlohnung insgesamt ein Jahr bestehen.

Für eine Berechnung der Rekrutierungskosten wurde ein entsprechendes Kostenmodell aufgestellt. Mengen- und Zeitangaben wurden dabei mit dem durchschnittlichen Lohnsatz der jeweils relevanten Mitarbeitergruppe bewertet.

3.2.1.2 Zur Höhe der Rekrutierungskosten

In den letzten drei Jahren haben nur 36 % (gewichtet) der von uns befragten Betriebe externe Fachkräfte im jeweils betrachteten Beruf eingestellt. Die folgenden Angaben beziehen sich deshalb auf eine verminderte Basis von 993 Betrieben.

Insgesamt ergibt sich für die durch Ausbildung eingesparten Rekrutierungskosten ein durchschnittlicher Schätzwert von rund 5.800 € pro einzustellender Fachkraft. Durchschnittswerte für die einzelnen Komponenten und für unterschiedliche Ausbildungsbereiche sind in Übersicht III/3 wiedergegeben.

Übersicht III/3: **Kostenkomponenten für Rekrutierung externer Fachkräfte nach Ausbildungsbereichen in € und in Prozent der Gesamtkosten**[156]

Komponente	Ausbildungsbereiche										Betriebe Insgesamt	
	Industrie und Handel		Handwerk		Landwirtschaft[157]		Freie Berufe		Öffentlicher Dienst			
	€	%	€	%	€	%	€	%	€	%	€	%
Inserierungskosten	1053	15	227	6	1026	25	207	4	580	9	684	12
Vorstellungsgespräche	945	13	405	10	410	10	778	16	603	9	745	13
Einarbeitung	4108	58	3658	93	4569	114	3667	77	4243	66	3927	68
Weiterbildung	1042	15	341	9	250	6	293	6	959	15	722	13
Lohnaufschlag[158]	426	6	106	3	0	0	283	6	161	3	299	5
Lohnabschlag[159]	-509	-7	-813	-21	-2230[160]	-55	-477	-10	-144	-2	-612	-11
Rekrutierungskosten insg.	7064	100	3924	100	4025	100	4752	100	6403	100	5765	100

Im Durchschnitt am wichtigsten bei einer Alternativrechnung sind hiernach die hohen Einarbeitungskosten von fast 4.000 €, die bei Einstellung einer externen Fachkraft anfallen. Alle anderen Positionen sind von weitaus geringerer Bedeutung. Lohnaufschläge haben im Schnitt eine geringere Bedeutung als Lohnabschläge.[161]

156 Abweichung in Summen (insgesamt) durch Rundungen möglich.

157 Die Werte für den Ausbildungsbereich „Landwirtschaft" können wegen zu geringer Fallzahlen nur als Tendenzaussagen gewertet werden.

158 Höhere Löhne für Externe.

159 Niedrigere Löhne für Externe.

160 Wegen der geringen Fallzahlen in der Landwirtschaft nur als Tendenz zu interpretieren.

161 Für die Modellrechnung wurde unterstellt, dass die niedrigere oder auch höhere Entlohnung für den Zeitraum eines Jahres gezahlt wird.

Insgesamt zahlen allerdings nur rund 20 % der Betriebe unterschiedlich hohe Löhne/Gehälter für Externe und im eigenen Betrieb Ausgebildete.

Die einzusparenden Gesamtkosten und auch einzelne Positionen variieren zwischen den Ausbildungsbereichen beträchtlich. Die höchsten Gesamtwerte ergeben sich mit rund 7.000 € im Bereich Industrie und Handel und die niedrigsten Durchschnittswerte für den Handwerksbereich (rund 3.900 €). Betrachtet man die Werte der unterschiedlichen Kostenkomponenten in den einzelnen Ausbildungsbereichen, so ist insbesondere auf die folgenden Sachverhalte aufmerksam zu machen:

Inserierungskosten sind in den Bereichen Industrie und Handel sowie Landwirtschaft am höchsten. Die Kosten für Vorstellungsgespräche sind für IHK-Betriebe und für die Freien Berufe besonders hoch. Die Kosten für Einarbeitung stellen in allen Ausbildungsbereichen den überragenden Kostenfaktor dar, wobei sich rechnerisch in der Landwirtschaft der höchste Wert ergibt.[162] Weiterbildungskosten sind am bedeutendsten im Bereich Industrie und Handel und im Öffentlichen Dienst.

Während das Verhältnis von Lohnaufschlägen und Lohnabschlägen in den Bereichen Industrie und Handel sowie Öffentlicher Dienst relativ ausgeglichen ist, gibt es in den anderen Ausbildungsbereichen ein zum Teil deutliches Übergewicht der Lohnabschläge. Besonders ausgeprägt ist dies in der Landwirtschaft und im Handel. Die zunächst anfallenden Rekrutierungskosten bei der Einstellung externer Fachkräfte müssen hier also zum Teil beträchtlich um die den externen Fachkräften gezahlten niedrigeren Löhne und Gehälter reduziert werden.

Zwischen den sich für die Betriebe ergebenden Rekrutierungskosten bestehen insgesamt erhebliche Unterschiede. Die Standardabweichung beträgt 6.350 €. Hieraus ergibt sich ein Konfidenzintervall zwischen 6.350 € und 5.200 €[163], in dem der wahre Durchschnittswert der Grundgesamtheit mit 95 %iger Sicherheit liegen dürfte.

Die Verteilung der Rekrutierungskosten ergibt sich aus Abbildung III/1. Nur bei einem kleinen Teil der Betriebe (6 %) fallen keine positive Rekrutierungskosten an. Diese Betriebe nehmen bei der Einstellung externer Fachkräfte so hohe Lohnabschläge vor, dass sich rein rechnerisch ein Rekrutierungsvorteil durch die eigene Ausbildung nicht mehr ergibt. Allerdings ist hier zu berücksichtigen, dass die einzusparenden Rekrutierungskosten nur einen Teil des gesamten Ausbildungsnutzens ausmachen. Für rund 70 % der Betriebe liegen die Rekrutierungskosten in einem Intervall bis zu 7.000 €. Sehr hohe Rekrutierungskosten von mehr als 10.000 € ergeben sich noch für 17 % der Betriebe.

162 Zu berücksichtigen sind allerdings die niedrigen Fallzahlen in diesem Ausbildungsbereich.
163 Unter Berücksichtigung der Designgewichtung.

Abbildung III/1: **Verteilung der Rekrutierungskosten insgesamt**

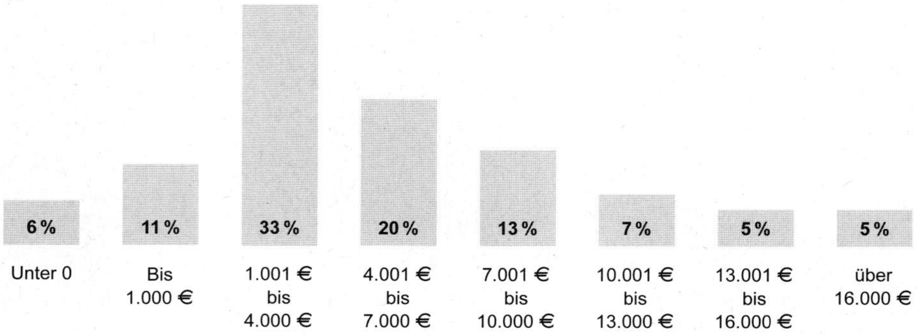

Abhängigkeiten der Rekrutierungskosten von der Betriebsgröße sind in Übersicht III/4 dargestellt. Hiernach steigen die Kosten der Rekrutierung mit wachsender Betriebsgröße deutlich an. Während in den Kleinbetrieben mit bis zu neun Beschäftigten die Alternativkosten gegenüber einer eigenen Ausbildung bei rund 4.600 € liegen, beträgt der Wert in der Gruppe der Großbetriebe mit mehr als 500 Beschäftigten bereits rund 8.500 €. Dabei nehmen auch alle Einzelpositionen mit wachsender Betriebsgröße zu. Auffällig ist, dass Lohnaufschläge eher in größeren Betrieben und Lohnabschläge eher in kleineren Betrieben eine Rolle spielen.

Übersicht III/4: **Kostenkomponenten für Rekrutierung externer Fachkräfte nach Betriebsgrößenklassen in € und in Prozent der Gesamtkosten**[164]

Komponente	Bis 9 Beschäftigte		10–49 Beschäftigte		50–499 Beschäftigte		500 und mehr Beschäftigte	
	€	%	€	%	€	%	€	%
Inserierungskosten	313	7	602	11	1521	19	1458	17
Vorstellungsgespräche	491	11	803	14	1061	13	875	10
Einarbeitung	3770	81	3876	69	4256	53	4895	58
Weiterbildung	528	11	716	13	1069	13	1044	12
Lohnaufschlag	201	4	257	5	573	7	475	6
Lohnabschlag	-673	-15	-640	-11	-462	-6	-267	-3
Rekrutierungskosten insg.	4631	100	5614	100	8018	100	8480	100

164 Abweichung in Summen (insgesamt) durch Rundungen möglich.

Übersicht III/5: **Kostenkomponenten für Rekrutierung externer Fachkräfte nach Berufsgruppen in € und in Prozent der Gesamtkosten**[165]

Komponente	Gewerblich-technische Berufe		Kaufmännisch-verwaltende Berufe	
	€	%	€	%
Inserierungskosten	576	11	810	13
Vorstellungsgespräche	644	12	861	14
Einarbeitung	4093	78	3736	59
Weiterbildung	675	13	777	12
Lohnaufschlag	95	2	533	8
Lohnabschlag	-812	-15	-381	-6
Rekrutierungskosten insg.	5271	100	6335	100

Bei einer Betrachtung der Rekrutierungskosten in einer Differenzierung nach Berufsgruppen (Übersicht III/5) ist herauszustellen, dass die Kosten der Einstellung externer Fachkräfte in kaufmännisch-verwaltenden Berufen rund 1.000 € über denen im Bereich gewerblich-technischer Berufe liegen. Auch in den meisten Einzelpositionen liegen die Rekrutierungskosten bei den kaufmännisch-verwaltenden Berufen höher. Dies gilt allerdings nicht für die Kosten der Einarbeitung, welche bei den gewerblich-technischen Berufen mit rund 4.100 € leicht höher sind als der entsprechende Wert (rund 3.700 €) bei den kaufmännisch-verwaltenden Berufen.

Da in die Auswertung nur die Betriebe einbezogen werden konnten, die in einem Zeitraum der letzten drei Jahre auch tatsächlich externe Fachkräfte aus einem betreffenden Beruf eingestellt haben, sind aufgrund der verminderten Fallzahlen nur sehr begrenzt Aussagen über die Rekrutierungskosten in einzelnen Berufen möglich. Tendenziell scheinen die Abweichungen aber erheblich zu sein. Einigermaßen gesicherte Angaben können nur zu den vier folgenden Berufen gemacht werden:

- Industriemechaniker/-in (Betriebstechnik): 11.832 €
- Energieelektroniker/-in: 9.629 €
- Bankkaufmann/frau: 7.863 €
- Industriekaufmann/frau 6.063 €

Auch wenn bei diesen Berufen große Unterschiede in den Rekrutierungskosten zu beobachten sind, so handelt es sich doch durchweg um Berufe mit Werten, welche oberhalb des allgemeinen Durchschnitts liegen. Insbesondere im Handwerk, aber auch im Einzelhandel sind die Rekrutierungskosten dagegen häufig deutlich niedriger.

Die berechneten Rekrutierungskosten fallen für jede neu einzustellende Fachkraft an. Dies bedeutet, dass sie nochmals anfallen, falls eine falsche Personalentscheidung gefällt wurde und eine eingestellte Fachkraft den Betrieb wieder verlässt. Wir haben

165 Abweichung in Summen (insgesamt) durch Rundungen möglich.

deshalb die Betriebe nach dem Anteil der eingestellten Fachkräfte gefragt, welche den Betrieb innerhalb eines Jahres wieder verlassen. Hier ergibt sich ein Durchschnittswert von 18 %. Dieses Problem scheint dabei in kleineren Betrieben häufiger aufzutreten als in Großbetrieben. Während in der Gruppe der Kleinbetriebe mit bis zu 9 Beschäftigten die Quote 21 % beträgt, liegt der betreffende Wert in der Gruppe der Großbetriebe mit mehr als 500 Beschäftigten nur bei 10 %. Immerhin rund ein Zehntel aller Betriebe gaben an, dass im Laufe eines Jahres 50 % oder mehr der extern Eingestellten den Betrieb wieder verlassen würden.

3.2.1.3 Ergebnisse zu einzelnen Komponenten

Im Folgenden werden weitere Hinweise zu den einzelnen Komponenten der Rekrutierungskosten gegeben:

Inserierungskosten

Rund drei Viertel der Betriebe geben an, dass ihnen Inserierungskosten entstanden seien. Insgesamt liegen die Inserierungskosten für 80 % der Betriebe unterhalb von 1.000 €, für 5 % der Betriebe übersteigen die Kosten 2.500 €. Bei diesen Unterschieden ist zu berücksichtigen, dass Inserate von den Betrieben – je nach gesuchter Qualifikation – in sehr verschiedenen Medien geschaltet werden können (Anzeigenblatt, regionale und überregionale Tageszeitungen).

Vorstellungsgespräche

Kosten für Vorstellungsgespräche fallen in fast allen Betrieben an. Rund zwei Drittel der entsprechenden Kosten liegen in einem Intervall bis zu 500 €. Für 5 % der Betriebe liegen die Kosten für Vorstellungsgespräche oberhalb von 3.500 €. Differierende Kosten können dabei sowohl auf einen unterschiedlichen zeitlichen Aufwand als auch auf Abweichungen zwischen den Löhnen und Gehältern der an der Auswahl jeweils beteiligten Mitarbeitergruppen sowie zwischen den Betrieben zurückgeführt werden.

Einarbeitung

Die Kosten für Einarbeitung bilden – wie oben dargestellt – den weitaus wichtigsten Faktor bei der Einstellung externer Fachkräfte. Diese Kosten fallen für 93 % der befragten Betriebe an. Für drei Viertel aller Betriebe liegen die Einarbeitungskosten in einem Bereich bis zu rund 5.000 €. Immerhin rund 5 % aller Betriebe geben Einarbeitungskosten von mehr als 11.000 € an.

Weiterbildung

Die Weiterbildungskosten bestehen aus Lehrgangsgebühren einschließlich Reisekosten sowie den Kosten der Lohn- und Gehaltsfortzahlung. 46 % des Durchschnittswertes entfallen dabei auf Lehrgangsgebühren und Reisekosten und 54 % auf die Kosten der Lohn- und Gehaltsfortzahlung. Nur von 32 % aller Betriebe werden im Falle der Einstellung externer Fachkräfte noch gesonderte Weiterbildungsmaßnahmen angesetzt. Für rund die Hälfte dieser Betriebe bewegen sich die gesamten Weiterbildungskosten unterhalb von 1.500 €. In besonderen Fällen können sehr hohe Weiterbildungskosten anfallen. Für immerhin 8 % der Betriebe fallen Weiterbildungskosten von mehr als 5.000 € an.

Lohnzuschläge und -abschläge

Nur von einem Fünftel aller Betriebe werden überhaupt abweichende Gehälter zwischen selbst ausgebildeten und externen Fachkräften gezahlt. Lohnabschläge treten dabei doppelt so häufig wie Lohnzuschläge auf.

Bei Zahlung von Lohnzuschlägen lagen die auf ein Jahr bezogenen Kosten für rund die Hälfte der betroffenen Betriebe zwischen 1.300 € und 4.300 €. Ein Sechstel der Betriebe hat Aufwendungen von mehr als 7.000 €.

Vorgenommene Lohnabschläge – welche ja die Kosten der Rekrutierung externer Fachkräfte im Vergleich zur eigenen Ausbildung reduzieren – weisen ein ähnlich breites Spektrum wie die Lohnzuschläge auf. Die Hälfte der betreffenden Betriebe hat dadurch geringere Aufwendungen bis zu 5.000 €. 13 % der Betriebe zahlen Lohnabschläge von mehr als 7.000 €.

3.2.1.4 Einflussfaktoren für die Höhe der Rekrutierungskosten

Dargestellt wurde bisher, inwieweit sich unterschiedliche Rekrutierungskosten für einzelne Merkmale wie Ausbildungsbereich, Betriebsgröße und Berufsbereich ergeben. Im Folgenden soll dies durch eine multivariate Analyse von Einflussfaktoren der Rekrutierungskosten ergänzt werden, um Hinweise auf die relative Bedeutung einzelner Faktoren zu gewinnen. Hierzu wurde eine Regressionsanalyse durchgeführt. Mit Ausnahme der Ausbildungskosten handelte es sich bei allen Variablen um solche mit qualitativen Ausprägungen. Hierfür wurden so genannte Dummy-Variablen gebildet (Codierung mit 1 oder 0), deren geschätzte Koeffizienten als Abweichung gegenüber einer bestimmten Referenzgruppe interpretiert werden müssen. Im Einzelnen wurden folgende Variablen einbezogen:

- Wirtschaftszweig
- Betriebsgröße
- Ausbildungsbereich
- Gewerblich-technischer oder kaufmännisch-verwaltender Beruf
- Hohes Übernahmeinteresse
- Hohe Bedeutung der Ausbildung bei der Rekrutierung von Fachkräften
- Nettoteilkosten des Ausbildungsgangs
- Ausbildungsqualität

Zur Messung der Ausbildungsqualität stehen nur grobe Hinweise zur Verfügung. Berücksichtigt wurde in diesem Zusammenhang, ob ein Betrieb seinen Auszubildenden Zusatzqualifikationen anbietet und ob (als Hinweis auf eine eher geringe Ausbildungsqualität) in den letzten drei Jahren Auszubildende die Prüfung nicht bestanden haben. Ein hohes Übernahmeinteresse wurde entweder durch eine entsprechende hohe Quote[166] oder – bei fehlender Angabe – durch einen hohen Zustimmungswert auf einer relevanten Bewertungsskala gemessen. Die Variable „Hohe Bedeutung der Ausbildung" steht ebenfalls für das Interesse der Betriebe, die eigene Ausbildung als Instrument zur Fachkräfterekrutierung zu nutzen. Auf einer fünfstufigen Skala von „sehr wichtig" bis „völlig unwichtig" sollten die Betriebe angeben, welche zukünftige Bedeutung der eigenen Ausbildung als Möglichkeit zur Deckung des Qualifikationsbedarfs im Fachkräftebereich zukommt. Die betreffende Variable steht für Betriebe, die die eigene Ausbildung hier als sehr wichtig oder wichtig einstuften.

Übersicht III/6 enthält die Ergebnisse der Regressionsanalyse mit den Regressionskoeffizienten, der dazugehörigen Standardabweichung, den sogenannten Beta-Koeffizienten (standardisierte Regressionskoeffizienten) sowie Angaben zur Signifikanz der Koeffizienten (T-Werte und Signifikanzniveau). Es wurde jeweils markiert (durch *, ** und ***), wenn Werte auf dem 10-, 5- oder 1 %-Niveau signifikant waren. R2, das sogenannte Bestimmtheitsmaß, gibt an, wie viel Prozent der Gesamtvarianz der Rekrutierungskosten durch die einbezogenen Variablen erklärt werden können.

Übersicht III/6: **Einflussgrößen der Kosten zur Rekrutierung externer Fachkräfte – Regressionsanalyse**

Einflussvariable	Regressions-koeffizient	Standardab-weichung	Beta-Koeffizient	T-Wert	Signifikanz-niveau	Signifikanz
Wirtschaftszweig: Referenzgruppe Metallbetriebe						
Landwirtschaft, Energie, Wasser	-826,70	1700,41	-0,01	-0,48	0,627	
Chemie, Steine, Erden	2766,64	1037,78	0,08	2,66	0,0078	***
Elektro	2413,25	1078,37	0,07	2,23	0,02	**
Holz, Druckerei, Textilien	299,90	960,72	0,01	0,31	0,755	
Nahrung und Genuss	-1954,64	1113,53	-0,05	-1,75	0,0795	*
Bauwirtschaft	-803,49	1051,08	-0,02	-0,76	0,4448	
Handel	-1597,79	981,01	-0,05	-1,62	0,1037	*
Banken und Versicherungen	3520,36	1082,99	0,11	3,25	0,0012	***
Gastgewerbe, Tourismus	-1767,10	1073,59	-0,05	-1,64	0,1001	*

166 Übernahme von mindestens einmal 75 % der erfolgreich Ausgebildeten in den letzten drei Jahren.

Fortsetzung der Übersicht III/6

Einflussvariable	**Regressions-koeffizient**	**Standardab-weichung**	**Beta-Koeffizient**	**T-Wert**	**Signifikanz-niveau**	**Signifikanz**
Betriebsnahe Dienstleistungen	1868,55	916,00	0,08	2,04	0,0416	**
Ärzte	1157,02	1528,60	0,03	0,75	0,4493	
Sonstige private	2303,34	1499,33	0,04	1,53	0,1248	
Dienstleistungen						
Öffentliche Dienstleistungen	-160,79	1270,34	-0,00	-0,12	0,8993	
Sonstiges	8429,43	1682,14	0,14	5,01	0,0000	***
Betriebsgröße: Referenzgruppe Großbetriebe						
Kleinbetriebe bis 9 Beschäftigte	-2621,02	947,07	-0,13	-2,76	0,0000	***
Mittelbetriebe 10–49 Beschäftigte	-2038,82	819,84	-0,13	-2,48	0,0131	***
Mittelbetriebe 50–499 Beschäftigte	-1949,84	753,30	-0,12	-2,58	0,0098	***
Ausbildungsbereich: Referenzgruppe Handwerk						
Industrie und Handel	2180,17	741,33	0,13	2,94	0,0034	***
Landwirtschaft	739,28	2117,33	0,01	0,34	0,7270	
Freie Berufe	-1200,80	1435,87	-0,03	-0,83	0,4032	
Öffentlicher Dienst	667,16	1377,89	0,02	0,48	0,6284	
Berufsbereich: Referenzgruppe Kaufmännisch-verwaltende Berufe						
Gewerblich-technische Berufe	-1456,55	566,58	-0,09	-2,57	0,0103	***
Hohes Übernahme-interesse	1248,23	501,31	0,07	2,49	0,0129	***
Hohe Bedeutung der Ausbildung	782,86	448,28	0,05	1,74	0,0811	*
Nettoteilkosten Ausbildungsqualität	0,04	0,01	0,15	4,54	0,0000	***
Angebot von Zusatzqualifikationen	1652,73	440,80	0,10	3,74	0,0002	***
Nicht bestandene Prüfungen	-1276,29	770,50	-0,04	-1,65	0,0980	*
Konstante [167]	5304,30	1340,16		3,95	0,0001	

$R^2 = 0,245$

* 10 % -Signifikanzniveau
** 5 % -Signifikanzniveau
***10 % -Signifikanzniveau

167 Die Konstante steht für den Durchschnittswert über alle Betriebe, der sich ohne Berücksichtigung der in die Regressionsgleichung aufgenommenen Merkmalskombinationen ergibt.

Insgesamt ergeben sich für eine ganze Reihe von Merkmalen signifikante Einflüsse. Immerhin kann rund ein Viertel der gesamten Abweichungen in den Rekrutierungskosten auf unterschiedliche Ausprägungen in den einbezogenen Variablen zurückgeführt werden.

Betrachtet man zunächst die Variablen, mit denen Strukturunterschiede zwischen den Betrieben gemessen werden (Wirtschaftszweig, Betriebsgröße, Ausbildungsbereich und Berufsbereich), so sind für alle Variablengruppen signifikante Einflüsse feststellbar. Die Koeffizienten zu den einzelnen Wirtschaftszweigen sind als Abweichung gegenüber der gebildeten Referenzgruppe (Metallbetriebe) zu verstehen. Höhere Rekrutierungskosten ergeben sich hiernach vor allem in der chemischen Industrie, im Elektrobereich, bei Banken und Versicherungen sowie Betrieben aus sonstigen Wirtschaftszweigen. Ebenso ist eine starke Abhängigkeit der Rekrutierungskosten von der Betriebsgröße nachweisbar. Kleine und mittlere Betriebe haben dabei deutlich niedrigere Rekrutierungskosten als größere Betriebe (mit mehr als 500 Beschäftigten). Im Hinblick auf die Zugehörigkeit zu einem Ausbildungsbereich ergeben sich für Betriebe aus dem Bereich Industrie und Handel deutlich höhere Rekrutierungskosten als für die Referenzgruppe der Handwerksbetriebe; für die übrigen Ausbildungsbereiche ergeben sich dabei im Vergleich zum Handwerk keine signifikanten Abweichungen. Des Weiteren ist auch die zugrunde liegende Berufsgruppe für die Höhe der Rekrutierungskosten relevant, für gewerblich-technische Berufe ergeben sich dabei niedrigere Werte als für kaufmännisch-verwaltende Berufe.

Bei den übrigen betrachteten Einflussgrößen ragen vor allem die Ausbildungskosten (Nettoteilkosten des Ausbildungsgangs) hervor. Je höher die Ausbildungskosten sind, umso höher sind auch die Kosten der Rekrutierung externer Fachkräfte. Ebenso geht ein hohes Interesse an einer Übernahme der Auszubildenden in ein Beschäftigungsverhältnis mit höheren Rekrutierungskosten und damit einer höheren Kostenersparnis durch eine eigene Ausbildung einher. Tendenziell führt auch ein hohes zukünftiges Gewicht der Ausbildung im Rahmen der Deckung des Fachkräftebedarfs zu höheren Rekrutierungskosten. Hinweise auf eine höhere Ausbildungsqualität (Zusatzqualifikationen) sind mit höheren, Hinweise auf eine niedrigere Ausbildungsqualität (nicht bestandene Prüfungen) dagegen mit niedrigeren Rekrutierungskosten verbunden.

Insgesamt sind die Ergebnisse der Regressionsanalyse im Hinblick auf die Richtung des Einflusses der einzelnen Faktoren in hohem Maße plausibel. Generell gilt, dass die Rekrutierungskosten für externe Fachkräfte bzw. die zu erwartenden Einsparungen bei einer eigenen Ausbildung dann besonders hoch sind, wenn die Ausbildung besonders aufwendig ist und der primäre Nutzen der Ausbildung in der Rekrutierung von Fachkräften gesehen wird. Diese Konstellation trifft dabei häufiger auf Großbetriebe (vs. Klein- und Mittelbetriebe) und auf Betriebe des Ausbildungsbereichs Industrie und Handel (vs. alle anderen Ausbildungsbereiche) zu. Höheren

Ausbildungskosten steht hier tendenziell auch ein höherer Ausbildungsnutzen gegenüber. In ihrer Richtung korrespondieren die Ergebnisse sehr gut mit der von uns in Abschnitt 1 und 2 bereits angesprochenen These von Franz und Soskice[168] zu den zwei Segmenten des deutschen Ausbildungsmarktes bzw. der Unterteilung in eine eher produktionsorientierte und eine eher investitionsorientierte Ausbildung. Hiernach existiert ein Segment mit hoher Faktorspezifität, welches sich durch hohe Ausbildungskosten und hohe Übernahmequoten der betrieblich Ausgebildeten auszeichnet. Ein anderes Segment weist demgegenüber eine geringere Faktorspezifität auf und ist durch niedrigere Ausbildungskosten und hohe Abwanderungsquoten nach der Ausbildung gekennzeichnet. Nach den Ergebnissen unserer Analyse lassen sich diesen unterschiedlichen Ausbildungskonstellationen auch deutlich verschiedene zu erwartende Rekrutierungsvorteile der Ausbildung zuordnen. Allerdings bilden die Rekrutierungsvorteile nur ein Element des Gesamtnutzens der Ausbildung, auf die Bedeutung weiterer Nutzenaspekte wird an anderer Stelle in diesem Buch noch eingegangen.

3.2.2 Einschätzung des externen Arbeitsmarktes

Die bei eigener Ausbildung einzusparenden Kosten der Rekrutierung externer Fachkräfte stellen nur einen Teil des Nutzens der Ausbildung dar, der sich aus einer Betrachtung der Alternative „externe Rekrutierung“ ergibt. Die Rekrutierungskosten dürften nur dann eine hinreichende Schätzung für den betreffenden Gesamtnutzen sein, wenn Fachkräfte auf dem externen Arbeitsmarkt relativ problemlos rekrutiert werden können. Falls dies nicht der Fall ist und Betriebe bei einem Verzicht auf eine eigene Ausbildung gravierende Probleme bei der Gewinnung von Fachkräften hätten, könnten Störungen von Produktionsabläufen und damit hohe Ausfallkosten entstehen. Solche Ausfallkosten wären als Opportunitätskosten ebenfalls dem Nutzen der betrieblichen Ausbildung zuzurechnen.

Aufgrund der erheblichen Schwierigkeiten, solche Ausfallkosten zuverlässig zu schätzen, wurde in unserer Untersuchung kein Versuch einer monetären Bewertung bzw. Quantifizierung der betreffenden Kosten unternommen. Stattdessen wurde versucht, indirekt Anhaltspunkte über die Bedeutung etwaiger Ausfallkosten zu bekommen. Die von uns befragten Betriebe wurden hierzu gebeten, die Zahl der auf dem externen Arbeitsmarkt verfügbaren Arbeitskräfte und ihre Einsatzfähigkeit im Betrieb im Hinblick auf den ausgewählten Beruf jeweils anhand einer fünfstufigen Skala von sehr gut bis sehr schlecht zu beurteilen. Eine ungünstige Rekrutierungssituation auf dem externen Arbeitsmarkt würde dabei auf ein erhebliches Risiko hoher Ausfallkosten hindeuten (und umgekehrt). Wird ein an Kosten- und Ertragsgrößen orientiertes betriebliches Entscheidungskalkül unterstellt, so wäre zu vermuten, dass die Rekru-

168 FRANZ, Wolfgang.; SOSKICE, David.: The German Apprenticeship System, a. a. O.

tierungssituation auf dem externen Arbeitsmarkt vor allem dann als weniger gut eingeschätzt wird, wenn die Kosten der Ausbildung hoch sind und der Betrieb ein starkes Interesse an der Übernahme von Auszubildenden hat.

In den Übersichten III/7 bis III/9 sind die Ergebnisse zur Einschätzung des externen Arbeitsmarktes für die Merkmale Betriebsgröße, Ausbildungsbereich und Berufsgruppe dargestellt.

Übersicht III/7: **Einschätzung der Rekrutierungssituation auf dem externen Arbeitsmarkt nach Betriebsgrößenklassen in Prozent**

	Betriebsgröße				**Insgesamt**
	Bis 9 Beschäftigte	**10–49 Beschäftigte**	**50–499 Beschäftigte**	**500 und mehr Beschäftigte**	
Zahl der in der Region auf dem Arbeitsmarkt verfügbaren Arbeitskräfte ist ...					
Sehr gut	6	9	5	2	7
Gut	15	17	20	11	17
Teils/teils	31	25	28	37	28
Schlecht	24	25	29	37	25
Sehr schlecht	25	24	19	13	24
Einsätzfähigkeit der Arbeitskräfte im Betrieb ist ...					
Sehr gut	3	3	2	3	3
Gut	14	17	26	19	17
Teils/teils	38	36	38	56	37
Schlecht	27	27	23	15	26
Sehr schlecht	19	17	12	7	17

Übersicht III/8: **Einschätzung der Rekrutierungssituation auf dem externen Arbeitsmarkt nach Ausbildungsbereichen in Prozent**

	Ausbildungsbereich				
	Industrie und Handel	**Handwerk**	**Landwirtschaft**	**Freie Berufe**	**Öffentlicher Dienst**
Zahl der in der Region auf dem Arbeitsmarkt verfügbaren Arbeitskräfte ist ...					
Sehr gut	5	8	0	10	12
Gut	16	16	18	20	21
Teils/teils	24	30	25	36	27
Schlecht	30	22	35	17	23
Sehr schlecht	25	24	21	17	17
Einsätzfähigkeit der Arbeitskräfte im Betrieb ist ...					
Sehr gut	2	3	1	6	5
Gut	18	15	14	12	28
Teils/teils	37	36	41	42	33
Schlecht	25	27	28	27	24
Sehr schlecht	17	19	16	13	11

Übersicht III/9: **Einschätzung der Rekrutierungssituation auf dem externen Arbeitsmarkt nach Berufsgruppen in Prozent**

	Berufsgruppe	
	Gewerblich-technische Berufe	**Kaufmännisch-verwaltende Berufe**
Zahl der in der Region auf dem Arbeitsmarkt verfügbaren Arbeitskräfte ist ...		
Sehr gut	7	7
Gut	14	21
Teils/teils	27	30
Schlecht	27	23
Sehr schlecht	26	21
Einsätzfähigkeit der Arbeitskräfte im Betrieb ist ...		
Sehr gut	3	4
Gut	17	16
Teils/teils	34	42
Schlecht	27	25
Sehr schlecht	20	13

Betrachtet man zunächst die Einschätzung der Betriebe zur quantitativen Situation auf dem externen Arbeitsmarkt, so ist herauszustellen, dass nur rund ein Viertel aller Betriebe die Zahl der verfügbaren Arbeitskräfte als sehr gut oder gut einschätzt. Fast 50 % beurteilen die Situation dagegen als schlecht oder sehr schlecht. Insofern können sich die meisten Betriebe nicht darauf verlassen, dass eine Rekrutierung von Fachkräften über den externen Arbeitsmarkt gelingt, falls ein entsprechender Fachkräftebedarf vorliegt und gedeckt werden muss.

Die Einsatzfähigkeit der verfügbaren Fachkräfte wird nur von einem Fünftel der befragten Betriebe als sehr gut oder gut eingeschätzt. Mehr als 40 % der Betriebe stufen die Einsatzfähigkeit der externen Fachkräfte dagegen als schlecht oder sehr schlecht ein. Alles in allem signalisieren diese Ergebnisse zur Beurteilung der quantitativen und der qualitativen Lage auf dem externen Arbeitsmarkt, dass für einen Großteil der Betriebe die Gefahr hoher Ausfallkosten besteht.

Welche Unterschiede in den Einschätzungen des externen Arbeitsmarktes zeigen sich nun für die Merkmale Betriebsgröße, Ausbildungsbereich und Berufsgruppe? Im Hinblick auf die Betriebsgröße fällt auf, dass Großbetriebe ab 500 Beschäftigten deutlich häufiger als andere Betriebe eine neutrale Position einnehmen. Da es in ihrem Fall aufgrund der höheren Beschäftigtenzahl häufiger zu Personaleinstellungen kommt, dürften für unterschiedliche zu besetzende Positionen auch unterschiedliche Erfahrungen gemacht worden sein. Tendenziell schätzen dabei größere Betriebe die Situation auf dem externen Arbeitsmarkt seltener als sehr schlecht ein als Kleinbetriebe. Dies gilt sowohl für die Zahl als auch für die Einsatzfähigkeit der Fachkräfte. Hier dürfte auch eine Rolle spielen, dass in großen Unternehmen auch eine größere Bandbreite von Einsatzmöglichkeiten vorhanden sein dürfte und die Beschäftigung in einem Großbetrieb für viele Fachkräfte attraktiver ist als in einem kleineren Betrieb.

Zwischen den Ausbildungsbereichen sind besonders ausgeprägte Unterschiede in den Einschätzungen des externen Arbeitsmarktes nicht zu erkennen. Vergleicht man die Ergebnisse für die beiden Berufsgruppen, so wird die Situation auf dem Arbeitsmarkt für gewerblich-technische Berufe etwas ungünstiger eingeschätzt als für kaufmännisch-verwaltende Berufe.

Zur Vertiefung unserer Analyse der Abhängigkeiten der Situation auf dem externen Arbeitsmarkt von unterschiedlichen Rahmenbedingungen wurden multivariate Analysen jeweils für die Einschätzung der Zahl und der Einsatzfähigkeit der verfügbaren Arbeitskräfte durchgeführt. In den Regressionsanalysen wurden die folgenden möglichen Einflussfaktoren berücksichtigt:

- Differenzierte Berufsgruppen: Insgesamt wurden 19 Berufsgruppen aus einer Kombination von Einzelberufen und Ausbildungsbereichen – wie bereits in Teil II, Kap. 2.3 dieser Veröffentlichung beschrieben – gebildet.

- Betriebsgröße
- Übernahmeinteresse
- Bedeutung der Ausbildung als Rekrutierungsinstrument
- Nettoteilkosten
- Angebot von Zusatzqualifikationen
- Nicht bestandene Prüfungen.

Als Referenzgruppe für die Betriebsgröße wurden die Großbetriebe ab 500 Beschäftigten gewählt. Bei den Berufsgruppen wurde auf die kaufmännischen IHK-Berufe abgestellt. Es wird an dieser Stelle auf eine detaillierte Darstellung der sich aus den Regressionsanalysen ergebenden Koeffizienten verzichtet. Vielmehr sollen die wichtigsten Ergebnisse der Analyse kurz vorgestellt werden:

Für die Einschätzung der Zahl der verfügbaren Fachkräfte ergeben sich für kleinere Betriebe bis zu 50 Beschäftigten signifikant schlechtere Werte als für größere Betriebe. Dies stützt die Ergebnisse der bivariaten Betrachtung. Im Vergleich zu den kaufmännischen IHK-Berufen wird für die folgenden Berufsgruppen die Zahl der verfügbaren Arbeitskräfte signifikant (5 %-Niveau) schlechter beurteilt: Gewerblich-technische, technische und kaufmännische IT-Berufe, Gastronomieberufe sowie landwirtschaftliche Berufe. Signifikant besser wird die Situation dagegen für die folgenden Berufsgruppen gesehen: Kaufmännische Handwerksberufe, Maurer, Arzt- und Zahnarzthelferinnen sowie Verwaltungsberufe im Öffentlichen Dienst.

Signifikant schlechter wird die Zahl der auf dem externen Arbeitsmarkt verfügbaren Arbeitskräfte in den folgenden Gruppen von Betrieben beurteilt:

- Betriebe, mit hoher Bedeutung der Ausbildung als Rekrutierungsinstrument
- Betriebe, welche Zusatzqualifikationen anbieten.

Außerdem wird der externe Arbeitsmarkt mit steigenden Nettoteilkosten der Ausbildung schlechter beurteilt. Für die übrigen berücksichtigten und oben genannten Einflussfaktoren konnte kein signifikanter Einfluss festgestellt werden.

Im Hinblick auf die Einschätzung der Einsatzfähigkeit der verfügbaren Fachkräfte zeigt sich ebenfalls eine deutliche und ähnlich starke Abhängigkeit von der Betriebsgröße. Kleine und mittlere Betriebe schätzen die Einsatzfähigkeit schlechter ein als Großbetriebe mit mehr als 500 Beschäftigten. Die Einsatzfähigkeit der Fachkräfte wird für die folgenden Berufsgruppen schlechter beurteilt als für die Referenzgruppe der kaufmännischen IHK-Berufe: Gastronomieberufe, sonstige IHK-Berufe, Baunebenberufe, landwirtschaftliche Berufe. In diesen Berufen dürften häufiger auch Fachkräfte eingesetzt werden, die nicht über eine einschlägige fachliche Vorbildung verfügen. Besser wird dagegen nur die Einsatzfähigkeit der Verwaltungsberufe im öffentlichen Dienst eingeschätzt. Im Hinblick auf die verschiedenen Berufsgruppen gibt es also deutliche Unterschiede zur quantitativen Situation des externen Arbeitsmarktes. So wird insbesondere für technische IHK-Berufe und die neuen IT-Berufe zwar die Zahl der verfügbaren Fachkräfte als ungünstiger eingeschätzt, dagegen nicht die Einsatzfähigkeit.

Im Hinblick auf die übrigen in die Analyse einbezogenen Variablen ergeben sich ähnliche Abhängigkeiten wie für die Zahl der verfügbaren Arbeitskräfte. Betriebe, die der Ausbildung eine hohe Bedeutung als Instrument zur Rekrutierung von Fachkräften zuerkennen sowie Betriebe, welche Zusatzqualifikationen anbieten, schätzen die Einsatzfähigkeit der auf dem externen Arbeitsmarkt verfügbaren Fachkräfte signifikant schlechter ein. Dies deutet darauf hin, dass diese Betriebe ein sehr konkretes und betriebsspezifisches Anforderungsprofil erwarten, das so bei den externen Fachkräften offenbar nicht vorhanden ist.

Die Ergebnisse zur Einschätzung der Situation auf dem externen Arbeitsmarkt stehen aus unserer Sicht für eine Reihe unterschiedlicher Sachverhalte. Insbesondere drei Aspekte dürften von Bedeutung sein:

- Zunächst werden die aktuellen Verhältnisse von Angebot und Nachfrage auf dem Arbeitsmarkt widergespiegelt. Unterschiede zwischen den Berufen sind hier stärker hinsichtlich der Zahl als im Hinblick auf die Einsatzfähigkeit der Fachkräfte zu konstatieren. Die aktuelle Situation auf dem Arbeitsmarkt ist dabei nicht unbedingt von Dauer sondern stellt vor allem eine Momentaufnahme dar.
- Des Weiteren dürften die Ergebnisse auch etwas aussagen über die Attraktivität eines Betriebes für externe Fachkräfte. Dies ist wohl weitgehend der Grund dafür, dass kleinere Betriebe die Situation auf dem Arbeitsmarkt als schlechter beurteilen als größere Betriebe.
- Schließlich nehmen wir an, dass in den signifikanten Einflüssen einzelner Merkmalskombinationen auch unterschiedliche generelle Nutzungspotenziale des externen Arbeitsmarktes für die Betriebe zum Ausdruck kommen. Hier geht es um die grundsätzliche Frage, inwieweit sich ein Betrieb für sein spezifisches Produktionsprogramm und seine spezifische Marktsituation bei der Rekrutierung von Fachkräften überhaupt auf den externen Arbeitsmarkt verlassen kann bzw. darauf, dass entsprechende Fachkräfte auch von anderen Betrieben ausgebildet werden. Je spezifischer die Qualifikationsanforderungen eines Betriebs sind, umso schlechter dürfte die Situation auf dem Arbeitsmarkt eingestuft werden und umso eher dürften besonders intensive Ausbildungsaktivitäten zur Vermeidung von Risiken und Ausfallkosten geboten sein. Die referierten Befunde aus unserer Analyse sind in diesem Kontext sehr plausibel. Eine hohe Bedeutung der Ausbildung bei der Rekrutierung des Fachkräftenachwuchses sowie die Vermittlung besonderer Inhalte (Zusatzqualifikationen) geht eindeutig mit einer schlechteren Beurteilung des externen Arbeitsmarktes einher. Ebenso wird mit steigenden Net-

tokosten der externe Arbeitsmarkt schlechter eingeschätzt. Der für Ausbildung betriebene Aufwand nimmt also mit der Aussicht auf einen höheren potenziellen Nutzen der Ausbildung zu.

Zusammenfassend ist festzuhalten, dass sich aus den Ergebnissen zur Einschätzung des externen Arbeitsmarktes deutliche Hinweise darauf ableiten lassen, dass durch eine bedarfsgerechte Ausbildung vermiedene Ausfallkosten eine nicht unbeträchtliche Komponente des Ausbildungsnutzens darstellen.

3.2.3 Stellenwert der externen Rekrutierung

Nach unseren Ergebnissen lässt sich offenbar ein hoher Teil des betrieblichen Fachkräftebedarfs durch eine eigene Ausbildung absichern. So hatten in den letzten drei Jahren nur 36 % aller Betriebe in dem zugrunde gelegten Beruf überhaupt eine Einstellung über den externen Arbeitsmarkt vorgenommen. Gefragt wurde hier nach Positionen, die auch für selbst ausgebildete Berufsanfänger in Frage gekommen wären. Wenn Fachkräfte über den externen Arbeitsmarkt eingestellt wurden, so sind die Größenordnungen beträchtlich. Zur Einschätzung der quantitativen Bedeutung der externen Rekrutierung haben wir die Zahl der in den letzten drei Jahren eingestellten Fachkräfte mit der Zahl der im Betrieb vorhandenen Auszubildenden im betreffenden Beruf verglichen. Für über 40 % der Betriebe liegt die Zahl der eingestellten Fachkräfte dabei über der Zahl der Auszubildenden, d. h., externe Fachkräfte wurden durchaus in erheblichem Umfang eingestellt.

Welches sind nun überhaupt die Gründe für die Einstellung von Fachkräften über den externen Arbeitsmarkt? Die Übersicht III/10 gibt Aufschluss über die Bedeutung unterschiedlicher Gründe für die Betriebe insgesamt sowie nach einzelnen Betriebsgrößenklassen.

Herausragender Grund für die Einstellung von Fachkräften über den externen Arbeitsmarkt ist der Weggang von im Betrieb ausgebildeten Fachkräften (52 %). Hier kommt also das klassische Risiko eines ausbildenden Betriebes zum Ausdruck, der selbst ausgebildete Fachkräfte durch Abwanderung verliert. Allerdings muss dies nicht bedeuten, dass sich die Investition des Betriebs im Falle der ausgeschiedenen Fachkräfte nicht gelohnt hätte. Dies hängt vielmehr vom Zeitpunkt der Abwanderung ab. Nur ein Weggang in einem sehr kurzen Zeitraum nach Abschluss der Ausbildung wäre – allerdings nur bei hohen Nettokosten – eine Fehlinvestition. Berücksichtigt man, dass nur 36 % der Betriebe überhaupt Fachkräfte im betreffenden Zeitraum von drei Jahren rekrutiert haben, so mussten 19 % aller Betriebe überhaupt den Weggang selbst ausgebildeter Fachkräfte durch eine externe Rekrutierung kompensieren. Dies erscheint als ein erstaunlich geringer Prozentsatz.

Von größerer Bedeutung ist auch ein sprunghafter Anstieg des Fachkräftebedarfs, welcher von 40 % der Betriebe genannt wird.

Jeweils rund ein Fünftel der Betriebe geben an, dass sie einen spezifischen Qualifikationsbedarf gedeckt oder besondere Spitzenpositionen besetzt hätten. Die Deckung eines Spitzenbedarfs (14 %) sowie eine besondere Strategie der Nutzung unterschiedlicher Rekrutierungsmöglichkeiten (8 %) spielen dagegen nur eine untergeordnete Rolle.

Übersicht III/10: **Gründe für die Einstellung von Fachkräften über den externen Arbeitsmarkt nach Betriebsgrößenklassen in Prozent***

	Betriebsgröße				**Insgesamt**
	Bis 9 Beschäftigte	**10–49 Beschäftigte**	**50–499 Beschäftigte**	**500 und mehr Beschäftigte**	
Sprunghafter Anstieg des Fachkräftebedarfs	38	40	42	43	40
Weggang von im Betrieb ausgebildeten Fachkräften	44	54	60	56	52
Deckung eines besonderen Qualifikationsbedarfs	22	17	33	33	22
Besetzung besonderer Spitzenpositionen	15	19	24	22	19
Deckung des Spitzenbedarfs	14	14	15	8	14
Nutzung unterschied. Rekrutierungs-möglichkeiten	7	7	14	2	8

* Mehrfachnennungen möglich

Betrachtet man die Ergebnisse in den einzelnen Betriebsgrößenklassen, so wird in den Großbetrieben mit 500 und mehr Beschäftigten häufiger auf einen sprunghaften Anstieg des Fachkräftebedarfs hingewiesen als in den kleineren Betrieben. Die Deckung eines besonderen Qualifikationsbedarfs war in mittleren und größeren Betrieben häufiger erforderlich als in den Kleinbetrieben.

Bei einer Differenzierung nach Ausbildungsbereichen zeigt sich – auch aufgrund der unterschiedlichen Betriebsgrößenstrukturen – die größte Abweichung für den Grund „Sprunghafter Anstieg des Fachkräftebedarfs" und hier zwischen den Ausbildungsbereichen Industrie und Handel sowie Handwerk. Während bei den Handwerksbetrieben 37 % diesen Grund angeben, ist dies im IHK-Bereich rund die Hälfte aller Betriebe.

Größere Unterschiede in den Gründen der Einstellung externer Fachkräfte sind auch für die beiden von uns unterschiedenen Berufsgruppen festzustellen. Während so fast die Hälfte aller Betriebe auf einen Anstieg des Fachkräftebedarfs für gewerblich-technische Berufe hinweist, sind es für kaufmännisch-verwaltende Berufe nur 29 % der Betriebe. Dagegen spielt der Weggang von im Betrieb ausgebildeten Fachkräften mit 63 % im Bereich kaufmännisch-verwaltender Berufe eine größere Rolle als für gewerblich-technische Berufe mit 42 %. Insbesondere das erste Ergebnis dürfte hier zu einem erheblichen Teil auch eine Momentaufnahme sein, welche die aktuelle Arbeitsmarktsituation widerspiegelt.

3.2.4 Selbst ausgebildete und externe Fachkräfte im Vergleich

Wie schätzen nun die Betriebe das Leistungsprofil externer Fachkräfte im Vergleich zu den selbst ausgebildeten Fachkräften ein? Hierzu wurden die Betriebe zunächst darum gebeten, für eine Reihe einschlägiger Dimensionen, welche sich insbesondere auf die Kenntnis betrieblicher Spezifka beziehen, einen Vergleich zwischen den externen Fachkräften und den selbst Ausgebildeten vorzunehmen. Anhand einer fünfstufigen Skala sollte beurteilt werden, inwieweit sich für selbst ausgebildete Fachkräfte Vorteile ergeben. Die Skala reichte von 1 = sehr große Vorteile bis 5 = keine Vorteile. Die Übersicht III/11 zeigt das Gesamtergebnis für die verschiedenen Beurteilungsmerkmale:

Übersicht III/11: **Vorteile selbst ausgebildeter Fachkräfte gegenüber extern rekrutierten Fachkräften in Prozent**

	Sehr große Vorteile	2	3	4	Keine Vorteile
Kenntnisse über die Besonderheiten der im Betrieb eingesetzten Technik/ Computersysteme u. ä.	40	37	14	5	2
Kenntnisse über die besonderen Verfahrensweisen, Arbeitsabläufe und Produkte im Betrieb	48	38	10	3	2
Erfahrungen mit Kunden und Lieferanten des Betriebs	39	37	16	5	3
Vertrautsein mit Betriebszielen und Unternehmenskultur	36	42	17	4	2
Eingespielte Zusammenarbeit mit Arbeitskollegen des Betriebs	45	39	13	2	1
Betrieblicher Weiterbildungsaufwand	20	38	30	8	4
Betriebliche Informationsstrukturen und -abläufe	34	45	17	4	1

Es fällt unmittelbar auf, dass bei allen Beurteilungsmerkmalen eine überwältigende Mehrheit der Betriebe sehr große oder zumindest große Vorteile für die selbst ausgebildeten Fachkräfte sieht. Die größte Zustimmung erhält dabei das Kriterium „Kenntnisse über besondere Verfahrensweisen, Arbeitsabläufe, Produkte". 48 % der Betriebe sehen hier sehr große und 38 % große Vorteile. Am Geringsten werden noch die Vorteile im Hinblick auf die Höhe des betrieblichen Weiterbildungsaufwands eingeschätzt. Aber auch hier sehen noch 58 % der befragten Betriebe Vorteile. Insgesamt überrascht natürlich nicht, dass sich die selbst ausgebildeten Fachkräfte aufgrund ihrer längeren Betriebszugehörigkeit mit den betrieblichen Abläufen und Besonderheiten besser auskennen als neu eingestellte externe Fachkräfte. Auffällig ist aber in jedem Fall der sehr hohe Anteil von Betrieben, der hier Vorteile sieht und damit wahrscheinlich auch eine unterschiedlich hohe Produktivität der beiden Gruppen.

Bei einer Differenzierung nach der Betriebsgröße stufen Großbetriebe ab 500 Beschäftigten die Vorteile für die selbst ausgebildeten Fachkräfte deutlich höher ein als kleine und mittlere Betriebe. Beispielsweise sind 64 % dieser Großbetriebe der Meinung, dass sich für selbst ausgebildete Fachkräfte sehr große Vorteile bei Kenntnissen über besondere Verfahrensweisen, Arbeitsabläufe und Produkte ergeben; bei den kleineren Betrieben mit weniger als 10 Beschäftigten beträgt der entsprechende Anteil dagegen nur 43 %.

Betrachtet man die entsprechenden Einschätzungen für die unterschiedlichen Ausbildungsbereiche, so zeigen sich zum einen Unterschiede, die auf die unterschiedlichen Betriebsgrößenstrukturen in den Ausbildungsbereichen zurückzuführen sind. So bewerten Betriebe des IHK-Bereichs die Vorteile für die selbst ausgebildeten Fachkräfte etwas höher als Handwerksbetriebe. Eine Ausnahme bilden Betriebe des Ausbildungsbereichs Landwirtschaft. Sie stufen die Vorteile für selbst ausgebildete Fachkräfte gegenüber extern rekrutierten Fachkräften in den betreffenden Dimensionen deutlich niedriger ein als Betriebe aus anderen Ausbildungsbereichen. Beispielsweise sehen nur 25 % der landwirtschaftlichen Betriebe sehr große Vorteile im Hinblick auf die Kenntnisse über die besonderen Verfahrensweisen, Arbeitsabläufe und Produkte im Betrieb. Für die IHK-Betriebe beträgt der entsprechende Prozentsatz dagegen 55 %.

Für die beiden von uns unterschiedenen Berufsbereiche der gewerblich-technischen und der kaufmännisch-verwaltenden Berufe sind keine ausgeprägten Unterschiede in den Einschätzungen zu erkennen.

Die sich für die selbst ausgebildeten Fachkräfte ergebenden Vorteile lassen sich nicht vollständig monetär bewerten. Soweit es sich um die Einarbeitungsphase handelt, ist von uns bei der Berechnung der einzusparenden Rekrutierungskosten eine entsprechende Berechnung bzw. Bewertung vorgenommen worden. Allerdings dürften sich die Leistungsprofile selbst ausgebildeter und externer Fachkräfte nach Beendigung der Einarbeitungszeit nicht vollständig angeglichen haben. Wir haben versucht, die bestehenden Unterschiede zwischen den beiden Fachkräftegruppen in einem zusammenfassenden Bewertungsmaßstab auszudrücken. Hierzu sollten die befragten Betriebe die betriebliche Produktivität der externen Fachkräfte im Vergleich zu selbst ausgebildeten Fachkräften angeben, wobei der Leistungsgrad der selbst Ausgebildeten gleich 100 % gesetzt wurde. Die Einschätzung wurde für zwei unterschiedliche Zeitpunkte vorgenommen. Es wurde um die Einschätzung des Leistungsgrades ein Jahr nach Einstellung der externen Fachkraft und nach drei Jahren gebeten. Bei den externen Fachkräften wurde dabei nach drei alternativen Möglichkeiten zur eigenen Ausbildung differenziert:

- Fachkräfte, die im ausgewählten Beruf von einem anderen Unternehmen ausgebildet wurden.
- Über Weiterbildung qualifizierte Un- und Angelernte.
- Umgeschulte oder weiterqualifizierte Fachkräfte mit einem anderen beruflichen Qualifikationsprofil.

Rund drei Viertel der Betriebe sehen in der Einstellung von in anderen Betrieben ausgebildeten Fachkräften die für sie gangbarste Alternative, falls der Fachkräftebedarf durch die selbst Ausgebildeten nicht vollständig gedeckt werden könnte. 15 % würden Un- und Angelernte und 9 % Fachkräfte mit einem anderen beruflichen Qualifikationsprofil umschulen. Übersicht III/12 gibt den durchschnittlichen Leistungsgrad für die drei Rekrutierungsalternativen zur eigenen Ausbildung jeweils für die Zeitpunkte ein Jahr und drei Jahre nach Einstellung an.

Übersicht III/12: **Durchschnittlicher Leistungsgrad für unterschiedliche externe Fachkräftegruppen jeweils ein Jahr und drei Jahre nach Einstellung (selbst ausgebildete Fachkräfte = 100 %)**

	Nach einem Jahr	Nach drei Jahren
Fachkräfte, die im ausgewählten Beruf von einem anderen Unternehmen ausgebildet wurden	91 %	98 %
Über Weiterbildung qualifizierte Un- und Angelernte	70 %	86 %
Umgeschulte oder weiterqualifizierte Fachkräfte mit einem anderen beruflichen Qualifikationsprofil	73 %	89 %

Für von anderen Unternehmen ausgebildete Fachkräfte im ausgewählten Beruf werden nach einem Jahr eher geringe und nach drei Jahren fast keine Leistungsunterschiede mehr zu selbst ausgebildeten Fachkräften gesehen. Hierdurch kommt sicherlich zum Ausdruck, dass die betriebliche Ausbildung in anerkannten

Ausbildungsberufen in einem hohen Maße Qualifikationen vermittelt, welche bei einem Betriebswechsel transferierbar sind. Nach Einarbeitungszeit und längerer Betriebszugehörigkeit gleichen sich die Leistungsgrade dieser Fachkraftgruppe immer stärker an die Produktivität der selbst ausgebildeten Fachkräfte an. Voraussetzung ist aber, dass auf dem externen Arbeitsmarkt ein geeignetes Fachkräfteangebot zur Verfügung steht. Wie wir im Abschnitt 3.2.2 gesehen haben, kann hiervon aber nicht unbedingt ausgegangen werden. Für die anderen zu nutzenden Alternativen ergeben sich dann, wie Übersicht III/12 zeigt, deutlich geringere Leistungsgrade als für die selbst ausgebildeten Fachkräfte. Selbst drei Jahre nach Betriebszugehörigkeit wird für die betreffenden Fachkräftegruppen noch nicht das gleiche Leistungsniveau erreicht. Festzuhalten ist also, dass die festgestellten qualitativen Vorteile für selbst ausgebildete Fachkräfte sich auch in signifikanten Produktivitätsvorteilen niederschlagen. Dies gilt generell. So lassen sich bei einer Differenzierung nach Betriebsgrößenklassen, Ausbildungsbereichen und Berufsbereichen keine nennenswerten Unterschiede ausmachen.

Die bisherigen Ausführungen bezogen sich auf die faktische Situation auf dem externen Arbeitsmarkt und die konkreten Erfahrungen, welche Betriebe mit der Einstellung externer Fachkräfte gemacht haben. Hierbei ist zu berücksichtigen, dass es sich bei allen hier befragten Betrieben um Ausbildungsbetriebe handelt und nur ein Teil der Fachkräfte extern rekrutiert werden muss. Die Situation könnte sich anders darstellen, wenn ein Betrieb ausschließlich auf die externe Rekrutierung angewiesen wäre. Zum einen könnten sich noch deutlichere Nachteile für diese Betriebe ergeben, zum anderen könnten die Betriebe aber auch durch geeignete Maßnahmen ihre Qualifizierungspolitik auf eine solche anders gelagerte Situation reagieren. Wir haben die Betriebe deshalb darum gebeten, sich die hypothetische Situation vorzustellen, dass die eigene Ausbildung im betreffenden Beruf eingestellt würde. Sie sollten dann für eine Liste von Indikatoren der Arbeitsleistung anhand einer fünfstufigen Skala angeben, welche Auswirkungen im Falle einer vollständigen Rekrutierung von Fachkräften auf dem externen Arbeitsmarkt gesehen werden. Die Skala reicht dabei von sehr großen Vorteilen für externe Fachkräfte bis zu sehr großen Nachteilen im Vergleich zu den selbst ausgebildeten Fachkräften. Übersicht III/13 gibt die Prozentanteile für die jeweiligen Einstufungen an.

Für eine Interpretation der Ergebnisse ist zu berücksichtigen, dass sich die hypothetische Situation des Verzichts auf eine eigene Ausbildung und vollständige Rekrutierung von Fachkräften über den externen Arbeitsmarkt ausschließlich auf den jeweiligen Betrieb bezieht. Betriebe werden hierbei davon ausgehen, dass das bisherige Angebot an Arbeitskräften auf dem externen Arbeitsmarkt in etwa so erhalten bleibt. Völlig anders wäre die Situation natürlich dann, wenn sich alle Betriebe in gleicher Weise verhalten würden.

Übersicht III/13: **Leistungseinschätzung externer Fachkräfte bei vollständigem Verzicht auf eigene Ausbildung – Angaben in Prozent**

	Sehr große Vorteile	Große Vorteile	Kein Unterschied	Große Nachteile	Sehr große Nachteile
Fachkenntnisse, die zur Erfüllung der Arbeitsvorgänge regelmäßig erforderlich sind	3	10	47	32	9
Fachkenntnisse, die nur von Fall zu Fall erforderlich sind	1	11	53	28	7
Verständnis für betriebliche Gesamtabläufe	2	8	34	46	11
Identifikation mit den Unternehmenszielen	2	7	43	39	9
Methoden und Sozialkompetenz	1	9	73	15	2
Arbeitsmotivation	4	22	62	10	2
Verantwortungsgefühl	3	17	62	15	3
Eigeninitiative	4	20	62	13	0
Arbeitstempo	3	14	66	16	2
Betriebstreue	3	6	51	34	6
Belastbarkeit	3	13	72	11	2
Arbeitsgüte	3	10	70	15	3
Teamfähigkeit	3	13	66	15	2
Kundenorientierung	3	11	59	23	4
Weiterbildungsbereitschaft und -fähigkeit	4	19	68	7	2

Auffällig ist zunächst, dass die Betriebe bei der weitaus überwiegenden Zahl von Leistungsdimensionen (12 von 15) mehrheitlich zu einer Position der Neutralität tendieren. Diese Betriebe gehen offensichtlich davon aus, dass in den betreffenden Dimensionen durch geeignete Einarbeitungs- und Qualifizierungsmaßnahmen etwaige Leistungsunterschiede ausgeglichen werden können. Es gibt aber drei Ausnahmen unter den berücksichtigten Leistungsdimensionen. So werden beim Verständnis für betriebliche Gesamtabläufe, für die Identifikation mit den Unternehmenszielen sowie für Fachkenntnisse, die zur Erfüllung der Arbeitsaufgaben regelmäßig erforderlich sind, von vielen Betrieben überwiegend Nachteile bei einer vollständigen Rekrutierung von Fachkräften über den externen Arbeitsmarkt befürchtet. In etwas abgeschwächter Form trifft dies auch auf die Einschätzung der Betriebstreue sowie die Dimension „Fachkenntnisse, die nur von Fall zu Fall erforderlich sind“ zu.

Nachteile bei einer externen Rekrutierung werden also vor allem bei den zur Erfüllung der Arbeitsaufgaben erforderlichen Kenntnissen und der Identifikation mit dem Betrieb gesehen. Für eher allgemeine Leistungsindikatoren wie Arbeitstempo und Teamfähigkeit werden dagegen keine gravierenden längerfristigen Nachteile im Falle einer externen Rekrutierung gesehen.

Es fällt auf, dass es jeweils nur relativ geringe Anteile von Betrieben gibt, die bei einer Umstellung auf eine externe Rekrutierung eher Vorteile vermuten. Am häufigsten werden Vorteile für die Arbeitsmotivation (26 %), die Eigeninitiative (24 %) und die Weiterbildungsbereitschaft (23 %) gesehen. Interessanterweise gibt es bei diesen Leistungseigenschaften mehr Betriebe, welche Vorteile sehen, als solche, die Nachteile befürchten. Hier ist zum einen möglich, dass die betreffenden Betriebe bei der Einstellung externer Fachkräfte an ein besonders leistungsfähiges Segment denken, auf das man verstärkt zurückgreifen könnte. Zum anderen besteht aber auch die Möglichkeit, dass diese Betriebe positive Eigenschaften von Arbeitskräften vermuten, welche nicht im betreffenden Betrieb selbst sozialisiert wurden.

Insgesamt ist an dieser Stelle festzuhalten, dass ein größerer Anteil von Betrieben deutliche Nachteile für zentrale Dimensionen der Leistungsfähigkeit der Arbeitskräfte befürchtet, falls auf eine eigene Ausbildung verzichtet würde. Allerdings schließen solche Nachteile eher allgemeine Leistungsdimensionen nicht ein.

An dieser Stelle wird auf eine detaillierte Analyse der Abhängigkeiten in der Einschätzung der Leistungsdimensionen von unterschiedlichen betrieblichen Merkmalen wie der Betriebsgröße und der Berufsgruppe verzichtet. Durchgeführte multivariate Analysen zeigen aber, dass bei den Leistungsdimensionen, bei denen in stärkerem Maße Nachteile im Falle einer verstärkten Rekrutierung externer Fachkräfte gesehen werden, größere Betriebe häufiger als Kleinbetriebe zu einer solchen Einschätzung tendieren.

3.3 Zentrale Dimensionen des Ausbildungsnutzens in der Einschätzung von Betrieben

Bisher wurden ausschließlich Ergebnisse zu den durch eine Ausbildung einzusparenden Rekrutierungskosten und zum direkten Vergleich zwischen selbst ausgebildeten und extern rekrutierten Fachkräften dargestellt. Hierdurch wird allerdings nur ein Teil des in Kapitel 1 angesprochenen breiten Spektrums von Nutzendimensionen abgebildet. Die Betriebe wurden deshalb gebeten, die verschiedenen Aspekte des Nutzens einer betrieblichen Ausbildung auch direkt zu bewerten.

3.3.1 Bewertung des Ausbildungsnutzens durch ausbildende Betriebe

Die Bildungsverantwortlichen der ausbildenden Betriebe beurteilten anhand von Einschätzungsskalen eine Reihe von Aussagen, die unterschiedliche Nutzenaspekte zum Ausdruck brachten. Gefragt wurde jeweils danach, inwieweit die Aussage für die eigene Ausbildung zutrifft. Die Antworten wurden auf einer Skala mit fünf Punkten gegeben, die für völlige Zustimmung (1) bis völlige Ablehnung (5) stehen sollten.

Was macht nun aus Sicht ausbildender Betrieben den Nutzen der eigenen Ausbildung aus? Und wie werden die einzelnen Nutzenaspekte eingeschätzt?

Grundsätzlich wird durch Abbildung III/2 sichtbar: Die Erhebung hat ein breites Spektrum wichtiger Nutzenaspekte empirisch nachgewiesen, denen ausbildende Betriebe hohe Bedeutung zumessen. Die Perspektive der Betriebe reicht dabei deutlich über die Zeit der eigentlichen Ausbildung hinaus. Insgesamt führte die Nutzeneinschätzung anhand der Skalen für die siebzehn Aussagen zu beachtlichen Zustimmungswerten. Sofern nicht zugestimmt wird, nehmen die Betriebe eher noch eine „neutrale" Haltung ein, als dass sie nicht zustimmen. In Abbildung III/2 wird die Zustimmung zu den Aussagen abgestuft in drei Gruppen unterschieden.[169]

Im Einzelnen ergibt sich aufgrund der Einschätzungen der Unternehmensvertreter folgendes Bild an Zustimmung:

Je rund drei Viertel der Betriebe sehen die eigene Ausbildung als besten Weg, junge Mitarbeiter in Kultur und Ziele des Unternehmens einzuführen und sie mit dem Betriebsgeschehen vertraut zu machen. In gleicher Weise gehen sie davon aus, dass der Wert des Unternehmens infolge ihrer Ausbildungstätigkeit durch gut qualifizierte Mitarbeiter gesteigert wird.

Jeweils rund zwei von drei Betrieben sind ferner der Ansicht: Die Identifikation der Mitarbeiter mit der Firma wird während der Ausbildung wesentlich gefördert bzw. betonen, dass selbst auszubilden dem öffentlichen Image des Betriebs gut tut. Und immerhin 64 % der Betriebe stimmen zu, dass das eigene Engagement sich auszahlt, weil es entscheidend zur künftigen Wettbewerbsfähigkeit des Betriebs beiträgt.

Dabei spielen sowohl eigene Vorstellungen über die Qualität der Ausbildung wie auch die Chance der betrieblichen Sozialisation der Auszubildenden und die Prägung eines betriebseigenen Unternehmensstils eine entscheidende Rolle. Der ausbildende Betrieb erhält gut qualifizierte und motivierte Nachwuchskräfte, die schneller und produktiver als externe Kräfte in betriebliche Arbeitsprozesse und das Unternehmen integriert werden können. Die Entscheidungs- und Arbeitsabläufe sind ihnen bekannt, Sachinvestitionen und Maschinen rentieren sich besser, weil nicht ständig neue Leute einzuarbeiten sind. Kurzfristige Produktionsanpassungen sind für die Betriebe deshalb auch leichter zu bewältigen.

Ferner nannten etwa sechs von zehn Ausbildungsbetrieben Folgendes als Vorzug für ihr Engagement: Attraktiv ist die Nachwuchssicherung aus eigener Kraft als Instrument insbesondere im Sinne einer Einbindung in eine konsistente betriebliche Personalpolitik, oder um dadurch möglichen Risiken von Qualifikationsengpässen vorzubeugen, oder sich damit vom Arbeitsmarkt unabhängiger zu machen. Bemerkenswert außerdem: Viele der Betriebe verweisen auf die Firmentradition als Ausbildungsmotiv oder verstehen ihre Ausbildungsleistung auch als Verpflichtung

169 Die Skala verlief von Kategorie 1 „trifft voll und ganz zu" bis Kategorie 5 „trifft überhaupt nicht zu". Der Wert 3 bedeutet somit eine neutrale Einstellung der Betriebe zur jeweiligen Aussage. Für die Abbildung sind die Kategorien 1 und 2 („Zustimmung") und die Kategorien 4 und 5 („Keine Zustimmung") zusammengefasst worden.

gegenüber Wirtschaft und Gesellschaft. Also deutliche Hinweise dafür, dass sich die Eigenausbildung nicht nur anhand betriebswirtschaftlicher Kosten-Nutzen-Kriterien legitimiert.[170]

Abbildung III/2: **Einschätzung von Nutzenaspekten der eigenen Ausbildung durch die Betriebe**

Anteile der Zustimmung zu den Aussagen in Prozent

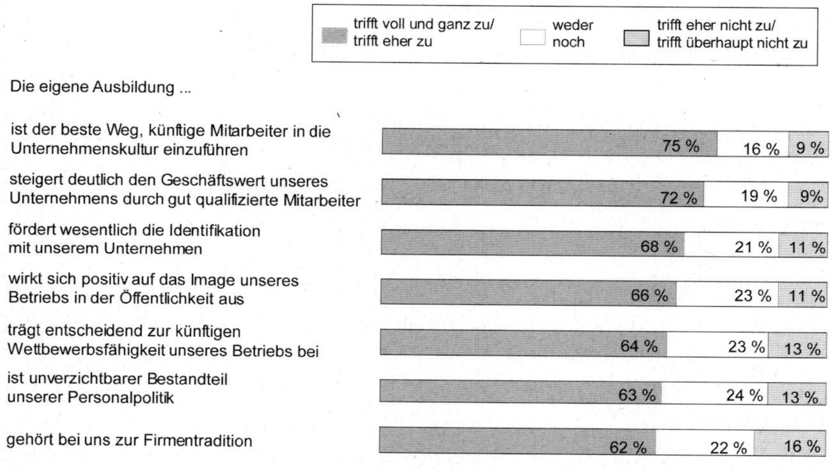

170 In diesem Zusammenhang ist auf FALK hinzuweisen, der vor einer Verkürzung der betrieblichen Ausbildungstätigkeit auf ausschließlich ökonomische Kategorien warnt; vgl. FALK, Rüdiger: betriebliches Bildungsmanagement: Arbeitsbuch für Studium und Praxis, Köln 2000, S. 482 ff.

Abbildung III/2 enthält weitere Pluspunkte der eigenen Ausbildung, die von nahezu der Hälfte der befragten Betriebe hohe Zustimmungswerte erhielten. Hierbei geht es zum einen um Dinge mit Außenwirkung: Etwa die Steigerung des Ansehens bei Kunden und Lieferanten sowie der Attraktivität des Unternehmens im Sinne eines Personalmarketings. Zum anderen gibt es Vorzüge durch die Ausbildungstätigkeit, die sich intern auf Betriebsprozesse vorteilhaft auswirken können: Ausbildung schafft Grundlagen für lebenslanges Lernen und man verspricht sich zusätzliche Synergien für die Weiterbildungsarbeit. Erwartet werden auch positive Effekte im Hinblick auf eine Verjüngung der Belegschaft, oder eine Stärkung der Anpassungsfähigkeit und der Innovationskraft sowie eine wissensinduzierte Modernisierung des Gesamtbetriebs.

Für die weitere Analyse von Bedeutung ist die Frage, ob sich die Vielfalt der Nutzenaspekte (vgl. Abbildung III/2) auf einige wenige, grundlegende Faktoren zurückführen lässt. Mittels Faktorenanalysen wurde dies für die einzelnen Nutzeneinschätzungen überprüft. Die dabei ermittelten Faktoren können als die zentralen Dimensionen angesehen werden, nach denen die befragten Betriebe ihren Ausbildungsnutzen bewerten.

Die Faktorenanalyse hatte drei klar unterscheidbare wesentliche Nutzendimensionen (Faktoren) als Ergebnis.[171] Übersicht III/14 zeigt die Faktoren sowie die Einzelaussagen, die den jeweiligen Faktor konstituieren, in Kurzform, angeordnet nach den Faktorladungen.[172]

Der erste Faktor lässt sich als Dimension *„Wettbewerbsfähigkeit und Risikovorsorge“* bezeichnen. Er bündelt jene Aussagen der Betriebe, welche die eigene Ausbildung vor allem aus der Perspektive der zukünftigen Wettbewerbsfähigkeit bzw. als Eigenvorsorge und Absicherung von qualifikatorischen Risiken betrachtet. Bedeutsam weiterhin: Qualifiziert und sozialisiert wird der für die anschließende Beschäftigung und die Unternehmenskultur geeignete Nachwuchs. Betriebe, für die diese Nutzendimension im Vordergrund steht, haben außerdem einen höheren Geschäftswert des Unternehmens im Blick; ihre Bildungsaktivität zielt ferner auf die Stärkung der Anpassungsfähigkeit oder die Innovationskraft des Unternehmens. Selbst auszubilden wird von der betreffenden Gruppe vorrangig strategisch verstanden: Nämlich als unverzichtbares, effektives Instrument der Nachwuchsgewinnung und Qualifizierung der „richtigen“ Mitarbeiter und damit als Beitrag zur Zukunftssicherung des Unternehmens.

Die zweite zentrale Nutzendimension, der Faktor wird hier mit *„Image“* bezeichnet, umfasst jene Bewertungsaspekte, mit denen die betreffenden Betriebe in er-

171 Das heißt, die Ausbildungsbetriebe unterscheiden sich empirisch hinsichtlich der von ihnen als wichtig erachteten (Nutzen) Motive ihres Engagements im Wesentlichen in drei Dimensionen.

172 Der volle Text der vorgelegten Aussagen findet sich in Abbildung III/2. Ausgewiesen werden Faktorladungen von > .45, wobei die inhaltliche Interpretation des Faktors maßgeblich bestimmt wird durch höhere Ladungen (> .70).

ster Linie ein günstiges Außenbild anstreben. Über diesen externen Reputationsgewinn hinaus bündelt dieser Faktor zusätzliche betriebsintern wirksame personalpolitische Nutzeffekte (vgl. Übersicht III/14). Allesamt handelt es sich um Vorteile, die aus der Entscheidung pro Ausbildung und deren Durchführung sowie dem dabei aufgebauten Know-how herrühren. Auffällig ist die hohe Übereinstimmung dieses Faktors mit dem von uns so genannten „Angebotsnutzen". Wesentlich für diese Komponente des Ausbildungsnutzens ist weiterhin: Besagte Effekte können Ausbildungsbetriebe selbst dann realisieren, wenn die Ausgebildeten später nicht in ein Beschäftigungsverhältnis einmünden.

Übersicht III/14: **Zentrale Dimensionen des Ausbildungsnutzens (Faktorenanalyse)**

Nutzendimension	Faktor 1	Faktor 2	Faktor 3
Faktor 1 „Wettbewerbsfähigkeit und Risikovorsorge"			
Beitrag zur künftigen Wettbewerbsfähigkeit	.7565		
Risiko von Qualifikationsengpässen ausschließen	.7521		
Vom externen Arbeitsmarkt unabhängig machen	.7201		
Steigerung des Geschäftswertes des Unternehmens	.6930		
Verbesserung der Anpassungsfähigkeit	.6852		
Förderung der Innovationsfähigkeit	.6379		
Künftige Mitarbeiter in Unternehmenskultur einführen	.6035		(.4610)
Identifikation der Mitarbeiter mit dem Unternehmen fördern	.4940		(.4530)
Faktor 2 „Image"			
Ansehen des Betriebs bei Kunden und Lieferanten		.8049	
Attraktivität des Betriebs für leistungsfähige Arbeitskräfte		.7595	
Positive Wirkung für betriebliche Weiterbildung		.6660	
Image des Betriebes in der Öffentlichkeit		.6576	
Zufuhr neuen Wissens in den Betrieb		.6527	
Verjüngung der Belegschaft		.4520	
Faktor 3 „Ausbildungsphilosophie"			
Gehört zu unserer Firmentradition			.7751
Aufgabe der Wirtschaft und Leistung für die Gesellschaft			.7398
Bestandteil unserer Personalpolitik			.6740
Hauptkomponentenanalyse, Varimax-Rotation mit Kaiser-Normalisierung. Es sind nur Faktorwerte >.45 ausgewiesen.			

Der dritte Faktor *„Ausbildungsphilosophie"* repräsentiert drei Aussagen zum Nutzen der eigenen Ausbildung. Die Ausbildungstätigkeit ist dabei eher traditionsbestimmt oder unternehmenspolitisch motiviert, öffnet sich aber auch gegenüber gesellschaftlichen Ansprüchen. Konkret heißt das: Selbst auszubilden gehört einfach zur Firmentradition oder aber ist gezielt Instrument der Personalarbeit. Andererseits wird in diesem Betriebssegment das eigene Engagement auch bewusst als ausbildungspolitische Aufgabe und Leistung für Wirtschaft und Gesellschaft begriffen.

Insgesamt wird durch den empirischen Nachweis von drei zentralen Nutzendimensionen deutlich: Ausbildende Betriebe generieren aus ihrer Sicht auch solche Ausbildungsnutzen, die über unmittelbar auf den Leistungsprozess bezogene Betriebsaspekte hinausgehen.[173] Für viele reduziert sich die Nützlichkeit der Ausbildung nicht bloß auf deren Beitrag zur Wettbewerbsfähigkeit. Offenbar erwachsen weitere betriebs- und personalwirtschaftliche Nutzenvorteile auch aus dem imagebildenden Ruf, ein Ausbildungsbetrieb zu sein. Ebenfalls eine wichtige Rolle als Ausbildungsmotiv spielt das Eingehen auf öffentliche Interessen und auf Anspruchsgruppen wie (potenzielle) Geschäftspartner, Kunden, Lieferanten sowie die Übernahme gesellschaftlicher Verantwortung.

Vermutlich handelt es sich bei den vorstehenden Nutzendimensionen eher um generelle und stabile Orientierungen und Motivmuster. Andererseits bestätigte sich in der Studie wiederholt die Annahme, dass Kostenstrukturen wie auch monetäre Ertragsgrößen der Berufsausbildung geprägt sind durch spezifische Rahmenbedingungen und Merkmale der Betriebe. Gewichtige Unterschiede ergaben sich beispielsweise zwischen den Ausbildungsbereichen und Branchen, aber auch für Unternehmen unterschiedlicher Größe.[174]

Spannend ist daher die Frage, ob vergleichbare Unterschiede auch für Nutzen bezogene Aspekte festzustellen sind: Wer also sind die ausbildenden Betriebe, die hohe Zustimmungswerte zu den unterschiedlichen zentralen Nutzendimensionen geäußert haben?

Im Folgenden wird deshalb eine (bivariate) Analyse differenziert durchgeführt nach den folgenden betrieblichen Merkmalen: Beschäftigtenzahl des Betriebs, Zugehörigkeit zu Ausbildungsbereichen, ost- oder westdeutscher Betrieb.

Untersucht werden dabei stets die zwei Aussagen, die besonders die betreffende zentrale Nutzendimension repräsentieren und nicht die einzelne Dimension als Ganzes.[175] Ausgewiesen ist in den nachfolgenden Übersichten jeweils die Zustimmung (v.H.-Anteil) der Betriebe auf die Frage: „Inwieweit treffen die folgenden Aussagen auf die eigene Ausbildung Ihres Betriebes zu?“. Zu beachten ist dabei allerdings: Die Differenz zu 100 % ist grundsätzlich nicht im Sinne einer Ablehnung zu verstehen, da die Befragten auch eine „neutrale“ Einschätzung angeben konnten.[176] Übersicht III/15 unterscheidet die wesentlichen Nutzenmotive in den Aussagen nach dem Merkmal *Ausbildungsbereich*.

173 Eine theoretische Modellierung auf der Basis des (Stakeholder-)Anspruchsgruppenkonzepts im Rahmen einer Einzelfallstudie findet sich in HANSJOSTEN, Heiko: Lohnt sich die betriebliche Ausbildung? Eine Studie am Beispiel der DaimlerChrysler AG, a. a. O., S. 145 ff.

174 Ökonometrische Studien können ähnliche Effekte auf die Ausbildungsbeteiligung und die Ausbildungsintensität nachweisen, vgl. etwa: FRANZ, Wolfgang; STEINER, Viktor; ZIMMERMANN, Volker: Die betriebliche Ausbildungsbereitschaft im technologischen und betrieblichen Wandel, Baden-Baden, 2000, S. 82 ff.

175 Die betreffenden Aussagen haben in der Faktorenanalyse die höchsten Faktorladungen zum betreffenden Faktor. Eine alternativ durchgeführte Analyse auf der Ebene der Nutzendimension als Gesamtaggregat brachte vergleichbare Ergebnisse, die jedoch weniger anschaulich waren.

176 Die Anteilswerte für die „neutrale“ Einstellung (Wert 3) lagen durchgängig höher als jene für die Ablehnung (Werte: 4 und 5).

Übersicht III/15: **Zustimmung zu wichtigen Nutzenaspekten der eigenen Ausbildung nach Ausbildungsbereichen**

Zustimmung zur betreffenden Aussage in Prozent *

Die eigene Ausbildung	Ausbildungsbereich				
	Industrie und Handel	Handwerk	Landwirtschaft	Freie Berufe	Öffentlicher Dienst
trägt entscheidend zur künftigen Wettbewerbsfähigkeit unseres Betriebs bei	65	66	46	60	49
nutzen wir, um das Risiko von Qualifikationsengpässen auszuschließen	66	59	39	56	46
erhöht stark das Ansehen unseres Betriebs bei Kunden und Lieferanten	43	56	49	48	35
erhöht deutlich unsere Attraktivität für leistungsfähige Arbeitskräfte	43	52	46	47	32
gehört bei uns zur Firmentradition	57	68	65	61	59
ist für uns stets auch eine Gemeinschaftaufgabe der Wirtschaft und Leistung für die Gesellschaft	63	55	69	60	77

*) Anteilswerte für die Kategorien 1 und 2 auf einer Skala mit fünf Punkten: Bezeichnet war die Kategorie 1 mit „Trifft voll und ganz zu“, die Kategorie 5 mit „Trifft überhaupt nicht zu“; der Wert 3 markiert eine neutrale Einstellung.

Erwartungsgemäß waren es vor allem Betriebe aus Industrie und Handel und dem Handwerk, die als grundlegende Argumente für die eigene Ausbildung die künftige Wettbewerbsfähigkeit anführten bzw. die auf diese Weise verhindern wollen, dass Aufträge und Geschäftschancen nicht realisiert werden können, weil dafür die „richtigen“ Fachkräfte fehlen. Betriebe des Bereichs Freie Berufe messen beiden genannten Nutzenaspekten einen etwas geringeren Stellenwert zu; für Betriebe der Landwirtschaft und des Öffentlichen Dienstes spielen sie eine deutlich geringere Rolle.

Im Hinblick auf den durch die eigene Ausbildung erreichbaren Reputationsgewinn versprechen sich vornehmlich Handwerksbetriebe nützliche Effekte und zwar sowohl bei Kunden und Lieferanten als auch für ihre Rolle als attraktiver Arbeitgeber. So stimmten den beiden auf das Image bezogenen Motiven Betriebe des Handwerks signifikant stärker zu als die Betriebe der übrigen Ausbildungsbereiche. Rational scheint das unter anderem deshalb: Gerade Handwerksbetriebe sind zumeist eng eingebunden in ihrem sozialen Umfeld und in ökonomisch relevante lokale oder regionale Netzwerke (z. B. Kunden und Lieferanten). Engagierte Betriebe mit hohen Ausbildungsleistungen genießen in der Region hohes Renommee. Erstens können sie sich durch ihre Ausbildungsbeteiligung sichtbar hervorheben gegenüber ihren nicht ausbildenden Konkurrenten, was auch bei anderen Aktivitäten der Betriebe positiv zu Buche schlagen kann. Zweitens stärkt das aus ihrer Sicht auch ihre Rolle als attraktiver Arbeitgeber. Leistungsfähige Arbeitskräfte auch anderer Qualifikationsgruppen dürften sich für die betreffenden Betriebe einfacher gewinnen und halten lassen. Für Betriebe in Industrie und Handel stehen dagegen imagebezogene Nutzenerwägungen als Hauptmotive für das Ausbildungsengagement nicht so im Vordergrund.

Schließlich zeigt sich an der deutlichen Zustimmung zu den auf Firmentradition und Ausbildung als Gemeinschaftsaufgabe bezogenen Motiven eine starke traditionsbestimmte Verankerung der Berufsausbildung, und zwar über alle Ausbildungsbereiche hinweg. Dies macht deutlich, dass neben den primär ökonomischen Motiven für die Ausbildung auch aus historisch gewachsenen Traditionen und der Übernahme gesellschaftlicher Verantwortung durch Unternehmen ein beachtliches Maß an Ausbildungsbereitschaft erwächst.

Auffällig ist insgesamt gesehen die Sonderrolle des Bereichs Öffentlicher Dienst. Dort finden sich für viele der hier betrachteten Ausbildungsmotive besonders niedrige Zustimmungswerte. Eine Ausnahme davon bildet das Motiv „Gemeinschaftsaufgabe der Wirtschaft und Leistung für die Gesellschaft“, das im Öffentlichen Dienst, ähnlich wie in der Landwirtschaft, höchste Zustimmung findet. Die auf Wettbewerbsfähigkeit der eigenen Einrichtung und die auf Außenwirkung gerichteten Motive spielen in den Nutzenerwägungen des Öffentlichen Sektors für ein Ausbildungsangebot offenbar noch eine untergeordnete Rolle.

Die Analyse der Zustimmung zu wesentlichen Nutzenaussagen der eigenen Ausbildung nach *Betriebsgröße* (Übersicht III/16) zeigt recht klare Unterschiede zwischen dem Segment der Kleinstbetriebe (bis 9 Beschäftigte) und den übrigen Ausbildungsbetrieben. Sichtbar wird dabei, dass Kleinstbetriebe den betrachteten Nutzenaspekten zumeist signifikant weniger häufig zustimmen als mittlere und größere Betriebe. Ausnahme hiervon ist die Einschätzung des Arguments „Ansehen unseres Betriebes bei Kunden und Lieferanten“ als Ausbildungsmotiv: Diesbezüglich gibt es in der Zustimmung kaum Unterschiede zwischen den Kleinstbetrieben und den Betrieben der beiden nächst höheren Betriebsgrößenklassen (10 bis 49 bzw. 50 bis 499 Beschäftigte).

Die höhere Zustimmung der größeren Betriebe deutet darauf hin, dass in größeren Betrieben neben dem unmittelbaren ökonomischen Nutzen der Ausbildung die auf Wettbewerbsfähigkeit, Firmentradition und Übernahme von gesellschaftlicher Verantwortung gerichteten Motive eine deutlichere Rolle spielen: Ausbildung wird verstärkt als Investition in die Zukunft verstanden und begründet. Diese Betonung des investiven Charakters von Ausbildung hängt möglicherweise mit den monetärquantifizierenden Ergebnissen dieser Untersuchung zusammen, wonach vor allem die größeren Betriebe am Ende der Ausbildung noch Nettokosten aufweisen. Genau diese Betriebe nennen zur Begründung ihrer Ausbildungsleistung verstärkt auch nicht monetäre Nutzenmotive.

Ein klarer Effekt der Betriebsgröße zeigt sich über alle Größenkategorien hinweg für das an Firmentradition anknüpfende Ausbildungsmotiv. In größeren mittelständischen und Großbetrieben hat dieses Motiv eine besondere Bedeutung. Dies überrascht aus zwei Gründen nicht. Zum einen haben vor allem die Großbetriebe einen kontinuierlichen Nachwuchsbedarf, der ständig durch eigene Ausbildungsaktivitäten gedeckt wird. Insofern ist die hohe Zustimmung zum Motiv „Firmentradition" in den Großbetrieben ein Ausdruck der tatsächlichen Ausbildungsbeteiligung von Großbetrieben. Außerdem wurden von ihnen in der Vergangenheit Ausbildungskapazitäten und Kompetenzen im Bildungsbereich aufgebaut, die zu nutzen sind.

Es überrascht dann auch nicht, dass eine solche stetige Ausbildungsleistung der größeren Betriebe von diesen dann auch verstärkt im Sinne einer Gemeinschaftsaufgabe der Wirtschaft und Leistung für die Gesellschaft verstanden wird.

Übersicht III/16: **Zustimmung zu wichtigen Nutzenaspekten der eigenen Ausbildung nach Betriebsgrößenklassen**

Zustimmung zur betreffenden Aussage in Prozent *

Die eigene Ausbildung	Betriebsgröße			
	Bis 9 Beschäftigte	10 – 49 Beschäftigte	50 – 499 Beschäftigte	500 und mehr Beschäftigte
trägt entscheidend zur künftigen Wettbewerbsfähigkeit unseres Betriebes bei	59	66	69	67
nutzen wir, um das Risiko von Qualifikationsengpässen auszuschließen	55	64	69	65
erhöht stark das Ansehen unseres Betriebes bei Kunden und Lieferanten	48	49	49	43
erhöht deutlich unsere Attraktivität für leistungsfähige Arbeitskräfte	44	49	51	54
gehört bei uns zur Firmentradition	56	65	70	91
ist für uns stets auch eine Gemeinschaftaufgabe der Wirtschaft und Leistung für die Gesellschaft	54	63	71	76

*) Anteilswerte für die Kategorien 1 und 2 auf einer Skala mit fünf Punkten: Bezeichnet war die Kategorie 1 mit „Trifft voll und ganz zu", die Kategorie 5 mit „Trifft überhaupt nicht zu"; der Wert 3 markiert eine neutrale Einstellung.

Übersicht III/17 gibt einen Überblick für die wesentlichen Nutzenaspekte als Motive für die eigene Ausbildung aus der Sicht *westdeutscher* bzw. *ostdeutscher Betriebe.*

Unter der Annahme einer spezifischen Ausbildungskultur wäre zu vermuten, dass ostdeutsche Ausbildungsbetriebe aufgrund ihrer Ausbildungstradition eine teilweise andere Einstellung und Motivation zur Lehrlingsausbildung haben als die Betriebe im westlichen Bundesgebiet.

Tatsächlich artikulieren westdeutsche Betriebe fast durchgängig eine höhere Zustimmung zu den nicht-monetären Nutzenaussagen als ostdeutsche Betriebe. West- und ostdeutsche Betriebe unterscheiden sich damit grundsätzlich im Maß der Zustimmung. In der relativen Bedeutung der einzelnen Motive zueinander gibt es dagegen wenig Unterschiede zwischen Ost und West.

Statistisch aussagekräftige Unterschiede der Einschätzung bestehen ohnehin nur hinsichtlich der Aspekte „Wettbewerbsfähigkeit" und „Leistung für die Gesellschaft". In beiden Fällen messen westdeutsche Betriebe dem Motiv eine deutlich höhere Bedeutung zu als ostdeutsche Ausbildungsbetriebe.

Übersicht III/17: **Zustimmung zu wichtigen Nutzenaspekten der eigenen Ausbildung aus der Sicht ostdeutscher und westdeutscher Betriebe**

Zustimmung zur betreffenden Aussage in Prozent *

Die eigene Ausbildung	**Bundesgebiet**	
	West	**Ost**
trägt entscheidend zur künftigen Wettbewerbsfähigkeit unseres Betriebes bei	65	58
nutzen wir, um das Risiko von Qualifikationsengpässen auszuschließen	62	56
erhöht stark das Ansehen unseres Betriebes bei Kunden und Lieferanten	49	48
erhöht deutlich unsere Attraktivität für leistungsfähige Arbeitskräfte	47	47
gehört bei uns zur Firmentradition	63	58
ist für uns stets auch eine Gemeinschaftaufgabe der Wirtschaft und Leistung für die Gesellschaft	62	54

*) Anteilswerte für die Kategorien 1 und 2 auf einer Skala mit fünf Punkten: Bezeichnet war die Kategorie 1 mit „Trifft voll und ganz zu", die Kategorie 5 mit „Trifft überhaupt nicht zu"; der Wert 3 markiert eine neutrale Einstellung.

Zusammenfassend lassen die Ergebnisse darauf schließen, dass Unterschiede in den Einschätzungen des Ausbildungsnutzens nicht bloß Ausdruck subjektiver Präferenzen der befragten Bildungsverantwortlichen sind. Vielfach sind die erhobenen Nutzenbewertungen offenbar auch geprägt von objektiven Unterschieden, die sich aus

Ausbildungsbereich, Betriebsgröße, sowie, in beschränktem Umfang, Standort im Westen oder Osten Deutschlands ergeben.

3.3.2 Zufriedenheit der Betriebe mit dem Verhältnis von Kosten und Nutzen der eigenen Ausbildung

Angesichts der derzeitigen Lage auf dem Ausbildungsstellenmarkt wird in der öffentlichen Diskussion häufig argumentiert, selbst auszubilden sei für viele Betriebe (zu) teuer, möglicherweise stimme das Kosten-Nutzen-Verhältnis aus betrieblicher Sicht nicht mehr. Zwar sind kalkulatorisch berechnete Kosten und Nutzen wichtige Faktoren in der Bewertung der Ausbildung. Sie sind aber selten allein ausschlaggebend für die Entscheidung der Betriebe selbst auszubilden. Damit ein ausreichendes Lehrstellenangebot bereitgestellt wird, so ist zu vermuten, müssen die Betriebe auch in ihrer subjektive Einschätzung zu einem vorteilhaften Bild der betrieblichen Ausbildungstätigkeit kommen.

In der Untersuchung wurden deshalb die Betriebe gefragt, ob sie (alles in allem) mit dem Verhältnis von Nutzen und Kosten der eigenen Ausbildung zufrieden sind oder nicht. Dies legte die Befragten in ihrer Bewertung nicht vorab auf betriebswirtschaftlich definierte oder monetär berechnete Kosten- und Ertragsgrößen des Ausbildungsgeschehens fest. Den Betrieben stand es in ihrer Antwort frei, in ihre Einschätzung neben solchen quantitativen Größen auch eher qualitative Nutzenkomponenten und Argumente pro eigene Ausbildung sowie nach der Ausbildung realisierbare Nutzen einzubeziehen. Die Frage zielte dabei auf die Ausbildungstätigkeit des Betriebes insgesamt und nicht nur auf einen einzelnen Ausbildungsberuf.

Abbildung III/3 zeigt das Ergebnis dieser subjektiven Bilanzierung von Kosten und Nutzen der eigenen Ausbildung.

Einer Gruppe von 45 % mit dem Kosten-Nutzen-Verhältnis zufriedener Ausbildungsbetriebe (Anteil: „Sehr zufrieden“ bzw. „eher zufrieden“) stehen lediglich sechzehn Prozent gegenüber, die Unzufriedenheit geäußert hatten: Zwölf Prozent der befragten Unternehmen gaben auf der fünfstufigen Skala den Wert „4“ an und nur vier Prozent bezeichneten sich als „völlig unzufrieden“ (Wert 5). Dazwischen liegt eine große Gruppe von zwei Fünftel (39 %) der Betriebe mit mittlerer Zufriedenheit; sie hatten den neutralen Wert „3“ im Sinne eines „teils eher zufrieden/teils eher unzufrieden“ angegeben. Diese Betriebe sehen also durchaus noch Optimierungsspielräume etwa durch eine wirtschaftlichere Durchführung der Berufsausbildung.

Ein etwas differenzierteres Bild ergibt sich, betrachtet man die Einschätzungen der ausbildenden Betriebe zu ihrer Zufriedenheit mit dem Verhältnis von Kosten und Nutzen der Ausbildung in Abhängigkeit von Strukturmerkmalen wie Ausbildungsbereich, Betriebsgröße, Art des Ausbildungsberufs und regionalem Standort (Abbildung III/4).

Abbildung III/3: **Zufriedenheit der Betriebe mit dem Verhältnis von Kosten und Nutzen der eigenen Ausbildung**

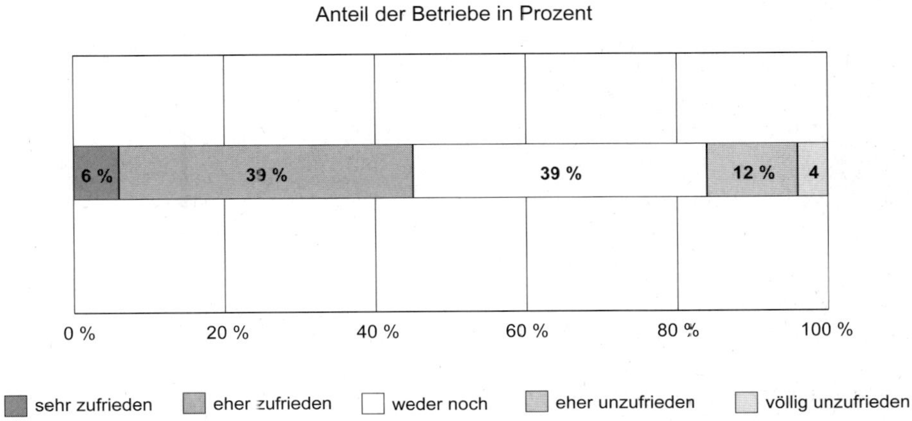

Unterschieden nach *Ausbildungsbereichen* bezeichneten sich etwas mehr als die Hälfte der Betriebe aus Industrie und Handel sowie aus dem Öffentlichen Dienst als sehr oder eher zufrieden. Im Bereich des Handwerks fällt die Zufriedenheit mit dem Kosten-Nutzen-Verhältnis dagegen geringer aus (34 %); etwas mehr als jeder fünfte Handwerksbetrieb zählt sogar zur Gruppe der Unzufriedenen. Wie lässt sich das erklären? Denkbar wäre es, dass die aus der Ausbildung resultierende empfundene persönliche und zeitliche Beanspruchung gerade in kleinen Handwerksbetrieben spürbar die Zufriedenheitsbilanz belastet. Beobachtete Unterschiede in der Zufriedenheit könnten außerdem auch auf die in der Ausbildung erbrachten produktiven Leistungen (Erträge) zurückzuführen sein. Wie bekannt schlagen die Erträge in den kaufmännischen und verwaltenden Ausbildungsberufen stärker zu Buche als in gewerblich-technischen Berufen, in denen überwiegend im Handwerksbereich ausgebildet wird (vgl. Teil II). Wie in Abbildung III/4 weiterhin zu sehen ist, äußerten sich in der Studie gerade die Betriebe signifikant häufiger zufrieden, die in einem kaufmännisch-verwaltenden Beruf ausbilden, als jene Gruppe mit gewerblich-technischem Ausbildungsberuf.

Besonders auffällig sind die Unterschiede in den Zufriedenheitsurteilen zwischen den *Betriebsgrößenklassen*. Hier steigt die Zufriedenheit mit wachsender Betriebsgröße deutlich an. Die höchste Zufriedenheit mit 81 % – bei nur 2 % Unzufriedenen – findet sich bei den großen Betrieben mit mehr als 500 Beschäftigten; am wenigsten sind die kleinsten Betriebe mit bis zu 9 Beschäftigten mit dem Kosten-Nutzen-Verhältnis zufrieden (39 %). Dies ist insofern bemerkenswert, als im allgemeinen die Nettokosten der Ausbildung in den kleineren Betrieben deutlich niedriger liegen als in den größeren.

Abbildung III/4: **Zufriedenheit der Betriebe mit dem Verhältnis von Kosten und Nutzen der eigenen Ausbildung nach verschiedenen Merkmalen**

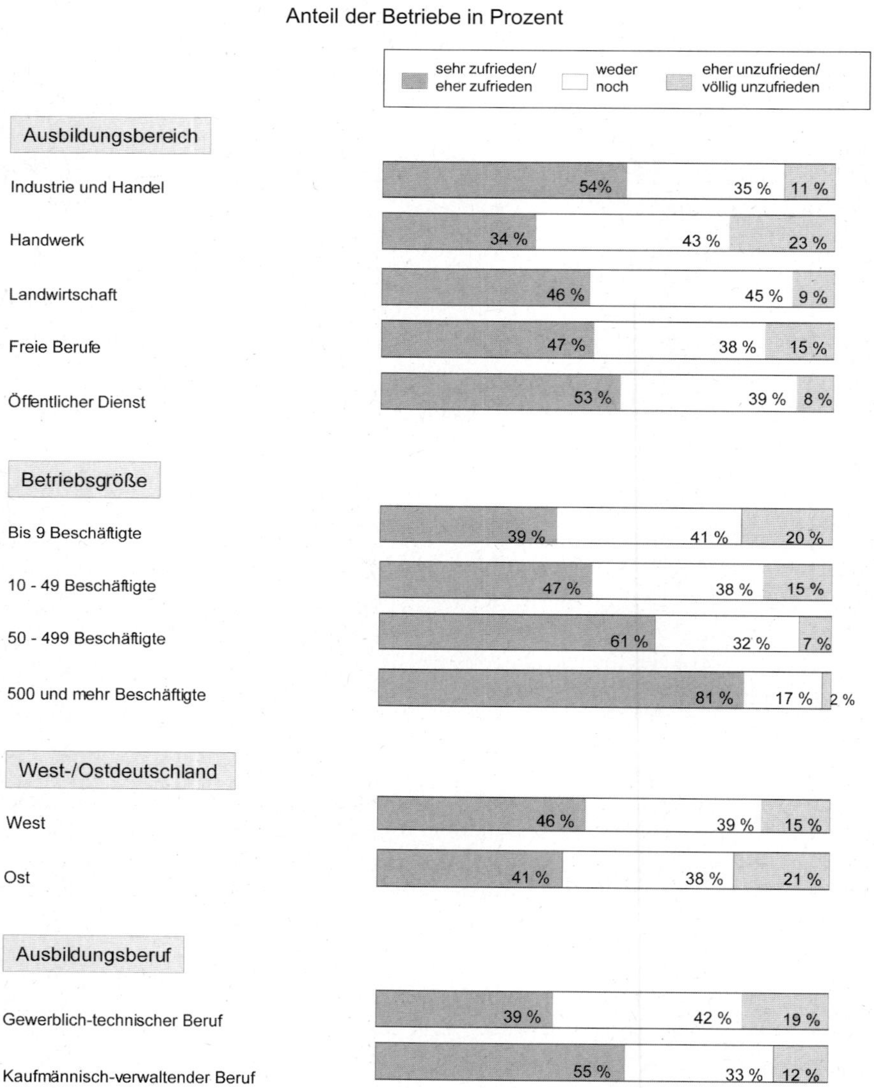

Die Unterschiede zwischen *ost- und westdeutschen Betrieben* bei dieser Bewertung fallen vergleichsweise gering aus: Als sehr zufrieden bzw. zufrieden bezeichneten sich eher westdeutsche (46 %) als ostdeutsche Ausbildungsbetriebe (41 %). Auf der anderen Seite äußert man im Osten Deutschlands signifikant häufiger Unzufriedenheit (21 %) mit dem Verhältnis von Kosten und Nutzen der eigenen Ausbildung, als dies Westbetriebe tun (15 %).

Es stellt sich die Frage, ob die mit ihrer Kosten-Nutzen-Bilanz zufriedenen Betriebe über die eigentliche Ausbildungsphase und die dort erwirtschafteten Ausbildungserträge hinaus überhaupt zusätzliche Nutzenkomponenten berücksichtigen und diese auch entsprechend hoch veranschlagen. Diese Frage wurde mittels einer Regression untersucht. Darin einbezogen wurden auch die vorher dargestellten drei zentralen Nutzendimensionen (in Form der Faktorwerte). Übersicht III/18 enthält die wesentlichen Ergebnisse dieser Regression:

Danach steigt wie erwartet mit der Höhe der monetär berechneten Erträge während der Ausbildung die von den Betrieben berichtete Zufriedenheit. Bemerkenswert ist ferner, dass auch alle drei nicht monetären Nutzendimensionen signifikant zur Vorhersage der Zufriedenheit mit dem Kosten-Nutzen-Verhältnis beitragen. Selbst bei Berücksichtigung der Ausbildungserträge äußerten sich besonders jene Betriebe öfters sehr zufrieden oder zufrieden, deren Ausbildungstätigkeit stark auf ihre spätere Wettbewerbsfähigkeit und die Absicherung vor Qualifikationsengpässen (Nutzendimension „Wettbewerbsfähigkeit und Risikovorsorge") gerichtet ist. Zu tun haben könnte dies unter anderem mit der Vermeidung von Ausfallkosten, die für Betriebe erhebliche ökonomische Bedeutung haben können. Solche Kosten entstehen bei einem Ausbildungsverzicht, wenn die benötigten „richtigen" Fachkräfte gar nicht am Markt verfügbar sind. Produktionsengpässe, die Überschreitung von Lieferzeiten oder der Verzicht auf Aufträge als Folge können zu beträchtlichen Umsatzeinbußen führen.

Übersicht III/18: **Zufriedenheit mit dem Kosten-Nutzen-Verhältnis der eigenen Ausbildung und wichtige Nutzenkomponenten – Regressionsanalyse**

Einflussgröße	Wirkung auf Zufriedenheit (Beta)*
Ausbildungserträge (durchschnittliche)	positiv (.1185)*
Nutzendimension „Wettbewerbsfähigkeit"	positiv (.1626)*
Nutzendimension „Image"	positiv (.0423)*
Nutzendimension „Ausbildungsphilosophie"	positiv (.0942)*

$R^2 = 0{,}05$

* Beta-Koeffizienten sind mindestens signifikant auf dem 5 %-Niveau von null verschieden.

Bisher wurde deutlich, dass die Zufriedenheit mit dem Kosten-Nutzen-Verhältnis der Ausbildungstätigkeit nachhaltig beeinflusst wird von einer Reihe von Faktoren. So zeigten die Befunde der bivariaten Betrachtung mehr oder minder deutliche Zusammenhänge mit der Betriebsgröße, dem Ausbildungsbereich oder anderen Merkmalen und Rahmenbedingungen der betrieblichen Ausbildung. Ebenso hatten die in der Regressionsanalyse geprüften, auf den Nutzen bezogenen Aspekte einen Einfluss auf die von den Ausbildungsbetrieben abgegebene Einschätzung der Zufriedenheit. Hinzu kommt, dass Merkmale, nach denen die bivariate Betrachtung erfolgte, vermutlich nicht unabhängig voneinander sind. Beispielsweise dürften sich die Effekte der Merkmale Ausbildungsbereich und Betriebsgröße inhaltlich überlagern.

Um solche überlagernde Effekte aufzudecken, wurden die möglichen Einflussfaktoren im Rahmen einer multivariaten Analyse kontrolliert. Überprüft wird damit, ob die einzelnen betrieblichen Merkmale im Zusammenhang mit den monetären sowie den zentralen immateriellen Nutzendimensionen unabhängig voneinander einen signifikanten eigenständigen Beitrag zur Vorhersage der Zufriedenheit mit dem Kosten-Nutzen-Verhältnis leisten. Zusätzlich werden zwei weitere Erklärungsgrößen berücksichtigt, die aus theoretischer Sicht relevant sind: Die von den Betrieben erwartete Entwicklung der Beschäftigtenzahl für die nächsten drei Jahre und die Einschätzung der schulischen Vorbildung der Auszubildenden.

Zunächst wurden verschiedene multivariate Analysen durchgeführt.[177] In diesem Zusammenhang stehen nicht die Koeffizientenschätzung oder Aspekte der Modellierung im Vordergrund. Anschaulich gemacht werden sollen vor allem die Zusammenhänge zwischen den Einflussfaktoren und den Zufriedenheitsurteilen. Deshalb konzentriert sich die Darstellung auf die Ergebnisse einer multiplen Klassifikationsanalyse.[178]

Untersucht werden die Bestimmungsfaktoren für die Einschätzung, dass ein ausbildender Betrieb sehr zufrieden bzw. zufrieden ist mit dem Kosten-Nutzen-Verhältnis seiner Ausbildungstätigkeit – 45 % der Betriebe hatten dies von sich in der Untersuchung angegeben.

Für die Analyse sind die fünf möglichen Zufriedenheitsurteile als abhängige Variable in eine dichotome Variable umgewandelt worden. Die Variable erhielt für die Gruppe der Zufriedenen den Wert eins; der Wert null steht für diejenigen Ausbildungsbetriebe, die ein neutrales Urteil abgegeben oder Unzufriedenheit geäußert hatten. Die Ursprungswerte der erklärenden Variablen „durchschnittliche Ausbildungserträge“ wurden in vier gleich große Gruppen (Quartile) transformiert. Ähnlich wird

177 Lineare sowie logistische Regressionen; es konnten keine substanziellen Abweichungen zu den Ergebnissen der Multiplen Klassifikationsanalyse festgestellt werden. Für die logistische Regression wie auch die Multiple Klassifikationsanalyse war die Zufriedenheit mit dem Kosten-Nutzen-Verhältnis als eine dichotome abhängige Indikatorvariable gebildet worden, die zwei Werte annehmen konnte: Wert eins („sehr zufrieden“ bzw. zufriedene Betriebe) bzw. den Wert null für neutrale (Skalenkategorie 3) und eher unzufriedene bzw. „völlig unzufriedene“ Betriebe (4 bzw. 5). Aufgrund des höheren Anschaulichkeitsgrades werden im folgendenden die Ergebnisse der Multiplen Klassifikationsanalyse und nicht die der logistischen Regression dargestellt, auch wenn für dichotome Variablen die dem Verfahren zugrunde liegenden statistischen Annahmen nicht vollständig zutreffen.

178 Bei der Multiplen Klassifikationsanalyse handelt es sich um eine Art Regression auf varianzanalytischer Basis, deren Beta-Effekte analog zu den Beta-Gewichten einer Regression interpretiert werden können. Errechnet werden neben einem Bestimmtheitsmaß (Multiple R^2) die Mittelwerte für sämtliche Gruppen eines Einflussfaktors und als Abweichungen vom Gesamtmittelwert bei statistischer Kontrolle aller übrigen Faktoren dargestellt; dies vermittelt einen Eindruck über die Stärke der Wirkung (Netto-Effekt) der Einflussvariable. Vgl. BACKHAUS, Klaus et al.: Multivariate Analysemethoden: eine anwendungsorientierte Einführung, 9., überarb. u. erw. Aufl., Berlin u. a. 2000, S. 91 ff.

die unterschiedliche Zustimmung der Ausbildungsbetriebe zu den drei zentralen Nutzendimensionen als Index mit vier Abstufungen angegeben.[179]

Das Analyseverfahren erlaubt es, die „gesamte" Wirkung aller einbezogenen Einflussgrößen auf eine zu erklärende Größe – hier den Anteil der „sehr zufriedenen" bzw. zufriedenen Ausbildungsbetriebe – abzuschätzen.[180] Die relative Einflussstärke (Netto-Effekt) der einzelnen erklärenden Faktoren kommt in den so genannten Beta-Koeffizienten zum Ausdruck. Außerdem werden Ausmaß und Richtung der Wirkung für sämtliche Untergruppen der jeweiligen Erklärungsfaktoren ermittelt, und zwar als positive oder negative Abweichung in Prozentpunkten vom Gesamtmittelwert (45 %), der für alle ausbildenden Betriebe gilt.

Die Ergebnisse sind in Übersicht III/19 ausgewiesen. Folgende Bestimmungsfaktoren der Zufriedenheit mit dem Kosten-Nutzen-Verhältnis der eigenen Ausbildung lassen sich aus der Analyse ableiten:

Mit einer Ausnahme erweisen sich die in der bivariaten Ergebnisdarstellung vorhandenen Effekte der betrieblichen (Struktur-)Merkmale auch unter multivariaten Bedingungen als stabil. Allerdings geht nun, was die Zugehörigkeit zur Gruppe der Zufriedenen angeht, kein signifikanter Einfluss mehr davon aus, ob es sich um einem ost- oder westdeutschen Ausbildungsbetrieb handelt.

Wie Übersicht III/19 ausweist geht von der Betriebsgröße auch nach Kontrolle der anderen, in der Analyse einbezogenen Merkmale ein erheblicher Einfluss auf die Zugehörigkeit zur Gruppe der Zufriedenen aus. Dieser Einfluss führt für die Betriebsgrößenklasse mit mehr als 500 Beschäftigten zur höchsten Abweichung von 32 Prozentpunkten vom Gesamtmittelwert aller ausbildenden Betriebe, der 45 % beträgt. Das heißt: Der Anteil der mit der Kosten-Nutzen-Relation Zufriedenen liegt bei den Betrieben dieser Größenklasse bei 77 %; für die Betriebe mit 50 bis 499 Beschäftigten errechnet sich aus der positiven Abweichung von 7 Prozentpunkten ein Anteilswert von 52 % für die Gruppe der Zufriedenen. Der hohe Einfluss in der Betriebsgröße ab 500 Beschäftigte deutet darauf hin, dass bei den großen Betrieben offenbar ein besonders effizientes, professionalisiertes, auf die spezifischen Betriebsbedürfnisse abgestimmtes System der Berufsbildung existiert, das auch unabhängig von den entstehenden Kosten und Erträgen der Ausbildung sowie den einzelnen Ausbildungsmotiven zu einer sehr hohen Zufriedenheit mit dem Kosten-Nutzen-Verhältnis führt. Interessant ist ferner, dass von kleinen Betrieben die Ausbildung selbst bei Berücksichtigung der Ausbildungserträge als weniger zufriedenstellend angesehen wird. Möglicherweise erklärt sich das daraus, dass die gleichen absoluten Kosten der Ausbildung von Kleinbetrieben relativ stärker als von größeren Betrieben als belastend empfunden werden.

179 Die Gruppenbildung wurde anhand der Faktorwerte der Faktorenanalyse in vier annähernd gleich große Gruppen (Quartile) vorgenommen; vgl. zum Verfahren: BÜHL, Achim; ZÖFEL, Peter: SPSS Version 10. Einführung in die moderne Datenanalyse unter Windows. 7., überarbeitete Aufl., München u. a. 2000, S. 457 ff.

180 Im vorliegenden Fall beträgt das so genannte Bestimmtheitsmaß (multiple R^2) 0,134. Es vermittelt eine grobe Vorstellung davon, wie viel Varianz der abhängigen Variable durch die erklärenden (unabhängigen) Variablen aufgeklärt werden kann.

Übersicht III/19: **Bestimmungsfaktoren der Zufriedenheit von Ausbildungsbetrieben mit dem Verhältnis von Kosten und Nutzen der eigenen Ausbildung** ***(Multiple Klassifikationsanalyse)***

Abhängige Variable: Anteil Gruppe „Zufriedene“

Einflussvariable	**Abweichung der jeweiligen Gruppe vom Gesamtmittelwert (Prozentpunkte)**	**Koeffizienten**
	bei Kontrolle der übrigen Merkmale	**Beta**
Betriebsgröße		0,10*
Kleinbetriebe bis 9 Beschäftigte	-4	
Mittelbetriebe 10 – 49 Beschäftigte	1	
Mittelbetriebe 50 – 499 Beschäftigte	7	
500 und mehr Beschäftigte	32	
Ausbildungsbereich		0,08*
Industrie und Handel	4	
Handwerk	-4	
Landwirtschaft	8	
Freie Berufe	-3	
Öffentlicher Dienst	6	
Betrieb in West- / Ostdeutschland		0,01 ns
Westdeutschland	0	
Ostdeutschland	-1	
Art des Ausbildungsberufs		0,12*
gewerblich-technisch	-5	
kaufmännisch-verwaltend	7	
Nutzendimension „Wettbewerbsfähigkeit und Risikovorsorge“		0,17*
sehr starke Zustimmung	12	
starke	2	
geringe	-2	
keine Zustimmung	-11	
Nutzendimension „Ausbildungsphilosophie“		0,11*
sehr starke Zustimmung	3	
starke	7	
geringe	1	
keine Zustimmung	-8	
Nutzendimension „Image“		0,05 ns
sehr starke Zustimmung	1	
starke	4	
geringe	1	
keine Zustimmung	-3	
Ausbildungserträge (durchschnittliche)		0,11*
1. niedrigstes Quartil	-6	
2. Quartil	-2	
3. Quartil	-2	
4. höchstes Quartil	9	

Fortsetzung der Übersicht III/19

Einflussvariable	**Abweichung der jeweiligen Gruppe vom Gesamtmittelwert (Prozentpunkte)**	**Koeffizienten**
	bei Kontrolle der übrigen Merkmale	**Beta**
Entwicklung der Beschäftigtenzahl in den nächsten drei Jahren		0,08*
Zunahme	5	
Gleich bleibend	-1	
Abnahme	-9	
Einschätzung der schulischen Vorbildung der Auszubildenden		0,08*
sehr gut bzw. gut	-3	
befriedigend bis sehr schlecht	5	
Multiple R^2	0,134	
Anzahl der Fälle	2.360	
Anteil Zufriedene an allen Ausbildungsbetrieben (Gesamtmittelwert)	45 %	
Anmerkungen: * Koeffizienten sind mindestens auf dem 5 %-Niveau signifikant von null verschieden. ns = Kein signifikanter Einfluss		

Hinsichtlich der Ausbildungsbereiche bestätigt die Klassifikationsanalyse die bereits formulierte Vermutung, wonach der in der bivariaten Analyse sichtbar gewordene Zusammenhang zwischen Zufriedenheit und Ausbildungsbereich zum Teil durch überlagernde Effekte mit der Betriebsgröße bestimmt wird. So ist jetzt ein signifikanter eigenständiger Effekt des Ausbildungsbereichs gegenüber der bivariaten Betrachtung nur noch abgeschwächt zu beobachten. Aber auch hier gilt, dass ausbildende Betriebe der Bereiche Handwerk oder Freie Berufe eine etwas geringere Zufriedenheit aufweisen als die übrigen Ausbildungsbereiche.

Für die Variable „Art des Ausbildungsberufs" zeigt sich als Zusammenhang, dass gewerblich-technische Ausbildungen eher als kaufmännisch-verwaltende mit unterdurchschnittlicher Zufriedenheit mit dem Kosten-Nutzen-Verhältnis einhergehen. Dies ist plausibel unter der Annahme, dass gewerblich-technische Ausbildungsgänge für die Betriebe in der Regel kostenintensiv sind und vielfach stärker separiert von Arbeitsumfeld und primärem Produktionsprozess durchgeführt werden. Das begrenzt zugleich die Möglichkeiten für eine produktive Mitarbeit der Auszubildenden.

Dieses Bild bestätigt sich, wenn die Wirkung der durchschnittlichen Ausbildungserträge betrachtet wird. Nicht unerwartet gehören diejenigen Ausbildungsbetriebe, die schon während der Ausbildung besonders hohe Ausbildungserträge erzielen (höchstes Quartil), überdurchschnittlich häufig auch zu den mit dem Kosten-Nutzen-Verhältnis zufriedenen Betrieben: Für sie errechnet sich aufgrund der positiven Abweichung (9 Prozentpunkte) eine Gruppengröße von 54 %. Dagegen zählen bei den

Betrieben mit den niedrigsten Ausbildungserträgen lediglich 39 % zur Gruppe der Zufriedenen.

Die multivariate Betrachtung belegt noch einmal eindrucksvoll die Effekte der nicht monetären Nutzenkomponenten der eigenen Ausbildung, wie sie durch die zentralen Nutzendimensionen aus der Faktorenanalyse ausgedrückt werden, auf die Zufriedenheit mit dem Kosten-Nutzen-Verhältnis. Besonders starke Wirkung entfaltet dabei die Nutzendimension „Wettbewerbsfähigkeit und Risikovorsorge"; die Analyse weist sie als relativ bedeutendsten Einflussfaktor aus. Von den Betrieben, die den in dieser Nutzendimension gebündelten Aspekten als Motive für ihr Ausbildungsengagement sehr stark zugestimmt hatten, zählen mehr als die Hälfte zur Gruppe der Zufriedenen (57 %). Von denjenigen, die diesem Motivbündel keine Bedeutung beimaßen, gehören nur 34 % zu den mit dem Kosten-Nutzen-Verhältnis zufriedenen Betrieben.

Bezüglich der beiden anderen Nutzendimensionen zeigt die Übersicht III/19: Wird die eigene Ausbildungstätigkeit stark mit dem Hinweis auf Firmentradition oder als Leistung für Wirtschaft und Gesellschaft begründet (Nutzendimension „Ausbildungsphilosophie"), fällt die Kosten-Nutzen-Bilanz der Betriebe signifikant positiver aus. Spielt dagegen eine solche Qualifizierungsphilosophie keine Rolle als Argument für das eigene Engagement, reduziert sich der Anteil Zufriedener um 8 Prozentpunkte auf nunmehr 37 %. Etwas überraschend erweist sich unter multivariaten Bedingungen die in der Nutzendimension „Image" zum Ausdruck kommende Ausbildungsmotivation in ihrer Wirkung auf die Zufriedenheit nunmehr als nicht mehr signifikant.

Zum Fragenkatalog gehörte auch die Frage nach der erwarteten Entwicklung der Beschäftigtenzahl des Unternehmens in den nächsten drei Jahren. Diese kann als Indikator für den Fachkräftebedarf gewertet werden. Etwaige positive Effekte auf die Zufriedenheitsurteile weisen damit auf den aus theoretischen Überlegungen abgeleiteten Investitionscharakter der Ausbildung hin. Nicht überraschend sind daher die empirischen Befunde: Diejenigen Ausbildungsbetriebe, die von einer wachsenden Beschäftigtenzahl ausgehen, sind mit dem Verhältnis von Kosten und Nutzen der Ausbildung merklich zufriedener (50 %) als diejenigen, die einen Rückgang an Beschäftigten erwarten (Anteil Zufriedener: 36 %). Darin dürfte die Überlegung zum Ausdruck kommen, dass sich ein Ausbildungsengagement bei tatsächlich oder mutmaßlich rückläufigen Beschäftigtenzahlen nicht auszahlen kann, weil Teile des Nutzens nach der Ausbildung bei einem Personalabbau vermutlich gar nicht mehr vom Betrieb vereinnahmt werden können.

Schließlich hat die Einschätzung der schulischen Vorbildung der Auszubildenden ebenfalls einen signifikanten Einfluss auf die von den Ausbildungsbetrieben abgegebenen Zufriedenheitsurteile. Die Betriebe hatten auf einer fünfstufigen Skala von „sehr gut" bis „sehr schlecht" eine Einschätzung der schulischen Vorbildung ihrer Auszubildenden vorgenommen; für die Analyse wurde für die betreffende Variable eine Zweiteilung vorgenommen. Erwartungsgemäß wirkt sich eine als sehr gut oder gut von den Betrieben empfundene schulische Vorbildung der Auszubildenden positiv auf die Zufriedenheit mit dem Kosten-Nutzen-Verhältnis aus. Weniger zufriedenstellend fällt dagegen die Bilanz aus, wenn die Vorbildung als befriedigend oder gar unzureichend erachtet wurde. Vermutlich spiegelt das die daraus resultierende höhere zeitliche und persönliche Beanspruchung der Betriebe durch die Ausbildungstätigkeit wider.

Die Ergebnisse der multivariaten Analyse zur Zufriedenheit mit dem Verhältnis von Kosten und Nutzen der eigenen Ausbildung lassen sich wie folgt zusammenfassen. Neben strukturellen Merkmalen der Betriebe wie Betriebsgröße, Ausbildungsbereich oder der Art des Ausbildungsberufs sowie den während der Ausbildung erzielten Erträgen, gehen auch weitere Ausbildungsmotive in das Kalkül der Betriebe ein und werden zudem mit ähnlichem Gewicht in ihrer Zufriedenheitsbilanz berücksichtigt. In der Rangfolge der Einflussgrößen auf die Zufriedenheit steht der Beitrag der Nutzendimension „Wettbewerbsfähigkeit und Risikovorsorge" ganz vorne, gefolgt von der Art des Ausbildungsberufs, den beiden anderen Nutzen bezogenen Variablen sowie der Betriebsgröße. Etwas geringeres Gewicht haben die Merkmale Ausbildungsbereich, erwartete Beschäftigtenentwicklung in den nächsten Jahre, Einschätzung der schulischen Vorbildung der Auszubildenden.

Fazit

Insgesamt machen die in diesem Kapitel dargestellten Ergebnisse deutlich, dass die Betriebe ein breites Spektrum wichtiger Nutzenaspekte der Ausbildung sehen. In einer Faktorenanalyse konnten diese Ausbildungsmotive auf drei zentrale Nutzendimensionen zurückgeführt werden. Die Berufsausbildung hat in der Betriebspraxis offenbar ganz unterschiedlich gewichtete Aufgaben im Zusammenhang mit konkreten Unternehmenszielen, oder ist strategisch eingebettet in Vorstellungen zur Personal- und weiteren Unternehmensentwicklung. Die Steigerung der künftigen Wettbewerbsfähigkeit, Fragen der Nachwuchssicherung und eine bedarfsgerechte Qualifizierung sind neben dem Reputationsaspekt wichtige Orientierungsgrößen für die Entscheidung selbst auszubilden. Das betriebliche Ausbildungsengagement orientiert sich dabei nicht ausschließlich an Kosten- und Nutzenparametern oder einem eng definierten einzelbetrieblichen Bedarf. Die eigene Ausbildung findet bei vielen Betrieben ihre Begründung ebenfalls in der Ausbildungstradition und in der Übernahme gesellschaftlicher Verantwortung.

Der Ausbildungsnutzen wird insbesondere von größeren Betrieben in starkem Maß verstanden als Investition in die Wettbewerbsfähigkeit und die Zukunft des Unternehmens. Diese Investition refinanziert sich teilweise durch die Erträge während der Ausbildung; sie rechnet sich aber auch nach der Ausbildung durch die qualifizierten Fachkräfte, die im Ausbildungsbetrieb bleiben.

Insofern überrascht es kaum, dass sich viele der befragten Ausbildungsbetriebe in hohem Maße zufrieden äußerten mit dem Verhältnis von Kosten und Nutzen der eigenen Ausbildung. Die Betriebe schätzen offenbar die strategischen Potenziale einer qualitativ hochwertigen Ausbildung als Instrument der Nachwuchssicherung für die Wettbewerbsfähigkeit des Unternehmens. Durch die eigene Ausbildung schaffen sie sich eine Grundlage für eine verlässliche Personalplanung und wirtschaftliche Personalentwicklung. Nicht selbst auszubilden hieße dann auch für sie, auf das Know-how und die Flexibilität einer auf betriebsspezifische Bedarfe hin qualifizierten Belegschaft zu verzichten, verbunden mit dem Risiko, ob sie später überhaupt die erforderlichen Fachkräfte am Arbeitsmarkt bekommen, die ihren Anforderungen entsprechen.

3.4 Bilanzierung von Kosten und Nutzen der Ausbildung

Wir haben bisher eine Reihe von empirischen Ergebnissen zu den unterschiedlichen Dimensionen des Ausbildungsnutzens vorgestellt. In diesem Kapitel sollen nun diese Einzelbefunde für eine Gesamtschau des Ausbildungsnutzens und für eine Gegenüberstellung mit den Kosten herangezogen werden. Für den Ausbildungsnutzen wird dabei die in Kapitel 1 eingeführte Systematik benutzt. Der Gesamtnutzen der Ausbildung besteht hiernach aus den folgenden Nutzenarten (welche in den vorhergehenden Abschnitten noch weiter differenziert wurden):

- Erträge aus produktiven Leistungen der Auszubildenden
- (Eingesparte) Kosten für die Rekrutierung externer Fachkräfte
- (Eingesparte) Ausfallkosten bei Fachkräftemangel
- Leistungsunterschiede zwischen selbst ausgebildeten und externen Fachkräften
- Angebotsnutzen (z. B. Imageverbesserung)

Die Erträge aus produktiven Leistungen der Auszubildenden waren Gegenstand der Erfassung der Kosten der Ausbildung (vgl. Teil II) und bilden die Differenz zwischen Brutto- und Nettokosten. Eine Bilanzierung der Ausbildungskosten und dieses Teils des Ausbildungsnutzens ergibt sich also implizit aus einer Betrachtung der Nettokosten. Für die beabsichtigte Bilanzierung kommen aus unserer Sicht vorrangig die Teilkosten in Frage, da diese am ehesten Aufschluss darüber geben, inwieweit die Betriebe durch die Ausbildungsaktivitäten tatsächlich zusätzlich belastetet werden. Auf eine dreijährige Ausbildung hochgerechnet, ergibt sich ein Durchschnittsbetrag für die Nettoteilkosten von 7.344 €. Dies wäre also rein rechnerisch der Betrag, der bei einem Betrieb am Ende der Ausbildungszeit an Kosten übrig bliebe, wenn beim Ausbildungsnutzen nur die Erträge aus produktiven Leistungen der Auszubildenden berücksichtigt werden. Geht man von den bisher präsentierten Untersuchungsergebnissen aus, so kann diesem Wert für die Nettokosten im Durchschnitt ein monetär bezifferbarer Betrag für eingesparte Rekrutierungskosten von 5.765 € für jede tatsächlich übernommene ausgebildete Fachkraft gegenüber gestellt werden. Allerdings sind natürlich für eine Bilanzierung auch die weiteren Nutzendimensionen zu berücksichtigen, welche sich aber nicht zuverlässig monetär schätzen und bewerten lassen. Unsere Untersuchungsergebnisse legen deshalb den Schluss nahe, dass der Nutzen der Ausbildung in seiner Gesamtheit die Ausbildungskosten im Regelfall deutlich übersteigen dürfte. Dabei lässt sich der Gesamtnutzen in seiner Höhe allerdings nicht genau beziffern. In Abbildung III/5 wird dieser Sachverhalt dargestellt.

Abbildung III/5: **Nettokosten (Teilkosten) und Nutzen der betrieblichen Berufsausbildung 2000**

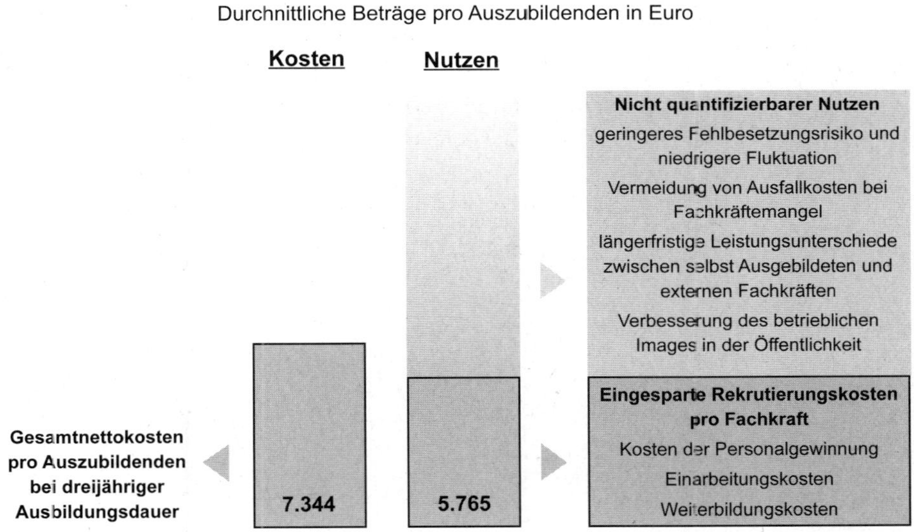

Wir wollen im Folgenden diese Durchschnittsbetrachtung differenzieren und – auf der Grundlage der in den vorhergehenden Kapiteln bereits mitgeteilten Ergebnisse – auch weitergehende Aussagen zu den nicht quantifizierbaren Nutzenbestandteilen machen. Hierzu soll auf die Verteilung relevanter Nutzenmerkmale in unserer Stichprobe eingegangen werden.

Betrachtet man zunächst die Verteilung der Nettoteilkosten für die Gesamtdauer der Ausbildung auf der betrieblichen Ebene,[181] so ergeben sich für 38 % aller Betriebe[182] entweder negative Nettokosten oder Nettokosten von Null. Für 38 % der Betriebe entsteht während der Ausbildungszeit also keine ausbildungsbedingte Nettobelastung.

181 Hierzu musste – wie in Teil II, Kap. 2.3 ausgeführt wurde – ein Ersatz fehlender Kostenwerte für nicht besetzte Ausbildungsjahre mit Hilfe eines Schätzprogramms erfolgen.

182 Bei allen Anteilswerten handelt es sich im Folgenden immer um gewichtete Werte.

Um Kosten- und Nutzengrößen im Folgenden gegenüber stellen zu können, soll für die Ausbildungskosten und die einzelnen Nutzenarten jeweils eine Einteilung in drei Typen (niedrig, mittel, hoch) vorgenommen werden. Die Zuordnung erfolgt dabei auf der Grundlage begründeter Setzungen und nicht anhand von Verteilungswerten, da es uns letzten Endes auch um eine Abschätzung quantitativer Bedeutungen bestimmter Kosten- und Nutzenhöhen geht. Für die Nettoteilkosten pro Ausbildungsgang[183] bezeichnen wir als Betriebe mit niedrigen Kosten solche, bei denen maximal Kosten von 2.000 € anfallen. Eine mittlere Kostenhöhe haben wir bis zu weniger als 8.000 € definiert. Betriebe mit mindestens 8.000 € Gesamtteilkosten bilden die oberste Gruppe. Bei einer Auszählung der Häufigkeiten dieser drei Gruppen haben 43 % aller Betriebe niedrige und 17 % mittlere Kosten. Für rund 40 % aller Betriebe liegen die Gesamtkosten pro Ausbildungsgang allerdings oberhalb von 7.999 €.

Im Folgenden sollen entsprechende Typenbildungen für die betreffenden Nutzendimensionen vorgenommen werden. Die einzusparenden Rekrutierungskosten sind zwar monetär beziffert worden, für eine bessere Vergleichbarkeit zu anderen Nutzendimensionen soll gleichwohl ebenfalls eine Zuordnung zu drei Typen erfolgen.[184] Weniger als 3.000 € bezeichnen wir als niedrig, Betriebe mit 3.000 € bis 7.999 € bilden eine mittlere Gruppe und Rekrutierungskosten ab 8.000 € definieren wir als hoch.

Zur Bestimmung der Bedeutung von möglichen Ausfallkosten bei Mangel an Fachkräften haben wir zunächst einen Indikator als Summe von Einzelindikatoren gebildet und die abschließende Typenbildung entsprechend der verbalen Bedeutung der jeweiligen Positionen vorgenommen.[185] Ähnlich vorgegangen sind wir für die Bildung eines Indikators für Leistungsunterschiede zwischen selbst ausgebildeten und extern rekrutierten Fachkräften[186] sowie für den Angebotsnutzen der Ausbildung.[187] Alle so gebildeten Indikatoren wurden abschließend – wieder über die Bildung eines Summenindikators – zu einem Gesamtindikator (Nutzen insgesamt) zusammengefasst.

183 Hierzu wurde die tatsächliche Dauer eines Ausbildungsberufs zugrunde gelegt.

184 Rekrutierungskosten ließen sich allerdings nur für die Betriebe berechnen, die innerhalb der letzten drei Jahre auch tatsächlich eine Fachkraft eingestellt hatten. Um gleichwohl eine Zuordnung aller Betriebe zu entsprechenden Gruppen zu ermöglichen, wurde bei fehlenden Angaben unterstellt, dass die tatsächlichen Rekrutierungskosten den ermittelten berufspezifischen Werten entsprechen. Signifikanzüberprüfungen der gebildeten Typen von Rekrutierungskosten im Hinblick auf die Verteilung nach Berufen wären also nicht zulässig.

185 In den Summenindikator sind eingegangen die Beurteilung der quantitativen und qualitativen Situation auf dem externen Arbeitsmarkt sowie zwei Items zur Funktionszuschreibung der betrieblichen Ausbildung mit eindeutigem Bezug („Ausbildung nutzen wir, um das Risiko von Qualifikationsengpässen auszuschließen“ sowie „Ausbildung soll uns vorrangig vom externen Arbeitsmarkt unabhängig machen“).

186 Es wurden sieben Einschätzungen zum unmittelbaren Leistungsvergleich (vgl. Kap. 3.2.4) sowie zwei weitere Indikatoren zur Funktionsbestimmung der betrieblichen Ausbildung („Ausbildung steigert deutlich den Geschäftswert unseres Unternehmens durch gut qualifizierte Mitarbieter“ sowie „Ausbildung trägt entscheidend zur künftigen Wettbewerbsfähigkeit unseres Unternehmens bei“) herangezogen.

187 Folgende Einzelindikatoren wurden berücksichtigt: Ausbildung „wirkt sich positiv auf das Image unseres Betriebs in der Öffentlichkeit aus“, „erhöht stark das Ansehen unseres Betriebs bei Kunden und Lieferanten“, „erhöht deutlich die Attraktivität unseres Betriebs für leistungsfähige Arbeitskräfte“ sowie „wirkt sich positiv auf die Gestaltung der betrieblichen Weiterbildung aus“.

In den folgenden Übersichten (III/20 – III/24) werden die Ergebnisse für die unterschiedlichen Nutzenindikatoren in Abhängigkeit von den drei gebildeten Typen hinsichtlich der Höhe der Teilkosten dargestellt.[188]

Übersicht III/20: **Eingesparte Rekrutierungskosten und Kosten der betrieblichen Ausbildung**

Rekrutierungskosten	Höhe der Ausbildungskosten			Insgesamt
	Niedrige Kosten	Mittlere Kosten	Hohe Kosten	
Niedrige Rekrutierungskosten	23 %	27 %	23 %	24 %
Mittlere Rekrutierungskosten	57 %	58 %	48 %	54 %
Hohe Rekrutierungskosten	20 %	15 %	29 %	23 %

Übersicht III/21: **Eingesparte Ausfallkosten bei Fachkräftemangel und Kosten der betrieblichen Ausbildung**

Ausfallkosten	Höhe der Ausbildungskosten			Insgesamt
	Niedrige Kosten	Mittlere Kosten	Hohe Kosten	
Niedrige Ausfallkosten	20 %	19 %	16 %	19 %
Mittlere Ausfallkosten	52 %	51 %	47 %	50 %
Hohe Ausfallkosten	28 %	30 %	36 %	32 %

Übersicht III/22: **Leistungsunterschiede zwischen selbst ausgebildeten und externen Fachkräften und Kosten der betrieblichen Ausbildung**

Leistungsunterschiede	Höhe der Ausbildungskosten			Insgesamt
	Niedrige Kosten	Mittlere Kosten	Hohe Kosten	
Niedrige Leistungsunterschiede	8 %	8 %	6 %	7 %
Mittlere Leistungsunterschiede	37 %	40 %	36 %	37 %
Hohe Leistungsunterschiede	55 %	52 %	58 %	56 %

Übersicht III/23: **Angebotsnutzen der Ausbildung und Kosten der betrieblichen Ausbildung**

Angebotsnutzen	Höhe der Ausbildungskosten			Insgesamt
	Niedrige Kosten	Mittlere Kosten	Hohe Kosten	
Niedriger Angebotsnutzen	25 %	24 %	21 %	23 %
Mittlerer Angebotsnutzen	41 %	45 %	43 %	42 %
Hoher Angebotsnutzen	34 %	31 %	37 %	35 %

188 In allen Fällen handelt es sich um gewichtete Werte.

Übersicht III/24: **Längerfristiger Gesamtnutzen der Ausbildung und Kosten der betrieblichen Ausbildung**

Längerfristiger Gesamtnutzen	Höhe der Ausbildungskosten			Insgesamt
	Niedrige Kosten	Mittlere Kosten	Hohe Kosten	
Niedriger Gesamtnutzen	25 %	25 %	21 %	24 %
Mittlerer Gesamtnutzen	41 %	45 %	36 %	40 %
Hoher Gesamtnutzen	34 %	30 %	42 %	36 %

Betrachten wir zunächst die Ergebnisse zu den durch die eigene Ausbildung eingesparten Rekrutierungskosten (Übersicht III/20). Mehr als die Hälfte aller Betriebe lässt sich hier der Gruppe mit mittleren Rekrutierungskosten zuordnen, etwa gleich hohe Anteile entfallen auf niedrige und hohe Rekrutierungskosten. Es ergibt sich zwar ein hoch signifikanter Zusammenhang zur Höhe der Ausbildungskosten,[189] allerdings fallen die tatsächlichen Unterschiede in den Anteilen moderat aus. Hohe Ausbildungskosten sind also tendenziell auch mit höheren Einsparvorteilen bei der Rekrutierung externer Fachkräfte verbunden. Allerdings ergeben sich auch für Betriebe mit niedrigen und mittleren Ausbildungskosten häufiger entsprechend hohe Einsparungsvorteile.

Bei den möglichen Ausfallkosten (Übersicht III/21) zeigen sich ähnliche Zusammenhänge zur Höhe der Ausbildungskosten. Auch hier ist der Zusammenhang signifikant,[190] die tatsächlichen Unterschiede jedoch nicht sehr hoch.

Die Leistungsdifferenzen zwischen selbst ausgebildeten und extern rekrutierten Fachkräften (Übersicht III/22) werden nur von einer kleinen Minderheit von Betrieben (7 %) als niedrig eingestuft. Die Einschätzung dieser Nutzenart ist dabei weitgehend unabhängig von der Höhe der Ausbildungskosten.[191]

Der Angebotsnutzen der Ausbildung (Übersicht III/23) wird von mehr als einem Drittel der Betriebe als hoch und nur von etwa zwei Fünftel als niedrig eingeschätzt. Betriebe mit hohen Ausbildungskosten stufen hier nur mit einer leichten Tendenz den betreffenden Nutzen als niedriger ein, als Betriebe mit niedrigeren Ausbildungskosten.[192]

Nach unseren Ergebnissen haben 36 % aller Betriebe einen hohen, 40 % einen mittleren und 24 % einen niedrigen längerfristigen Gesamtnutzen (Übersicht III/24). Die Erträge aus produktiven Leistungen der Auszubildenden bilden den kurzfristigen Nutzen und sind bei der Bestimmung der Nettokosten berücksichtigt worden. Für den längerfristigen Gesamtnutzen ergibt sich ein hochsignifikanter Zusammenhang zur

189 Chi^2-Test, Signifikanz = 0,00000. Der Korrelationskoeffizient zwischen der tatsächlichen Höhe der Rekrutierungskosten (nur vorhandene Werte) und den Gesamtteilkosten beträgt 0,28 und ist ebenfalls hochsignifikant.
190 Signifikanz = 0,00298.
191 Hier ist nur ein schwacher, nicht signifikanter Zusammenhang mit einem Signifikanzwert von 0,15 zu erkennen.
192 Signifikanz = 0,07.

Höhe der Nettokosten der Ausbildung.[193] Betriebe mit hohen Ausbildungskosten haben häufiger auch einen höheren längerfristigen Gesamtnutzen zu erwarten. Insofern bestätigt das Ergebnis grundsätzlich die mit der Hypothese eines eher kurzfristigen und eines eher langfristigen Ausbildungsinteresses (vgl. Kapitel 2) verbundenen Vermutungen hinsichtlich des Zusammenhangs von Kosten und Nutzen der Ausbildung. Es gilt aber auch hier das Gleiche, was wir für die entsprechenden einzelnen Nutzendimensionen ausgeführt haben: Auch Betriebe mit niedrigeren Ausbildungskosten können häufig aus einer Übernahme der Auszubildenden bzw. einer längerfristigen Beschäftigung deutliche Vorteile ziehen.

In einer multivariaten Analyse[194] wurde untersucht, von welchen Merkmalen der längerfristige Gesamtnutzen eines Betriebes bestimmt wird. Als erklärende Faktoren wurden hier ausschließlich die strukturellen Merkmale Betriebsgröße und Berufsgruppe[195] herangezogen. Für eine Reihe von betrieblichen Konstellationen gab es hier jeweils hochsignifikante Zusammenhänge.[196] Im Hinblick auf die Betriebsgröße haben kleine, mittelkleine und auch mittlere Betriebe[197] häufiger einen niedrigen Nutzen, während Großbetriebe tendenziell eher einen höheren längerfristigen Ausbildungsnutzen haben. Für die betrachteten Berufsgruppen sind vor allem folgende Zusammenhänge hervorzuheben: Für kaufmännische IT-Berufe innerhalb des IHK-Bereichs ist der Nutzen höher, für andere kaufmännische sowie gewerblich-technische IHK-Berufe liegt er ungefähr im Rahmen des Gesamtdurchschnitts. Für kaufmännische Handwerksberufe, für den Maurer sowie gewerbliche Handwerksberufe (Bäcker, Fleischer) ist dagegen ein signifikant niedrigerer Nutzen festzustellen. Darüber hinaus zeigt sich ein niedrigerer Nutzen auch für Arzt- und Zahnarzthelfer sowie für die Berufe im Bereich des öffentlichen Dienstes. An diesem Ergebnis ist besonders bemerkenswert, dass die kaufmännischen IHK-Berufe einen im Schnitt relativ hohen Gesamtnutzen aufweisen, obwohl sie mit ihren Ausbildungskosten eher in einem mittleren Bereich liegen.[198] Gleichzeitig weisen die Berufe des öffentlichen Dienstes mit eher niedrigeren Nutzenwerten gleichzeitig relativ hohe Kosten auf. Der grundsätzlich bestehende positive Zusammenhang zwischen Kosten und längerfristigem Nutzen der Ausbildung ist also nicht immer wirksam und tritt für spezifische betriebliche Konstellationen in den Hintergrund.

Ein niedriger längerfristiger Ausbildungsnutzen ist nicht per se mit einer ungünstigen Kosten-Nutzen-Relation des Betriebes gleichzusetzen, da ja auch gleichzeitig niedrige Ausbildungskosten vorliegen können. Betrachten wir Übersicht III/24, so

193 Signifikanz = 0,00002.

194 In einer logistischen Regression wurde als abhängige Variable ein hoher Gesamtnutzen vs. einen mittleren oder einen niedrigen Gesamtnutzen definiert. Die Effekte wurden als Abweichungen vom Gesamtdurchschnitt geschätzt.

195 Diese Variable wurde von uns bereits an anderer Stelle benutzt. Zur Erläuterung der Variable im Einzelnen vgl. Kap. 2.3 des Teils II dieser Veröffentlichung.

196 Signifikanzniveau jeweils mindestens 0,01, bei Ausnahmen wird das konkrete Signifikanzniveau genannt.

197 Signifikanzniveau = 0,02.

198 Vgl. Teil II, Kap. 2.3.

ergeben sich für alle Betriebe mit niedrigen Ausbildungskosten – unabhängig davon, welche Werte für den längerfristigen Gesamtnutzen ermittelt wurden – weitgehend positive Relationen von Nutzen und Kosten der Ausbildung. In allen anderen Fällen können wir eine eindeutige Bewertung nicht vornehmen, da wir nicht in der Lage sind, den gesamten Nutzen der Ausbildung monetär zu quantifizieren. Allerdings dürften hohe Nutzenwerte in den meisten Fällen auch mit günstigen Relationen von Nutzen und Kosten verbunden sein. In abgeschwächter Form dürfte dies auch für eine mittlere Nutzeneinstufung zutreffen. Eine aus unserer Sicht eher problematische Nutzen-Kosten-Relation signalisieren die Kombinationen von hohen und mittleren Ausbildungskosten bei gleichzeitig niedrigem längerfristigen Gesamtnutzen der Ausbildung. Nach unseren Ergebnissen dürfte diese problematische Konstellation auf rund 13 % aller Ausbildungsbetriebe zutreffen.

Es ist natürlich nicht ganz auszuschließen, dass bei einem niedrigen Wert für den von uns gebildeten Nutzenindikator, trotzdem eine positive Nutzen-Kosten-Relation vorliegt. Dies wäre beispielsweise möglich, wenn zumindest einer der Einzelindikatoren für einen Betrieb eine besondere Bedeutung hätte, also einen besonders hohen Nutzen aufweisen würde. Allerdings ist dies nur bei rund einem Fünftel aller Betriebe mit der betreffenden problematischen Konstellation der Fall.

Die Betriebe wurden auch danach gefragt, inwieweit sie mit dem Verhältnis von Nutzen und Kosten der eigenen Ausbildung zufrieden sind (vgl. Kap.3.3). Nimmt man eine Kreuztabellierung dieser Frage mit unserer Typologie von Kosten und Nutzen vor, so sind die Betriebe, die eine problematische Kosten-Nutzen-Kombination aufweisen, nicht immer unzufrieden. Allerdings sind die betreffenden Betriebe deutlich und hochsignifikant weniger zufrieden als andere Betriebe. Während von den Betrieben mit einer problematischen Konstellation nur 28 % sehr zufrieden oder zufrieden mit dem Nutzen-Kosten-Verhältnis sind, sind dies bei den anderen Betrieben immerhin 48 %. Betriebe mit der betreffenden problematischen Kombination sind allerdings nur zu 24 % unzufrieden (andere: 15 %); das Gros entscheidet sich für die Antwortkategorie „teils/teils“ (48 %, andere: 37 %). Aus diesen Ergebnissen können wir folgern, dass die Ergebnisse aus der subjektiven Bewertung des Nutzen-Kosten-Verhältnisses nicht vollkommen deckungsgleich mit den Ergebnissen aus der von uns gebildeten Typologie sind. Vorstellbar ist z. B., dass Betriebe zur Beurteilung der Ausbildung teilweise andere als im engeren Sinne ökonomische Kriterien heranziehen oder ihre Einschätzung stärker an langfristigen Entwicklungen orientieren und nicht nur von aktuellen Kosten-Nutzen-Konstellationen abhängig machen. Gleichzeitig ist aber durchaus ein starker Zusammenhang zwischen subjektiver Gesamtbewertung und unserer Kosten-Nutzen-Typologie feststellbar. Insofern dürften die von uns als problematisch klassifizierten Betriebe zu einem sehr hohen Anteil auch tatsächlich eine ungünstige Nutzen-Kosten-Relation der Ausbildung aufweisen.

Unterscheidet sich die betreffende Gruppe von Betrieben hinsichtlich bestimmter struktureller Merkmale nun deutlich von allen anderen Betrieben? Hierzu wurde eine multivariate Analyse durchgeführt.[199] Als erklärende Faktoren wurden die Betriebsgröße und die Berufsgruppen betrachtet. Während die Betriebsgröße nach unseren Ergebnissen keinen Einfluss auf die Zugehörigkeit zur Gruppe der Betriebe mit problematischer Konstellation hat, gibt es deutliche Hinweise auf Unterschiede zwischen den einzelnen Berufsgruppen. Eine besondere Nähe zu der betreffenden Gruppe von Betrieben gibt es hiernach vor allem beim Maurer, den sonstigen Handwerksberufen (z. B. Zahntechniker) sowie den technischen und kaufmännischen Berufen des öffentlichen Dienstes. Die stärkste Affinität scheint hierbei der Maurer zu haben. So sind 42 % aller Betriebe der betreffenden Gruppe zuzuordnen. Bei den technischen Berufen im Bereich des öffentlichen Dienstes sind es immerhin noch 29 %. Für die betreffenden Berufsgruppen besteht aufgrund der eher ungünstigen Nutzen-Kosten-Daten eine besondere Gefahr, dass die Betriebe ihre Ausbildungsaktivitäten einschränken. Am Beispiel „Maurer“ wird dabei deutlich, dass die jeweilige aktuelle Arbeitsmarktsituation von erheblicher Bedeutung für den zu erwartenden Nutzen einer Ausbildung ist. Aufgrund der in der Bauwirtschaft besonders schwierigen wirtschaftlichen Situation stehen auf dem externen Arbeitsmarkt – anders als in vielen anderen Bereichen – in hohem Maße qualifizierte Arbeitskräfte zur Verfügung. Dies bedeutet, dass sich ein Großteil der Vorteile, welche normalerweise mit einer eigenen Ausbildung verbunden sind, erheblich reduziert. In dem Maße, in dem sich die wirtschaftliche Situation in der Bauwirtschaft verbessern wird, dürfte sich aber auch wieder ein günstigeres Verhältnis von Nutzen und Kosten der eigenen Ausbildung einstellen.

Als Ergebnis des von uns vorgenommenen Versuchs einer Bilanzierung von Nutzen und Kosten der Ausbildung ist zusammenfassend festzustellen, dass es deutliche Hinweise dafür gibt, dass der allergrößte Teil der Betriebe eine positive Nutzen-Kosten-Relation der Ausbildung aufweisen dürfte. Allerdings gibt es auch eine Gruppe von Betrieben (13 %), welche wahrscheinlich eine ungünstige Nutzen-Kosten-Relation haben und deren Ausbildungsplatzangebot insofern besonders instabil sein dürfte.

3.5 Betriebliche Ausbildung und wirtschaftliche Leistungsfähigkeit

In den vorhergehenden Abschnitten wurde versucht, Hinweise zum Nutzen der betrieblichen Ausbildung über eine unmittelbare Erfassung nutzenrelevanter Aspekte bei den Betrieben zu bekommen. So wurden – über die Erhebung relevanter Elemente bei den Betrieben – die Rekrutierungskosten für die Einstellung einer

199 Logistische Regression mit der abhängigen Variable „Betriebe mit problematischer Konstellation vs. alle anderen Betriebe“.

externen Fachkraft ermittelt. Die Bedeutung weiterer Nutzendimensionen sollten die befragten Betriebe anhand von relevanten Einschätzungsskalen direkt bewerten.

In diesem Abschnitt sollen die bisherigen Befunde durch einen anderen Ansatz zur Nutzenmessung ergänzt werden. Es soll überprüft werden, inwieweit es zwischen den betrieblichen Ausbildungsaktivitäten und dem wirtschaftlichen Erfolg eines Unternehmens einen statistischen Zusammenhang gibt.[200] Hinter einem etwaigen statistischen Zusammenhang steht die Vermutung, dass die betriebliche Ausbildung für den höheren wirtschaftlichen Erfolg auch ursächlich verantwortlich ist und die Ausbildung insofern zu einem entsprechenden wirtschaftlichen Nutzen führt. Ein solcher eindeutiger kausaler Zusammenhang kann mit statistischen Mitteln zwar nicht endgültig bewiesen werden, er wäre aber – bei Vorliegen entsprechender statistischer Werte – sehr plausibel.

Zur Messung des wirtschaftlichen Erfolgs wurden den Betrieben eine Reihe von fünfstufigen Skalen („1 = sehr gut" bis „5 = sehr schlecht") vorgelegt, anhand derer sie die derzeitige Leistungsfähigkeit ihres Betriebs einschätzen sollten. Im Einzelnen handelt es sich um die folgenden Dimensionen:

- Ertragslage
- Produktivität
- Wettbewerbsfähigkeit insgesamt
- Umsatzrendite
- Fähigkeit zu langfristigem Wachstum und Entwicklung
- Technischer Stand der Anlagen[201]
- Qualität der Produkte, Dienstleistungen
- Kundenzufriedenheit
- Reaktionszeit auf Kundenwünsche
- Innovationsfähigkeit
- Mitarbeiterzufriedenheit
- Anpassungsfähigkeit an technische und Marktveränderungen
- Effizienz der Produktions-/Geschäftsprozesse

Da für die betreffenden Indikatoren im Allgemeinen eine Vielzahl von Einflussfaktoren relevant sind, wäre eine jeweils bivariate Betrachtung des Zusammenhangs zwischen einem Indikator der wirtschaftlichen Leistungsfähigkeit und einem entsprechenden Ausbildungsindikator wenig aussagefähig. Im Rahmen einer multiva-

200 Eine Analyse zum Zusammenhang von betrieblicher Weiterbildung und Unternehmenserfolg findet sich bei BELLMANN, Lutz; BÜCHEL, Felix: Betrieblich finanzierte Weiterbildung und Unternehmenserfolg. Eine Analyse für West- und Ostdeutschland unter besonderer Berücksichtigung von Selektivitätseffekten. In: BACKES-GELLNER, Uschi; MOOG, Petra (Hrsg.), Bildungssystem und betriebliche Beschäftigungsstrategien, Schriften des Vereins für Socialpolitik, Band 279, Berlin 2001, S. 75–92.

201 Die sechs zuerst genannten Merkmale sollten nur von Betrieben der Privatwirtschaft, also nicht von Betrieben des öffentlichen Dienstes, beurteilt werden.

riaten Betrachtung haben wir deshalb untersucht, welche Bedeutung der betrieblichen Ausbildung zukommt, wenn gleichzeitig relevante andere Einflussgrößen einbezogen werden. Zu nennen sind hier zunächst die Betriebsgröße (vier Gruppen), der Wirtschaftszweig (15 Gruppen) sowie die Zugehörigkeit zu einem Ausbildungsbereich. Zur Kennzeichnung der Marktsituation des Betriebes wurde zusätzlich aufgenommen, ob ein Betrieb eher auf spezielle Kundenanforderungen oder auf Massen- bzw. Serienfertigung ausgerichtet ist. Darüber hinaus wurde aus einer bei den Betrieben abgefragten Liste zu durchgeführten Veränderungen in der Vergangenheit (z. B. Unternehmenssteuerung durch Balanced Scorecard, Abflachung von Hierarchien, Qualitätsmanagement) aus der Summe der vorgenommenen Veränderungen ein Gesamtindikator gebildet.

Als Indikator zur Messung der Bedeutung der Ausbildung im jeweiligen Betrieb haben wir auf die Verwendung der Ausbildungsintensität (Zahl der Auszubildenden bezogen auf die Gesamtzahl der Beschäftigten) verzichtet, da diese eine enge Abhängigkeit von der Betriebsgröße und dem Ausbildungsbereich aufweist. So liegt die Ausbildungsintensität in Kleinbetrieben und im Handwerk im Schnitt deutlich höher als in Großbetrieben und der Industrie. Einen Ausbildungsindikator haben wir aus einer Einschätzung der Bedeutung unterschiedlicher Möglichkeiten zur Deckung des Qualifikationsbedarfs im Fachkräftebereich gebildet. Aus den Beurteilungsergebnissen einer fünfstufigen Skala wurden zwei Gruppen von Betrieben gebildet: Solche, die die eigene Ausbildung im betreffenden Kontext als sehr wichtig oder wichtig einstufen und alle anderen Betriebe. Die Gesamtstichprobe teilt sich etwa jeweils zur Hälfte auf diese beiden Gruppen von Betrieben auf. Als zusätzliche Merkmale zur Kennzeichnung der Ausbildungssituation haben wir die Entwicklung der Auszubildendenzahlen (Betriebe, bei welchen im Laufe der letzten drei Jahre die Auszubildendenzahlen gestiegen oder gleichgeblieben sind vs. Betriebe, bei denen die Auszubildendenzahlen zurückgegangen sind.) und das Übernahmeinteresse nach Abschluss der Ausbildung berücksichtigt. Schließlich wurde als (auch) ausbildungsrelevante Variable berücksichtigt, wie nützlich eine hohe Qualifikation der Belegschaft für die Wettbewerbsfähigkeit des Betriebes eingeschätzt wird (fünfstufige Skala von „sehr wichtig“ bis „völlig unwichtig“).

Zur Bestimmung des Zusammenhangs zwischen den unterschiedlichen Indikatoren zur Einschätzung der betrieblichen Leistungsfähigkeit und den entsprechenden Einflussvariablen wurden jeweils logistische Regressionen gerechnet.[202] Zusätzlich wurde – über eine Summation der Einschätzungen bei allen Leistungsindikatoren –

202 Da die Annahme metrischen Skalenniveaus als Voraussetzung für eine lineare Regression bei einer fünfstufigen Skala nicht immer erfüllt sein dürfte, wurden die aus der fünfstufigen Skala ermittelten Einschätzungen dichotomisiert (sehr gute und gute Leistungsfähigkeit vs. alle anderen Einschätzungen). Die Einflüsse der unabhängigen Variablen auf diese neu gebildeten Variablen wurden dann jeweils über eine logistische Regression geschätzt. Zum Vergleich wurden für die Ursprungsvariablen auch lineare Regressionen gerechnet, die weit überwiegend zu ähnlichen Ergebnissen führten, wie die Anwendung des logistischen Regressionsmodells.

ein Gesamtindikator zur wirtschaftlichen Leistungsfähigkeit gebildet, für den eine lineare Regression gerechnet wurde. Bei den Einflussgrößen handelt es sich – bis auf die Veränderungsintensität im Unternehmen und die Einschätzung der Bedeutung einer hohen Qualifikation – um qualitative Merkmale.

In der Übersicht III/25 sind die Ergebnisse der durchgeführten Regressionsanalysen zu den einzelnen Leistungsindikatoren dargestellt. Wir verzichten dabei darauf, die Ergebnisse für Betriebsgröße, Wirtschaftszweig und Branche aufzunehmen, da Ihnen im Rahmen unserer Fragestellung nur die Funktion notwendiger Kontrollvariablen zukommt. In der Übersicht wird jeweils gekennzeichnet, inwieweit sich für die berücksichtigten Einflussfaktoren jeweils statistisch gesicherte Zusammenhänge mit den betreffenden Leistungsdimensionen ergeben. Es handelt sich immer um positive Wirkungsrichtungen.

Betrachten wir die Ergebnisse der Übersicht III/25 so fällt auf, dass Unternehmen, welche die Qualifikation ihrer Beschäftigten als sehr wichtig für die eigene Wettbewerbsfähigkeit einstufen, bei allen relevanten wirtschaftlichen Leistungsindikatoren eine höhere Bewertung vornehmen. Alle Koeffizienten sind hochsignifikant. Unter den berücksichtigten Einflussfaktoren für die wirtschaftliche Leistungsfähigkeit hat die Qualifikation der Beschäftigten die weitaus höchste Bedeutung.[203] Auch wenn an dieser Stelle relativierend eingeräumt werden muss, dass die von uns vorgenommene Messung des wirtschaftlichen Erfolges nicht auf objektiven Kennziffern sondern auf einer Selbsteinschätzung der Betriebe beruht, ist der festgestellte Zusammenhang in diesem Ausmaß bemerkenswert. Betriebe, welche in der Qualifikation ihrer Beschäftigten einen wesentlichen Faktor für die wirtschaftliche Leistungsfähigkeit sehen, erzielen nach diesen Ergebnissen also tendenziell die größeren Erfolge im Wettbewerb. Die Ergebnisse unserer Analyse signalisieren also, dass sich die Investitionen in eine leistungsfähige Belegschaft auch tatsächlich lohnen.

Die Qualifikation der Beschäftigten bezieht sich auf alle Mitarbeitergruppen in einem Unternehmen, also beispielsweise auch die Arbeitskräfte mit einem Hochschulabschluss und nicht nur die durch eine betriebliche Ausbildung qualifizierten Fachkräfte. Der betreffende statistische Zusammenhang zwischen der Qualifikation der Beschäftigten und dem Unternehmenserfolg ist deshalb nicht vollständig deckungsgleich mit einem Erfolgsnachweis für die betriebliche Ausbildung. Allerdings ist die betriebliche Ausbildung Teil der gesamten Qualifizierungspolitik eines Unternehmen und insofern dürfte auch sie ihren Teil zum wirtschaftlichen Erfolg beitragen. Der tatsächliche Stellenwert der betrieblichen Ausbildung dürfte dabei insbesondere auch vom Anteil der Fachkräfte mit entsprechendem Ausbildungsabschluss an der Gesamtbelegschaft abhängig sein.

Die berücksichtigte Variable „Hohe Bedeutung der eigenen Ausbildung“ misst die Bedeutung, welche die Betriebe der eigenen Ausbildung bei der Rekrutierung des

203 Auch für keine der einbezogenen Kontrollvariablen zeigten sich ähnliche starke Einflüsse.

Fachkräftenachwuchses zumessen. Sie hat – neben der Qualifikation der Beschäftigten insgesamt – den größten Einfluss auf die betrieblichen Leistungsindikatoren. Bei zehn von 14 Indikatoren ergeben sich positive Zusammenhänge zwischen einer hohen Bedeutung der betrieblichen Ausbildung und dem wirtschaftlichen Erfolg. Besonders ausgeprägt sind diese Zusammenhänge bei eher auf langfristigen Erfolg ausgerichteten Indikatoren wie der Wettbewerbsfähigkeit insgesamt, der Fähigkeit zu langfristigem Wachstum sowie der Qualität der Produkte und Dienstleistungen, während sich für Indikatoren, welche auch stark von kurzfristigen konjunkturellen Entwicklungen bestimmt werden, entsprechende Zusammenhänge nicht so deutlich zeigen. Bemerkenswert ist, dass neben einem positiven Einfluss auf die Anpassungsfähigkeit an technische und Marktveränderungen ein solcher auch für die Innovationsfähigkeit identifiziert werden kann.

Übersicht III/25: **Wirtschaftliche Leistungsfähigkeit von Betrieben und relevante Einflussfaktoren – Ergebnisse logistischer Regressionsanalysen**

	Veränderungsintensität im Betrieb	**Ausrichtung auf spezielle Kundenanforderungen**	**Hohes Übernahmeinteresse**	**Kein Ausbildungsrückgang**	**Hohe Bedeutung der Ausbildung**	**Hohe Qualifikation der Belegschaft wichtig**
Ertragslage						***
Produktivität	***					***
Wettbewerbsfähigkeit insgesamt	***	*			***	***
Umsatzrendite						***
Fähigkeit zu langfristigem Wachstum und Entwicklung	***			***	***	***
Technischer Stand der Anlagen	***			***	**	***
Qualität der Produkte/ Dienstleistungen	*				***	***
Kundenzufriedenheit						***
Reaktionszeit auf Kundenwünsche		**				***
Innovationsfähigkeit	***				***	***
Mitarbeiterzufriedenheit					**	***
Anpassungsfähigkeit an technische oder Marktveränderungen	***		***		***	***
Effizienz der Produktions/ Geschäftsprozesse					***	***
Gesamtindikator	***				***	***

* Signifikant auf dem 10 %-Niveau
** Signifikant auf dem 5 %-Niveau
*** Signifikant auf dem 1 %-Niveau

Insgesamt kann nach den Ergebnissen der multivariaten statistischen Analyse ein deutlicher positiver Zusammenhang zwischen betrieblicher Ausbildung und der wirtschaftlichen Leistungsfähigkeit eines Betriebs angenommen werden. Betriebe, die die eigene Ausbildung in stärkerem Maße als Instrument zur Rekrutierung von Fachkräften nutzen, tendieren häufiger zu einer positiven Bewertung der wirtschaftlichen Situation ihres Betriebs.

Die Weitere von uns verwendete Variable zur Messung der Bedeutung von betrieblichen Ausbildungsaktivitäten stellt auf die Entwicklung der Zahl der Auszubildenden in der jüngeren Vergangenheit ab. Signifikante Werte ergeben sich hier nur für zwei Indikatoren. Betriebe, welche die Ausbildungsaktivitäten in der Vergangenheit nicht eingeschränkt haben, beurteilen hiernach die eigene Fähigkeit zu langfristigem Wachstum und Entwicklung sowie den technischen Stand der Anlagen günstiger als Betriebe, die Ausbildungsplätze (zumindest temporär) abgebaut haben. Die quantitative Entwicklung der Ausbildung im Zeitverlauf scheint insgesamt für den wirtschaftlichen Erfolg weniger bedeutsam, wichtiger ist vielmehr, welche Bedeutung der eigenen Ausbildung bei der Rekrutierung des Fachkräftenachwuchses grundsätzlich zukommt.

Erstaunlich ist, dass dem Übernahmeinteresse der Betriebe keine eigenständige Bedeutung im Hinblick auf die Beurteilung der wirtschaftlichen Leistungsfähigkeit zukommt. Betriebe mit hoher Übernahmequote ihrer erfolgreich Ausgebildeten in ein Beschäftigungsverhältnis schätzen – natürlich bei Berücksichtigung von Kontrollvariablen – die eigene wirtschaftliche Leistungsfähigkeit nicht anders ein als Betriebe mit einer niedrigeren Übernahmequote. Gründe hierfür dürften zum einen in der Berücksichtigung der anderen Ausbildungsvariablen zu suchen sein, welche einen Teil des möglichen Erklärungsgehaltes des Übernahmeinteresses auf sich konzentrieren. Zum anderen deuten die Ergebnisse darauf hin, dass eine niedrigere Übernahmequote nicht in jedem Fall mit einem geringen Interesse an einer Fachkräfterekrutierung durch die eigene betriebliche Ausbildung gleichgesetzt werden kann. Zur Behebung des Mangels an Ausbildungsplätzen haben sich so in der jüngeren Vergangenheit viele Betriebe bereitgefunden, in einem deutlichen Maße auch über ihren eigenen Bedarf hinaus auszubilden. Die aus diesem gesellschaftlichen Beitrag resultierende niedrigere Übernahmequote nach Abschluss der Ausbildung lässt sich natürlich nicht als ein niedriges Interesse an der generellen Nutzung der herangebildeten Fachkräftequalifikationen verstehen. Wie von uns im Kapitel 2 bereits ausgeführt wurde, können die idealtypischen Modelle der betrieblichen Ausbildung als eher produktions- oder eher investitionsorientiert über die empirisch messbaren Übernahmequoten nur eingeschränkt operationalisiert und identifiziert werden.

Unter den übrigen – nicht ausbildungs- oder qualifikationsbezogenen – betrachteten möglichen Determinanten der betrieblichen Leistungsfähigkeit ist der Indikator für die betriebliche Veränderungsintensität zu nennen. Betriebe, welche in der

Vergangenheit in stärkerem Umfang Maßnahmen zur Steigerung ihrer Wettbewerbsfähigkeit ergriffen haben, beurteilen die eigene wirtschaftliche Leistungsfähigkeit besser. Immerhin mit sieben der betrachteten Leistungsdimensionen ergeben sich hoch signifikante Zusammenhänge. Für eine besondere Ausrichtung der betrieblichen Aktivitäten auf spezielle Kundenwünsche lassen sich dagegen kaum Wirkungen auf die betriebliche Leistungsfähigkeit nachweisen. Plausibel erscheint hier der positive Zusammenhang mit der Reaktionsfähigkeit auf Kundenwünsche.

Insgesamt signalisieren die Ergebnisse der Analyse eine ausgeprägte Nähe des Komplexes „Ausbildung und Qualifikation" zu zentralen Dimensionen des wirtschaftlichen Erfolgs eines Unternehmens. Auch wenn eine Berechnung der Rentabilität der betrieblichen Ausbildung im eigentlichen Sinne nicht möglich ist, so lassen die festgestellten Zusammenhänge doch vermuten, dass sich eine hohe Qualifikation der Beschäftigten und eine intensive Ausbildung auch wirtschaftlich lohnen. Im Umkehrschluss heißt dies, dass eine Vernachlässigung von Ausbildung und Qualifikation mit hoher Wahrscheinlichkeit zu wirtschaftlichen Nachteilen führt.

3.6 Ausbildung aus der Sicht nicht ausbildender Betriebe

Im Zentrum unseres Forschungsinteresses stehen Ausbildungsbetriebe. Hierzu wurde eine repräsentative Befragung von rund 2.500 Ausbildungsbetrieben durchgeführt. Ergänzend wollen wir uns im Folgenden mit der Sicht nicht ausbildender Betriebe beschäftigen. Insbesondere soll hierbei der Frage nachgegangen werden, welche Gründe es für einen Ausbildungsverzicht gibt und wie die betreffenden Betriebe den potenziellen Nutzen einer eigenen Berufsausbildung einschätzen. Die Ausführungen stützen sich auf eine schriftliche Ergänzungsbefragung von 463 nicht ausbildenden Betrieben.[204] Zu Vergleichszwecken wurden in die Ergänzungsbefragung auch 910 Ausbildungsbetriebe einbezogen (Gesamtstichprobe: 1373 Betriebe). Um die Ergebnisse der Befragung bei den nicht ausbildenden Betrieben besser einschätzen zu können, erfolgt an geeigneten Stellen ein Vergleich mit der Gruppe der Ausbildungsbetriebe.

3.6.1 Strukturelle Besonderheiten von nicht ausbildenden Betrieben

Nach den Zahlen der Beschäftigtenstatistik bilden in Deutschland nur 23 %[205] aller Betriebe aus. Ausbildende und nicht ausbildende Betriebe unterscheiden sich dabei im Hinblick auf zentrale strukturelle Merkmale wie Betriebsgröße und Wirtschafts-

204 Zu wesentlichen Ergebnissen dieser Erhebung vgl. WALDEN, Günter; BEICHT, Ursula, HERGET, Hermann: Warum Betriebe (nicht) ausbilden. In: Berufsbildung in Wissenschaft und Praxis, Heft 2/2002, S. 35–39. Bei den im Folgenden genannten Anteilswerten handelt es sich immer um gewichtete Werte. Die Verteilungen der Stichprobe hinsichtlich bestimmter relevanter Merkmale (Betriebsgröße, Ost/West-Verteilung getrennt nach Ausbildungs- und Nichtausbildungsbetrieben) wurden dabei an diejenige der Grundgesamtheit von Betrieben angepasst.

205 Stichtag 30.6.1999.

zweig wesentlich (vgl. Abbildung III/6). Nichtausbildungsbetriebe sind fast immer kleine Betriebe: 88 % haben weniger als 10 Beschäftigte. Bei den Ausbildungsbetrieben trifft dies nur auf 56 % zu. Sie sind dagegen deutlich stärker bei größeren Betrieben vertreten: 11 % der Ausbildungsbetriebe haben 50 bis 499 Beschäftigte, gegenüber nur knapp 2 % der Nichtausbildungsbetriebe. Im Hinblick auf die Wirtschaftszweige sind Ausbildungsbetriebe öfter als nicht ausbildende Betriebe dem Verarbeitenden Gewerbe zuzurechnen (25 % zu 13 %). Nicht ausbildende Betriebe sind dagegen wesentlich häufiger im Dienstleistungsbereich tätig als Ausbildungsbetriebe (76 % zu 57 %).

Abbildung III/6: **Strukturen von Ausbildungs- und Nichtausbildungsbetrieben in Prozent**

	Ausbildungs-betriebe	Nichtausbildungs-betriebe
Betriebsgröße		
1-9 Beschäftigte	56,3	87,9
10-49 Beschäftigte	31,6	10,6
50-499 Beschäftigte	11,2	1,5
500 und mehr Beschäftigte	0,9	0,02
Wirtschaftszweig		
Land- und Forstwirtschaft	3,0	3,3
Energiewirtschaft	0,3	0,2
Verarbeitendes Gewerbe	25,1	12,7
Baugewerbe	14,6	8,0
Dienstleistungen	57,0	75,8

Quelle: Beschäftigungsstatistik

Neben diesen aus der Statistik unmittelbar abzuleitenden Unterschieden in den betriebsstrukturellen Merkmalen ist zu fragen, ob es noch andere Faktoren gibt, bei denen relevante Unterschiede zwischen Ausbildungs- und Nichtausbildungsbetrieben zu beobachten sind. In einer multivariaten Analyse[206] zeigte sich neben signifikanten Einflüssen von Betriebsgröße und Wirtschaftszweig, dass auch die Zugehörigkeit zu einem Ausbildungsbereich und die Fachkräftequote in einem Betrieb relevant sind. So liegt der Anteil der Ausbildungsbetriebe im Bereich Industrie und Handel unter dem des Handwerks. Ebenfalls gilt, dass Betriebe mit höherer Fachkräftequote sich in einem deutlich stärkeren Maße aktiv an der Ausbildung beteiligen als Betriebe mit

206 Es wurde ein Probit-Modell für Ausbildungsbetriebe vs. Nichtausbildungsbetriebe geschätzt.

niedrigerer Fachkräftequote. Insgesamt machen die Ergebnisse deutlich, dass bei den nicht ausbildenden Betrieben sowohl die Voraussetzungen für die Aufnahme einer eigenen Ausbildungstätigkeit (wegen des hohen Anteils von sehr kleinen Betrieben) als auch der potenzielle Nutzen aus einer Ausbildung (wegen der geringeren Fachkräftequote) nicht in gleichem Maße gegeben sein dürfte wie bei den Ausbildungsbetrieben.

Für die Durchführung von Ausbildung müssen im Betrieb bestimmte personelle und sächliche Voraussetzungen vorhanden sein. So benötigt der Betrieb z. B. Personen, die zur Ausbildung berechtigt sind (z. B. durch Ausbildereignungsprüfung), und es ist eine geeignete räumliche Situation bzw. technische Ausstattung erforderlich. Nach Ergebnissen des IAB-Betriebspanels erfüllen insgesamt 59 % der nicht ausbildenden Betriebe nicht die Bedingungen für eine unmittelbare Aufnahme von Ausbildungsaktivitäten.[207] Kleine Betriebe unter 10 Beschäftigten verfügen dabei noch häufiger nicht über die notwendigen Voraussetzungen als größere Betriebe mit mehr als 50 Beschäftigten (66 % zu 50 %). In der BIBB-Erhebung wurde differenziert erfragt, ob die erforderlichen personellen und die sächlichen Bedingungen vorliegen. Danach haben von den Betrieben, bei denen die Ausbildungsvoraussetzungen insgesamt nicht erfüllt sind, 18 % immerhin Personen mit Ausbildungsberechtigung und 27 % besitzen die sächlichen Voraussetzungen. Mehr als die Hälfte der betreffenden Betriebe (55 %) verfügt allerdings über keine der beiden Bedingungen. Hierzu ist anzumerken, dass die Schaffung von Ausbildungsvoraussetzungen für viele Betriebe jedoch kein unüberwindbares Hindernis darstellen dürfte. Bei entsprechendem Interesse an einer eigenen Ausbildung könnten entsprechende Bedingungen z. B. mit Beratung und Unterstützung der Kammern durchaus geschaffen werden.

3.6.2 Gründe für den Verzicht auf eine eigene Ausbildung

Zumindest kurzfristig betrachtet ist das Fehlen der Ausbildungsvoraussetzungen im Betrieb als die häufigste Ursache für die Nichtbeteiligung an Ausbildung anzusehen. Was ist darüber hinaus ausschlaggebend für den Verzicht auf Ausbildung? Die Gründe beziehen sich zum einen auf den Aufwand bzw. die Schwierigkeiten bei der Durchführung von Ausbildung, zum anderen auf die Verwertungsmöglichkeiten von Ausbildung. Meist führen die Betriebe nicht nur ein einziges wichtiges Argument gegen die eigene Ausbildung an, sondern nennen mehrere Begründungen gleichzeitig. Auch die Betriebe, die nicht über die Ausbildungsvoraussetzungen verfügen, geben größtenteils noch weitere Gründe für ihren Verzicht auf Ausbildung an.

207 Dieser Prozentwert wurde aus den Strukturanteilen des IAB-Betriebspanels berechnet. Vgl. GEWIESE, Tilo: Das Ausbildungsverhalten deutscher Betriebe 2000. Ergebnisse des IAB-Betriebspanels. Manuskript. Nürnberg 2001.

Sind die Ausbildungsvoraussetzungen vorhanden, wird am häufigsten – von fast zwei Dritteln der Betriebe – die zu geringe Anwesenheit der Auszubildenden im Betrieb als bedeutendes Hemmnis für die eigene Ausbildung eingeschätzt (vgl. Abbildung III/7).[208] Jeweils weit über die Hälfte der betreffenden Betriebe begründen ihre Nichtbeteiligung an Ausbildung damit, dass sie keine qualifizierten Bewerber finden würden, die Kosten der Ausbildung zu hoch oder bei der Ausbildung zu viele Vorschriften zu beachten seien. Seltener wird bemängelt, dass die Auszubildenden später zu oft den Betrieb verlassen würden oder der Nutzen der Ausbildung überhaupt zu gering sei. Ein fehlender Bedarf an Fachkräften wird nur von zwei Fünfteln der entsprechenden Betriebe als wichtiger Grund für ihren Ausbildungsverzicht angegeben.

Abbildung III/7: **Gründe von nicht ausbildenden Betrieben für ihren Verzicht auf Ausbildung**

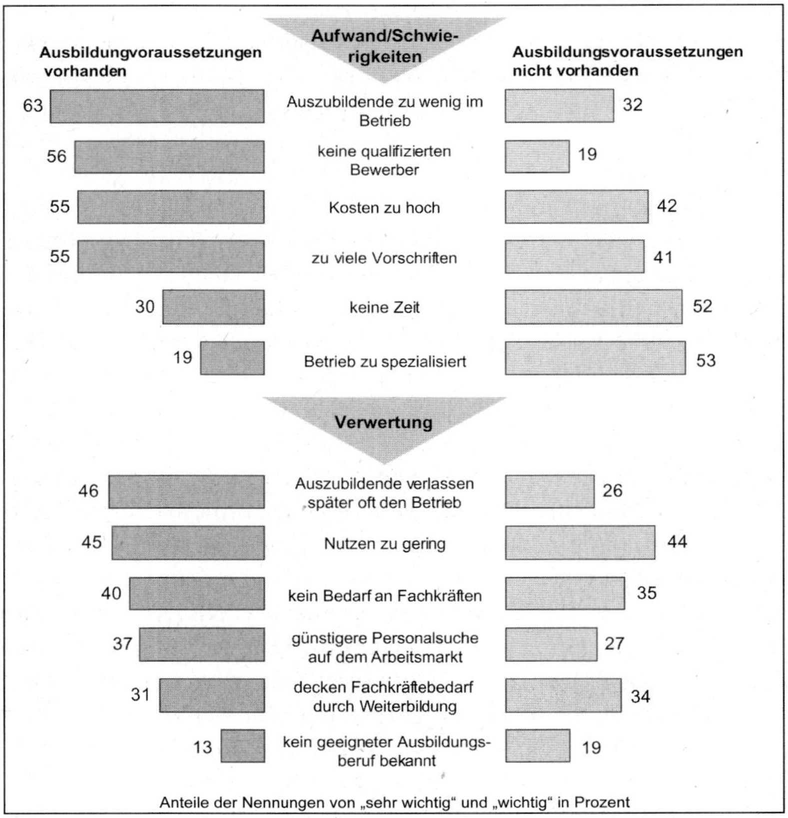

208 Den hier vorgestellten Ergebnissen liegen jeweils Einschätzungen zugrunde, welche die Befragten auf einer Skala von 1 = „sehr wichtig“ bis 5 = „völlig unwichtig“ vornahmen. Es wurden immer die Nennungen der Werte 1 und 2 zusammengefasst.

Fehlen die Ausbildungsvoraussetzungen, wird die Nichtausbildung am häufigsten – von über der Hälfte der Betriebe – zusätzlich noch damit begründet, dass keine Zeit vorhanden oder der Betrieb zu spezialisiert sei.

Damit wird hier vor allem unterstrichen, dass der eigene Betrieb als ungeeignet für eine Ausbildung angesehen wird. Konkrete ausbildungspraxisbezogene Begründungen wie zu geringe Anwesenheitszeiten der Auszubildenden, Fehlen von geeigneten Bewerbern sowie Weggang der Ausbildungsabsolventen aus dem Betrieb kommen dagegen nur relativ selten vor. Dies lässt darauf schließen, dass die betreffenden Betriebe die Möglichkeit auszubilden vielfach noch nicht ernsthaft in Betracht gezogen haben.

Insgesamt zeigen die Ergebnisse, dass die nicht ausbildenden Betriebe, unabhängig davon ob sie die Ausbildungsvoraussetzung besitzen oder nicht, sehr häufig den Aufwand und die Schwierigkeiten bei der Durchführung von Ausbildung so hoch einschätzen, dass sie nicht ausbilden.[209] Mit mangelnden Verwertungsmöglichkeiten der Ausbildung wird dagegen deutlich seltener gerechnet. Die Entscheidung gegen Ausbildung wird also eher wegen der Erwartung von im weitesten Sinne – hohen Belastungen getroffen und weniger wegen eines geringen erwarteten Nutzens.

3.6.3 Einschätzung des Ausbildungsnutzens

Wie hoch schätzen nun die *nicht ausbildenden Betriebe* den möglichen Nutzen einer eigenen Ausbildung ein? Hierzu werden zum Vergleich die Nutzeneinschätzungen von ausbildenden Betrieben herangezogen. Bei dieser Gegenüberstellung ist zu berücksichtigen, dass die Nutzenbeurteilung der Nichtausbildungsbetriebe meist nicht auf tatsächlichen Erfahrungen basiert. Nur gut ein Drittel (34 %) der nicht ausbildenden Betriebe hat früher ausgebildet, wovon knapp ein Viertel es auch für die Zukunft wieder plant. 7 % der betreffenden Betriebe verfügen zwar nicht über Ausbildungserfahrungen, beabsichtigen aber künftig eine Ausbildung aufzunehmen. Weit mehr als die Hälfte der nicht ausbildenden Betriebe (58 %) weist keine deutlichen Berührungspunkte mit der Ausbildung auf, da noch nie ausgebildet wurde und dies auch nicht konkret geplant ist.

Am häufigsten wird von den Betrieben insgesamt der Nutzen einer eigenen Ausbildung darin gesehen, dass eine Qualifizierung genau den betrieblichen Anforderungen entsprechend möglich ist: 94 % der ausbildenden und 71 % der nicht ausbildenden Betriebe messen diesem Gesichtspunkt große Bedeutung bei (vgl. Abbildung III/8). Einen fast ebenso hohen Stellenwert hat bei den Ausbildungsbetrieben der Aspekt, dass durch Ausbildung Fachkräfte gewonnen werden können, die bei Man-

209 Andere Untersuchungen zur Bedeutung einzelner Ausbildungshemmnisse kommen hier zu ähnlichen Ergebnissen. Vgl. z. B. BEUTNER, Marc: Ausbildungsbereitschaft in Klein- und Mittelbetrieben. Köln 2001.

gel an qualifiziertem Personal auf dem Arbeitsmarkt nicht zu finden wären. Auch die nicht ausbildenden Betriebe schätzen dies oft als besonderen Vorteil einer eigenen Ausbildung ein. Das Vermeiden einer hohen Personalfluktuation, indem besonders betriebsverbundene Fachkräfte gewonnen werden, sowie die Möglichkeit, unter den Ausbildungsabsolventen die Besten auswählen und in ein Beschäftigungsverhältnis übernehmen zu können, werden als weitere wichtige Argumente für Ausbildung häufig genannt. Damit wird deutlich, dass bei der Nutzeneinschätzung eindeutig Aspekte der späteren Verwertung von Ausbildung sowohl bei den ausbildenden wie auch bei den nicht ausbildenden Betrieben im Vordergrund stehen. Vorteile, die sich bereits während der Durchführung von Ausbildung ergeben, werden demgegenüber nur selten als wichtig bezeichnet. So wird der Möglichkeit, durch den Arbeitseinsatz der Auszubildenden an- und ungelernte Arbeitskräfte einsparen zu können, die geringste Bedeutung beigemessen.

Der Vergleich der Nutzeneinschätzungen von Ausbildungs- und Nichtausbildungsbetrieben zeigt überraschende Parallelen: Nutzenaspekte, die bei den ausbildenden Betrieben einen hohen Stellenwert einnehmen, werden auch von den nicht ausbildenden als besonders wichtig angesehen und umgekehrt. Dies verdeutlicht, dass die Nichtausbildungsbetriebe den Nutzen von Ausbildung nicht grundlegend anders einschätzen. Die Bedeutung der einzelnen Nutzengrößen wird von ihnen allerdings durchgängig merklich geringer beurteilt als von den Ausbildungsbetrieben, gleichwohl ist die Einschätzung des Ausbildungsnutzens auch durch nicht ausbildende Betriebe erstaunlich hoch. Unterschiedliche Niveaus in der Nutzenbewertung dürften – neben den Schwierigkeiten in der Durchführung – eine weitere Erklärung für die Beteiligung oder Nichtbeteiligung an Ausbildung sein.

Für die einzelnen Nutzenaspekte wurde im Rahmen von multivariaten Analysen untersucht, inwieweit auch Faktoren wie Betriebsgröße, Branche oder betriebliche Marktsituation die Einschätzungen der Betriebe prägen. Hier gab es zum Teil signifikante Zusammenhänge. Beispielsweise betonen Großbetriebe in stärkerem Maße als Kleinbetriebe solche Nutzendimensionen, welche sich explizit oder implizit auf die Vorteile der eigenen Ausbildung im Vergleich zu einer externen Rekrutierung beziehen. Ebenfalls sehen größere Betriebe häufiger einen Beitrag der Ausbildung zur Verbesserung der betrieblichen Konkurrenzfähigkeit als Kleinbetriebe. Der mögliche Arbeitseinsatz von Auszubildenden während der Ausbildung wird dagegen stärker von kleineren Betrieben hervorgehoben. Allerdings hatte die Tatsache, ob ein Betrieb ausbildet oder nicht – auch unter Einbeziehung einer Vielzahl betriebsstruktureller Faktoren – immer den weitaus stärksten Einfluss auf die Einschätzung des Nutzens. Dies kann als Hinweis dafür gewertet werden, dass Bewertungen des Ausbildungsnutzens durch die Betriebe nicht ausschließlich auf eventuell vorhandene „objektive" Unterschiede in den betriebsstrukturellen Merkmalen zurückzuführen sind, sondern bei gleichen Rahmenbedingungen durchaus ein größerer Bewertungsspielraum vorhanden ist.

Abbildung III/8: **Nutzenaspekte der Ausbildung – Ausbildungs- und Nichtausbildungsbetriebe im Vergleich**

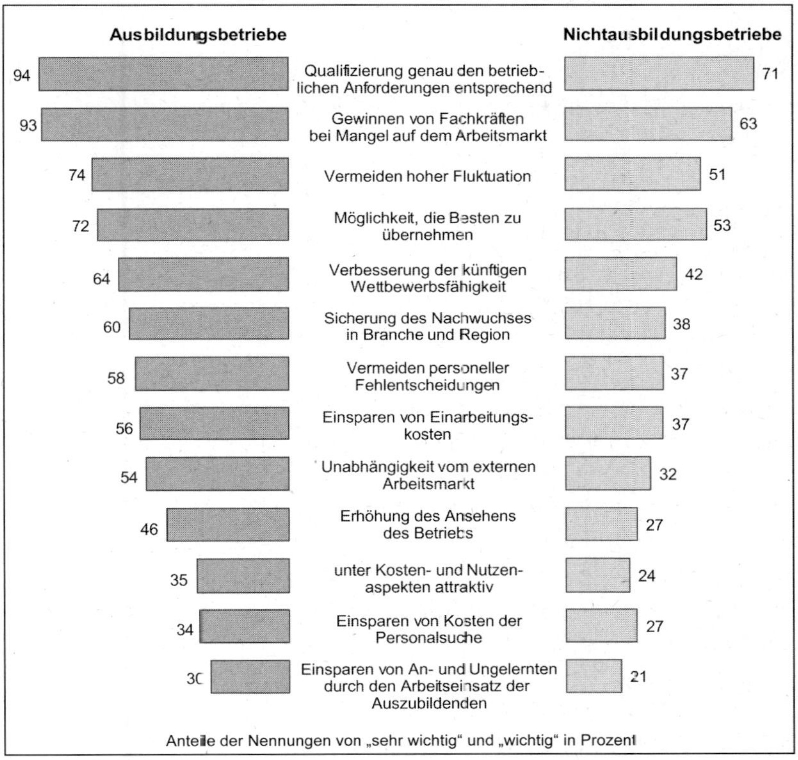

3.6.4 Strategien zur Rekrutierung von Fachkräften

Neben der eigenen Ausbildung gibt es für die Betriebe eine Reihe weiterer Möglichkeiten zur Deckung des Qualifikationsbedarfs im Fachkräftebereich. Im Folgenden wird untersucht, welche Personalrekrutierungsstrategien nicht ausbildende Betriebe im Unterschied zu ausbildenden Betrieben verfolgen?

Ausbildungsbetriebe setzen bei der künftigen Gewinnung von Fachkräften erwartungsgemäß hauptsächlich auf die eigene Ausbildung: Über zwei Drittel beabsichtigen eine gewerblich-technische und über die Hälfte eine kaufmännische Ausbildung (vgl. Abbildung III/9). Ebenfalls eine hohe Bedeutung hat die interne Qualifizierung und Weiterbildung von Mitarbeitern ohne Ausbildung. Erstaunlich oft planen die Ausbildungsbetriebe auch die Einstellung von externen berufserfahrenen Fachkräften oder in anderen Betrieben ausgebildeten Berufsanfängern. Eher selten wird daran gedacht, den Qualifikationsbedarf über geringfügig Beschäftigte oder Leiharbeitskräfte zu decken. Die künftige Substitution von Fachkräften durch Hoch- und Fachhochschulabsolventen oder Studienabbrecher spielt die geringste Rolle.

Abbildung III/9: **Künftige Deckung des Qualifikationsbedarfs im Fachkräftebereich – Ausbildungs- und Nichtausbildungsbetriebe im Vergleich**

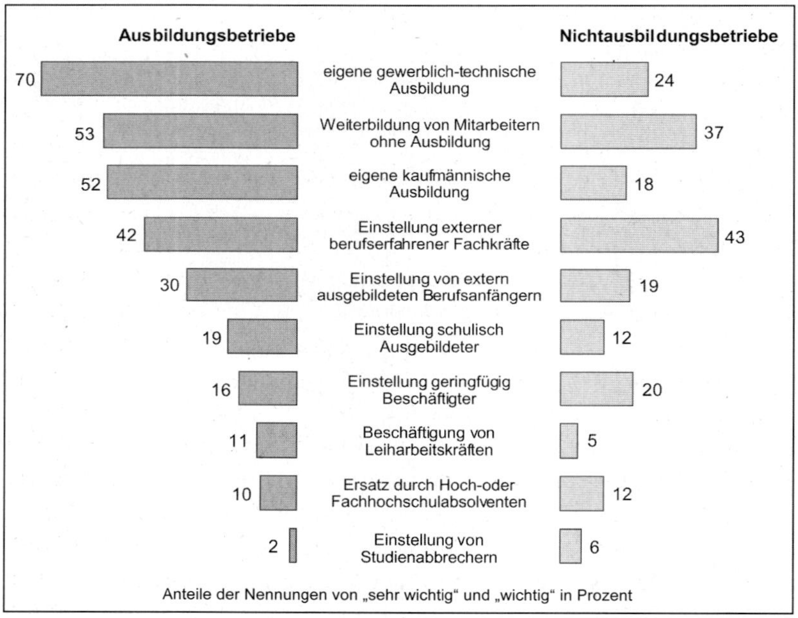

Bei Nichtausbildungsbetrieben dominiert – ebenfalls wie erwartet – die Einstellung externer berufserfahrener Fachkräfte. Allerdings ist der Anteil der Betriebe, die diese Möglichkeit nutzen wollen, mit 43 % kaum höher als bei den Ausbildungsbetrieben. Die Qualifizierung von Mitarbeitern ohne Ausbildung hat bei den nicht ausbildenden Betrieben ebenfalls einen relativ hohen Stellenwert, der jedoch deutlich niedriger ist als bei den ausbildenden Betrieben. Alle anderen Möglichkeiten der Personalgewinnung im Fachkräftebereich sind von den Nichtausbildungsbetrieben in eher geringem Umfang vorgesehen. Etwas häufiger als bei den Ausbildungsbetrieben ist die Einstellung von geringfügig Beschäftigen, von Hoch- bzw. Fachhochschulabsolventen sowie von Studienabbrechern beabsichtigt. Erstaunlich ist der nicht unbedeutende Anteil von Nichtausbildungsbetrieben, die künftig eine eigene gewerblich-technische oder kaufmännische Ausbildung in Betracht ziehen.

Die Ergebnisse zeigen, dass die Ausbildungsbetriebe neben der eigenen Ausbildung in Zukunft vielfältige weitere Möglichkeiten der Personalgewinnung wahrnehmen wollen. Die Nichtausbildungsbetriebe schätzen neben einer möglichen eigenen Ausbildung auch eigene Weiterbildungsaktivitäten als Instrument der Personalrekrutierung im Fachkräftebereich weniger wichtig ein als Ausbildungsbetriebe. Im Hinblick auf andere Rekrutierungsmöglichkeiten unterscheiden sich die Profile von ausbildenden und nicht ausbildenden Betrieben allerdings nur unwesentlich. Insgesamt ist die Palette der genutzten Rekrutierungsarten bei Ausbildungsbetrieben breiter als bei nicht ausbildenden Betrieben. Dies deutet darauf hin, dass ausbildende Betriebe ihren Personalbedarf im Fachkräftebereich höher einschätzen als Nichtausbildungsbetriebe, welche ja größtenteils Kleinbetriebe sind.

Die bisherigen Ausführungen bezogen sich ausschließlich auf die Rekrutierung von Fachkräften. Im Folgenden soll der Frage nachgegangen werden, welchen relativen Stellenwert die Einstellung von Fachkräften überhaupt gegenüber anderen Beschäftigtengruppen (wie z. B. Hochschulabsolventen) hat. Wir haben bereits darauf hingewiesen, dass eine hohe Fachkräftequote deutlich die Wahrscheinlichkeit dafür erhöht, dass ein Betrieb ausbildet. Das arithmetische Mittel der Fachkräftequote der Ausbildungsbetriebe liegt so in unserer Zusatzerhebung bei 64 %, während es für die Gruppe der nicht ausbildenden Betriebe 52 % beträgt. Dies ist zwar ein deutlicher aber keineswegs ein gravierender Unterschied. Wenn ungefähr die Hälfte der Belegschaft auch in den nicht ausbildenden Betrieben auf Fachkräfte entfällt, dann dürfte auch häufiger ein entsprechender Ersatzbedarf auftreten. In der durchgeführten Zusatzerhebung wurden ausbildende und nicht ausbildende Betriebe danach gefragt, inwieweit sie in den vorangegangenen 18 Monaten Personen aus den unterschiedlichen Qualifikationsgruppen gesucht hatten. Neben gewerblich-technischen und kaufmännischen Fachkräften sowie solchen mit einem Fortbildungsabschluss (z. B. Meister, Techniker) wurde hierbei weiter nach Personen mit einem Hoch- oder Fachhochschulabschluss sowie nach un- und angelernten Arbeitskräften unterschieden.

Insgesamt haben im betreffenden Zeitraum von 18 Monaten fast zwei Drittel der Ausbildungsbetriebe aber nur ein knappes Drittel der nicht ausbildenden Betriebe tatsächlich Arbeitskräfte gesucht. Eine wesentliche Rolle für diese unterschiedlichen Werte spielen natürlich die voneinander abweichenden Betriebsgrößenstrukturen zwischen ausbildenden und nicht ausbildenden Betrieben. Die im Durchschnitt größeren Ausbildungsbetriebe haben natürlich einen höheren Ersatzbedarf und suchen insofern auch häufiger Arbeitskräfte. Allerdings scheint die höhere Suchquote bei den Ausbildungsbetrieben nicht vollständig auf die unterschiedlichen Betriebsgrößenstrukturen reduzierbar zu sein. In einer multivariaten Analyse blieb so ein eigenständiger Einfluss des Merkmals Ausbildung erhalten.[210] Dies bedeutet, dass nicht aus-

210 In eine logistische Regression zur Frage, ob Arbeitskräfte gesucht wurden, wurden neben der Ausbildungstätigkeit und der Betriebsgröße auch die Wirtschaftszweige einbezogen.

bildendende Betriebe häufiger einen geringeren Ersatzbedarf haben als ausbildende Betriebe. Die Gründe hierfür können vielfältig sein. Möglich ist so eine andere Altersstruktur der Beschäftigten in den nicht ausbildenden Betrieben sowie eine insgesamt geringere Beschäftigungsdynamik. Die betreffenden Konstellationen in den nicht ausbildenden Betrieben senken dabei die Anreize für ein eigenes Ausbildungsengagement.

Betrachtet man die Bedeutung der einzelnen Qualifikationsgruppen in den Fällen, in denen überhaupt Arbeitskräfte gesucht wurden, so hat die Einstellung der unterschiedlichen Fachkraftgruppen für nicht ausbildende Betriebe eine sehr hohe relative Bedeutung und entspricht weitgehend den entsprechenden Werten in der Gruppe der Ausbildungsbetriebe. 48 % der nicht ausbildenden Betriebe, welche im betreffenden Zeitraum Arbeitskräfte gesucht haben, wollten gewerblich-technische und 36 % kaufmännische Fachkräfte einstellen. Für die ausbildenden Betriebe ergeben sich mit 58 % und 42 % nur geringfügig höhere Anteilswerte.

Es ist nach unseren Ergebnissen davon auszugehen, dass in nicht ausbildenden Betrieben auch objektive Ausgangsbedingungen vorhanden sind, die für eine Aufnahme eigener Ausbildungsaktivitäten weniger günstig sind. Vorherrschende kleinbetriebliche Strukturen und ein insgesamt geringerer Ersatz- und Fachkräftebedarf vermindern so die Anreize für eine eigene Ausbildung. Allerdings ist die Struktur des Arbeitskräftebedarfs in den nicht ausbildenden Betrieben eine ähnliche wie in den Ausbildungsbetrieben. Auch bei den nicht ausbildenden Betrieben spielen Fachkräfte unter allen Qualifikationsgruppen eine dominierende Rolle.

Die Ergebnisse der Befragung deuten des Weiteren darauf hin, dass die Beteiligung oder der Verzicht auf eine eigene Ausbildung nicht vollständig durch voneinander abweichende Ausgangsbedingungen determiniert wird. Zu vermuten ist vielmehr ein hoher betrieblicher Bewertungs- bzw. Einschätzungsspielraum im Hinblick auf die Entscheidung, eine Ausbildung aufzunehmen oder nicht. Die auch für die nicht ausbildenden Betriebe relativ hohen einer möglichen Ausbildung zuerkannten Nutzenwerte signalisieren für die Berufsbildungspolitik gute Voraussetzungen, verstärkt bisher nicht ausbildende Betriebe für eine Übernahme von Ausbildungsverantwortung zu gewinnen. Insgesamt dürfte das Ausbildungspotenzial auch kleinerer Betriebe bei weitem noch nicht ausgeschöpft sein.

3.6.5 Wirtschaftlicher Erfolg nicht ausbildender Betriebe im Vergleich zu Ausbildungsbetrieben

Im Kapitel „Betriebliche Ausbildung und wirtschaftliche Leistungsfähigkeit" (3.5) haben wir untersucht, inwieweit ein statistischer Zusammenhang zwischen einem hohen Ausbildungsengagement und dem wirtschaftlichen Erfolg eines Betriebs feststellbar ist. Deutlich wurde hierbei, dass Ausbildung und Qualifikation durchaus

Beziehungen zu relevanten betrieblichen Erfolgsmerkmalen aufweisen. Wir wollen die bisher nur für Ausbildungsbetriebe durchgeführte Analyse nun auf einen Vergleich zwischen ausbildenden und nicht ausbildenden Betrieben ausweiten und die Frage klären, ob sich für Ausbildungsbetriebe eine bessere wirtschaftliche Position ableiten lässt. Grundlage der Analyse ist die Zusatzerhebung bei nicht ausbildenden und ausbildenden Betrieben. Es handelt sich um die gleichen Erfolgsindikatoren, die auch in der Haupterhebung berücksichtigt wurden (vgl. Kapitel 3.5).

Da der wirtschaftliche Erfolg eines Betriebs von vielen Einflussvariablen abhängt, wurden zur Überprüfung des Zusammenhangs zwischen einer Ausbildung und den relevanten Erfolgskriterien die gleichen Kontrollvariablen berücksichtigt wie bei der in Kapitel 3.5 dargestellten Analyse (Betriebsgröße, Wirtschaftszweig, Ausbildungsbereich, Marktsituation).[211] Neben der Ausbildungstätigkeit als solcher wurde wiederum als ausbildungsrelevante Variable berücksichtigt (vgl. Kapitel 3.5), wie eine hohe Qualifikation der Belegschaft für die Wettbewerbsfähigkeit des Betriebes eingeschätzt wird (fünfstufige Skala von „sehr wichtig“ bis „völlig unwichtig“).

Aus den durchgeführten Analysen[212] geht hervor, dass es bei allen betrieblichen Erfolgsindikatoren einen ausgeprägten Zusammenhang zur Einschätzung der Bedeutung einer hohen Qualifikation gibt. Dieses Ergebnis entspricht vollständig der in Kapitel 3.5 dargestellten und dort ausschließlich für die Gruppe der Ausbildungsbetriebe durchgeführten Analyse. Zusätzlich ergeben sich bei drei Erfolgsindikatoren für Ausbildungsbetriebe signifikant bessere Einschätzungen als für nicht ausbildende Betriebe. Es handelt sich hierbei um die Einschätzung

- der Wettbewerbsfähigkeit insgesamt,
- der Fähigkeit zu langfristigem Wachstum und Entwicklung sowie,
- dem technischen Stand der Anlagen.

Bemerkenswert ist hierbei, dass sich auch innerhalb der Gruppe der Ausbildungsbetriebe (und hier für eine andere Stichprobe) zwischen den betreffenden Erfolgsindikatoren und einer Variablen zur Abstufung der Ausbildungsbedeutung signifikante Zusammenhänge zeigten (vgl. Kapitel 3.5). Betriebliche Ausbildung hat nach unseren Analyseergebnissen also durchaus eine positive Bedeutung für die wirtschaftliche Leistungsfähigkeit eines Betriebs. Nun könnte eingewendet werden, dass der festgestellte statistische Zusammenhang weniger mit der Ausbildungstätigkeit als solcher zu tun hat als vielmehr damit, dass sich ausbildende und nicht ausbildende Betriebe in vielerlei Hinsicht unterscheiden und Ausbildungsbetriebe möglicherweise

211 Allerdings fehlte in der Zusatzerhebung die Variable „Veränderungsintensität im Unternehmen“.

212 Es wurde eine logistische Regression durchgeführt, in der die fünfstufigen Erfolgseinschätzungen dichotomisiert wurden. Dafür wurden die Stufen „sehr gut“ und „gut“ auf der einen und die restlichen Stufen auf der anderen Seite zusammengefasst. Eine lineare Regressionsanalyse (unter Verwendung von fünf Stufen) sowie Schätzungen auf der Grundlage eines Probit-Ansatzes kommen zu weitgehend ähnlichen Ergebnissen.

a priori wirtschaftlich leistungsfähiger sind. Die Zusammenhänge bleiben allerdings auch dann erhalten, wenn diese so genannte Selbstselektion der Betriebe berücksichtigt wird.[213] Insgesamt deutet alles darauf hin, dass sich hohe Qualifikation der Beschäftigten und eine eigene Ausbildung auch wirtschaftlich rentieren.

213 Auf der Grundlage einer linearen Regression (fünf Stufen) wurden für das betreffende Selektionsmodell Maximum-Likelihood-Schätzer berechnet.

Teil IV: Schlussfolgerungen

GÜNTER WALDEN, URSULA BEICHT, HERMANN HERGET

Aus den in diesem Band vorgestellten Ergebnissen geht hervor, dass eine Gegenüberstellung von Nutzen und Kosten der Ausbildung für die Betriebe in aller Regel positiv ausfallen dürfte. Bei einer solchen Rechnung ist allerdings das breite Spektrum der mit der Ausbildung verbundenen Nutzendimensionen zu berücksichtigen und eine zu enge Betrachtung des Ausbildungsnutzens zu vermeiden Insbesondere ist zu beachten, dass ein beträchtlicher Teil des Ausbildungsnutzens sich kaum monetär quantifizieren lässt, gleichwohl aber von erheblicher wirtschaftlicher Bedeutung für einen Betrieb ist.[214]

Für eine kleinere Gruppe von Betrieben (13 %) gibt es Hinweise auf eher problematische Kosten-Nutzen-Relationen. Zu ähnlichen Ergebnissen gelangt man, wenn die direkte subjektive Bewertung der Betriebe zugrunde gelegt wird. So sind 16 % aller Betriebe mit dem Nutzen-Kosten-Verhältnis der Ausbildung unzufrieden. Im Umkehrschluss bedeutet dies, dass sich die eigene Ausbildung für die überwältigende Mehrheit der Betriebe wirtschaftlich lohnen dürfte.

Durchgeführte Analysen zum Zusammenhang von wirtschaftlicher Leistungsfähigkeit und Ausbildungstätigkeit machen deutlich, dass Betriebe mit ausgeprägter Förderung der Humanressourcen häufig auch erfolgreicher am Markt agieren als andere Betriebe. Ausbildung und Qualifikation haben demnach eine hohe Bedeutung für den wirtschaftlichen Erfolg eines Betriebs.

Ausgehend von der bildungsökonomischen Unterscheidung eines *produktionsorientierten* und eines *investitionsorientierten Ausbildungsmodells* hat nach unseren Ergebnissen die überwiegende Mehrheit der Betriebe primär ein längerfristiges Investitionsinteresse an der eigenen Ausbildung. Wir schätzen den Anteil dieser Betriebe auf rund zwei Drittel. Die unterschiedlichen Grundorientierungen einer eigenen Ausbildung als eher produktions- oder eher investitionsorientiert hängen statistisch mit einer Reihe relevanter Merkmale (Betriebsgröße, Beruf, Ausbildungsbereich) zusammen, eindeutige Festlegungen können aber nicht getroffen werden. So ist nicht nur die großbetriebliche industrielle Ausbildung in aller Regel investitionsorientiert sondern auch die Ausbildung in vielen Handwerksbetrieben. Es gibt einen deutlichen statistischen Zusammenhang zwischen der Höhe der Ausbildungskosten und der Grundorientierung der Ausbildung. Tendenziell sind dabei die Ausbildungskosten in Betrieben mit produktionsorientierter Ausbildung niedriger als in solchen

214 Allerdings gibt es für einen einzelnen Betrieb auf der Basis der Entscheidungstheorie durchaus Möglichkeiten, den Nutzen der eigenen Ausbildung zu bewerten und den Kosten gegenüber zu stellen. Vgl. hierzu KASTNER, Marc: Nutzenanalyse von Personalprogrammen. Betriebliche Berufsausbildung und Personalauswahl aus entscheidungstheoretischer Sicht, Lohmar und Köln 2001.

mit investitionsorientierter Ausbildung. Dieser Zusammenhang ist allerdings weit von einer Gleichsetzung der Art „produktionsorientierte Ausbildung = niedrige Ausbildungskosten“ und „investitionsorientierte Ausbildung = hohe Ausbildungskosten“ entfernt.

Kosten und Nutzen der Ausbildung wurden von uns aufgrund einer Querschnittsbefragung von Betrieben und zu einem bestimmten Zeitpunkt ermittelt. Zu beachten hierbei ist, dass der Ausbildungsnutzen nicht unabhängig von konjunkturellen Schwankungen sein dürfte. Die Erträge aus produktiven Leistungen der Auszubildenden werden so in einer konjunkturellen Abschwungphase aufgrund von Auftragsrückgängen und der damit einhergehenden Einschränkungen für einen produktiven Einsatz von Auszubildenden tendenziell sinken. Zwar blieben die Bruttokosten der Ausbildung konstant, die Nettokosten als Differenz von Bruttokosten und Erträgen würden sich aber erhöhen. Für Betriebe, die primär an einem Arbeitseinsatz der Auszubildenden interessiert sind, wäre es in einer solchen Situation wirtschaftlich rational, die Zahl der Auszubildenden zu reduzieren und an die geschrumpften Möglichkeiten für einen produktiven Einsatz anzupassen bis die Erträge und damit auch die Nettokosten wieder auf dem alten Stand wären.

Eine sich verschlechternde Konjunktur führt auch dazu, dass sich der Nutzen nach Abschluss der Ausbildung und Übernahme des Auszubildenden in ein Beschäftigungsverhältnis tendenziell reduziert. So steigt in einer konjunkturellen Abwärtsphase die Zahl gut qualifizierter arbeitssuchender Fachkräfte auf den externen Arbeitsmärkten an und die Produktivitätsdifferenz zwischen den selbst ausgebildeten und den extern zur Verfügung stehenden Fachkräften sinkt. Außerdem geht der betriebliche Fachkräftebedarf zurück. Dies bedeutet, dass eine schlechtere wirtschaftliche Lage unmittelbar das Nutzen-Kosten-Verhältnis einer eigenen Ausbildung negativ beeinflusst und die Anreize für eigene Ausbildungsaktivitäten zurückgehen. Die in den Jahren 2002 und 2003 zu beobachtenden Rückgänge des betrieblichen Ausbildungsplatzangebots gehen sicherlich zu einem Teil auch auf solche Veränderungen in den betrieblichen Nutzen-Kosten-Relationen zurück. Darüber hinaus wirkt sich die schlechte wirtschaftliche Situation auch unmittelbar auf die Basis für betriebliche Ausbildung aus. Hier ist auf die steigende Zahl von Insolvenzen in einer wirtschaftlich angespannten Lage hinzuweisen.

Einschränkungen der betrieblichen Ausbildung aufgrund konjunktureller Gründe führen zu einer künftigen Verknappung des Fachkräfteangebots auf den externen Arbeitsmärkten und damit mittelfristig wieder zu einer Verbesserung des Nutzen-Kosten-Verhältnisses der eigenen betrieblichen Ausbildung. Tritt dazu – früher oder später – eine konjunkturelle Aufschwungphase, so kann verstärkt Fachkräftemangel auftreten, der allerdings dann kurzfristig durch eine Ausweitung der betrieblichen Ausbildungsaktivitäten nicht mehr zu beheben ist. Ausbildungsmärkte unterliegen wie Arbeitsmärkte einer deutlichen konjunkturellen Abhängigkeit, und es ist bisher nicht gelungen, das betriebliche Ausbildungsverhalten dauerhaft zu verstetigen. Die Hinweise auf einen drohenden Fachkräftemangel in der Zukunft reichen offensichtlich nicht aus, Anpassungsreaktionen an einen kurzfristig sich verändernden Bedarf zu verhindern. Zu berücksichtigen ist, dass Betriebe längerfristig jederzeit ihre Ausbildungsstrategie wieder verändern können und die Zahl der Auszubildenden wieder anheben können (soweit nicht gesamtwirtschaftliche Grenzen erreicht werden).

Die gegenwärtige wirtschaftlich problematische Situation führt nicht nur zu einer Ausbildungskrise sondern sie ist in erster Linie eine Beschäftigungskrise. Insgesamt geht die Nachfrage vieler Betriebe nicht nur nach aktuell vorhandenen Arbeitskräften sondern auch nach zukünftigen Arbeitskräften zurück. Dieser Nachfragerückgang der Betriebe betrifft dabei Arbeitskräfte der unterschiedlichen Qualifikationsstufen und nicht nur Fachkräfte mit einer dualen Ausbildung. Aus den von uns durchgeführten Betriebsbefragungen ergeben sich keine Hinweise, dass der Wert einer dualen Ausbildung im Vergleich zu anderen Bildungsabschlüssen von den Betrieben nachhaltig in Frage gestellt würde. Dies schließt natürlich nicht aus, dass sich aufgrund von Strukturverschiebungen in der Wirtschaft auch die Struktur der gesamtwirtschaftlich nachgefragten Qualifikationen verändert. Der Trend zur Dienstleistungsgesellschaft (mit ursprünglich wenig verankerter dualer Ausbildung) und Beschäftigungsrückgänge im Verarbeitenden Gewerbe (mit starker betrieblicher Ausbildungstradition) haben hier sicherlich auch zu einem Rückgang der betrieblichen Ausbildungsintensität beigetragen.[215] Projektionen des gesamtwirtschaftlichen Arbeitskräftebedarfs kommen allerdings zu dem Ergebnis, dass der Bedarf an qualifizierten Fachtätigkeiten bis 2010 noch steigen dürfte.[216] Die duale Ausbildung dürfte hier eine gute Chance haben, wenn die Modernisierung des Ausbildungssystems weitergeführt wird und insbesondere neue Berufe in neuen Beschäftigungsfeldern geschaffen werden.[217]

Unsere These ist, dass längerfristig die Nutzen-Kosten-Relationen einer eigenen Ausbildung für die meisten Betriebe günstig sind und nach einer wirtschaftlichen Erholung auch das betriebliche Ausbildungsplatzangebot wieder steigen dürfte. Allerdings ist insbesondere der Staat in der Zwischenzeit dazu gezwungen, durch geeignete Fördermaßnahmen das betriebliche Ausbildungsplatzdefizit auszugleichen. Hierzu gehören auch außerbetriebliche und schulische Maßnahmen, wodurch allerdings die Gewichte im deutschen Berufsbildungssystem zum Teil beträchtlich

---

215 In diesem Zusammenhang ist ein Bedeutungsverlust technischer Berufe zu konstatieren. Vgl. BEICHT, Ursula u. a.: Technische Ausbildungsberufe im Wandel. Strukturen und Chancen eines Berufsbereichs des Dualen Systems. Bundesinstitut für Berufsbildung. Der Generalsekretär (Hrsg.), Bielefeld 2003.

216 Vgl. REINBERG, Alexander; HUMMEL, Markus: Zur langfristigen Entwicklung des qualifikationsspezifischen Arbeitskräfteangebots und -bedarfs in Deutschland. In: Mitteilungen aus der Arbeitsmarkt- und Berufsforschung, Heft 4/2002, S. 580–600.

217 Zu den längerfristigen Entwicklungsperspektiven der dualen Ausbildung vgl. BERGER, Klaus; BRANDES, Harald; WALDEN, Günter: Chancen der dualen Berufsausbildung. Berufliche Entwicklungsperspektiven aus betrieblicher Sicht und Berufserwartungen von Jugendlichen. Bundesinstitut für Berufsbildung. Der Generalsekretär (Hrsg.), Berichte zur beruflichen Bildung, Heft 239, Bielefeld 2000.

verschoben werden. Nicht auszuschließen ist die Gefahr eines Gewöhnungseffekts, der bei manchen Betrieben auch zu einer dauerhaften Veränderung der Qualifizierungs- und Rekrutierungspolitik führen könnte. Insofern sind die längerfristigen Auswirkungen der gegenwärtigen wirtschaftlichen Situation nicht genau abzuschätzen (und sie sollten vor allem nicht unterschätzt werden). Wichtig sind insofern alle Maßnahmen zur Stabilisierung des betrieblichen Ausbildungsplatzangebots.

Unsere Untersuchung belegt, dass es für Betriebe aus einer betriebswirtschaftlichen Sicht gute Gründe für eine eigene Ausbildung gibt. Das duale Ausbildungssystem bedient dabei neben betrieblichen auch gesamtwirtschaftliche und gesamtgesellschaftliche Interessen und erbringt hier bedeutende Leistungen. Unsere Untersuchung hat auch gezeigt, dass diese übergeordneten Interessen auch von vielen Betrieben berücksichtigt werden. Das duale Ausbildungssystem kann insofern nicht mit ausschließlich betriebswirtschaftlichen Kategorien bewertet werden. Für das System ist vielmehr die institutionalisierte Zusammenarbeit zwischen Staat und Wirtschaft sowie die Einbindung der Gewerkschaften konstitutiv. Diese Zusammenarbeit benötigt allerdings eine betriebswirtschaftliche Basis, die nach unserer Untersuchung nach wie vor vorhanden ist.

Wenn man die duale Ausbildung als bewährte Form der Verbindung von Arbeiten und Lernen und als ein System, welches unterschiedlichen gesellschaftlichen Interessen Rechnung trägt, auch in Zukunft erhalten möchte, so sind sowohl seine betriebswirtschaftlichen als auch seine volkswirtschaftlichen und gesellschaftlichen Voraussetzungen zu erhalten. Betriebswirtschaftlich ist hier sicherlich von Bedeutung, einen genügend großen Abstand zwischen Ausbildungsvergütungen und dem Lohn für ungelernte Arbeit zu erhalten.[218] Auf der institutionellen Ebene ist die Bereitschaft zur Kooperation zwischen den Betrieben sowie mit dem Staat und den Gewerkschaften zur Erreichung unterschiedlicher aber auch gemeinsamer Interessen wesentlich. Es ist hier längerfristig nicht auszuschließen, dass eine forcierte Deregulierung und Liberalisierung der deutschen Wirtschaft unterschwellig auch die Basis für das kooperative Berufsbildungssystem untergräbt.[219]

Unsere Studie zu Kosten und Nutzen der betrieblichen Berufsausbildung ging von den bestehenden Rahmenbedingungen der dualen Ausbildung aus. Auf dieser Grundlage übersteigen die Vorteile einer eigenen betrieblichen Ausbildung in aller Regel die Kosten. Trotzdem beteiligt sich nur der kleinere Teil der deutschen Betriebe an der beruflichen Ausbildung. Unsere Analysen haben hier zwar gezeigt, dass in nicht ausbildenden Betrieben häufig auch objektiv ungünstigere Voraussetzungen für eine

---

218 Hierzu sowie zu weiteren institutionellen Voraussetzungen des dualen Ausbildungssystems vgl. SOSKICE, David: The role of industry and economic institutions in shaping vocational training. In: BURKE, Gerald; REULING, Jochen: Vocational training and lifelong learning in Australia and Germany, Adelaide 2002, S. 161–166.

219 Zu Entwicklungstendenzen marktwirtschaftlicher Systeme und zur Bedeutung wirtschaftlicher Kooperation und Koordination gegenüber reinen Wettbewerbselementen vgl. HALL, Peter A.; SOSKICE, David (Edit.): VARIETIES of CAPITALISM. The Institutional Foundations of Comparative Advantage, New York 2001.

eigene Ausbildung bestehen. Dies betrifft sowohl die Möglichkeiten für eine Durchführung der Ausbildung als auch für eine Verwertung der im Rahmen der Ausbildung geschaffenen Qualifikationen. Gleichwohl dürften viele bisher nicht ausbildende Betriebe die tatsächlichen Nutzen-Kosten-Relationen einer eigenen Ausbildung unterschätzen. Das Potenzial für neue Ausbildungsplätze dürfte hier erheblich sein. Es sollte deshalb verstärkt versucht werden, dieses Ausbildungsplatzpotenzial zu erschließen.

Verzeichnis der Abbildungen

Tabellenverzeichnis

Seite

Verzeichnis der Übersichten

Seite

Literaturverzeichnis

ACEMOGLU, Daron; PISCHKE, Jörn-Steffen: Beyond Becker: Training in imperfect labour markets. In: The Economic Journal, 109 (February), F112–142, 1999

ACEMOGLU, Daron; PISCHKE, Jörn-Steffen: Why do firms train? Theory and evidence. In: The Quarterly Journal of Economics, February 1998, S. 79–119

BACKES-GELLNER, Uschi: Betriebliche Bildungs- und Wettbewerbsstrategien im deutsch-britischen Vergleich, München und Mering 1996

BACKHAUS, Klaus et al.: Multivariate Analysemethoden: eine anwendungsorientierte Einführung, 9., überarb. u. erw. Aufl., Berlin u.a. 2000

BARDELEBEN, Richard von; BEICHT, Ursula; FEHÉR, Kálmán: Betriebliche Kosten und Nutzen der Ausbildung. Repräsentative Ergebnisse aus Industrie, Handel und Handwerk. Bundesinstitut für Berufsbildung. Der Generalsekretär (Hrsg.), Berichte zur beruflichen Bildung, Heft 187, Bielefeld 1995

BARDELEBEN, Richard von; BEICHT, Ursula; FEHÉR, Kálmán: Was kostet die betriebliche Ausbildung? Fortschreibung der Ergebnisse 1991 auf den Stand 1995, Bundesinstitut für Berufsbildung. Der Generalsekretär (Hrsg.), Berichte zur beruflichen Bildung, Heft 210, Bielefeld 1997

BARDELEBEN, Richard von; BEICHT, Ursula: Betriebliche Ausbildungskosten 1997. Schätzung auf der Basis der Erhebungsergebnisse 1991. In: Berufsbildung in Wissenschaft und Praxis, Heft 1/1999, S. 42–44

BARDELEBEN, Richard von; BEICHT, Ursula; STOCKMANN, Rita: Kosten und Nutzen der betrieblichen Berufsausbildung. Forschungsstand, Konzeption, Erhebungsinstrumentarium. Bundesinstitut für Berufsbildung. Der Generalsekretär (Hrsg.), Berichte zur beruflichen Bildung, Heft 140, Berlin, Bonn 1991

BARDELEBEN, Richard von; HERGET, Hermann: Nutzen und Erfolg betrieblicher Weiterbildung messen: Herausforderungen für das Weiterbildungs-Controlling. In: Krekel, Elisabeth M.; Seusing, Beate (Hrsg.): Bildungscontrolling – ein Konzept zur Optimierung der betrieblichen Weiterbildungsarbeit. Berichte zur beruflichen Bildung, Heft 233. Bundesinstitut für Berufsbildung. Der Generalsekretär (Hrsg.), Bielefeld 1999, S. 79–112

BARRET, Allan u.a.: Exploring the returns to continuing vocational training in enterprises. Cedefop (Hrsg.), Thessaloniki 1998

BECKER, Gary S.: Human Capital. A Theoretical and Empirical Analysis with Special Reference to Education, Chicago 1964

BECKMANN, Michael: Lohnstrukturverzerrung und betriebliche Ausbildung. Empirische Analyse des Acemoglu-Pischke-Modells mit Daten des IAB-Betriebspanels. In: Mitteilungen aus der Arbeitsmarkt- und Berufsforschung, Heft 2/2002, S. 189–204

BEICHT, Ursula: Entwicklung der tariflichen Ausbildungsvergütungen von 1976 bis 2000. In: Berufsbildung in Wissenschaft und Praxis, Heft 3/2001, S. 36–40

BEICHT, Ursula u.a.: Technische Ausbildungsberufe im Wandel. Strukturen und Chancen eines Berufsbereichs des Dualen Systems. Bundesinstitut für Berufsbildung. Der Generalsekretär (Hrsg.), Bielefeld 2003

BEICHT, Ursula; WALDEN, Günter: Wirtschaftlichere Durchführung der Berufsausbildung – Untersuchungsergebnisse zu den Ausbildungskosten der Betriebe. In: Berufsbildung in Wissenschaft und Praxis, Heft 6/2002, S. 38–43

BELLMANN, Lutz; BÜCHEL, Felix: Betrieblich finanzierte Weiterbildung und Unternehmenserfolg. Eine Analyse für West- und Ostdeutschland unter besonderer Berücksichtigung von Selektivitätseffekten. In: Backes-Gellner, Uschi; Moog, Petra (Hrsg.), Bildungssystem und betriebliche Beschäftigungsstrategien, Schriften des Vereins für Socialpolitik, Band 279, Berlin 2001, S. 75–92

BERGER, Klaus; BRANDES, Harald; Walden, Günter: Chancen der dualen Berufsausbildung. Berufliche Entwicklungsperspektiven aus betrieblicher Sicht und Berufserwartungen von Jugendlichen. Bundesinstitut für Berufsbildung. Der Generalsekretär (Hrsg.), Berichte zur beruflichen Bildung, Heft 239, Bielefeld 2000

BUNDESMINISTERIUM FÜR BILDUNG UND FORSCHUNG (Hrsg.): Berufsbildungsbericht 2003, Bonn 2003

BEUTNER, Marc: Ausbildungsbereitschaft in Klein- und Mittelbetrieben, Köln 2001

BÜHL, Achim; ZÖFEL, Peter: SPSS Version 10. Einführung in die moderne Datenanalyse unter Windows. 7., überarbeitete Aufl., München u.a. 2000

COASE, Ronald H.: The Nature of the Firm. In: Economica, 4/1937, S. 386–405

CRAMER, Günter; MÜLLER, Karlheinz: Nutzen der betrieblichen Berufsausbildung. Institut der deutschen Wirtschaft (Hrsg.), Beiträge zur Gesellschafts- und Bildungspolitik 195, Köln 1994

EISENFÜHR, Franz; WEBER, Martin: Rationales Entscheiden, 3. Aufl., Berlin 1999

FALK, Rüdiger: Kosten der betrieblichen Aus- und Weiterbildung. In: Göbel, Uwe; Schlaffke, Winfried (Hrsg.): Berichte zur Bildungspolitik 1982/83 des Instituts der deutschen Wirtschaft. Köln 1982, S. 63ff.

FALK, Rüdiger: Betriebliches Bildungsmanagement: Arbeitsbuch für Studium und Praxis, Köln 2000

FRANZ, Wolfgang; SOSKICE, David.: The German Apprenticeship System, in: Buttler, F.; Franz, W.; Schettkat, R.; Soskice, D. (Eds.): Institutional Frameworks and Labour Market Performance. Comparative Views on the U.S. and German Economies, London, New York 1995, S. 208–234

FRANZ, Wolfgang; STEINER, Viktor; Zimmermann, Volker: Die betriebliche Ausbildungsbereitschaft im technologischen und betrieblichen Wandel, Baden-Baden 2000

GAUGLER, Eduard: Betriebliche Bildungsarbeit als Unternehmensinvestition. In: Gaugler, Eduard; Schlaffke, Winfried (Hrsg.): Weiterbildung als Produktionsfaktor, Köln 1989, S. 28–47

GEWIESE, Tilo: Das Ausbildungsverhalten deutscher Betriebe 2000. Ergebnisse des IAB-Betriebspanels. Manuskript. Nürnberg 2001

GROSSMANN, Stefan; MEYER, Hans Ludwig: Berufsausbildung im Dualen System – eine lohnende Investition? Frankfurt/M. usw. 2002

HALL, Peter A.; SOSKICE, David (Eds.): Varieties of Capitalism. The Institutional Foundations of Comparative Advantage, New York 2001

HANHART, Siegfried; SCHULZ, Hans-Rudolf: Lehrlingsausbildung in der Schweiz. Kosten und Finanzierung, Chur, Zürich 1998

HANSJOSTEN, Heiko: Lohnt sich die betriebliche Ausbildung? Eine Studie am Beispiel der DaimlerChrysler AG, München und Mering 2000

HECKER, Ursula: Übergang von der Ausbildung in den Beruf – eine Längsschnittbetrachtung. In: Jansen, Rolf (Hrsg.): Die Arbeitswelt im Wandel. Weitere Ergebnisse aus der BIBB/IAB-Erhebung 1998/99 zur Qualifikation und Erwerbssituation in Deutschland. Bundesinstitut für Berufsbildung. Der Generalsekretär (Hrsg.), Bielefeld 2002, S. 52–64

KASTNER, Marc: Nutzenanalyse von Personalprogrammen. Betriebliche Berufsausbildung und Personalauswahl aus entscheidungstheoretischer Sicht, Lohmar und Köln 2001

LASSNIGG, Lorenz; STEINER, Peter: Die betrieblichen Kosten der Lehrlingsausbildung. Institut für Höhere Studien, Wien 1996

LASSNIGG, Lorenz: Kosten und Finanzierung der Lehrlingsausbildung – Empirische und konzeptionelle Probleme. Wirtschaftswissenschaftliche Abteilung der Kammer für Arbeiter und Angestellte (Hrsg.), Wien 1995

NEUBÄUMER, Renate: Der Ausbildungsstellenmarkt der Bundesrepublik Deutschland. Eine theoretische und empirische Analyse, Berlin 1999

NEUBÄUMER, Renate; BELLMANN, Lutz: Ausbildungsintensität und Ausbildungsbeteiligung von Betrieben: Theoretische Erklärungen und empirische Ergebnisse auf der Basis des IAB-Betriebspanels 1997. In: Beer, Doris u.a. (Hrsg.): Die wirtschaftlichen Folgen von Aus- und Weiterbildung, München und Mering 1999, S. 9–41

NOLL, Ingeborg: Methodenbericht, Darstellung und Begründung der bei der Nettokostenerhebung 1980 eingesetzten Methoden. Bundesinstitut für Berufsbildung. Der Generalsekretär (Hrsg.), Berichte zur beruflichen Bildung, Heft 80, Berlin, Bonn 1986

NOLL, Ingeborg u.a.: Nettokosten der betrieblichen Berufsausbildung. Bundesinstitut für Berufsbildung. Der Generalsekretär (Hrsg.), Schriften zur Berufsbildungsforschung, Bd. 63, Berlin 1983

REINBERG, Alexander; HUMMEL, Markus: Zur langfristigen Entwicklung des qualifikationsspezifischen Arbeitskräfteangebots und -bedarfs in Deutschland. In: Mitteilungen aus der Arbeitsmarkt- und Berufsforschung, Heft 4/2002, S. 580–600

RICHTER, Julia F.: Das Ausbildungsverhalten von Betrieben. Eine Analyse der Kosten und Nutzen der betrieblichen Berufsausbildung in Westdeutschland, Berlin 2000

RICHTER, Rudolf; FURUBOTN, Eirik G.: Neue Institutionenökonomik, 2. Aufl., Tübingen 1999

SACHVERSTÄNDIGENKOMMISSION KOSTEN UND FINANZIERUNG DER BERUFLICHEN BILDUNG: Kosten und Finanzierung der außerschulischen beruflichen Bildung, Bielefeld 1974

SADOWSKI, Dieter: Berufliche Bildung und betriebliches Bildungsbudget, Stuttgart 1980

SCHWERDT, Wolfgang; BENDER, Stefan: Was tun Lehrlinge nach ihrer Ausbildung? Eine Analyse mit dem Linked Employer-Employee-Datensatz des IAB. In: Mitteilungen aus der Arbeitsmarkt- und Berufsforschung, Heft 1/2003, S. 46–59

SCHWERI, Jürg u.a.: Kosten und Nutzen der Lehrlingsausbildung aus der Sicht Schweizer Betriebe, Zürich, Chur 2003

SOSKICE, David: The role of industry and economic institutions in shaping vocational training. In: Burke, Gerald; Reuling, Jochen: Vocational training and lifelong learning in Australia and Germany, Adelaide 2002, S. 161–166

STEPAN, Adolf; WAGENHOFER, Alfred: Kosten der Berufsausbildung. Die Nettokosten der Berufsausbildung in Österreich in ausgewählten Lehrberufen. Bundeskammer der gewerblichen Wirtschaft (Hrsg.), Wien 1984

TIMMERMANN, Dieter: Nutzen aus der Sicht der Wissenschaft. In: Bundesinstitut für Berufsbildung. Der Generalsekretär (Hrsg.): Nutzen der beruflichen Bildung. Fachtagung des Bundesinstituts für Berufsbildung am 25. und 26. September 1997, Berlin 1998, S. 75–92

WALDEN, Günter; BEICHT, Ursula, HERGET, Hermann: Warum Betriebe (nicht) ausbilden. In: Berufsbildung in Wissenschaft und Praxis, Heft 2/2002, S. 35–39

WALDEN, Günter; HERGET, Hermann: Nutzen der betrieblichen Ausbildung für Betriebe – erste Ergebnisse einer empirischen Untersuchung. In: Berufsbildung in Wissenschaft und Praxis, Heft 6/2002, S. 32–37

WIRTSCHAFTSGESELLSCHAFT DES KRAFTFAHRZEUGGEWERBES mbH (Hrsg.): Kosten und Erträge der Ausbildung im Kraftfahrzeughandwerk, Bonn 1998

WÖHE, Günter: Einführung in die Allgemeine Betriebswirtschaftslehre, 17. Aufl., München 1990

Abstract

The cost and benefit of in-company vocational training have an essential influence on the supply of apprenticeship places in companies and are thus important indicators for assessing how efficient and future-oriented in-company training is. This publication includes the results of a representative survey in which training companies were asked their opinions about the cost and benefit of training. The publication describes cost structures for a wide range of professions and training constellations and examines important factors of influence. Moreover, it includes a differentiated analysis of the benefit of in-company training. The results show that cost and benefit values vary widely for different professions and depending on the basic conditions within the companies.